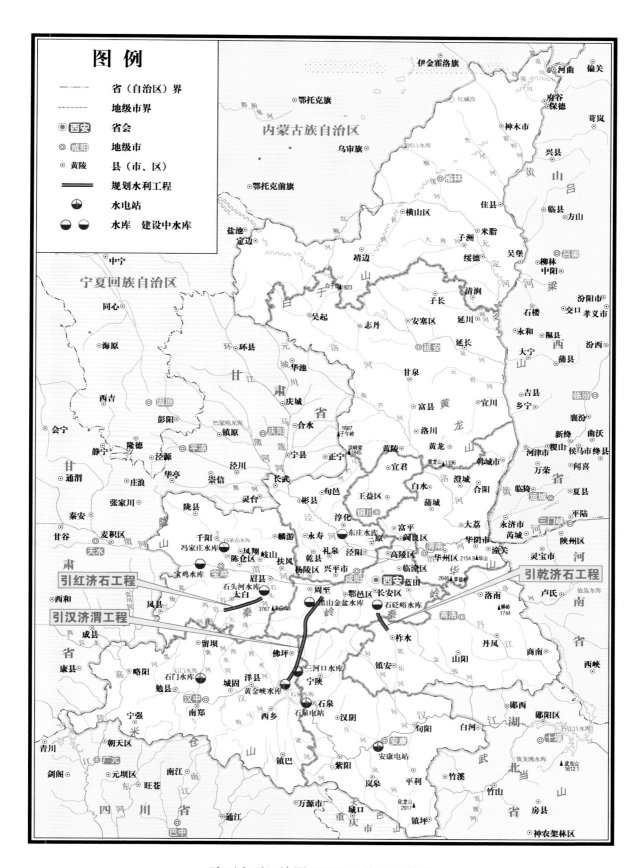

陕西省引汉济渭工程地理位置示意图

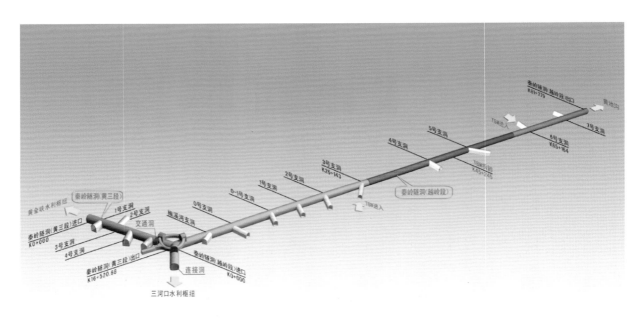

陕西省引汉济渭工程秦岭隧洞效果图

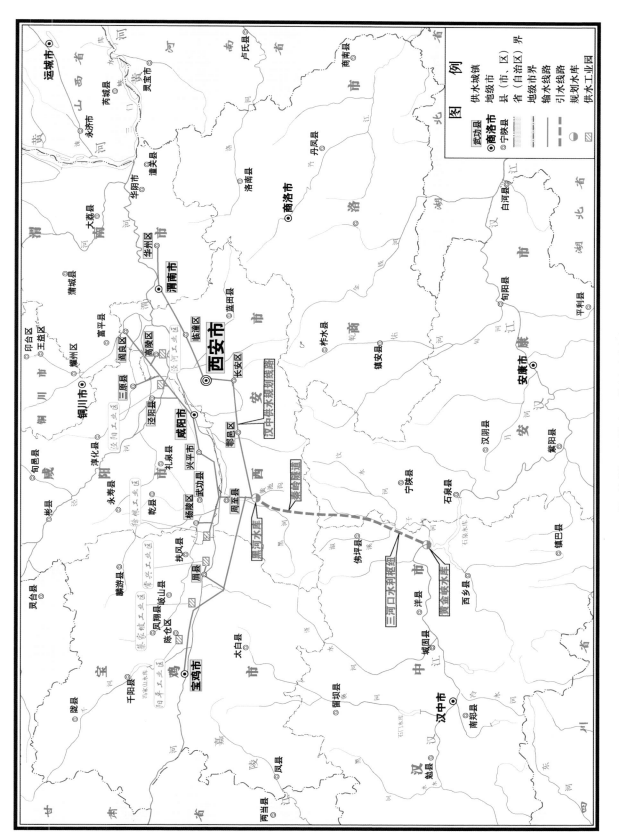

引汉汉济渭工程供水区范围示意图

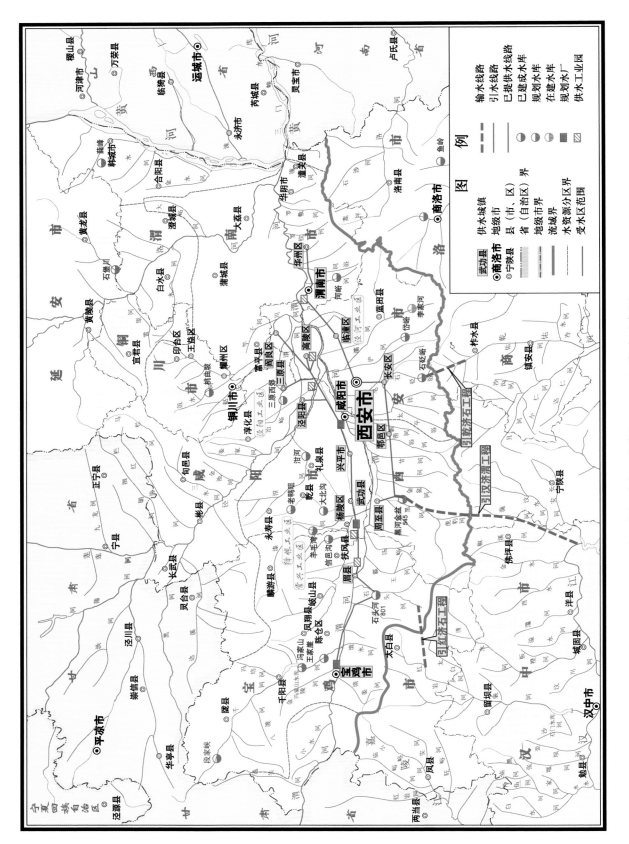

引汉济渭受水区水资源配置工程线路示意图

陕西省引汉济渭工程协调领导小组办公室

陕西省引汉济渭工程前期工作志稿

蒋建军　主编

杨耕读　王寿茂　李绍文　副主编

中国水利水电出版社
www.waterpub.com.cn
·北京·

内 容 提 要

　　本书完整记录了引汉济渭工程前期工作以及与之同时推进的重大技术攻关、准备工程建设以及移民安置取得的成就、技术成果和实践经验。引汉济渭工程前期研究过程中，对向关中地区渭河流域调水进行了诸多方案的比较研究，其中引嘉济汉 、引洮济渭、引江济渭入黄等方案的研究成果，不仅是引汉济渭工程的比较方案，也是今后进一步解决关中地区、渭河以及黄河流域水资源不足的备选方案，是今后陕西省水利建设的后备项目。

　　本书不仅是引汉济渭工程建设的技术支撑、后续工作的技术基础，而且对陕西省乃至全国水利工程建设领域具有重要借鉴意义。

图书在版编目（C I P）数据

陕西省引汉济渭工程前期工作志稿 / 蒋建军主编
．—— 北京 ：中国水利水电出版社，2017.12
ISBN 978-7-5170-6133-5

Ⅰ．①陕… Ⅱ．①蒋… Ⅲ．①调水工程—概况—陕西
Ⅳ．①TV68

中国版本图书馆CIP数据核字(2017)第306117号

审图号：陕 S（2017）025 号

书　　名	陕西省引汉济渭工程前期工作志稿 SHAANXI SHENG YINHAN JIWEI GONGCHENG QIANQI GONGZUO ZHIGAO 陕西省引汉济渭工程协调领导小组办公室
作　　者	蒋建军　主 编 杨耕读　王寿茂　李绍文　副主编
出 版 发 行	中国水利水电出版社 （北京市海淀区玉渊潭南路 1 号 D 座　100038） 网址：www. waterpub. com. cn E - mail：sales@waterpub. com. cn 电话：(010) 68367658（营销中心）
经　　售	北京科水图书销售中心（零售） 电话：(010) 88383994、63202643、68545874 全国各地新华书店和相关出版物销售网点
排　　版	中国水利水电出版社微机排版中心
印　　刷	北京印匠彩色印刷有限公司
规　　格	210mm×285mm　16 开本　27.75 印张　567 千字　2 插页
版　　次	2017 年 12 月第 1 版　2017 年 12 月第 1 次印刷
印　　数	0001—1500 册
定　　价	180.00 元

凡购买我社图书，如有缺页、倒页、脱页的，本社营销中心负责调换

编　委　会

编委会主任　　蒋建军

编委会委员　　张克强　靳李平　严伏朝　周安良　田晓钟

　　　　　　　李绍文　田　伟　葛　雁　王红兵

主　　　编　　蒋建军

副 主 编　　杨耕读　王寿茂　李绍文

编 纂 人 员　　杨耕读　王寿茂　李绍文　严伏朝　田　伟

　　　　　　　葛　雁　赵阿丽　杨　梅　杨　宁　陈军礼

　　　　　　　蒙　磊　彭向平　任娟妮　江　萍　贺艳花

　　　　　　　孙　欣　龚裕凌　刘　姣　吴浩力　曹　鹏

　　　　　　　江　涛　张　建

引汉济渭工程简介

　　引汉济渭工程是陕西省委、省政府决定并报经国家批准建设的跨流域调水工程，也是统筹全省经济社会发展需要，具有全局性、基础性、公益性、战略性意义的水资源优化配置工程、城镇供水工程和水生态环境整治工程。

　　引汉济渭工程规划从长江最大支流汉江调水，穿越秦岭山脉进入黄河最大支流渭河及关中平原。引汉济渭工程分为调水、输配水骨干管网和受水区市县配套设施建设、改造三大部分。其中，调水工程是整个引汉济渭工程的关键，也是目前建设的重点，主要由秦岭输水隧洞、黄金峡水库和三河口水库三部分组成，其主体工程可概括为"两库、两站、两电、一洞两段"。"两库"即最大坝高68米、总库容2.29亿立方米的汉江干流黄金峡水库和最大坝高145米、总库容7.1亿立方米的汉江支流子午河三河口水库；"两站""两电"指两座水库坝后泵站和电站；"一洞两段"指总长98.3千米的输水隧洞，由黄金峡水利枢纽至三河口水利枢纽段（黄三段）和穿越秦岭主脊段（越岭段）两段组成。整个调水工程可行性研究阶段工程总投资为182亿元，工期78个月。输配水工程由南干线、过渭干线、渭北东干线和西干线组成，线路总长401千米，规划阶段总投资约213亿元。受水区市县配套设施建设和改造工程由各市县根据实际情况安排。

　　引汉济渭工程总体布局为：在汉江干流及其支流子午河分别兴建黄金峡水利枢纽和三河口水利枢纽两大蓄水工程；由黄金峡泵站自黄金峡水库提水117米，再通过16.5千米的黄三段输水隧洞输水至三河口水利枢纽坝后右岸控制闸，大部分水量经控制闸直接进入81.8千米的越岭段输水隧洞输水至关中地区，少量水经控制闸由三河口泵站提水97.7米入三河口水库储存，当黄金峡泵站抽水流量较小，不满足关中地区用水需要时，由三河口水库放水经坝后水电站发电后进入越岭段输水隧洞，与黄金峡水库来水合并送至关中地区。

引汉济渭工程设计最终年调水规模15亿立方米。实现这一调水目标后，将在全省范围实现跨流域的水资源优化配置，在关中地区人口继续增长的情况下，人均占有水资源量将由370立方米提高到450立方米，人均年用水量可由203立方米提高到302立方米，满足近1000万人的生活用水，支撑约500万人的城市规模和5000亿元的GDP；将解决沿渭河的西安、宝鸡、咸阳、渭南、铜川5个大中城市、12个县城、6个工业园区的发展用水问题，为受水区的城镇化、工业化、现代化建设提供水源保障；将提高农业用水保证率，使以前不能适时适量灌溉的近500万亩农田用水得到保障；将通过归还挤占的生态水、大幅度减少地下水超采、生产生活用水回归等，为改善渭河流域水生态环境发挥重大作用；所调水量进入渭河流域后，还可年增加渭河入黄河水量约7亿立方米，在不突破陕西省黄河用水指标的前提下，通过"以下补上"，为陕西省能源化工基地建设置换从黄河干流的用水指标。

引汉济渭工程建设将第一次从底部穿越秦岭，其大埋深超长隧洞列世界第一，高扬程大流量泵站列亚洲第一，145米高的三河口碾压混凝土拱坝位居全国前列，加之隧洞施工难度堪称世界之最，移民安置与生态环境保护任务繁重，工程运行调度极为复杂，其建设将面临诸多世界级技术难题的严峻挑战。

面对这一艰巨繁重的建设任务，工程建设者将在国家发展改革委、水利部、环保部、国土资源部、林业局等部委和长江、黄河两大流域机构大力支持下，在陕西省委、省政府、协调领导小组和水利厅党组的坚强领导下，以顽强拼搏、攻坚克难的精神，把引汉济渭工程建设为全省水利发展史上的历史性精品工程。

凡　例

（1）《陕西省引汉济渭工程前期工作志稿》是一部记录引汉济渭工程早期研究到初步设计报告获得批准这一时段发展历史的专业志书。

（2）本志以习近平总书记的系列讲话为指导，实事求是地记述引汉济渭工程前期工作的发展过程及其重要成果，重点记述中央领导、国家相关部委、长江与黄河两大流域机构和省委、省政府关于引汉济渭工程前期工作的重大决策；记述省人大、省政协对前期工作的推动作用；记述省级有关部门、工程所在地"三市四县"党政领导对前期工作的大力支持。本志力求达到思想性、科学性、资料性相统一和"资治、存史、教化"的目的。

（3）本志记述的内容，考虑到与《陕西水利志》《陕西江河大典》等现有志书成果在内容上的衔接，减少文字上不必要的重复，对渭河、汉江及其流域的治理历史追溯从简，对相关志书中已有的自然历史现状记述从简；详细记述的内容上限起自1984年最早提出省内南水北调初步设想，下限截至2015年水利部批复工程初步设计报告，重要事项延至封笔。

（4）本志以事谋篇，以事系人，按事件发生、发展的顺序编排，分篇、章、节、目四个层次，篇、章、节均有标题。内容结构遵循横排门类、纵述始末的原则记述，既顾及全面又突出特点。

（5）本志设凡例、序、概述、大事记、志、图、表、录。以文字记叙为主，随文配以必要的表格、照片和插图置于卷首和正文之中，具有存史价值的资料附于卷后。附录以篇为单位编号。

（6）本志记述坚持实事求是、述而不论、寓观点于记事之中的原则，选录引用的历史资料注明出处，不随意删减。

（7）本志编写采用记述体、语体文和书面语。文字用 1986 年 10 月国家语言文字工作委员会重新公布的简化字。其中古人名、古地名、河流名简化字容易引起误解者，仍用繁体字。标点符号用 2012 年 6 月 1 日国家语言文字工作委员会修订的《标点符号用法》。引文和需要加注说明的专用名词、简称词语和特定事物，采用括注或脚注的方法注明。

（8）本志将中华人民共和国简称为新中国。对新中国建立前的朝代、官府、官职，按历史习惯称谓书写。新中国成立后的党政机关、水利单位、群众团体的称谓在第一次出现时用全称，括注简称，其后只写简称。

（9）年代的记述，历史上民国及其以前纪年统用汉字，并在括号内注明公元年和月、日，之后纪年一律用阿拉伯数字，并注明公元纪年。

（10）计量单位采用国家颁布的通用计量单位。数字按 2012 年 11 月 1 日国家技术监督局颁布的《出版物上数字用法的规定》书写。

（11）本志资料来源：一是省水利厅、省引汉济渭办提供的资料；二是承担前期工作任务的相关、设计单位提供的资料；三是省引汉济渭办的档案资料；四是正式出版的水利专著、报纸刊物和有关水利志书等。

序

　　但凡特别重大的水利工程建设，都必将在大地上矗立起新的历史丰碑，并以其宏大的经济效益、社会效益和生态效益而永世传承，进而成为世界级的历史文化遗产工程。无疑，已经完成前期工作正在建设中的引汉济渭工程是具有这些潜质的。作为引汉济渭工程前期工作的参与者，为这项历史性工程留下一部完整的历史资料，既是我们的本分，更是我们的责任和担当。今天，在相关同志的共同努力下，《陕西省引汉济渭工程前期工作志稿》几易其稿，即将付印，使我们感到由衷的欣慰和释然。

　　引汉济渭工程前期工作从 1984 年 8 月水利专家提出初步设想到 2014 年 9 月国家发改委批复可行性研究报告历时整整 30 年时间。这项实现陕西全省三大区域水资源优化配置，解决关中地区水资源紧缺问题，进而改善渭河流域水生态环境，具有全局性、基础性、公益性、战略性意义的水利工程，其前期工作历时之长在陕西屈指可数，其研究过程面临诸多技术难题的解决实属不易，省际间、流域间、部门间、地区间的协调一致也实属不易。

　　回顾引汉济渭工程前期工作这一历史过程，党和国家领导人的关注，国家相关部委的大力支持，历届省委、省人大、省政府、省政协领导的大力推进，省内各部门和工程所在地党委政府的共同努力，参与前期工作的各勘测设计单位以及相关科研单位的技术攻关，其艰苦卓绝的历史功绩在本志中都得到了充分体现。他们为之付出的历史担当、艰苦努力、辛勤汗水和聪明才智感人至深，并时常从内心由衷地产生崇高敬意！他们的历史功绩将永远地铭刻在三秦大地，永远铭记在三秦儿女心间。

　　引汉济渭工程前期工作以及与之同时推进的重大技术攻关、准备工程建设以及移民安置取得的成就来之不易，取得的技术成果和实践经验弥足珍贵，不仅是保证引汉济渭工程建设的技术支撑，后续工作的技术基础，也是在陕西省乃至全国水利工程建设领域具有重要借鉴意义的重大科研成果。完整记录这些历史功绩与技术成果是本志的重要目的。但更为重要的是，引汉济渭工程前期研究过程中，对向关中地区渭河流域调水进行了诸多方案的比较研究，其中引嘉济汉、引洮济渭、引江济渭入黄等方案的研究成果，不仅是引汉济渭工程的比较方案，也是今后进一步解决关中地区、渭河以及黄河流域水资源不足的备选方案，是陕西省今后水利建设的后备项目。可喜的是引嘉入汉项目的研究已经提上省政府的议事日程，前期工作正在推进。由此看，本志不只是记录了引汉济渭工程前期工作成果，也为陕西省今后建设新的更多水利工程留下了丰厚的技术成果。愿这一志书在记录历史的同时，为加快陕西省水利建设发挥更大的历史作用。

引汉济渭工程前期工作以及勘探试验、准备工程、移民安置等项工作的完成，只是工程建设的前奏，在这一过程中，省委、省政府适时启动了三大主体工程建设。本志完成之时，98千米的秦岭输水隧洞工程已完成70千米；三河口水利枢纽大坝工程已经开始浇筑；黄金峡水利枢纽准备开工建设；受水区输配水工程规划经省政府批准以后，已经开始了试验性工程建设。这项工程建设正在三秦大地矗立起陕西省水利事业新的历史丰碑！

进入"十三五"以来，特别是习近平总书记视察陕西省以后，全省上下在省委、省政府的坚强领导下，正在全面贯彻党中央和习近平总书记关于"创新、协调、绿色、开放、共享"的五大发展理念，正在全面贯彻"节水优先、空间均衡、系统治理、两手发力"的治水思路。根据这一治水思路，省委、省政府进一步明确了陕西省系统治水的目标和路径。省委书记娄勤俭要求我们要尽快实现由单纯治水向系统治水、刚性治水向柔性治水、部门管水向协同治水的根本转变，加快实施"关中留水、陕南防水、陕北引水"区域方略。这些重大决策对我们进一步更快更好地做好水利工作提出了新的要求。今后，我们将立足本职，着眼大局，进一步做好引嘉济汉工程的前期工作，加快推进秦岭北麓水生态治理规划的编制工作，为全面建设以引汉济渭、东庄水利枢纽工程为支撑，以渭河为主轴的关中水系创造条件，为全省水系布局优化和加快形成"四横十纵"的水系网络做出新的贡献；到新中国成立 100 周年时，努力建成流域兼顾相济、河库联通、区域互补、丰枯调节，以及时空柔性调控均衡的水生态良性循环配置格局奠定好的基础，从而为全省经济社会发展和水生态环境建设提供可靠保障。

引汉济渭工程前期工作以及工程建设，各级党政领导、专家学者、工程技术人员和广大建设者都为此做出了重大贡献、功不可没，借此向所有参与这项工程的领导者、组织者、建设者以及相关科研单位的专家学者表示感谢！并致以崇高的敬意！

陕西省引汉济渭工程协调领导小组办公室

2017 年 4 月

目　录
CONTENTS

引汉济渭工程前期工作概述[1]

——汉水入渭惠千秋

2015年4月30日上午，从北京传来的一条信息迅速在陕西省水利行业、引汉济渭工程建设管理单位、参建单位和关心支持工程建设的十余个厅局、相关市县的人群中传开。同时，这一信息也在第一时间呈报到省委、省政府主要领导和主管领导的案头。这条信息是引汉济渭工程建设单位驻守北京的同志发来的，内容只有短短几十个字："水利部已正式批复引汉济渭工程初步设计，批复文件正在办理中，特报"。

2015年5月7日，《陕西日报》报道："陕西省引汉济渭工程获得国家水利部批复""国家决定拨付26亿元资金支持引汉济渭工程建设"。一时间，这条信息迅速在陕西省门户网站、陕西省水利网站、《三秦都市报》、西安晚报、华商报等多家媒体转载。这不啻在干旱的三秦大地响起的雷声，轰隆隆从远处而来，到身边一声炸响，让人又惊又喜。

这不由使人想起，2011年7月21日，国家发展改革委员会（以下简称"国家发改委"）以发改农经〔2011〕1559号文件批复引汉济渭工程项目建议书，让曾在常务副省长岗位上兼任第一任引汉济渭工程协调领导小组组长、时任省长不久的赵正永，在十余天后的一次千人领导干部大会上说了非常动情的一句话："这是我履职省长3个月来听到的最振奋人心的消息。"面对这项从提出初步设想已经过了30年，从省水利厅审定省内南水北调查勘报告已经过了20年，从2004年省政府常务会决定启动引汉济渭工程前期工作已经过了12年，且必然对统筹陕西省发展、对国家深入实施西部大开发战略将产生重大影响的水利工程，面对倾斜的大雁塔，面对无水的"绕长安八水"，面对关中大地焦渴的目光，面对历经7年拿到的项目建议书批文，又经两年获得的可行性研究报告批复，经半年到手的初步设计批件，谁又会不感慨万千、惊喜交集、振奋无眠！对我们这些从事具体工作的人来说，真有一种喜极而泣的感受！因为至此，引水工程部分需要国家层面的批复已经全部完成；因为从此，我们可以不

---

[1] 本文是陕西省引汉济渭工程协调领导小组办公室主任蒋建军发表在《中国水利》杂志上的一篇文章，作为本志概述编者采用时对个别字句做了修改。

遮不掩、放开手脚、全力以赴地加快工程建设了；也因为，陕西省水利发展的史册上将会永远铭记这一极为重要的历史时刻！

一、干渴之困

这里曾经是"天府之国"一词的发源地，这里曾经是13个王朝历时1100余年的建都地，这里东西横亘着中国的父亲山——秦岭主峰，流淌中华民族母亲河——黄河的长子渭河，这里也曾经多次因干旱而饿殍载道、民不聊生，这里也因此有了和都江堰、灵渠一样历经数千年的郑国渠。十年九旱是她的基本特点，善治秦者先治水是她千年的结论——这就是陕西关中。

历史进入20世纪90年代，关中之渴再度凸现，1995年60年一遇的罕见干旱再次震惊全省。从前一年的12月初到当年的7月中旬，连续220多天未下有效降雨，尽管西安全市的消防车每天几乎全部出动，从四面八方向西安拉水，尽管全省的矿泉水都在向西安集中，但全市每天的供水量仍不及需求量的一半。部分学校因缺水放假，一些农村人口因缺水被迫投亲靠友，不少企业因缺水停产，农业也因此严重减产。但旱灾的影响还不止于此，还有地下水严重超采，西安市区地面因此沉降加快，地裂缝活动加剧，大雁塔成为"斜塔"，严重的地质灾害危及西安。其实，这一问题早已显现，以至1991年4月6—19日来陕西视察的水利部原部长、全国政协副主席钱正英发出了"抢救西安"的强烈呼吁，并为之迅速行动，很快与时任国务院副总理邹家华促成了石头河水库向西安市供水的应急供水工程建设，进而促成了西安市黑河供水工程建设，使西安市度过了极度缺水的一个时期。

6年之后的2001年10月，钱正英副主席又率由两院院士、专家和国家发改委、建设部、水利部、环保部等部门有关人员组成的考察团，对陕西省渭河流域进行了全面考察。随后全国政协《关于渭河流域综合治理问题的调研报告》引起了党中央、国务院的高度重视，要求将渭河综合治理列入重要议程，充分论证，做好规划，统筹考虑环保和生态问题。按此精神，陕西省在水利部和黄委会指导下，组织有关部门，于2002年12月编制出台了《陕西省渭河流域综合治理规划》。

时间到了2003年，从8月24日到10月6日，渭河连续发生6次大洪水，30万人受灾，直接经济损失30亿元，部分灾区还出现了一些社会稳定问题。在洪水刚刚退去的10月中旬，水利部在北京京西宾馆召开会议，专题研究渭河综合治理规划，还是钱正英副主席，本该做最后总结性讲话的她，第一个站出来充满深情地说："我是怀着对渭河、对陕西人民负疚的心情，以中国唯一一个没有本科毕业证的院士的身份发言；渭河治理必须尽快实施，不但要解决渭河的洪水问题，还应考虑关中13亿方的缺水问题。"（13亿是在关中水的使用效率高于全国平均水平且强化了各种节水措施后的最低缺水量，占关中当时实际生活和工业用水的约80%，笔者注。）她说，在不足400千米的地段上，聚集了西安、宝鸡、咸阳、渭南、铜川等这么多的大中城市，其城市、经济、文化上的密集度，在世界上屈指可数，堪与欧洲的罗纳河流域相媲美，如能很好地解决水的问题，其发展前途不可估量。在她的心里，水成为关中发展的最大问题。

"在粮食、能源与水资源三大战略资源中，陕西省能源资源丰富，粮食基本自给，而水资源短缺的矛盾十分突出，已成为当前和今后一个时期制约陕西省经济社会发展的重要因素"。这是时任陕西省委书记李建国在制定全省"十一五"发展规划时对陕西省情的基本判断，也正是基于这个基本判断，当年他亲自挂帅和分管副省长王寿森带队调研陕西省水资源开发利用问题，其"找水"成为调研成果提出的解决陕西水资源问题的五大（节水、保水、治水、找水、管水）措施之一。

二、解渴之水哪里来

水从哪里来？陕西省水利界的领导、专家学者及全省上下为之进行了坚持不懈的艰苦探索。

基于国家的发展战略和解决黄河缺水问题，水利部早在20世纪八九十年代，就要求黄河水利委员会研究从长江上游向黄河调水的问题，2004年又研究从三峡库区调水入渭济黄（简称"小江调水"）工程，黄河水利委员会为此做了大量卓有成效的工作，但这些工程由于规模大、投资大、技术复杂、相关利益方诉求不一，论证历时长。因此，尽管这些重大工程对关中的缺水问题都给予了重点关注，但除小江调水把引汉济渭和引嘉济汉曾考虑作为其第一期项目且对陕西省有很大启发外，其他项目对陕西省来说，都是远水解不了近渴。

为此，陕西水利界基于陕西省水量71%在陕南这一实际，为尽快解决陕西省缺水问题，提出了从陕南汉江流域调水穿秦岭进入关中渭河流域的许多设想，并于1993年完成了全面普查，2003年完成了综合规划，此后逐步把目标锁定为年可调水0.94亿立方米引红（红岩河）济石（石头河）工程，年可调水0.46亿立方米的引乾（乾祐河）济石（石砭峪河）工程和年可调水15亿立方米的引汉济渭工程，在各方的努力下，引汉济渭工程被列入渭河重点治理规划，并于2005年12月26日获国务院批复。在这期间，鉴于引汉济渭工程规模大、投资多、技术复杂、建设期长，而引乾济石、引红济石调水量小，一时难以缓解关中缺水，为此还研究过引洮（洮河—甘肃省）济渭工程。

在诸多方案比选中，水利部和黄河、长江两大流域机构领导同志为陕西省提出过很多宝贵意见，并给予了很大帮助。还是钱正英副主席，在她的直接关注和不懈的支持下，"引汉济渭"四字终被多数专家同意写进渭河重点治理规划中，使后续的前期工作有了规划上的依据。2002年，时任水利部规划计划司司长的矫勇在水利部听取陕西省对渭河重点治理规划的工作汇报时指出，引洮济渭是从小河向大河调水，是从干旱地区向半干旱半湿润地区调水，且调水量很少，对解决关中缺水问题的作用不大，且跨省调水协调难度大，建议陕西省把解决关中缺水问题的目标放在省内调水上。时任黄委会主任李国英对陕西省提出了同样的建议，希望省政府立足省内调水，解决关中缺水问题。

自此以后，陕西省下决心实施省内南水北调工程。省委书记李建国在他亲自挂帅的调研报告上，明确提出开工建设"两引八库"工程（"两引"指引红济石与引汉济渭），并大踏步地推进了引汉济渭工程的前期工作，从而也抓住了两大难得的历史机遇。一是1998年长江流域大水之后，国家加大了大江大河治理，陕西省委、省政府领导抓住这一机遇，争取水利部把渭河治理列入了国家大江大河治理项目。此后，受水利部委托，黄河水利委员会（以下简称黄委会）牵头开始制定渭河治理规划。二是2003年陕西省渭河流域发生了"3·8"大水，国家进一步加快了渭河流域治理规划过程中的协调与审批步伐，并几经调整最终由国务院批准了《渭河流域近期重点治理规划》。规划明确提出加快研究引汉济渭调水工程。同期国务院制定的《关中-天水经济区发展规划》把引汉济渭工程列为支撑关中发展的重要水源工程。

2007年7月，担任陕西省委书记不久的赵乐际同志组织省委中心学习组听取了水利专家关于渭河保护与治理研究的专题讲座，在全面了解渭河历史功绩、渭河面临困境的基础上，在陕西省最高决策层第一次认定了解决关中水问题的诸多重大举措：其中列在首位的举措是务必加快实施引汉济渭调水工程。水从哪里来的问题解决以后，经几届省委、省政府的强力推进，相关部委的大力支持，相关省的理解配合，终于迎来了引汉济渭工程全面开工建设的新的历史起点。

三、关键的历史时刻

引汉济渭工程已走过风雨兼程的十数年，有许多令人感佩的精彩瞬间，它决定着引汉济渭的今天，深刻影响着引汉济渭的明天，也必将镌刻在陕西水利发展的历史丰碑上。

2007年12月16—17日，水利部与陕西省联合召开咨询论证会，肯定了引汉济渭工程建设的必要性和紧迫性，对水资源配置方案、工程建设与运行的体制机制等诸多重大问题提出了一系列建设性意见，确定了引汉济渭工程按最终规模立项、分步实施的建设方式。这次会议使引汉济渭工程在实施阶段第一次从地方上升到国家层面，明确了引汉济渭前期工作方向，对重大问题给出了解决原则，进一步坚定了陕西省加快推进引汉济渭工程建设的信心和决心。

这次会议的背景是，陈雷部长当年秋天陪时任国务院副总理的曾培炎来陕西省视察工作之余，抽出宝贵时间，在工程现场听取陕西汇报后当场和陕西省主要领导确定的。会议上，水利部副部长矫勇受陈雷部长委托，带来了相关司局和流域机构的负责同志，带来了全国著名水利专家。陕西省分管副省长张伟和曾经长期分管水利工作的原副省长，时任省政协副主席王寿森自始至终参加了这次会议。这次会议是决定引汉济渭工程命运的第一次重要会议，为工作方便选在西安人民大厦进行，此后引汉济渭工程项目建议书的审查、可行性研究和初步设计的多次咨询和审查等多次重要活动在这里举行，每次都有极为重要的技术成果，有专家据此和会议主办方开玩笑说：人民大厦为人民，西安人民大厦是成就你们引汉济渭调水工程的福地呀，其实，在我们心中也把人民大厦当作了引汉济渭工程的吉祥之地。

引汉济渭工程布局的两次优化大幅度提高了工程效益，减少了工程造价，降低了工程建设难度和管理费用。一是，2008年12月23日水规总院对项目建议书审查时进行的第一次优化：将引汉济渭工程出水口由黑河金盆水库上游调整到库外，改为从水库东侧的黄池沟出洞。这一优化，使三河口水库的调节库容由3.4亿立方米增加到5.5亿立方米，最大限度地提高了调水过程中的调节能力，提高了工程的使用效率。二是，2009年11月中咨公司咨询时进行的第二次优化：将秦岭隧洞进口高程降低，使黄金峡泵站扬程由216m降低为113.5米。这一优化，直接的效果是，工程多年平均抽水电量减少了3.36亿千瓦时。这两次大的优化，是水规总院中国国际工程咨询公司（以下简称中咨公司）专家们极为宝贵的智慧和经验的结晶。我们难以忘怀这其中的西北水电设计院原院长、著名设计大师石瑞芳老先生和水利水电规划设计总院（以下简称水规总院）董安建副院长对此所起的作用和贡献。我们还难以忘怀，世界著名大坝专家、两院院士潘家铮老先生因身体原因，在受邀不能参加专家委员会时给我们充满感情的回信和对引汉济渭工程的肯定以及自己人生智慧的建议，还有王浩院士对引汉济渭工程的长期关注和对引汉济渭工程关键问题的梳理，还有所有参建单位工程技术人员对方案的不断优化，还有很多很多专家的贡献。这些人，这些事，陕西人民将永远铭记于心！

2012年12月8日，省委、省政府在引汉济渭工程秦岭隧洞出口黄池沟举行了引汉济渭准备工程建设动员大会。这是陕西水利发展史上规格最高的动员大会，所有省委常委和省人大、省政府、省政协、省军区主要领导出席会议，水利部陈雷部长和水利部总工程师汪洪带领长江水利委员会（以下简称"长委会"）主任蔡其华、黄委会主任陈小江及6个司局长出席会议。陈雷部长在讲话中指出：引汉济渭工程对改善渭河流域的生态环境，对保障当地经济社会发展，促进关中-天水经济区建设，深入推进西部大开发具有十分重要的意义，要求陕西省强化组织领导，加快前期工作，开展科技攻关，把引汉济渭工程建成水资源配置的精品工程、样板工程，建成经得起历史和自然考验、人民群众满意的民生工程、德政工程。陈雷部长的讲话令所有参建者倍感振奋，倍感工程之紧迫，也倍感肩上的责任之重大。这次会议使引汉济渭工程前期准备工程全面启动开工。

2012年9月27日，省人大就引汉济渭工程建设做出专题决议。引汉济渭工程事关陕西省发展大局，省人大在推进工程建设中做出了巨大努力，多名人大常委副主任亲临现场视察，要求把引汉济渭工程建设成具有世界历史文化遗产性质的精品工程。为了举全省之力建设好这项工程，省第十一届人大常委会31次会议听取时任陕西省副省长、省引汉济渭工程协调领导小组组长祝列克代表省政府作的关于引汉济渭工程建设情况汇报，一致同意做出《关于引汉济渭工程建设的决议》。决议从立法的高度，明确要求全省凝聚力量，全力推进工程建设；要求把引汉济渭工程建设成现代化一流工程；要求建立高效完备的管理体制机制；要求高度重视移民安置工作，要求严格保护秦岭生态；要求省政府切实加强对工程建设的领导。这一决议为引汉济渭工程建设提供了强有力的法制保障。

2012年，全国政协委员、省政协主席马中平带领部分驻陕全国政协委员视察引汉济渭工程，并在全国政协十一届五次会议上，就加大引汉济渭工程力度、建立引汉济渭生态补偿机制等提出建议。其实，省政协全国委员会在引汉济渭工程项目的提出、立项和审查阶段，已多次在全国政协会议期间提出相关提案。为引汉济渭工程立项和相关问题的及时解决发挥了重要作用。

2013年2月21日，娄勤俭省长在北京由国新办组织的新闻发布会上向国内外新闻媒体介绍了陕西省经济社会发展取得的显著成效，并根据多家新闻媒体记者提问，重点介绍了引汉济渭工程的情况。他说：引汉济渭工程是陕西省委、省政府确定的一项重大工程。工程建成后，可满足1000万人的用水，支撑500万人的城市规模和7千亿~8千亿元的工业生产总量。工程建成之日，关中历史上缺水的现象，大家电视上看到的排队打水的现象就一去不复返了……这是一项长期工程，因为要穿越秦岭，其中长98千米、埋深两千米的秦岭隧洞，在世界历史与水利发展史上都是一种创举。还有高扬程、大流量泵站建设也有技术上的重大挑战。由陕西省省长在国家媒体上，向全国、全世界介绍引汉济渭工程，彰显了省委省政府建设引汉济渭工程的决心和信心。

2014年2月14日，省委、省政府再次在三河口工程现场召开引汉济渭工程三河口水利枢纽开工建设动员大会，这标志着引汉济渭枢纽准备工程进入全面建设的新阶段。

引汉济渭工程能够尽快全面开工，省委、省政府对移民安置的提前决策并推进也是一个重要的关键时刻。引汉济渭工程有三河口与黄金峡两大枢纽工程，需迁移安置9612名移民、占用土地4412公顷、搬迁4个集镇、改建98千米库区道路和11座桥梁，同时还需要对淹没区的部分输电线路、通信线路和文物古迹进行迁建。对此，2007年11月30日，省政府发布了《陕西省人民政府关于禁止在三河口水库工程占地区和淹没影响区新增建设项目和迁入人口的通告》；2008 年 6 月 27 日，发布了《关于禁止在黄金峡水利枢纽水库淹没区和枢纽工程坝区新增建设项目和迁入人口的通告》。随后，国家相继批复移民安置规划大纲和移民安置规划。2010 年 7 月 7 日，由省委常委、副省长、引汉济渭工程协调领导小组组长洪峰主持召开了移民安置动员大会，至此，引汉济渭工程移民安置工作全面展开。截至 2015 年 4 月，引汉济渭工程已完成了 525 户、1229 名移民和 9 个安置点的建设工作；与 566 户、2153 人签订了移民安置协议；累计有 1815 名移民已经入住安置点。已建成的移民安置点有便利的交通、供水、排水、供电设施，也有整齐划一的移民住房和现代化的学校、医疗和公共服务设施。

四、领跑世界解难题

过去的十数年间，几乎所有参与过引汉济渭工程技术审查的专家都认为，工程建设将面临诸多世界级技术难题。

（一）引汉济渭工程将首次从底部洞穿世界级雄峻山脉——秦岭

在人类历史上，1985 年秘鲁马杰斯-西嘎斯（majes - Siguas）调水工程横穿了世界第一长山脉——安第斯山脉，但穿越点位于海拔 4000 米的山腰（是世界海拔第一高的跨流域调水工程），最长隧洞仅 14.9 千米。引汉济渭工程的穿越点位于海拔 550～510 米的山脚，整体隧洞长达 98.3 千米，施工难度极大。

（二）秦岭隧洞深埋超长隧洞位居世界第一

引汉济渭工程的引水隧洞长度 98.3 千米，最大埋深 2000 米，长度和埋深综合排名世界第一。世界单项长度第一的隧洞为芬兰赫尔辛基调水工程隧洞，总长 120 千米，最大埋深 100 米；世界单项埋深最大的隧洞是锦屏二级引水隧洞，最大埋深 2525 米，但其长度只有 16.7 千米。

（三）高扬程、大流量泵站亚洲第一

黄金峡泵站总装机容量 165 兆瓦，建成后将超过现有亚洲最大泵站。山西万家寨引黄工程总干一级、二级泵站（120 兆瓦），单机配套功率也将超过万家寨引黄工程现有最大水泵的单机容量 12 兆瓦。该泵站规模稍逊于美国埃德蒙斯顿泵站，其泵站总流量 125 立方米每秒，扬程 587 米，单机功率 59 兆瓦，总装机量 826 兆瓦。

（四）三河口 145 米碾压混凝土拱坝亚洲第二

三河口水库 145 米高的碾压混凝土拱坝方案，仅次于云南万家口子 157 米高的碾压混凝土拱坝，位居亚洲第二。

从以上几项技术参数可以看出，引汉济渭工程是一项世界级的宏伟工程，在一些方面已经超出了现有工程设计施工规范，无章可循，急需针对其中的关键技术问题展开研究，支撑工程设计，降低施工和运行风险。

（五）引汉济渭工程难度

一是隧道施工难度堪称世界之最。其中秦岭隧洞越岭段大埋深、难分割的引水隧洞长达40千米，即使采用TBM从两头施工，单向掘进距离为20千米，主洞加上施工支洞，通风距离超过23千米，而全球TBM施工的通风长度的最高纪录是16.2千米。秦岭隧洞的施工和通风设计将是一大严峻挑战。二是工程运行调度极为复杂。引汉济渭工程有两座调蓄水库——黄金峡水库、三河口水库，且正好位于秦岭南坡的暴雨集中区，防洪调度和水资源调度任务交叉耦合，保障关中用水过程，将是一个极为复杂的多参数、多约束、不确定求解问题。此外，15亿立方米水进入关中后，区域内现状55亿立方米水的供水系统格局将面临重大调整，水资源的优化配置问题是工程效益能否充分发挥的关键。三是工程优化设计难度大。四是移民及生态保护任务重。引汉济渭工程移民规模大，安置任务重；工程引水线路经过3个国家级和1个省级自然保护区，生态系统保护的压力也比较大。

针对这些问题，专家们一致建议要提早进行创新性技术研究。为此，2010年1月28日，当时的建设方代表——省引汉济渭办与中铁第一勘察设计研究院集团有限公司（以下简称"铁一院"）、西南交通大学签订了引汉济渭工程秦岭特长隧洞施工通风方案研究合同，启动了工程建设最为关键的技术难题研究工作。2010年4月与中国水利水电科学研究院（以下简称"水科院"）共同拟定了工程控制测量、深埋超长隧洞设计及施工、水库枢纽工程设计与施工、泵站与电站设计及运行、水资源配置、工程运行调度和工程移民及相关风险研究等7项关键技术研究课题。

引汉济渭工程最关键问题之一是秦岭隧洞是否能顺利打通，而其决定性因素是用于秦岭岭脊段隧洞施工的硬岩掘进机即大家常说的TBM能否正常发挥是关键中的关键，由于每台TBM设备需根据不同地质条件量身定做，所以对设备类型和参数的确定从一开始就成为重中之重。2009年7月15—16日，陕西省引汉济渭工程协调领导小组办公室与铁一院共同组织召开了有张国伟、王梦恕、梁文灏院士及史玉新、刘培硕等设计大师参加的秦岭隧洞设计方案论证会，会议得出的基本结论是：岭脊段40千米隧洞采用两台开敞式TBM相向施工的方案是合理可行的，应进一步完善TBM在不良地质段施工的后配套设备、施工通风设备、皮带机出碴和有轨进料设备的选择。在随后不到两年的时间里，建设单位组织了十余次不同形式的会议就此进行专题研究，并在此基础上，于2011年5月，成立了有项目法人、设计单位、施工单位技术人员组成的秦岭隧洞TBM技术准备工作小组，目的是进一步论证TBM设备适应性问题，历时半年多，得出的结论是：秦岭岭南段应选用开敞式TBM施工，岭北段优先选用开敞式 TBM。同时对 TBM 功能需求与参数要求、对工程施工招标、TBM 设备采购、TBM 设计制造、TBM 施工、完工后 TBM 处置、供电系统、TBM 运输道路等工作提出建议。从现在岭北 TBM 进场一年顺利掘进 6000 米的实践来看，这项工作是必需的，成效也是显著的。

工程建设开始以来，这些重大技术难题的破解在省引汉济渭办、引汉济渭建设有限公司都得到强力推进，其部分成果已经在工程中得到应用。随着研究的不断深入和实践上的应用总结完善，必将为确保引汉济渭工程的顺利实施做出重要支撑，也必将刷新世界深埋、超长隧洞的施工纪录，还将为国家南水北调西线工程、小江调水工程积累丰富的宝贵经验，具有领跑世界工程建设的重要科学技术价值。

2015 年 6 月 1 日，一个熟悉的身影出现在引汉济渭三河口枢纽工地，他曾走遍了引汉济渭引水工程的每个工地，他曾沿着引汉济渭 3 号支洞深入到主洞视察，他就是曾经的常务副省长、省长、现任省委书记赵正永。这次视察之后，引汉济渭调水主体工程全面开工，关中供水骨干管网试点工程开工，供水工程最后一千米和后续水源问题也提上了议事日程。再后来，在继任省委书记娄勤俭、继任省长胡和平的大力推动下，关中以至全省的水系规划、渭河生态区建设与利用规划相继完成，以引汉济渭工程为依托，用习近平总书记要求的系统思维，把关中乃至全省的山、水、林、田、湖、湿地作为一个整体深入研究，做好规划，以尽早实现水兴三秦、水润三秦、水美三秦的宏图大业正在深入推进。

引汉济渭，任重而道远！

第一篇
省内南水北调前期研究

陕西省水资源十分紧缺，且在时空上分布上严重不均。在全省总体缺水的省情条件下，渭河流域关中地区的水资源就更为紧缺，而与关中以秦岭相隔的陕南水资源则较为丰富。20世纪80、90年代以来，面对关中地区农业灌溉、城乡生活、工业生产供水严重不足的多重压力，以及因水资源开发过度加之其他原因导致的渭河流域水生态环境日趋恶化的严峻形势，陕西水利界逐步把解决关中缺水的问题目光转向了如何从陕南调水。1984年，陕西省水利电力土木建筑勘测设计院的专家第一次提出了从嘉陵江调水的初步设想。以此为始到省委、省政府决定建设引汉济渭工程，这方面的研究探索一直进行了20多年，最终形成了陕西省南水北调规划，进而开始了引红济石、引乾济石和引汉济渭三大调水工程建设，促使陕西水利建设在21世纪初迈上了新的台阶，并将创造陕西水利建设的巅峰之作。

第一章　省内南水北调研究的历史背景

陕西缺水的省情是省内南水北调研究探索的最大背景。19世纪80年代陕西省水资源紧缺问题日益显现，已经成为制约全省经济社会发展的重大制约因素，社会各界对解决水资源紧缺问题进行了持续不断的探索研究。

第一节　全省水资源概况

陕西水资源总量442亿立方米（此数据为20世纪90年代评价结果，后经重新评价为445亿立方米，见《三秦水利纵横》第89页），人均拥有水资源量1470立方米，为全国人均量的54.1％，为世界人均量的1/8；耕地亩均水资源量780立方米，为全国亩均量的42％。

水资源紧缺且在地域、时间上分布不均更加剧了水资源的紧缺。陕西境内秦岭以南的长江流域，土地面积7.5万平方千米，占全省总面积36.7％，而水资源量313.8亿立方米，占全省总量的71％，人均和耕地亩均分别为全省平均水平的2.6倍和3.6倍。秦岭以北的黄河流域，土地面积为13万平方千米，占全省总面积的63.3％，而水资源只有123.2亿立方米，占全省总量的29％，人均和耕地亩均占有水资源量分别为590立方米和280立方米，大大低于全省平均水平。特别是经济发达、人口占全省60％、耕地占面积占全省55％、工农业产值占全省80％以上的关中地区，水资源总量只有73亿立方米，占全省水资源总量的16％，人均水资源量410立方米，为全省人均量的28％，不到全国人均量的1/6，为世界人均量的1/26。耕地亩均水量不到250立方米，为全省亩均量的1/3，为全国亩均量的1/8。在时间分布的年际间，丰水年水资源量可达到800亿立方米，枯水年水资源量只有280亿立方米，年际间丰枯比为3∶1；在年内分布上，降水主要集中在7—10月，这期间地表径流量占全年60％～70％，而11月到来年2月的枯水季节，地表径流量仅占10％～15％，大部分河流水量锐减甚至出现断流。

第二节　全省水旱灾害概况

水资源紧缺，干旱灾害频发一直是陕西经济社会发展的重大制约因素。据对历史资料分析，从2世纪以来，陕西有旱灾记录的年份600多个，其中全省范围的旱灾234次。陕西干旱资料记载，1629年（明崇祯二年）到1979年的350年间，陕西省发生有记录的旱灾140多次，其中大旱32次，特大干旱4次。其中1629年特大干旱直接引发了明末农民起义，颠覆了历经数百年的明王朝。1877年（清光绪三年）特大干旱，"历冬经春、夏不雨，赤地千里，人相食。"1928—1930年连续三年大旱（史称"民国十八年大旱"），据《陕西干旱志》记载："三年不雨，六料未收，赤地千里，十室九空，饿殍遍野，惨不忍睹。"全省灾民多达600万人，饿死250万人，出逃40万人，人口由940万减少到650万。这一惨绝人寰的特大干旱举世震惊，被列为20世纪世界十大灾害之一。据对1949—1995年资料分析，陕西全省性干旱年份 29 年次，大范围干旱 22 年次，二者合计 51 年次。20 世纪 90 年代，陕西年均因干旱造成的损失多达 38.5 亿元。

第三节　全省水利发展概况

面对干旱频发的严峻挑战，陕西人民为之进行了不屈不挠的艰苦努力，创造了光辉灿烂的治水历史。古代有郑国渠。"渠就，溉泽卤之地，四万余顷"（今 1867 万平方千米），"于是关中为沃野，无凶年，秦以富强，卒并诸侯"。郑国渠与四川的都江堰、广西的灵渠秉承为我国古代著名的三大水利工程。近代有缘起于 1928—1930 年连续大旱之后相继建设的泾惠渠、渭惠渠、洛惠渠等"关中八惠"，开创了陕西乃至全国近代水利建设的先河（钱正英语）。新中国建立以来，陕西水利建设进入突飞猛进的发展阶段，取得了前所未有的巨大成就，支撑了全省经济社会长期的可持续发展。但在 20 世纪 80、90 年代以来，随着工农业生产不断迈上新的台阶，城市规模和小城镇建设水平不断提升，以及水生态环境恶化，全省因资源性、工程性和水质性的缺水问题日益凸显，而渭河流域关中地区的问题更加突出。特别是 20 世纪 90 年代以来，由于气候变化、降水减少、用水增加、水保持作用减少下泄等十大原因，渭河林家村水文站年平均径流量只有 10.72 亿立方米，较以前的 21.8 亿立方米减少 51%，其中，1991 年只有 4.02 亿立方米。这一时期，渭河入黄水量年平均为 43.4 亿立方米，较以前减少 44.6 亿立方米。渭河流域的关中地区水资源紧缺的问题更加严重，干旱造成的经济损失也更加严重。

1994 年 11 月到 1995 年 8 月旱灾，陕西省自上年 12 月到当年 7 月中旬，连续 220 多天未降透雨，降水比常年同期减少 6～9 成，为历史罕见，造成粮食减产 27 亿公斤，造成经济损失多达 66.75 亿元。干旱不仅危及农业与农村，危及工业与城市，也危及社会稳定与安全。干旱最严重时段关中各大中城市和县城供水严重不足，西安市每天仅能供水 50 万吨，只能满足正常需用水量的一半，成为全国最缺水的城市之一。加之长期地下水严重超采，西安市区地面沉降与地裂缝活动加剧，举世闻名的大雁塔出现倾斜，地质灾害危及到城市安全。原国家水利部部长、时任全国政协副主席钱正英带领多名院士来陕西视察后，针对西安市水资源严重不足、地下水严重超采、西安城区地裂缝活动加剧等问题，发出了"抢救西安"的强烈呼吁。缺水不仅严重制约了关中地区经济社会的发展，而且带来了严重的水生态环境问题，加剧了渭河水质的污染程度，渭河沿岸群众的生存环境受到极大威胁。当时人们对渭河生态环境变化有生动形象的概括：50 年代淘米洗菜，80 年代鱼虾不在，90 年代恶臭难耐。渭河生命健康堪忧！关中经济社会发展受制于水！

面对渭河流域关中地区日趋紧张的水资源供需矛盾及其引发的诸多生态环境问题，人们把目光转向了水资源丰富的秦岭以南的汉江、嘉陵江流域。

第二章　省内南水北调的探索过程

省内南水北调方案论证始于 20 世纪 80 年代，到省委、省政府确定建设引汉济渭工程，历时 20 多年。当初，水利电力勘测设计单位的专家提出最初设想后，省水利厅几届领导班子、规划计划处、水资源处、总工办、水利工程咨询中心的专家学者为各种调水方案的论证、完善、审定以及报省政府研究，做了大量工作，使省内南水北调工程逐渐得到省委、省政府领导的高度重视和支持。与此同时，省水利厅于 2001 年还组织相关单位配合开展了引洮（甘肃省境内的洮河）济渭调水方案的探索与研究，并拿出了具体方案；水利部于 2004 年 2 月安排由黄委牵头、长江委配合，开展引江济渭入黄方案研究，于 2008 年拿出了从长江、汉江和嘉陵江调水济渭入黄的三个方案（简称"小江调水"）。省内南水北调、引洮济渭、小江调水经多方比较、相互借鉴、实施难易程度和时机选择等因素考虑，最终陕西省委、省政府确定立足于省内调水，优先实施省内引红济石、引乾济石和引汉济渭工程三项南水北调工程。

第一节　早期研究探索

1984 年 8 月，考虑关中各大灌区灌溉供水严重不足的问题，时任省水利电力土木建筑勘测设计院规划队长王德让提出了《引嘉陵江水源给宝鸡峡调水的意见》，初步提出了从凤县引水的小方案调水和从略阳县引水的大方案调水的两条线路，并做了初步比较研究。这一设想和初步研究成果获得省科协、省人事厅的自然科学四等奖。这是最早见诸文字的省内南水北调的设想。

1986 年，省水电设计院水利专家席思贤在《解决陕西省严重缺水地区供需矛盾的对策》一文中，提出了与王德让基本相同的设想。

1991 年 7—10 月，省水利厅组织编制的《陕西关中灌区综合开发规划》《关中地区水资源供需现状发展预测和供水对策》两项专题对省内南水北调工程做了进一步的前期研究。

1992 年，在黄河水利委员会设计院规划处工作的学者魏剑宏撰写了《南水北调设想——嘉、汉入渭以济陕甘诸省》的文章。他的最终目标是济黄河，但济黄河要通过渭河来实现，其调水思路与陕西省水利专家的设想是基本一致的，可谓不谋而合。

水利专家的探索得到水行政主管部门和省委、省政府决策层的高度关注，不断加大推进力度并相继完成了 3 个阶段工作。

一、1993—1995 年为全面普查阶段

1993 年，省水利厅委托省水利学会组织专家开展了省内南水北调工程查勘工作，提出了 9 条调水线路和 18 个取水点：即引嘉陵江济渭河、引褒河济石头河水库、引胥水河济黑河、引子午河济黑河、引旬河济涝河、引乾祐河济石砭峪水库、引金钱河济灞河等。

1994 年年初，省水利厅刘枢机厅长主持党组会讨论了省内南水北调工程查勘报告，认为提出的调水工程是解决关中缺水问题的重要途径，技术上可行，经济上合理，推荐近期实施引红济石，远期实施引嘉济渭、引子济黑，实现年调水 20 亿立方米。同年 4 月 28 日，省水利厅向省计划委员会报送了查勘成果，紧接着于 1995 年组织普查了三河口水库，为引汉济渭工程确立迈出了重要一步。

二、1996—2003 年为综合规划阶段

在此期间，1997 年，省水利厅南水北调考察组提交了《陕西省两江联合调水工程初步方案意见》，在此基础上对引嘉入汉进行了深入查勘和规划研究，由省水电设计院编制了《陕西省引嘉入汉调水工程初步规划报告》。

2003 年，经过对多种调水线路组合方案的论证与比较，由省水利厅完成了《陕西省南水北调总体规划》。这项规划确定了以引汉济渭调水工程为骨干线路，与引红济石、引乾济石组成的省南水北调总体方案。在综合规划规程中，引乾济石、引红济石工程前期工作全面铺开，并相继开工建设。

先是对引乾济石率先完成了单项工程规划、项建和可行性研究工作，并于 2003 年开工建设，2005 年 7 月 5 日建成长 18.5 千米的引水隧洞工程，同时建设了老林河、龙潭河、太峪河三大引水系统工程，工程完成总投资 2.38 亿元，实现年调水 4697 亿立方米，增加了西安市城市生活供水。

紧接着对列入"九五"规划的引红济石工程进行了查勘，由省水电设计院先后提交了《陕西省引红济石工程查勘报告》和《陕西省引红济石调水工程预可行性研究》和后续工作，并于 2006 年开工建设，目前仍在建设之中。这项工程通过穿越秦岭的 19.76 千米隧洞自流调水进入渭河支流上的石头河水库，年调水 9000 万立方米。

三、2004—2005 年为引汉济渭工程规划论证阶段

引汉济渭工程规划规程中，针对关中的缺水问题，曾先后研究过不同的解决途径，包括对国家修建黄河古贤水库、建设南水北调大西线工程的可能性以及实际的预判，重点比较研究了引洮入渭调水工程、小江调水两大工程，省水利厅和相关专家得出的结论是：黄河古贤

水库具有较强的调控能力，但在国家南水北调西线工程建成前，无水可向关中调引，而国家南水北调大西线工程的实施尚无明确期限，引洮济渭技术难度小，但调水量小，而且是跨省从小河向大河调水，从半干旱地区向半干旱半湿润地区调水，在国家大西线调水实施以前，洮河流域水量同样不足的条件下，近期实施基本无望，小江调水的实施近期也很难实现，相对而言，陕南汉江流域水量丰富、水质良好，且与关中仅以秦岭相隔，跨流域调水难度相对较小，且调水区在本省境内，调水区、受水区之间的问题易于协调解决。因此，应把引汉济渭工程列为首选项目。

经过多方案比较，省委、省政府和相关部门在建设引汉济渭工程上基本达成共识，并对引汉济渭调水赋予了新的意义，就是在解决关中近期缺水问题的同时，也是解决近、中期陕北能源化工基地用水的重要前提。这一情况决定了引汉济渭工程将成为陕西省具有全局性、基础性、公益性和战略性的水资源配置工程、城镇供水工程和渭河水生态环境的整治工程。

2005年12月，国务院批准了水利部组织编制的《渭河流域重点治理规划》。这一规划充分肯定了从外流域调水解决关中缺水的必要性，并要求加快引汉济渭调水工程前期工作。为此，省水利厅组成专门班子，委托陕西省水利水电工程咨询中心编制了《引汉济渭调水工程规划报告》，对引汉济渭工程的调水规模、受水范围、工程方案进行了优化完善。

第二节　引洮济渭调水方案研究

引洮济渭调水方案是与陕西省南水北调工程同期研究的调水方案。

2001年元旦，在全国政协新年茶话会上，温家宝（时任国家副总理）向钱正英（时任全国政协副主席、曾任国家水利部部长）建议："中国可持续发展水资源战略研究"（简称"中国水资源"）项目组在完成这一课题后，再选一个项目开展战略性咨询研究。茶话会后项目组组长钱正英，先后于1月4日、11日和3月2日、22日多次在中国工程院主持召开"中国水资源"项目综合组会议，最终确定开展"西北地区水资源配置、生态环境建设和可持续发展战略研究"（简称"西北水资源"）。2001年5月，钱正英率领全国政协和中国工程院的专家来陕西实地考察，结合甘肃省引洮工程，提出通过引洮入渭解决关中的用水问题，并为综合治理渭河补充生态用水。后在水利部的安排下，由黄委会同陕西、甘肃两省水利厅进行引洮入渭规划研究，根据三方商定的工作大纲，陕西省水利厅在以往规划成果的基础上，对引洮济渭调水进行了深入研究，完成了《陕西省引洮入渭规划研究》报告。

整个报告共分为渭河流域概况、渭河流域水资源条件、水资源开发利用状况、社会经济发展和需水量预测、水资源开发利用潜力及水源工程安排意见、节水潜力分析、引洮入渭工程引水线路初步研究、调蓄工程规划研究和结论意见9部分。

"引洮入渭"工程引水线路初步研究提出了4条引水线路方案。

一、西宁庄引水线路

从洮河西宁庄建低坝引水，引水高程2440米，沿洮河右岸台地至岷县约30千米明渠引水，在岷县东从纳纳河进洞，跨分水岭洞长约20千米，洞出口位于漳县菜子川，从菜子川即可汇入渭河支流榜沙河，此线路为跨分水岭隧洞最短的调水线路，主要问题是有30千米明渠及穿岷县县域区南有干扰，迁移和占地等问题多。

二、岷县引水线路

从洮河岷县县城以下红河区间筑低坝引水，引水水位以不影响岷县县城为原则，岷县城高程大体在2300米左右，引水高程可选在2280～2288米之间，引水直接进入洮渭分水岭隧洞，越岭隧洞长24千米，隧洞出口也位于菜子川，入菜子川而下流入渭河支流榜沙河。同时可在上游西宁庄建库调节，在此建低坝引水。

三、九甸峡库区引水线路

在九甸峡库区河道大转弯处，右岸拉麻坪附近引水，向东穿越分水岭，越岭隧洞长约40千米，洞出口位于殪虎桥西支沟（渭河流域内支沟）附近，引水高程2159米（九甸峡水库死水位2164米），隧洞出口大约在2130米。

四、九甸峡枢纽引水线路

甘肃引洮灌溉工程取水于九甸峡枢纽上游右岸，取水口高程2159米，进入灌区高程2102.3米，总干渠设计流量32立方米每秒，加大流量36立方米每秒，年引水量5.5亿立方米，占九甸峡断面多年平均径流量42.04亿立方米的13.08%。

引洮总干渠从九甸峡开始至陇西大营梁全长109.7千米，其中隧洞18座，全长94.43千米，占总干渠全长的86%。引洮入渭可与甘肃引洮工程联合引水，引洮入渭水量可从总干渠引水至总干渠7号隧洞出口汇入渭河流域上游的支流而流入渭河干流。依据陕西省关中水资源平衡结果及洮河水量实际情况，不包括甘肃用水及河道输水损失，陕西省规划引洮入陕（椿树滩断面）水量7亿立方米。以上4条调水线路，从技术经济、管理运行综合比较，项目组推荐从洮河岷县县城下游引水线路方案。这一方案工程简单，前期工作量小，水源丰富，易于实施。

调蓄工程规划研究提出了调蓄工程建设的总体设想。研究报告认为，为满足各类用户对引洮供水量的需求，通过调蓄工程对洮河水资源进行时间过程的重新分配十分必要。经初步踏勘，在洮河干流岷县以上河段（即河源区）具备建库的条件，可直接对洮河河源来水和引黄入洮水量进行调节，在渭河林家村以上陕西境内的几条主要支流上（受水区）也分别具有建库条件。因此，无论在河源区或受水区都有设置调蓄工程的可能性。规划报告提出如下调蓄措施方案进行比选：

（1）西宁庄建库方案。西宁庄水库，是甘肃省原洮河梯级开发规划选点中的一个梯级，坝址位于引洮工程取水口以上约 35 千米，原规划坝高 67 米，总库容约 2.34 亿立方米。

（2）九甸峡水库加高方案。九甸峡水库位于洮河下游，是洮河规划中最末的一个梯级，原规划以灌溉供水为主，结合发电等综合利用。规划最大坝高 159 米，总库容 9.1 亿立方米，兴利库容 5.4 亿立方米。规划灌区 100 万亩，平均年供水量 5.5 亿立方米。

（3）在渭河林家村断面以上陕西境内的主要支流建库。渭河林家村以上陕西境内有通关河、小水河和六川河 3 条较大的支流，总流域面积 1349 平方千米，多年平均径流量 2.27 亿立方米，这 3 条支流的下游河段均有建库条件，并分别规划有通关河、小水河和六川河 3 座水库。

（4）利用宝鸡峡灌区渠首加闸水库和灌区已成水库调蓄。宝鸡峡灌区于 1971 年建成通水，灌区配套有 4 座渠库结合形式的水库，水库的任务是以拦蓄渭河非灌溉季节水量和灌溉季节多余水量为目的，蓄水沙限为 3%。原设计总库容 2.29 亿立方米，兴利库容 1.62 亿立方米，由于多种原因造成个别水库比较严重的淤积，截至 2000 年年底，4 座水库剩余兴利库容 1.11 亿立方米。目前宝鸡峡灌区正在林家村渠首实施加坝加闸工程，水闸枢纽设计总库容 0.5 亿立方米，终极库容 0.38 亿立方米。

经对以上调蓄方案比较，研究报告认为：在渭河林家村以上陕西境内主要支流建库和利用宝鸡峡灌区已有水库进行调蓄的方案，均有一定的前期工作基础，其中小水河水库的前期工作已进入项目建议书阶段。同时，这些调蓄工程均位于受水区附近，供水保证程度相对较高，且工程集中，便于管理。因此，规划推荐采用林家村以上支流建库和利用宝鸡峡已成水库调蓄方案。

研究报告最终的结论意见是：①渭河流域水资源贫乏，全流域（陕西境内，下同）自产地表水资源量 60.2 亿立方米，地下水资源量 48.7 亿立方米，重复量 40.37 亿立方米，水资源总量为 68.49 亿立方米，人均 309 立方米，亩均 274 立方米；如加上入境水量 43.4 亿立方米，水资源总量为 111.89 亿立方米，人均仍只有 504 立方米。②当地水资源开发潜力十分有限，全流域现状供水量近年平均为 51 亿～53 亿立方米，已占到水资源总量（包括入境水）111.89 亿立方米的 46.5%，地下水开采量 30.32 亿立方米，已接近可开采量 31.6 亿立方米。全区水资源可利用量为 62 亿立方米，开发利用的潜力仅有 10.2 亿立方米，其中地表水 9 亿立方米，地下水 1.2 亿立方米。③缺水严重，目前全流域在 $P=75\%$ 情况下，现状需水 72.6 亿立方米，与现状可供水量 57.91 亿立方米相比，缺水 14.69 亿立方米，与实供水量相比缺水 21.13 亿立方米；根据陕西省社会经济发展规划，预测 2010 年全流域需水 93.56 亿立方米，在开发利用本流域水资源的黑河水库、东庄水库、南沟门水库等水源工程实施后，仍缺水 20.5 亿立方米；2020 年需水 111.14 亿立方米，缺水量更大，在实施一期引洮入渭工程增引水量 7 亿立方米后，仍缺 25.2 亿立方米。④解决渭河流域缺水问题，特别是关中地区实施西部大开发受水的制约问题，除开发挖掘本流域水资源和节水外，必须调引外流域水源才能解决，在黄河古贤引水、汉江调水及引洮入渭三个调水方案中，按照国家的安排，黄河古贤水库尚需在小浪底水库运行一段时间后才能建设；汉江调水提水扬程高达 400.00 米，穿越秦岭隧洞长达 37 千米，工程量大而艰巨；唯引洮入渭工程较为简单，易于实施，将来又能结合南水北调西线工程，因此，目前急需实施引洮入渭工程，以解决关中用水的燃眉之急。⑤引洮入渭入陕水量在 2010 年至少需要 7 亿立方米，其中 4.98 亿立方米用于城市和工业用水，补充渭河生态用水 2.02 亿立方米，仅能维持河道自净能力，彻底解决渭河生态环境用水还要依靠二期引洮和西线南水北调工程。2020 年，引洮入渭入陕水量至少增加 8 亿立方米，达到 15 亿立方米。⑥无论采用哪个引水方案，从相互影响及功能上讲，引洮入渭工程和甘肃省九甸峡工程都是一个整体，需要统筹安排。在引洮入渭西宁庄引水、岷县引水、九甸峡库区引水和九甸峡枢纽引水四条引水线路方案中，因岷县引水方案线路短，工程简单，受益快，故作为推荐方案。

第三节　小江调水方案研究

2001 年，三峡建设委员会有关专家提出从长江三峡库区支流小江抽水"入渭、济黄、北调"的方案（简称"小江调水"），供水目标为补充黄河下游水量，并向华北地区供水。国务院批准南水北调东、中线开工后，2003 年 9 月将供水目标由供水华北地区修订为济渭济黄，2004 年 6 月提出了《三峡水库引江济渭济黄第一期工程研究报告》，调水方案分为二期，总调水量 103 亿立方米，其中第一期工程调水 40 亿立方米。对此，水利部高度重视，并于 2004 年 2 月安排由黄河水利委员会（以下简称"黄委"）牵头、长江水利委员会（以下简称"长江委"）配合，开展引江济渭入黄方案的研究工作，同时成立咨询专家组，对工作进行全程跟踪咨询。2004 年 4 月，项目组讨论形成了《工作大纲》并启动研究工作，并就关键技术问题与多家科研单位联合攻关，于 2005 年 6 月形成阶段性成果，由黄委组织在京召开了专家咨询会。会后，项目组对该成果进行了进一步的补充和完善。2008 年，项目组提交了包括受水区缺水形势及水量需求、调出区可调水量及调水影响、调水方案工程总体布置、调水作用和效果分析等 13 份专题研究报告在内的研究成果。

本次研究提出的成果是：小江调水方案从三峡库区小江抽水，沿程调引高山水库少量水量，输水线路全长 453.3 千米，其中隧洞长 307 千米，抽水扬程 382～376 米，投资 943 亿～1329 亿元。研究了 40.1 亿立方米、55.2 亿立方米和 102.9 亿立方米等调水规模，综合考虑受水区需求、调水影响、工程规模等因素，调水规模宜为 55.2 亿立方米。小江调水 55.2 亿立方米方案，减少三峡电站保证出力 150 兆瓦，发电量 7.97 亿千瓦时；考虑结合抽水蓄能电站及各项收入后，每年仍需国家补贴运行费用 9.5 亿元。小江调水以向渭河及黄河下游河道提供输沙水量为主，输沙减淤效果较为明显。调水 55.2 亿立方米方案，渭河下游年均分别减淤 0.20 亿吨，平滩流量达到 2950 立方米每秒，渭河下游河段全部发生冲刷，黄河下游河道年均减淤 0.84 亿吨。

小江调水研究涉及长江、黄河两大流域以及汉江、嘉陵江、渭河等多个支流的水资源配置，涉及三峡、丹江口、三门峡、小浪底等多座水利工程的调度运用，敏感问题多、研究难度大。通过多家研究单位的共同攻关，提出了 7 条主要结论和认识：①黄河及渭河流域均属资源型缺水地区，跨流域调水工程是解决缺水问题的根本措施。②从黄河流域综合治理的整体需求出发，结合调水工程布局及调水规模，小江调水的受水区范围为渭河流域关中地区和黄河干流潼关以下河段。③小江调水各调水线路均具有输水线路长、抽水扬程高、工程规模大、工程较为艰巨等特点。④长江干支流调水河段水量较为丰富，但是各调水方案的可调水量都有一定的制约因素。⑤小江调水各调水方案调水规模及其过程不同，对渭河和黄河的作用也有很大的差别。⑥调水工程方案的实施应分轻重缓急，遵循先易后难、分步实施的原则，近期水平年宜先实施引汉济渭工程，基本解决渭河中下游缺水问题，缓解渭河流域水资源短缺的燃眉之急。⑦小江调水方案和南水北调西线工程均为向黄河流域调水的方案，两种方案具有不同的供水范围和目标，小江调水方案难以解决潼关以上地区和宁蒙河段、小北干流河段的淤积问题。两个调水方案不可相互替代，可相互补充，共同解决黄河流域的缺水问题。

2005 年 6 月 9—10 日，黄委在北京组织召开了《引江济渭入黄方案研究阶段成果》专家咨询会，参加会议的有咨询专家组专家和有关单位的代表共计 80 余人。水利部总工刘宁主持会议，水利部矫勇副部长出席会议并发表了讲话，原政协副主席、咨询专家组顾问钱正英院士、三峡办主任、咨询专家组顾问郭树言、潘家铮院士等咨询专家，经对小江调水、引汉济渭、引嘉入汉济渭等三大工程比较，发表了极为重要的咨询意见。

钱正英院士认为：以郭树言为首提出的小江调水是一个有战略意义的设想。它有三个特点：①水源最可靠；②从长江、黄河在全国的布局看，长江离黄河、渭河是最近的，从现代技术来讲，工程是可以做的，就是花多少钱的问题；③可以作为三峡效益的延伸。所以这个设想是很有战略意义的。但是缺点是运行成本、建设成本比较高，为了解决问题，总是要首先选用成本比较低的方案，对渭河来讲，赞成选用比较简单的方法。这个方案在历史上保存下来还是可以作为南水北调的最后王牌。

郭树言认为：开展引江济渭入黄方案的研究，着眼点主要不在于解决渭河的问题，而是在于济渭济黄。小江调水方案为黄河下游补水后，可以调整分水指标增加中上游地区用水。这次咨询会议应该明确调水方案是解决渭河关中地区的工业用水问题，还是彻底根治渭河，或者使黄河能够良性循环？不能仅局限于解决渭河特别是关中地区的用水问题，最终目标是要解决黄河的问题，黄河的问题解决了渭河的问题捎带就解决了。下一步工作，应该严格按照大纲，补充完善工作内容。水利部要协调黄委和长江委的关系，争取顺利完成工作。

潘家铮院士认为：黄委提出最终的目标是明确的，要分三步走："遏制、恢复、维持"，小江调水可以逐步地满足。①第一步先从汉江调水15亿立方米，比较容易决策，工作比较容易，工程量也比较小。15亿立方米水到渭河，当然不能达到最终的目标，但是可以缓解当前非常困难的缺水问题。第二步，在15亿立方米水的基础上再加10亿立方米或者更多一些，再加上东庄水库，能够进一步使河道得到恢复。第三步就把小江的水调过来。②引汉济渭不能较彻底地解决渭河的问题，更不能解决黄河的问题，所以同时抓紧研究小江调水方案。③有人说渭河主要缺水是农业缺水，尤其在渭北高原，调过来的水成本很高，根本用不起。我认为这个问题并不存在。目前是工业挤农业，农业挤生态。所以水调到渭河以后，总量上补充短缺，过去被挤占的水要退出来。这个水账是统算的，根本不存在让农业去用调来的水，工业用原来的水。

这次咨询会议之后，参加会议的陕西省水利厅副厅长田万全于2005年6月14日向省水利厅作了专题汇报，并对加快引汉济渭、东庄水库前期工作提出了重要建议。汇报认为：从《引江济渭入黄工程方案研究阶段成果》和专家咨询意见可以看出，各方面一致认为，解决当前渭河流域水资源短缺和下游淤积问题是当务之急，应首先尽快实施引汉济渭调水和东庄水库工程。为此，陕西省应抓住这一好的机遇，抓紧开展两项工程的前期工作，使之早日立项建设。具体建议：一是尽快向国家水利部和发改委上报东庄水库项目建议书和《陕西省省内南水北调总体规划》，同时年内抓紧编制完成引汉济渭调水工程项目建议书，为给该工程立项打好基础和提供依据。二是建议尽快安排东庄水库和引汉济渭工程可行性研究阶段工作，2007年上半年完成可行性研究编制。建议省政府为两项工程可行性研究阶段的工作安排经费1.2亿元。三是建议成立引汉济渭和东庄水库工程前期工作专管机构。为了加强两项工程的前期管理工作，建议在不增加编制的基础上，在陕西省水利厅设立重大水利项目办公室，作为省内南水北调工程筹备领导小组的办事机构，具体负责制定两个项目可行性研究阶段工作。上述重要建议经省水利厅研究并向省政府汇报后基本得到全部落实，为推进引汉济渭工程前期工作发挥了重要作用。

第三章 省内南水北调总体规划

根据多年研究成果，以及与引洮济渭、两江联合调水等方案比较，陕西逐步对省内南水北调这一战略措施达成共识，并于2003年组织编制完成了《陕西省南水北调工程总体规划》。

第一节 规 划 编 制 过 程

省内南水北调规划编制，经历了从初步设想到完成总体规划的较长过程。1993年，省水利厅组织完成了《陕西省南水北调查勘报告》，推荐先行实施引红济石调水工程，并经省政府列为近期建设项目，完成了可行性研究阶段的前期工作。1996年，省水利厅组织对查勘报告进行了补充研究论证，于1997年2月，完成了《陕西省两江联合调水工程初步方案意见》（两江联合调水工程即引嘉入汉工程和引汉济渭工程的总称）。1997年1月，省政府组织有关部门对汉江干流规划逐级进行考察，期间程安东省长指示要把引嘉入汉工程纳入汉江梯级开发规划一并考虑。同年5月，省水电设计院完成了引嘉入汉工程规划。2000年为利用西康高速公路建设的有利时机，把引乾（乾祐河）入石（石砭峪）调水工程的越岭隧洞与秦岭终南山公路隧道建设结合起来，达到一洞两用、早建设、早收益的目的，按照省水利厅的安排，由厅咨询中心于2001年4完成了引乾入石调水工程规划。此后，省水利厅组成由总工田万全、副总工吴建民、邓贤艺、规划计划处处长李永杰、项目规划办主任张亚平组成的领导小组，由省水利厅咨询中心主任王建杰、副主任田进分别为总负责人和执行负责人，开始编制《陕西省南水北调工程总体规划》。这项工作从2001年初正式开始，期间又与引洮入渭调水方案进行了比较。2002年4月至2003年8月，曾多次组织有关专家对报告进行了研讨、初审和审查，基本确定了省内南水北调总体规划所确定的调水规模、调水工程方案以及实施安排意见等。同时，按照国家有关部门的意见，为了尽量减免国家南水北调中线工程和陕西省南水北调工程调水后对汉江下游的影响，总体规划还增加了引嘉（嘉陵江）入汉（汉江）补水工程的有关内容。

第二节 总 体 规 划 概 述

《陕西省南水北调工程总体规划》包括前言在内，共分14个部分：即省内南水北调的必要性；规划的指导思想及目标任务；调水区概况；调水线路选择及总体规划方案；需调水量分析确定；可调水量与工程规模；工程总体布置及水工建筑物；水库淹没及工程占地；环境影响；工程管理；投资估算、经济评价及方案比选；实施步骤与计划安排意见；引嘉入汉补水工程方案意见；结论及建议。另有16份附图和《陕西省南水北调工程引汉济渭调水工程规划》《陕西省南水北调工程引乾入石调水工程规划》两个附件。

一、调水区概况

陕西省秦岭以南的长江流域，地处陕南秦巴山区，包括嘉陵江和汉江两大水系，总面积约7.23万平方千米，占全省总面积的35.2%。嘉陵江位于西部，发源于秦岭南麓凤县代王山，由北而南进入四川境内，省界以上流域面积2.92万平方千米，其中省内面积1.004万平方千米；汉江发源于宁强县嶓冢山，从西向东横贯秦岭与巴山之间，省界以上流域面积6.667万平方千米，其中省内面积6.226万平方千米。受地理位置、地形地貌及季风环流综合作用的影响，陕南长江流域具有亚热带湿润区的气候特征，雨量充沛，水资源丰富，多年平均在出境断面以上总水量387.85亿立方米，其中省内产水量319.19亿立方米；嘉陵江在出省界以上产水量95.85亿立方米，其中省内53.64亿立方米；汉江水系在出省界以上产水量292.0亿立方米，其中省内265.53亿立方米。由于客观条件所限，陕南工农业生产水平相对较低，至2000年仅有总人口900余万人，各类耕地约970万亩，其中灌溉面积317万亩，工农业生产及城乡生活总耗水量不足13亿立方米，占全区自产河川径流量的4.0%，具有十分有利的跨流域向关中调水的水源条件。

二、工程选址及调水线路比选

陕西省南水北调在查勘选线阶段共选有9条调水线路和18个取水点，包括从嘉陵江直接调水到渭河水系，从汉江支流褒河、湑水河、子午河、洵河、乾祐河、金钱河调水到渭河水系，从嘉陵江干流调水到汉江、再从汉江调水到渭河的联合运用调水线路等；应急工程选线是根据西安、咸阳等城市当前缺水的燃眉之急，在全面查勘选线的基础上经进一步补充论证从中择优选取了"引红济石"和"引乾入石"两项小型调水工程作为近期开发建设项目；总体规划阶段除了对以上线路进行重点规划研究外，还对两个补充选线：子午河以西汉江左岸支流串联至三河口水库代替汉江干流的取水方式，以及从洵河规划的柴坪水库和旬阳梯级取水穿越秦岭至渭河支流沣河引水线路进行了必要的分析论证。根据关中地区不同时期对水资源的需求状况，经过对各条线路及其组合方案的经济合理性、技术可行性和环境影响等方面的论证比选，省内南水北调总体规划选择了东、西、中三条调水线路组合方案：东线引乾（乾祐河）入石（石砭峪）、西线引红（褒河支流红岩河）济石（石头河）和中线引汉济渭工程。东、西、中三条线路进入渭河的位置均在西安上游，骨干工程引汉济渭供水高程可以控制关中地区 500 米以下的范围，且三条线路末端均有已成水库调节，有利于水资源的优化配置。

三、规划确定的可调水量与工程规模

（1）需调水量：根据关中地区水资源一次供需分析，2000 水平年 75％代表年各部门需水量为 72.5 亿立方米，实际可供水量 52.97 亿立方米，缺水量 19.77 亿立方米。在节约用水、优化配置水资源的基础上，2010 年、2020 年 75％代表年的河道外总需水量分别为 78.75 亿立方米和 80.77 亿立方米；在不增加供水的前提下，分别缺水 26.01 亿立方米和 28.01 亿立方米。按照适度开发当地地下水资源的原则，对地下水必须实行开采总量控制，合理调整开发布局；同时挖掘配套当地地表水资源，2010 年前完成黑河金盆水库、三原西郊水库、东雷二期抽黄、宝鸡峡渠首加闸等续建工程，新建北洛河南沟门水库等水源工程，实施污水回用和雨水利用等，75％代表年净增可供水量 12.86 亿立方米，全区可供水量达到 65.83 亿立方米，使 2010 水平年缺水量由现状 19.77 亿立方米减至 13.29 亿立方米，供需矛盾有所缓解；2011—2020 年建设黑河亭口水库、埝里水库及引洛入支大峪河水库等水源工程，继续实施污水回用和雨水利用等，但由于至 2020 年已有工程的供水能力也有一定程度的衰减，加之渭河水资源开发潜力已趋于极限，估算 2020 年区内水资源 75％代表年的可供水量为 67.30 亿立方米，缺水 13.84 亿立方米。所以在强化节水和充分利用、优化配置当地水资源的前提下，维持关中地区经济与社会正常发展对水资源的需求尚有近 14 亿立方米的缺口，考虑到未来工业及生活需水比重逐步上升，对需求保证率越来越高的趋势，确定工业及生活河道外需跨流域调水的规模为 15 亿立方米；再考虑河道内生态环境用水的最低限度补水量 2.0 亿立方米，故 2020 水平年关中地区需调水量约 17.0 亿立方米。

（2）可调水量与工程规模：引红济石调水工程，坝址以上控制流域面积 367 平方千米，平均年径流量 1.415 亿立方米，根据坝址地形条件和水文特性，宜采用无调节引水方式，按照日平均流量分析，结合越岭输入隧洞最小施工断面确定设计引水流量 13.5 立方米每秒，年均引水量 1.042 亿立方米。

引乾入石调水工程，引水流域包括分布在西康公路秦岭终南山隧道南口两侧的老林沟、沙沟、小峪沟和黄土梁沟共 4 条乾祐河支流，合计流域面积 306 平方千米，平均年径流量 1.02 亿立方米。按照四个低坝取水枢纽日平均流量分析结果，结合公路隧道输水工程施工断面，确定设计引水流量 8.0 立方米每秒，平均年可供引水量约 0.65 亿立方米；为避免对乾祐河下游河段生态环境产生影响，在枯水期不引或少引的原则下，平均年引水量 0.49 亿立方米。

引汉济渭调水工程，根据总体规划确定的 17.0 亿立方米规模，除去引红济石和引乾入石

合计可调水量约 1.5 亿立方米外，则引汉济渭需调水量约为 15.5 亿立方米。引汉济渭工程取水点分别选在汉江干流的黄金峡水库和子午河中游规划的三河口水库两处，并组成抽水、自流和混合（抽水加自流）三个调水方案。

黄金峡水库坝址以上控制流域面积 1.707 万平方千米，平均年径流量 73.6 亿立方米，原规划是一个仅有日调节性能以发电为主的水库，因此引汉济渭工程未考虑黄金峡水库的调蓄作用。根据黄金峡断面上游扣水后的逐日平均流量分析，确定设计引水流量 40 立方米每秒，年可引水量 11.36 亿立方米，历时保证率为 76.4％。

三河口水库坝址处河床高程 535 米，控制流域面积 2254 平方千米，平均年径流量 9.01 亿立方米。在抽水和自流方案中，以调蓄自产径流、单独运行为主，在保证下游生产、生活和生态环境用水的前提下，确定水库调节供水流量为 15 立方米每秒（全年平均），水库正常蓄水位 602 米，相应库容 2.40 亿立方米，其中调节库容 2.0 亿立方米，平均年调节水量 4.69 亿立方米，供水保证率 84.6％。则在抽水和自流方案时，黄金峡水库可引水量和三河口水库调节水量的组合为 16.05 亿立方米，基本满足总体规划的要求。

抽水方案还在黑河上游规划有陈家坪水库，除回收部分动能以外，还可按照受水区的不同要求，对调入水量进行调节；规划按照 15.50 亿立方米需水量和各月均匀供水的要求进行调算，陈家坪水库正常蓄水位为 779.60 米，调节库容为 2.16 亿立方米，坝后电站装机容量为 10 万千瓦。

在混合方案中，三河口水库以调蓄黄金峡抽入水量为主，对抽入水量和自产水进行联合调节，规划水库死水位 612.00～617.00 米（满足自流进入金盆水库正常蓄水位以上），按照各月均匀供水要求，正常高水位 636.91 米，相应库容 6.48 亿立方米，其中调节库容 2.6 亿～3.05 亿立方米，年调节水量 15.50 亿立方米，供水保证率约 76.9％。

第三节 工程总体布置

一、引红济石调水工程

工程坝址选于太白县西南约 8 千米处的关山村，规划采用低坝无调节取水，自流方案主体工程主要由取水枢纽、暗渠和越岭隧洞三部分组成。取水枢纽混凝土溢流坝段坝高 7 米，进水闸设计流量 13.5 立方米每秒，闸后接暗渠长 560 米至输水隧洞进口，隧洞长 19.71 千米，城门洞型高 3.2 米、宽 2.8 米，规划采用钻爆法施工。

二、引乾入石调水工程

采用分散取水，集中进洞（公路隧道）和洞内明槽输水的总体布置方案。主体工程主要由洞前取水与引水工程、公路隧道输水工程两部分组成。取水枢纽除沙沟拦河坝高60米外，其余均为坝高小于10米的溢流坝，抬高水位，坝型用浆砌石。引水渠道设四条支渠和东、西两条干渠，全长13.0千米，其中短洞7座，长3.15千米，干渠最大设计流量8.0立方米每秒。东、西干渠在公路隧洞南口西侧约800米处设进洞压力前池，公路隧道全长18.0千米，人字形底坡，规划在驼峰前3.5千米采用管径1.8米混凝土压力管；驼峰以后14.5千米为盖板明槽，矩形断面，渠深2.0米，底宽1.3～2.0米。

三、引汉济渭调水工程

为减少调水工程的抽水能耗，引汉济渭工程采用干支流分散取水方式：干流的取水点选于规划的黄金峡梯级库区金水沟内；支流的取水点选于子午河中游汶水、蒲河、椒溪河3条支流汇合的三河口村。工程的总体布置有抽水、自流和混合3个方案。

（1）抽水方案：分别从黄金峡水库死水位440.00米和三河口水库死水位560.00米抽水至840.00米，汇合后沿椒溪河主流向北，在佛坪县城以北约2千米处进洞穿越秦岭主峰（越岭隧洞长39千米），出洞后进入黑河规划的陈家坪水库。抽水方案主要由黄金峡枢纽、三河口水库（低坝）、陈家坪水库、黄金峡和三河口水源泵站、干支输水渠道（包括越岭隧洞）、电站及抽水站的输变电等工程组成。

（2）自流方案：从三河口水库坝后电站尾水取水，引水至金水沟设二级电站，尾水汇入黄金峡水库；再从黄金峡水库死水位440米取水，经100千米超长越岭隧洞进入黑河支流田峪河。自流方案主要由黄金峡枢纽、三河口水库（低坝）、电站和输水隧洞等工程组成。

（3）混合方案：从黄金峡水库死水位440.00米抽水至643.00米，并引水至三河口水库（高坝）进行联合调节，再从水库死水位617.00米取水，以63千米的越岭隧洞自流进入黑河金盆水库正常蓄水位以上。混合方案主要由黄金峡枢纽、三河口水库（高坝）、黄金峡水源泵站、干支渠输水渠道（包括越岭隧洞）、电站（包括金盆电站扩机）及抽水站的输变电等工程组成。

本阶段各方案工程规划，黄金峡梯级取水和输水工程流量为46立方米每秒，三河口水库和输水工程流量为18立方米每秒，两水源汇合后的干渠流量为64立方米每秒。规划经过综合比较论证，推荐采用混合方案。

第四节　淹没占地及环境影响

（1）淹没及占地：陕西省南水北调东、中、西三条线路地处秦岭山区，人烟稀少。规划黄金峡、三河口和陈家坪三座骨干水库工程，库区多为峡谷地形，淹没损失相对较小，输水工程多采用隧洞形式，地面建筑不多，工程占地很少。三项工程共计淹没迁移人口约3900人，永久占地约3700亩。

（2）环境影响：调水区属亚热带湿润气候区，工程所在地秦岭山区蕴藏着丰富的植物资源和金丝猴、大熊猫等多种野生珍稀动物，国家已建成多个珍稀野生动物自然保护区和植被生态自然保护区。汉江水系水生生物品种多，共有6科94种，黄金峡段记载有鱼类45种，没有珍稀种和特有种。调水区水质良好，可达到《地表水环境质量标准》Ⅱ类水质。

陕西省南水北调工程调水量17.0亿立方米，一方面对解决关中地区缺水问题，改善渭河中下游和黄河干流的生态环境具有十分重要的作用；另一方面调水工程对调水河流下游的水文条件势必产生一定影响，尤其是引红济石和引乾入石工程，调水量占取水断面径流总量的40%以上，因此应按照枯水期不引或少引、平水和丰水期多引、充分发挥已成水库调蓄作用的规划指导思想进行管理。引汉济渭工程引水量15.5亿立方米，约占石泉断面平均年径流量的14.7%，占白河断面出境水量的6.3%，对汉江干流河道外用水影响甚微。但对已建成的石泉、安康电站将产生一定影响，估算可能减少两电站保证出力约1.0万千瓦，减少年发电量约1.56亿千瓦时。引汉济渭调水量仅占汉江丹江口断面平均年径流量的4%，且国家南水北调中线已按照陕西多次提供的引汉济渭引水量进行了扣水，若考虑到受水区的需要，可再实施引嘉入汉补水工程，平均年补调水10亿～12亿立方米。所以引汉济渭不仅对中线工程的水量基本没有影响，而且对中线工程水源地保护意义重大，使两者同源互保、互为依存的关系更加牢固。

汉江干流规划的黄金峡梯级，电站尾水位与下游已成石泉水库的正常蓄水位相衔接，不阻断汉江水道，因此对下游河段的水生动植物以及其他生态环境基本不产生影响。规划工程多采用隧洞及过沟建筑物型式，对地面扰动和对植被破坏较小，但仍应做好工程区水土保持工作。

第五节　经济评价与实施步骤

一、经济评价

按照《陕西省水利水电工程概（预）算编制办法及费用标准》和2001年价格水平估算，引红济石调水工程总投资5.63亿元，引乾入石调水工程1.35亿元，引汉济渭调水工程抽水方案103.05亿元、自流方案118.82亿元、混合方案81.8亿元。按照《水利建设项目经济评价规范》三项调水工程的国民经济指标见表1-3-1。

表 1-3-1　　　　　　　　　　　三项调水工程的国民经济指标

序号	指　标	引红济石	引乾入石	引 汉 济 渭		
				抽水方案	自流方案	混合方案
1	效益现值/万元	56573	26483	881506	652101	819704
2	费用现值/万元	47039	12473	979568	795321	676397
3	经济净现值/万元	9534	14010	−98062	−143220	143307
4	经济效益费用比	1.20	2.12	0.90	0.82	1.21
5	经济内部收益率/%	15.46	24.67	10.92	10.55	15.87

二、实施步骤与计划安排

陕西省南水北调总体规划，由东、西、中三条线路年调水量分别为 0.49 亿立方米、1.042 亿立方米、15.5 亿立方米的三项工程组成，可根据不同时期的不同目标要求适时进行安排建设。

总体规划在 2010 年前分别安排引红济石和引乾入石两项工程，其中引乾入石工程应与公路隧道工程施工进度相协调，初步计划于 2004 年年底前完成；引红济石工程力争在"十五"期间开工，计划施工工期四年，"十一五"初期或中期建成受益。

引汉济渭工程规模较大，按照关中地区经济与社会发展分阶段需水要求，确定引汉济渭工程分两期实施，分阶段逐步达到规划调水规模。计划于 2010 年前后先行安排三河口水库和越岭隧洞的建设，年调水量约 4.7 亿~5.0 亿立方米；2010 年前后再根据需要安排黄金峡枢纽及水源泵站建设，达到最终规划规模。

第六节　结论及下步工作意见

从 1993 年省水行政主管部门首次组织省内南水北调线路查勘以来，经过十余年的工作，对其必要性、工程技术、经济可行性与合理性的认识都在不断地深化，形成了以下几点结论性意见：

（1）关中地区是一个资源型缺水地区，区内水资源开发利用的潜力已十分有限，跨流域调水是十分必要和紧迫的。

（2）从汉江干、支流调水的省内南水北调工程是解决关中地区缺水问题最有效的措施和唯一的选择。

（3）根据关中地区水资源供需分析结果，在查勘工作的基础上，经过技术、经济、环境等方面论证，规划选定由东线引乾入石、中线引汉济渭和西线引红济石三条调水线路的总体布局和组合，规模配置合理，位置高，控制受水区范围大，既可解决当前的急需，又可满足中、远期经济与社会发展需要。

（4）根据三条调水线路的水文水利计算结果，在不影响调水河流生态环境的前提下，调水 17.0 亿立方米规模均可得到满足。其中引汉济渭工程的调水量可达到 15.5 亿立方米，供水保证率可达到 76.9%。

（5）与国内外已建成同类工程对比分析，陕西省南水北调选定的三项工程，在经济上是合理的，技术上是可行的。按照需水量 17.0 亿立方米规模计算，三项工程的单位调水量投资最高为 5.45 元，在国内仍属偏低。越岭隧洞的最大长度为 63 千米，其中埋深在 700 米以上洞段仅 16.4 千米，借鉴国内外超长隧洞的施工经验，隧洞工程在技术上也是可行的。

（6）陕西省南水北调工程的环境影响轻微，通过一定的改善和补偿措施可以得到解决。三项工程调水量占本省汉江干流出境水量的 6.3%，除影响已建成的石泉和安康电站保证出力 1.0 万千瓦，年电量 1.56 亿千瓦时外，对下游各部门用水影响甚微；远期考虑引嘉入汉补水工程，将对下游水量及环境无任何影响；引汉济渭的黄金峡梯级，与石泉水库相衔接，对区间水生动植物及河道生态环境基本不产生影响；调水工程对地表产生的轻微植被破坏和少量淹没损失均可得到妥善解决。

（7）为促进陕西省南水北调工程的早日实施，建议抓紧进行引红济石、引乾入石立项前的准备工作，与有关部门的协调工作；同时尽早安排引汉济渭工程的前期勘察工作。

第二篇
引汉济渭工程规划

　　引汉济渭工程规划是省内南水北调总体规划的主要组成部分，并作为总体规划的附件，在总体规划编制与审定过程中就形成了初步框架意见。总体规划基本定型以后，省水利厅又组成了由厅总工孙平安总负责，水利厅副总工吴建民、邓贤艺、程子勇和规划计划处处长黄兴国、总工办常务副主任张克强参加的领导小组，委托陕西省水利水电工程咨询中心，进一步开展了引汉济渭工程规划的深化与修订完善工作。这项工作由咨询中心主任田进总负责，由咨询中心总工苏关键为执行负责人，组织席思贤、王德让、王建杰、吴宽良、阎星、赵建宇、张克强、白炳华、刘生秦、郑克敬、王伯阳、岳进升、杨宏、赵志善等专家完成了规划的编制工作。此后，全稿经苏关健、刘生秦审核，田进审定，最终于 2006 年 10 月通过省水利厅审定，同时得到了陕西省发改委和陕西省政府的认可。引汉济渭工程规划的编制与修订完善，陕西省发改委、国土资源等有关部门给予了大力支持，也受到陕西省委、省政府的高度重视和国家水利部、国家发改委等部委和水规总院等机构的大力支持。

　　特别是在编制全省"十一五"发展规划过程中，省委、省政府组织开展了陕西省若干重大问题调查研究，其中第一号专题——"'十一五'陕西水资源开发利用调查研究"，由省委书记李建国和分管水利工作的副省长王寿森负责，组成了由省水利厅厅长谭策吾和副厅长洪小康、省委研究室副主任岳亮、省政府研究室副主任杨三省等领导和专家学者参加的调研组，开展了为期两个多月的调查研究工作。这次调研得出了一个重要结论："在粮食、能源与水资源三大战略资源中，陕西省能源资源丰富，粮食基本自给，而水资源短缺的矛盾十分突出，已成为当前和今后一个时期制约陕西省经济社会发展的重要因素"。根据这一结论，省委、省政府明确提出，"十一五"期间，陕西水利发展的指导思想、总体思路和"两引八库"十大水源建设项目（见杨耕读编著的《陕西水利发展若干问题研究》第167页），其中"两引"一是引红济石，一是引汉济渭。这份调研报告在当年的全省领导干部会议上做了交流，并被评为2005年度全省调查研究一等奖。此后很长时期，这份调研报告一直是陕西水利发展极为重要的纲领性文件，并对引汉济渭工程规划的编制与后来的整个前期工作发挥了至关重要的指导作用。

2005年12月，国务院批准了水利部组织编制的《渭河流域重点治理规划》。这一规划在分析关中现状缺水形势和未来水资源需求的基础上，充分肯定了从外流域调水解决关中缺水的必要性，明确提出要加快引汉济渭调水工程的前期工作。这一要求对陕西省编制《引汉济渭调水工程规划报告》提供了规划上的重要依据。同时，规划的编制也吸收了《渭河流域重点治理规划》编制过程中对引汉济渭调水方案的研究成果，并根据陕西经济社会发展的新情况，在对引汉济渭调水规模、受水范围、工程方案的确定和优化过程中，对引汉济渭调水赋予了新的历史意义：即在解决近期关中缺水问题的同时，它也将是近、中期解决陕北能源化工基地用水需求的重要前提，是解决关中缺水问题和实现全省水资源优化配置的关键性工程。

《引汉济渭调水工程规划报告》除"前言""规划提要"内容外，其主体内容共分为十二个部分：即，规划依据和工程建设的必要性；建设条件；受水区及需调水量；调水线路选择；调水工程方案；工程施工与实施计划；水量配置及配套工程；环境影响、淹没与占地；工程管理；投资估算及资金筹措；经济评价；结论与建议。《引汉济渭调水工程规划报告》还有17份附图：①陕西省南水北调工程查勘选线示意图；②陕西省南水北调总体规划平面图；③陕西省引汉济渭调水工程平面示意图；④汉江黄金峡枢纽平面布置图；⑤三河口水库地理位置示意图（混合方案）；⑥混合方案三河口水库（高坝）平面布置示意图；⑦混合方案黄金峡泵站地理位置示意图；⑧抽水方案三河口水库（低坝）枢纽平面布置示意图；⑨抽水方案三河口水库枢纽泵站位置示意图；⑩抽水方案黄金峡泵站位置示意图；⑪黑河陈家坪枢纽平面布置示意图；⑫引汉济渭混合方案三—黑越岭隧洞纵剖面图；⑬引汉济渭混合方案黄—三支渠纵剖面图；⑭引汉济渭抽水方案钟—黑干渠纵剖面图；⑮引汉济渭抽水方案黄—钟支渠纵剖面图；⑯引汉济渭抽水方案三—钟支渠纵剖面图；⑰引汉济渭自流方案黄—田干渠（隧洞）纵剖面图。

第一章 规划编制原则与任务

引汉济渭工程规划编制充分考虑了陕西省情和经济社会发展需求，充分体现了国家关于水资源管理的相关政策法规，以及与国家水资源战略性配置的衔接与配合。

第一节 规划编制原则

一、规划的基本原则

引汉济渭调水工程规划，以科学发展观为指导，以促进关中"一线两带"建设和陕西经济社会可持续发展为出发点，坚持开源、节流与保护并重，并通过水资源的优化配置和措施的优化组合，实现水资源的高效利用，为陕西经济社会发展提供水资源保障，并遵照以下原则编制：

（1）按照"先节水后调水、先治污后通水、先环保后用水"的原则，首先立足本流域水资源的高效利用，在充分节水的基础上研究调水需求。

（2）以关中地区水资源的供需分析成果和产业结构调整为依据，合理确定需调水量规模、供水方向。

（3）调水工程方案，应在满足需调水量的前提下，尽可能使工程有较大的控制范围，易于实现受水区水量配置。

（4）全面规划、统筹兼顾、因地制宜、分期实施，正确处理好调水区与受水区、近期与远期、上游与下游、水量与水质、已成工程与规划工程之间的关系。

（5）坚持资源合理配置、高效利用，高水高用、优水优用原则，按照"水权、水价、水市场"理论，拟订资源优化配置及工程管理方案。

二、规划的依据

规划以批准的《陕西省水资源开发利用规划》《渭河流域重点治理规划》《陕西省渭河流域综合治理规划》为规划依据；并参考《陕西省南水北调查勘报告》《陕西省南水北调工程总体规划》《南水北调西线工程规划纲要及第一期工程规划》《南水北调西线一期工程陕西受水区规划》等规划及前期工作成果。

三、规划的目标

根据渭河中、下游存在的水资源短缺、水质污染、生态环境恶化、防洪问题突出等问题，引汉济渭调水工程规划目标为缓解近期关中地区严重缺水、初步遏制渭河水生态恶化，基本解决关中地区主要城市近期严重缺水问题，部分归还河道被挤占的生态用水，初步遏制渭河水生态恶化、改善渭河生态环境；为优化渭河流域乃至黄河流域的水资源配置，并为促进陕北能源化工基地用水问题的解决创造条件。

第二节　规划水平年与规划范围

引汉济渭工程规划以 2003 年为现状水平年；以 2020 年为规划水平年。在规划范围上，包括调水区和受水区两部分。

调水区规划研究的范围重点是汉江干流黄金峡以上区域及其支流子午河流域，规划相关的范围包括丹江口水库以上汉江流域的全部。

受水区包括直接受水区、间接（置换）受水区，范围基本涵盖整个关中地区。直接受水区的规划范围基本包括渭河宝鸡峡以下、潼关以上沿渭河两岸的宝鸡市、杨凌区、咸阳市、西安市、渭南市的经济社会发展以及生态环境改善所涉及的范围；而间接（置换）受水区包括整个陕西渭河流域（关中地区）。而引汉济渭工程关联（影响）区将涉及包括陕北能源化工基地的整个陕西黄河流域。

调水工程的供水对象以城市和工业用水为主，兼顾生态环境用水。引汉济渭调水工程应与关中地区已成供水系统联合运用，统一调度，重点解决渭河两岸城市生活和工业用水，并通过水量置换归还被挤占的部分生态环境用水及农业用水。

第三节　工程建设的必要性

规划分析了关中地区概况及其存在的主要问题。关中西起宝鸡凤阁岭、东迄潼关港口，总面积约 5.55 万平方千米；区内地势平坦，土质肥沃，号称"八百里秦川"。关中位于秦岭以北，属黄河流域，区内有渭河、泾河及洛河三大河流。其水资源主要特点是：①总量偏少。全省水资源总量为 445 亿立方米，居全国第 19 位；人均水资源占有量 1168 立方米，约为全国平均水平的 43%。②地域分布不均。全省水资源南多北少，面积占全省 35% 的陕南地区，水资源量占到全省总量的 71%；面积占全省 65%、GDP 占全省 85% 的关中和陕北地区，水资源量仅占全省的 29%，水资源分布与人口、资源和经济发展的分布极不匹配。③年际、年内分配不均。年最大水资源量可达 847 亿立方米，年最小只有 280 亿立方米，丰枯比达 3∶1；年内分配也很不均匀，降水主要集中在 7—10 月，且主要由几场暴雨组成，其径流量占全年的

60%～70%。④开发利用难度大。陕西关中河流含沙量大，加之受地理地形条件影响，蓄水工程多是高坝小库，淤积严重，开发利用难度较大。这些特点，决定了关中地区十年九旱、局部暴雨洪灾频繁。

渭河横贯关中平原，使之成为黄河中游经济最发达的地区之一。历史上关中地区曾是13个王朝的都城所在地，现今也一直是国家重点建设的核心地带之一，区内集中了西安、咸阳、宝鸡、铜川、渭南等五个大中城市和杨凌农业高新产业示范区；区内工业集中，农业发达，旅游资源丰富，科技教育势力雄厚，集中了全省近64％的人口、56％的耕地、75％的灌溉面积、80％的工业产值和约80％的国内生产总值。

关中地区属严重的资源型缺水地区。由于缺水严重，目前关中社会经济发展主要靠挤占农业、生态用水维系，水环境恶化问题已经发展到了十分严峻的程度，直接影响到了人民生活，严重制约了经济与社会的可持续发展。其主要表现：一是水资源极为短缺、供需矛盾日趋尖锐；二是水质污染严重、水生态环境恶化；三是渭河下游淤积严重、河槽日渐萎缩、防洪形势十分严峻。

针对关中地区严重缺水问题，各级政府部门历来都给予了高度重视。流域机构、省水利厅及有关单位自20世纪80年代起，先后研究过多种不同的解决途径和措施，包括黄河古贤水库、引洮入渭、国家南水北调西线，以及本省境内的引汉济渭工程。经过多方案充分比较，引汉济渭调水工程取水点，选于汉江干流的黄金峡和支流子午河的三河口两处。从黄金峡水库死水位440.00米抽水至643.00米，并引水至三河口水库进行联合调节，再从该水库死水位设闸取水，以63千米的越岭隧洞自流进入黑河。工程可分阶段实施，计划2010年前后先行安排三河口水库和越岭隧洞的建设，年调水量约5亿立方米；2010年后再根据需要安排黄金峡枢纽及水源泵站建设，达到规划15.5亿立方米规模。

与引洮济渭、小江调水等规划措施比较，引汉济渭调水工程具有水量可靠、工程难度小、供水覆盖范围大、实施条件好等特点，规划调水15.5亿立方米可基本解决近期关中地区城市和工业缺水问题。汉江水系与渭河水系仅一岭之隔，调水距离与工程难度远小于南水北调西线，且规划选择的调水线路均可直接进入受水区已有和拟建的供水系统，不仅配套工程较简单，而且有已成水库工程调蓄。工程调水区及受水区均在陕西省境内，外部制约因素少，易于协调解决。

综上所述，从缓解近期关中地区严重缺水、初步遏制渭河水生态恶化和减轻黄河水环境压力，以及国家南水北调中线水源保护等方面考虑，建设陕西省引汉济渭调水工程是十分必要和紧迫的。

第二章 引汉济渭工程建设条件

根据省内南水北调规划，引汉济渭工程规划从长江流域的汉江及其支流陕西省段向黄河支流渭河关中地区调水。规划中的建设条件部分分析了关中地区水资源极为紧缺的情况和汉江及其支流的水资源情况以及工程建设的水文地质情况。

第一节 渭河流域关中水资源紧缺情况

关中地区是陕西政治、经济、文化的核心区域。规划现状年，区内城市集中、工农业发达、旅游资源丰富、科技教育实力雄厚，现有西安、咸阳、宝鸡、渭南、铜川等重要城市和杨凌高新农业示范区，集中了全省 64％的人口、56％的耕地、75％的灌溉面积，聚集了全省近 80％的工业产值和 80％的国内生产总值，在陕西省和中国西部地区经济社会发展中具有举足轻重的地位和作用。党和国家对关中的发展寄予厚望，已正式批准建设国家级关中高新技术产业开发带和关中星火产业带。省委、省政府也决定依托关中地区的科技和经济优势，加快"一线两带"建设。

然而，关中地区水资源总量仅 82.03 亿立方米，人均和耕地亩均水资源量分别为 370 立方米和 350 立方米，相当于全国平均水平的 17％和 15％，人均水资源量低于国际上公认的绝对缺水线，属严重资源型缺水地区。目前关中地区的经济发展，在很大程度上是依靠超采地下水、挤占农业和牺牲生态用水来维持。由于缺水，不仅严重制约了关中地区经济社会的发展，而且大大降低了渭河河道的自净能力，进一步加剧了渭河水质的污染程度，同时严重的地下水超采引起西安、咸阳等城市地下水位大幅下降，造成地面沉降、地裂缝活动加剧等不良水文地质现象，使人们的生存环境受到威胁。

针对关中的缺水问题，陕西相关部委和黄河、长江两大流域机构曾先后研究过不同的解决途径，包括修建黄河古贤水库、引洮入渭调水工程、国家南水北调西线、小江调水工程以及陕西省内南水北调工程等。黄河古贤水库具有较强的调控能力，但在国家南水北调西线工程建成前，无水可向关中调引；引洮济渭技术难度小，但调水量小，而且从同样缺水的甘肃省调水，近期实施基本无望；南水北调西线一期工程分配陕西省水量约为 8 亿立方米，尚无明确的建设期限，在时间上、水量上均不能满足关中地区近期发展要求，且向关中供水的配套工程建设难度很大，仅黄河到洮河隧洞长度就在 90 千米以上；另外，从陕西省黄河流域需水的形势和配水条件分析，西线一期受水区应首选陕北能源化工基地。解决关中地区的缺水问题，近期可供选择的只有引汉济渭调水工程。

第二节　汉江流域陕西段水资源条件

汉江流域陕西段水量丰富、水质良好，且与关中仅以秦岭相隔，跨流域调水工程难度相对较小，且调水区在本省境内，调水区、受水区之间的问题易于协调解决。因此，省内南水北调工程得到了各级部门的关注。

根据《陕西省水资源开发利用规划》和《陕西省南水北调工程总体规划》，引汉济渭工程是省内南水北调中调水量最大的一条骨干线路，对缓解近中期关中地区缺水问题和实现关中地区水资源优化配置具有十分重要的战略意义。国务院批准实施的《渭河流域重点治理规划》也将引汉济渭作为解决渭河流域关中地区缺水问题的途径之一，明确提出要加强前期工作。

汉江发源于陕西宁强县蟠冢山，从西向东穿行于秦岭与巴山之间，干流全长1577千米，流域面积15.9万平方千米，其中省境内长652千米，境内流域面积6.667万平方千米，占汉江全流域面积的41.9%。受地理位置、地形地貌及季风环流综合作用的影响，省境内汉江流域具有亚热带湿润区的气候特征，雨量充沛，水资源丰富。汉江水系多年平均在陕西省出境断面以上总产水量292亿立方米。国家南水北调中线工程约70%的调水量产自陕西省境内。

截至2003年年底，陕西省汉江流域（不含丹江）总人口670万人，其中农村人口560万人；耕地780万亩，其中灌溉面积270万亩；工业总产值110亿元。流域内工农业生产及城乡生活总耗水量约13.5亿立方米，约占当地产水量的4.5%左右，具有向关中地区调水的水源条件。

引汉济渭工程的取水点选于汉江干流规划的黄金峡水库和支流子午河中游规划的三河口水库。黄金峡坝址多年平均年径流量为73.6亿立方米，50%、75%、90%频率年径流量分别为65.43亿立方米、47.66亿立方米、37.13亿立方米；三河口坝址多年平均年径流量为9.01亿立方米，50%、75%、90%频率年径流量分别为8.13亿立方米、6.03亿立方米、4.74亿立方米。

第三节　需调水量分析与受水区确定

据预测，在强化节水的情况下，关中地区2003年、2010年和2020年75%代表年总需水量分别为75.04亿立方米、80.02亿立方米和82.04亿立方米。而关中现有工程供水能力为

55.47 亿立方米，现状年缺水量 19.57 亿立方米；若不新增水源，2010 年和 2020 年缺水量将达到 24.78 亿立方米和 26.78 亿立方米。

按照节水治污优先、适度开源、适量调水、优化配置的原则，计划于 2010 年前黑河金盆水库、三原西郊水库、东雷二期抽黄、宝鸡峡渠首加闸等续建工程达到设计规模；同时新建北洛河南沟门水库、泾河支流亭口、西安市李家河水库等水源工程；实施污水回用和雨水利用等措施，共计在 75% 代表年净增可供水量 7.45 亿立方米，使区内的缺水量可由现状的 19.57 亿立方米减至 16.10 亿立方米，供需矛盾有所缓解；2011—2020 年，建设埝里水库，以及引洛入支大峪河水库等水源工程，继续实施污水回用和雨水利用等，但考虑至 2020 年已有工程的供水能力有一定程度的衰减，加之渭河水资源开发潜力已趋于极限，区内可供水量已无大幅增长的可能，估算 2020 年 75% 代表年的供水能力为 64.73 亿立方米（考虑了归还部分生态用水的因素），供需缺口仍达 17.31 亿立方米。

可以看出，在强化节水和充分利用、优化配置当地水资源的前提下，维持关中正常发展对水资源的需求尚有 17 亿立方米的缺口。考虑到目前关中城市和工业用水已挤占了部分农业和生态用水，且地下水超采较严重，省内南水北调工程实施后，应归还部分农业用水、生态用水和超采的地下水；加上将来采取水资源配置措施，为陕北能源化工基地黄河调水调剂出部分用水指标的需要，确定需跨流域调水的规模为 17 亿立方米，考虑近期实施的引乾济石、引红济石两项工程可调水量为 1.5 亿立方米，则引汉济渭工程需调水量规模为 15.5 亿立方米。

根据关中地区水资源供需平衡结果，结合水利工程的规划布局，初拟引汉济渭直接受水区涉及西安、咸阳、宝鸡、渭南、杨凌五市区的 26 个县市区，总面积约 1.85 万平方千米。引汉济渭将为现有部分水利工程调整供水范围创造条件，则调整新增的供水范围为间接受水区。渭河沿岸四个水资源平衡区的其他区域（扣除上述 26 个县市区）为间接受水区。

20 世纪 90 年代初，陕西就开始研究省内南水北调工程。1993 年完成的《陕西省南水北调查勘报告》初步选取了 9 条调水线路和 18 个引水站点。2003 年完成的《陕西省南水北调工程总体规划》选取了引红济石、引乾入石和引汉济渭三条调水线路，其中引乾入石工程已建成通水，引红济石已开工建设。

规划初选从汉江干流规划的黄金峡水库和支流子午河规划的三河口水库两处取水（原为黄金峡一处集中取水），组成了抽水、自流和抽水加自流（称为混合）三种不同的调水线路方案，经综合分析比较，推荐混合调水方案。

混合调水方案主要由黄金峡枢纽、黄金峡水源泵站、三河口水库、干支渠输水渠道（包括越岭隧洞）、电站及抽水站的输变电等工程组成。拟从黄金峡水库死水位 440.00 米抽水至 643.00 米，并引水至三河口水库进行联合调节，再从水库死水位（617.00 米）设闸取水，以

63 千米越岭隧洞自流进入已成的黑河金盆水库。

规划中的黄金峡水库是一座以发电为主的日调节水库，调水不考虑其调蓄作用。黄金峡水源泵站设计引水流量 40 立方米每秒，泵站抽水装机容量 15.4 万千瓦，平均年引水量 11.36 亿立方米。

规划三河口水库最大坝高 110 米，该库对坝址以上天然径流和黄金峡抽水入库水量进行联调，规划水库死水位 617.00 米（满足自流进入黑河金盆水库正常蓄水位以上的要求），按照各月均匀供水调算，水库正常蓄水位 636.90 米，相应正常蓄水位以下库容 6.3 亿立方米，其中调节库容 2.6 亿立方米，年均调水量 15.25 亿立方米，供水保证率 76.9%。

第三章 水量配置与配套工程

水量配置与配套工程确定了受水区、水量配置、蓄能力分析和增加调蓄能力的措施方案初步分析。

第一节 水 量 配 置

根据关中地区水资源供需平衡结果，结合供水工程的规划布局，初步拟定引汉济渭直接受水区为：西至宝鸡，东到华阴，南界秦岭，北至武功、泾阳、三原一线，涉及西安、咸阳、宝鸡、渭南、杨凌五市区的 26 个县市区，总面积约 1.85 万平方千米。

调水量配置。引汉济渭一期工程调水量约为 5.0 亿立方米，可通过黑河下游的金盆水库已有及拟建的供水管网，分别配给西安、咸阳、渭南、宝鸡、杨凌所辖的供水区，供给河道外用水约 4.25 亿立方米，余水为水量损失，也可补充部分河道内生态环境用水，见表 2-3-1。

表 2-3-1　　　　引汉济渭工程受水区水量配置初步方案

分期	调水量	受 水 区	备 注
一期工程 （2015 年）	5.0 亿立方米	西安、咸阳、宝鸡、渭南、杨凌	其中河道外用水 4.66 亿立方米，余水为水量损失，也可补充部分河道内生态环境用水
二期工程 （2020 年）	15.5 亿立方米	西安、咸阳、宝鸡、渭南、杨凌	其中河道外用水 13.46 亿立方米，余水为水量损失，也可补充部分河道内生态环境用水

2020 年总引水量达到设计规模 15.5 亿立方米，除补充受水区 26 个市、区（县）13.46 亿立方米外，其余 2.04 亿立方米为水量损耗和通过置换方式补充河道内生态环境用水的不足。

第二节　调蓄能力分析

引汉济渭工程规划推荐混合方案，从黄金峡水库库区抽水后，再以输水支渠汇入三河口水库，经三河口水库对汉江黄金峡抽水入库水量和子午河来水进行联合调节后，以约63千米越岭隧洞自流进入黑河。调水进入黑河金盆水库库区后，规划在水库左岸增建输水隧洞（兼发电），规划洞径5米，长约1000～1200米，出口建坝后电站，利用调水量扩机发电，扩机容量2.7万千瓦，发电后进入渭河流域水资源的配水系统。

一、三河口水库对引汉济渭调入水量调节结果

三河口水库对黄金峡调入水量和坝址以上天然来水进行联合调节。根据调节计算结果，初步拟订调节库容2.6立方米，平均年供水量为15.12亿立方米，年供水保证率为76.9%，月供水保证率93.8%。但考虑到在特枯年份，引汉济渭可能将尽量少抽或不抽取汉江干流水量，以避免与国家中线水源水量产生矛盾；从提高供水保证率、特枯年份应急预案及供水安全等方面考虑，受水区应该有一定规模的调蓄水库对调水量进行调节。根据调节结果，初步拟订受水区的调蓄水库规模为5000万～11000万立方米。

二、增加调蓄能力的措施方案初步分析

黑河金盆水库对引汉济渭调入水量基本为"穿库而过"，无调节作用。三河口水库由于地形、库盆条件和移民淹没等原因，以及已开工建设的西安—汉中高速公路等原因，库区最高水位不能超过643.00米，所以三河口水库规模也不可能再增大，其规模已达到可利用上限。而三河口水库对引汉济渭调入水量调节结果，年供水保证率为76.9%，低于城市供水保证率的要求（不低于90%～95%），若考虑到受水区城市供水为多水源，且计算月供水保证率93.8%，总体规划阶段可初步认为保证率基本满足要求。

从黑河金盆水库大坝加高、陈家坪水库及受水区分散调蓄等途径，初步分析比较增加调蓄能力的措施方案：从地形条件来看，黑河金盆水库坝址两岸地形可满足大坝加高要求；但存在左岸古河道渗漏以及右岸2号滑坡等地质问题，再者水库水位抬高牵扯到库区左岸G108国道改线问题。

三—黑（三河口—黑河）越岭输水隧洞应满足自流输水进入已建成的黑河金盆水库，而金盆水库正常水位抬高，必将影响到隧洞进口抬高。根据三河口水库和黑河金盆水库库容曲线，估算黑河金盆水库正常水位（594.00米）抬高1.0米相应库容增加约500万立方米左右，而三河口水库死水位（617.00米）抬高1.0米相应库容损失约1000万立方米左右，所以从三河口水库和黑河金盆水库二者有效库容角度来说抬高黑河金盆水库正常水位不合算。黑河金

盆水库不具备大坝加高的可能性。

三、黑河陈家坪水库作为受水区调蓄水库的可能性初步分析

为加强水资源优化配置调控能力和提高引汉济渭供水保证率，提出了陈家坪水库作为黑河金盆替代水库调蓄黑河流域径流，而置换出黑河金盆作为引汉济渭受水区调蓄库。

规划中陈家坪水库是抽水方案的骨干调蓄工程。坝址位于黑河金盆水库回水末端以上支流陈家河口以下 800 米处，河床高程 605.00 米，以上控制流域面积 1372 平方千米，平均年径流量 5.69 亿立方米，规划水库调节库容 2.16 亿立方米，死库容 0.16 亿立方米，相应正常高水位 779.60 米，死水位 660.00 米。

陈家坪水库属 II 等大（2）型工程，永久性主要建筑物级别为 1 级（坝高超过 130 米），次要建筑物为 3 级，其设计洪水重现期为 500 年，相应洪峰流量 5000 立方米每秒，校核洪水重现期为 2000 年，相应洪峰流量 6290 立方米每秒。水库设计洪水位为 782.38 米，校核洪水位为 784.15 米。

陈家坪水库由大坝、泄流排沙底孔及坝后电站等几部分组成，初选大坝坝型为混凝土拱坝，规划最大坝高 185 米，坝顶长 396 米；泄流排沙底孔布置于大坝右侧的山梁内，兼作施工导流洞，进口尺寸 8 米×8 米，进口底高程 612 米；电站厂房布置有两个方案，一是布置在大坝左侧山体内，为地下厂房，二是布置在坝体溢流段的底部，为房顶溢流式，电站压力洞进口高程 654 米。

金盆水库与原规划（抽水方案）陈家坪水库对照见表 2-3-2，可以看出陈家坪水库可作为黑河金盆替代水库调蓄黑河流域径流，而置换出黑河金盆作为引汉济渭受水区调蓄库是完全可行的。

表 2-3-2　　　　　　金盆水库与原规划（抽水方案）陈家坪水库对照表

项目	金盆水库	原规划（抽水方案）陈家坪水库	备注
坝址位置/河床高程	黑峪口以上 1.5 千米	金盆水库回水末端/河床高程 605.00 米	
控制流域面积	1481 平方千米	1372 平方千米	
多年平均径流量	6.14 亿立方米	5.69 亿立方米	
总库容/校核洪水位	2.0 亿立方米/598.00 米	2.85 亿立方米/784.15 米	大于所需 11000 万立方米的规模
调节库容/正常水位	1.774 亿立方米/594.00 米	2.16 亿立方米/779.60 米	
死库容/死水位	1000 万立方米/520.00 米	1620 万立方米/660.00 米	

受水区分散调蓄。受水区分散调蓄规模为 5000 万～11000 万立方米，相当修建 5～10 座 1000 万立方米的中型水库，而受水区关中地区可建中型或小（1）型水库地形和库盆资源已基本开发，已没有合适的建库条件。若将 5000 万～11000 万立方米调蓄规模分散到大、中企业等用水户，建设大量蓄水池等建筑物，不但代价高、实施难度大，更重要的是不利于水资源

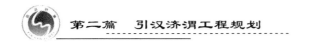

的优化配置。初步分析，受水区分散调蓄不可行。

　　根据以上分析，黑河金盆水库不具备大坝加高的可能性，受水区分散调蓄代价高、实施难度大，且不利于水资源的优化配置。而规划的陈家坪水库具有较好的建设条件和调蓄能力，为加强水资源优化配置调控能力和提高引汉济渭供水保证率，陈家坪水库可替代金盆水库调蓄黑河水量，而可由金盆集中调蓄引汉济渭水量。为此，建议保留陈家坪水库建库条件，并对其进一步进行规划研究。

第三节　配套工程方案

　　引汉济渭工程通过黑河金盆水库可直接进入关中地区已有和拟建的供水网络系统，进行统一调配。目前沿秦岭北麓已建成石头河至西安供水渠道，已开工修建咸阳市石头河水库供水工程的过渭工程；宝鸡市石头河输水工程的前期工作正在进行。根据关中地区已有和拟建的供水网络系统，提出引汉济渭一期、二期配套工程初步方案如下。

一、一期配套工程初步方案

　　根据确定的配水方案，一期工程将供水到西安市、咸阳、渭南和宝鸡市，其中西安 2.70 亿立方米、咸阳 0.75 亿立方米、宝鸡市 0.60 亿立方米，而供给渭南市的 0.60 亿立方米的水量初步计划通过水权置换的方式由其他工程调整供给。初步拟订通过已开工修建过渭工程向咸阳市供水，因此本阶段配套工程包括新建黑河向西安市输水工程，新建石头河向宝鸡市输水工程。

　　西安市黑河输水工程：沿原西安市黑河输水线路，并行修建一条新的输水线路，即从渠首进水闸到曲江水厂，全长 86 千米。

　　宝鸡市石头河输水工程：从石头河水库库区引水高程 731 米起，沿石头河、渭河向西行至宝鸡市（高程 650.00 米），全长约 46 千米。

二、二期配套工程初步方案

　　根据确定的配水方案，二期工程的配套工程包括新建黑河向西安市输水工程，新建石头河向宝鸡市输水工程，新建黑河向咸阳市输水工程，新建黑河向渭南市输水工程，其中黑河输往西安市、咸阳市、渭南市的管线有约 47 千米的共用部分。

　　西安市黑河输水工程：线路与一期方案并行布置，全长 86 千米。

　　宝鸡市石头河输水工程：线路与一期输水工程平行布设，沿石头河、渭河向西行至宝鸡市，全长约 46 千米。

　　咸阳市黑河输水工程：沿黑河向西安市输水线路，经过约 47 千米的共用管线后，再折向北经 37 千米到达咸阳市。

渭南市黑河输水工程：先经过 47 千米三市共用管线，再向北与咸阳市共用 29 千米管线后，折向东行 81 千米后到达渭南市。

第四章 投资估算及资金筹措

"投资估算及资金筹措"部分从分析工程概况入手，依据国家相关规定、定额依据、取费标准等，测算了工程建设所需投资，并拟定了资金筹措方案。

第一节 工程方案比较

引汉济渭调水工程有三个比较方案，分别为抽水方案、自流方案和混合方案。

（1）抽水方案。主要由黄金峡枢纽、三河口水库（坝高 80 米方案）、陈家坪水库、电站、输水干支渠、黄金峡和三河口抽水站、输变电工程组成。主要工程量：开挖土石方 336.5 万立方米，砂石料填筑 231.8 万立方米，隧洞石方开挖 351.3 万立方米，浆砌石 7.30 万立方米，浇筑混凝土 314.0 万立方米，金属结构安装 6650 吨，帷幕灌浆 9500 米，固结灌浆 8500 米。共需消耗块石 8.61 万立方米，石子 258.83 万立方米，砂子 175.59 万立方米，水泥 90.32 万吨，钢筋 27.91 万吨，木材 26.45 万立方米，总工日 3158 万工日。

（2）自流方案。主要由黄金峡枢纽、三河口水库（坝高 80 米方案）、电站（一级、二级）、干支输水隧洞工程组成。主要工程量：开挖土石方 290.90 万立方米，砂石料填筑 222.13 万立方米，石方洞挖 603.30 万立方米，浆砌石 3.30 万立方米，浇筑混凝土 218.30 万立方米，金属结构安装 2000 吨，帷幕灌浆 8500 米，固结灌浆 7500 米。共需消耗块石 3.89 万立方米，石子 177.40 万立方米，砂子 95.08 万立方米，水泥 63.48 万吨，钢筋 19.81 万吨，木材 29.45 万立方米，总工日 3369 万工日。

（3）混合方案。主要由黄金峡枢纽及抽水站、三河口水库（坝高 100 米方案）、干支渠输水渠道、输变电工程组成。主要工程量：开挖土石方 268.10 万立方米，砂石料填筑 593.20 万立方米，隧洞石方开挖 393.90 万立方米，浆砌石 7.00 万立方米，浇筑混凝土 182.80 万立方米，金属结构安装 3200 吨，帷幕灌浆 11000 米，固结灌浆 9500 米。共需消耗块石 8.26 万立方米，石子 148.24 万立方米，砂子 79.18 万立方米，水泥 52.65 万吨，钢筋 16.18 万吨，木材 23.2 万立方米，总工日 2474 万工日。

第二节　投资估算依据

投资后预算按陕西省计委陕计项目〔2000〕1045 号文颁发的《陕西省水利水电工程概（预）算编制办法及费用标准》（以下简称"2000 办法及标准"）执行。

定额依据：一是建筑工程采用陕西省计委颁发的《陕西省水利水电建筑工程预算定额》，并在此基础上扩大 15.50%。二是设备安装工程采用陕西省计委颁发的《陕西省水利水电设备安装工程预算定额》，并在此基础上扩大 15.50%。三是施工机械台班费采用陕西省水利厅陕水计〔1996〕140 号文颁发的《陕西省水利水电工程施工机械台班费定额》，并按"2000 办法及标准"的规定，将其Ⅰ类费用乘以 1.25 调整系数。其他直接费：建筑工程按基本直接费的 5.00%，安装工程按基本直接费的 6.2% 计算。间接费按"2000 办法及标准"执行。利润按直接费、间接费之和的 7% 计算。税金按直接费、间接费、利润之和的 3.22% 计算。

基础单价：①人工预算单价按"2000 办法及标准"中的规定进行计算。技工预算单价为 26.60 元每工日，普工预算单价为 23.90 元每工日。②主要材料预算价格根据编制年工程所在地的市场价综合分析确定：钢筋 2900 元每吨，钢板及型钢为 3450 元每吨，水泥 350 元每吨，原木 900 元每立方米，板枋材 1300 元每立方米，汽油 3.50 元每千克，柴油 2.90 元每千克。以上主材均按"2000 办法及标准"中的规定价进入单价，预算价与规定价之差计取税金后列入单价中。③地材预算价格根据引汉济渭工程的实际情况，经分析确定砂子预算价为 62 元每立方米，碎石 44 元每立方米，块石 28 元每立方米。④次要材料预算价按目前市场价综合确定。

设备费设备原价按目前市场价确定，运杂费按设备原价 5% 计，采购保管费按设备原价和运杂费之和的 0.7% 计算。

临时工程按"2000 办法及标准"中的规定，并结合工程的规划设计进行估列。

费用按"2000 办法及标准"中的规定，并结合工程的规划设计进行估列。其中水库淹没处理补偿费根据实际调查情况估算费用。

预备费，其中基本预备费：按基本费用的 10% 计算；价差预备费：物价上涨指数为零，不计算此项费用。

投资估算。根据以上原则和依据，并结合本项目的规划，经估算引汉济渭调水工程抽水方案总投资为 103.05 亿元，自流方案为 111.82 亿元，混合方案 81.80 亿元。

第三节　资　金　筹　措

引汉济渭工程不仅是解决关中地区缺水问题的重要措施，而且对改善渭河中下游及黄河干流的生态环境具有十分重要的现实意义。工程既具有公益性性质，又具有一定的赢利功能，因此，应采取多元化、多层次、多渠道的筹措途径和投入机制。其中改善环境等公益性目标，投资约占40%，应由中央和地方政府投入，其余工业及城乡生活用水目标，投资约占60%，应采取市场融资方式。结合该工程建造运营机制创新，建议研究以下资金筹措方案：

（1）省政府按照现代企业制度组建项目法人，作为工程建设和运营的责任主体，在建设期间，对主体工程的质量、安全、进度、筹资和资金使用负总责。除中央和地方资金外，项目法人或代建制单位直接通过发放债券、申请银行贷款、拓展国际融资等渠道筹集建设资金。

（2）按照"政府宏观调控与市场基础调节有机结合、股份制运作、营利组织管理与非营利组织管理有机结合、组织管理与用水户参与有机结合"的要求，实行准市场机制运作，积极调动商业贷款和民间资本。

（3）采用项目特许权、运营权与收益权融资，吸引企业投资者以BOT、TOT等形式参与工程建设和经营，调动商业贷款和民间资本，实行市场机制运作，通过证券市场直接融资。

经济评价。依据计算期规范、工程总投资、水价预期、年运行费等基本参数测算，抽水和自流方案的经济净现值分别为—98062万元和—143220万元，均小于0；经济效益费用比分别为0.90和0.82，小于1；经济内部收益率也分别为10.92%和10.55%，均小于社会折现率12%。故抽水和自流方案在经济上是不合理的。而混合方案的三个经济评价指标均符合评价标准，即经济净现值143307万元，大于0；效益费用比为1.21，大于1；经济内部收益率为15.87%，大于社会折现率12%；说明该方案具有一定的经济效益，在经济上是合理的。

第五章　工程规划结论与建议

引汉济渭调水工程自1993年提出构思，经过逐步深入的查勘和不同方案论证，对该工程的认识也在不断地深化，工程规模、调水线路方案及工程布置等也进一步得到完善。

第一节　规划的主要结论意见

（1）跨流域调水解决关中地区的缺水是十分必要和紧迫的。关中是严重的资源型缺水地区，区内水资源开发利用的潜力已十分有限。现阶段关中地区经济社会的发展主要靠超采地下水和挤占农灌及生态用水来维持，已经造成了一系列的生态环境问题。因此，从缓解近期关中地区缺水、遏制渭河水生态恶化及为关中和陕西省黄河流域未来发展提供水资源保障的需要等方面考虑，跨流域调水是十分必要和紧迫的。

（2）引汉济渭调水工程是近期缓解关中地区缺水问题的有效途径。为解决关中缺水问题，多年来研究过不同的解决途径和措施，包括黄河古贤、引洮入渭、南水北调西线，以及本省境内的引汉济渭工程。经比较论证引汉济渭调水工程，是近期缓解关中地区缺水问题的有效途径。

汉江水系与渭河水系仅一岭之隔，不仅工程难度小，水量有保障，且调水区地处本省境内，社会环境影响因素小，易于协调解决。因此，实施引汉济渭调水工程，是缓解近期关中地区缺水问题的有效途径，最终解决关中地区缺水问题还需依赖国家南水北调西线的尽快实施。

（3）工程任务为以解决城市工业和生活用水为主、兼顾生态用水。按照总体规划对关中地区水资源的供需平衡分析，引汉济渭工程的需调水规模约为 15.5 亿立方米；依据水文水利计算结果，黄金峡枢纽的设计引水流量为 40 立方米，加大流量为 46 立方米每秒，三河口枢纽的设计引水流量 15 立方米每秒，加大流量为 18 立方米每秒；三河口—黑河越岭隧洞设计流量 55 立方米每秒，加大流量 64 立方米每秒。初步计算，推荐调水工程方案年均供水量为 15.25 亿立方米，年供水保证率为 76.9%，月供水保证率为 93.8%。

（4）工程的总体布置拟定有抽水、自流和混合三个方案，经综合分析比较，推荐混合方案。即取水点选于汉江干流的黄金峡和支流子午河的三河口水库两处，从黄金峡水库死水位 440.00 米抽水至 643.00 米，并引水至三河口水库进行联合调节，再从水库死水位（617.00 米）设闸取水，以 63 千米越岭隧洞自流进入黑河金盆水库。

（5）引汉济渭工程经济合理、技术可行。引汉济渭工程调水量 15.5 亿立方米，推荐方案总投资 81.8 亿元，平均每方水投资 5.45 元，与国内已成调水工程单位水量投资相比较小，是一项经济合理的调水工程。

从技术角度分析，引汉济渭的关键工程是 63 千米的越岭隧洞工程，两支洞工作面之间的最大整段洞长 19.5 千米，借鉴国内已成西康铁路秦岭隧道（长度 18.4 千米）、引大入秦

（11.6千米）、引黄入晋（43千米）、辽宁大伙房（85.3千米）和在建兰新线乌稍岭隧道成熟的设计和施工经验，引汉济渭工程在技术上是完全可行的。

（6）引汉济渭工程可分期实施、逐步受益。推荐方案一期工程可先建设三河口水库和越岭隧洞工程，实现自流引水约5亿立方米左右，二期再修建黄金峡水库、抽水泵站、黄—三输水渠道等工程，调水量达到15.5亿立方米规划规模。

（7）引汉济渭工程环境影响小。调水量占本省汉江干流出境水量的5％，除影响石泉和安康电站保证出力1.0万千瓦，年电量1.56亿千瓦时外，对下游各部门用水影响甚微；引汉济渭的黄金峡梯级与已成石泉水库相衔接，对区间水生动植物及河道生态环境基本不产生影响。施工期的废水、废气、噪声对生态环境和野生动物栖息的影响是短期的、局部的，可以通过一定环保措施予以减免。规划黄金峡及三河口水库库区多为峡谷地带，输水渠线多采用隧洞形式，因而淹没、占地都比较小，对地表及植被破坏轻微。

第二节　规划对下步工作建议

为了促进引汉济渭工程的立项和建设，规划建议进一步做好以下工作：

（1）建议加快工程前期工作，尤其对一期建设的三河口水库和越岭隧洞的地形测绘和地质勘察应尽早安排，以进一步复核工程规模和落实工程的重大技术问题。

（2）引汉济渭工程涉及范围相对较广，需解决的技术问题相对也较多，如越岭隧洞施工可能遇到的岩爆、地下水、通风等技术问题，建议提前安排研究工作。

（3）为加强水资源优化配置调控能力和提高引汉济渭供水保证率，建议进一步研究引汉济渭调水工程的调蓄方式，特别是二期工程的调蓄问题。鉴于陈家坪水库可替代金盆水库调蓄黑河水量，而可由金盆调蓄引汉济渭水量。规划抽水方案提出的陈家坪水库具有较好的建设条件和调蓄能力，为此，应保留陈家坪水库建库条件，并对其进一步进行研究。

（4）引汉济渭工程供水范围大、投资大，建议在开展前期工作的同时，应对运营机制、筹融资方案、水价进行专题研究。

第三篇
项目建议书

　　项目建议书编制从 2003 年 11 月 20 日启动到 2014 年 9 月 30 日获得国家发改委批复历时 11 年。期间经历了许多艰难的技术攻关过程，也经历了层层审查、咨询、重大技术方案调整、优化完善、报审批复等各个阶段大量艰巨的协调过程。在 11 年时间里，几届省委、省政府领导班子为之付出了巨大努力；省人大、省政协给予了极大关心和支持；国家水利部、发改委、环保部等部门以及水规总院、国际工程咨询中心、黄河水利委员会、长江水利委员会等机构给予了极大支持。在各方合力推进与大力支持下，在工程协调领导小组直接领导下，在省级有关部门和工程所在地"三市四县"党委政府支持配合下，省水利厅、省引汉济渭办组织相关勘测单位，在做了大量勘探、勘测等工作基础上，相继完成了项目建议书阶段的主体工作及其审查、咨询、完善、报审等方面的支撑性工作，同时提前启动穿插开展了可行性研究和初步设计阶段的筹划与基础性工作。

　　项目建议书阶段取得的技术成果极为丰富，并在许多技术研究方面是开创性的。累计形成的技术成果概括地体现在项目建议书总报告中；同时在水文分析报告、工程地质勘察报告、工程总体布局与建设规模、黄金峡水库、黄金峡泵站、黄三隧洞、三河口水利枢纽、秦岭隧洞、节能设计、淹没与占地、投资估算、贷款能力测算及经济评价等 12 个分册中有更详细的记录；还对调水规模、受水区配置规划、对汉江干流及国家南水北调一期工程影响分析、信息系统规划、环境影响分析、秦岭隧洞施工、秦岭隧洞特殊地质、供水水价及资金筹措方案、运行管理体制以及模式等作了9个方面的专题研究；另外还形成了3册设计图册。

项目建议书阶段的技术成果在工程规划的基础上主要解决了最为关键的七大技术问题：即，通过对不同调水方案的分析论证，确定了本工程对陕西乃至全国的重要性和必要性；经多方案论证、国内高水平高规格的咨询活动，确定了引汉济渭工程年调水15亿立方米的调水规模；经过高抽方案和低抽方案对比，研究确定了引汉济渭程采用低抽费省的总体方案；基本确定了秦岭隧洞设计流量70立方米每秒、出口洞底高程510米和秦岭隧洞的选线方案；基本选定了黄金峡和三河口水利枢纽坝址；基本论证了水源工程规模、黄金峡水利枢纽正常蓄水位450.00米、死水位440.00米、总库容2.36亿立方米，三河口水利枢纽正常蓄水位643.00米、死水位558.00米、总库容7.1亿立方米。项目建议书阶段取得的技术成果，凝结了陕西省水利勘察设计研究院和中铁一院等勘测设计单位专家学者的聪明才智和辛勤汗水，凝结了承担咨询工作的水利部水规总院、中国国际工程咨询公司等相关单位专家学者的聪明才智和辛勤汗水。项目建议书阶段工作的全面完成并获得国家发改委批准，是引汉济渭工程前期工作取得历史性重大突破的第一步。

第一章 项目建议书编制过程

《陕西省引汉济渭调水工程规划》完成以后，省政府立即启动了项目建议书的编制工作。从编制到获得批准历时11年，期间经历了项目建议书编制、省内审查、省水规总院技术审查、水利部行政性审查、中国国际工程咨询公司咨询、协调各方关系和国家发改委审批等一系列工作过程。

第一节 项目建议书阶段重大决策

2003年1月21日，陕西省省长贾治邦在全省人大会所作的工作报告中明确提出，"坚持以兴水治旱为中心，抓好一批骨干水源工程建设……着手进行'引汉济渭'项目的前期工作。"

2003年6月3—5日，省长贾治邦、副省长王寿森带领省级有关部门负责同志和水利专家赴宝鸡、汉中两市，实地考察省内南水北调"引红济石""引汉济渭"工程规划选址，并强调指出，建设引汉济渭调水工程事关我省经济社会发展大局，是荫及子孙后代的大事、好事；要求省水利厅、发改委按照"业主负责、用户订单、政府引导、多元投资、理顺水价、持续发展、效益优先、生态为本"的思路，抓紧推进工程建设的前期工作。

2003年6月26日，省计委召开由省水利厅、交通厅、西汉高速公司及设计等单位参加的专题会议，专题研究西汉高速公路布线避让引汉济渭调水工程三河口水库建设问题，会议要求水利厅和交通厅分别研究提出避让方案报省计委。2003年7月9日，省水利厅向省政府提出引汉济渭调水工程三河口水库与西汉高速公路交叉水库调整方案。这一方案后经与交通厅衔接，并经省发改委协调与省政府同意后得到实施，为引汉济渭工程增加调蓄能力、减少建设投资与运行成本所产生的经济价值多达23亿元，并使工程效益得到很大提升。

2003年8月13日，省水利厅以陕水字〔2003〕62号文向省政府上报关于引汉济渭工程前期工作总体安排意见和2003年工作计划的请示。请示报告汇报了水利厅贯彻落实贾治邦省长6月5日在汉中市召开省内南水北调座谈会精神和《省内南水北调工程总体规划》和《引汉济渭调水工程规划》完善修改情况。提出了引汉济渭调水工程前期工作由水利厅负责，并建议省政府向国务院专题报告，请求国务院在批准南水北调工程中线时留出我省调水量，并利用各种机会争取国家有关部门对我省引汉济渭工程建设给予理解和支持。

2003年11月20日，受水利厅副厅长、引汉济渭前期工作领导小组组长王保安委托，厅总工、引汉济渭前期工作领导小组副组长田万全主持召开引汉济渭前期工作领导小组第一次会议，专题研究引汉济渭工程项目建议书招标工作，确定引汉济渭项目建议书招标的范围为三河口水库和秦岭隧洞，按其工程类型分为两个标段，招标合同采取总价承包、费用一次包干的计价方式。

2003年12月29日上午，引汉济渭一期工程项目建设招标开标会正式举行，确定陕西省水利水电勘测设计院、铁一院分别为三河口水库、秦岭隧洞标段中标单位。

2004年12月31日，陈德铭省长主持召开2004年省政府第30次常务会议，决定在省水利厅内设负责引汉济渭工程前期工作的专门工作班子，并决定从2005年起，每年多渠道安排2800万元用于重大水利建设项目前期工作。

2007年1月22日，省发改委、水利厅联合以陕发改农经〔2007〕42号文件向国家发改委、水利部报送关于上报陕西省引汉济渭调水一期工程项目建议书的请示。工程规划分两期实施，一期工程建设三河口水库和秦岭输水隧洞，实现从汉江支流子午河自流调水5亿立方米，施工总工期47个月，动态总投资为64.4亿元；二期工程建设汉江干流黄金峡水利水电枢纽、抽水泵站以及黄金峡至三河口水库输水工程。

2007年4月29日，袁纯清省长主持召开会议，专题研究引汉济渭调水工程建设问题。与会人员察看了引汉济渭调水工程现场，听取了省水利厅关于引汉济渭调水工程有关情况的汇报，讨论了工程启动实施问题。会议确定：一是按照实质性启动的要求制定好引汉济渭工程实施方案；二是多渠道筹集工程建设资金；三是年内启动准备工程建设；四是成立省引汉济渭工程协调领导小组及其工作机构，由省政府常务副省长赵正永、副省长张伟和省政协副主席王寿森牵头，省级有关部门和相关市（区）政府主要负责人为成员，负责工程建设管理中重大问题的决策和协调。同时责成省水利厅抽调精干力量组建专门的工作机构，负责工程的建设管理。

2007 年 6 月 12 日，省政府决定成立引汉济渭工程协调领导小组，赵正永副省长任协调领导小组组长、张伟副省长任副组长，省政协王寿森副主席任顾问。同时由赵正永副省长主持召开省引汉济渭工程协调领导小组第一次全体成员会议。会议确定：按照既定方案抓紧推进引汉济渭工程；加快启动单项工程项目审批和有关配套手续的完善工作；原则同意水利厅提出的先行启动实施施工道路、施工供电、勘探试验工程的意见，并要求年内完成 7000 万元以上的投资任务；加强引汉济渭工程建设的组织机构建设，实行一套人马、两块牌子，既是引汉济渭工程协调领导小组办公室，又是负责工程建设管理和社会化筹融资等工作的法人；提早做好移民安置工作。

2007 年 6 月 15 日，省水利厅组建省引汉济渭工程协调领导小组办公室，谭策吾厅长任主任，田万全副厅长任副主任，将关中九大灌区更新改造世行项目办公室全体工作人员转入省引汉济渭办，并与从厅直系统抽调的同志组成综合、工程、技术、移民 4 个工作组。当日，田万全同志主持召开引汉济渭前期工作班子全体人员会议，传达省政府有关会议精神，细化和明确了年度工作目标，就近期工作和道路、电力等辅助工程建设进行了全面安排部署。

第二节　项目建议书编制工作

项目建议书编制工作启动并于 2003 年 12 月 29 日完成招标工作以后，陕西省水利水电勘测设计院（简称"省水电设计院"）、铁一院分别开展了三河口水库、秦岭隧洞标段项目建议书的编制工作。2008 年 8 月 11 日，袁纯清省长主持召开省政府常务会议，决定按照"一次规划、统筹配水"的原则进一步论证完善工程规划，此后，两家勘测设计单位根据省政府常务会的决定，调项目建议书编制工作进行了相应调整，同时增加黄河勘测规划设计有限公司作为"黄—三隧洞"（黄金峡水利枢纽至三河口水利枢纽）项目建议书阶段的勘测设计工作，明确由省水电设计院承担总体设计协调工作。

省水电设计院作为陕西乃至西北地区有重大影响的水利工程勘测设计单位，承担了许多重大水利项目的勘测设计任务，承担引汉济渭工程项目建议书编制任务以后，很快组建了专职专责的项目部，并根据引汉济渭工程规模宏大、技术复杂、单体工程多、合作单位多的特点,把这项工作作为企业发展的大好机遇,配备精兵强将,组建了引汉济渭工程勘察设计项目部。由院长王建杰任项目总负责,副院长吕颖峰兼项目经理,副院长刘斌为技术总负责;聘请石瑞芳(设计大师)、马德骥(教高)、黄元谋(教高)、刘生秦(教高)、党立本(教高)、寇宗武(教高)、钟家驹(教高)、濮声荣(教高)、郑克敬(教高)为咨询专家。确定本院技术骨干焦小琦、张民仙、张中东、陈武春、李云英为主管总工,楚艳春、毛拥政为项目副经理。

项目部领导班子确定后,立即对工程项目及专业负责人做了明确分工。黄金峡水利枢纽:主管总工张中东,项目负责人毛拥政,地质负责人宋文博、宁满顺。黄金峡泵站:主管总工陈武春,项目负责人周锦华,地质负责人赵颖。黄三隧洞:主管总工陈武春,项目负责人王文成,地质负责人任孟宁、党宏斌。三河口水利枢纽:主管总工李云英、张中东,项目负责人楚艳春,地质负责人冯志荣、孙云博。黑河金盆水库增建工程:主管总工张民仙,项目负责人王碧琦,地质负责人刘登贵、习茂绪,测量负责人李军安,地质负责人赵宪民、蔺茹生、宋文博,水文负责人樊春贤,规划负责人彭穗萍;受水区规划负责人杨晓茹,施工专业负责人张晓库、宋永军,金结专业负责人董旭荣,水机专业负责人徐尚智,电气专业负责人解新民,移民专业负责人胡永超、张伟,水保环评专业负责人毋养利,造价经评专业负责人赵四利,审查会议多媒体制作史宏波、吕治国、戴鹏。

铁一院作为新中国成立的第一批铁路勘测设计单位,建院以来创造了数以百计的国内第一和世界之最。其中全长 18.456 千米的秦岭特长隧道是国内首次设计采用 TBM 施工建成的最长铁路隧道,并荣获国家科技进步一等奖、秦岭特长隧道工程地质勘察荣获全国第九届优秀工程勘察金奖及中国第三届詹天佑土木工程勘察大奖,2013 年"秦岭隧道群"荣获国际 FIDIC 全球百年经典工程优秀奖。承担引汉济渭工程秦岭隧洞勘测设计任务后,组成了由专职专责的指挥部,立即开展了全长 81.779 千米、设计流量 70 立方米每秒、隧洞平均坡降 1/2500、最大埋深 2000 米秦岭隧洞项目建议书阶段的勘测设计工作。

项目建议书阶段设计历程:2004 年 2 月,引汉济渭工程项目建设勘测设计工作启动;2004 年 3 月,测绘、地质勘察人员进驻现场,至 2007 年 6 月完成了所有 6 个部分的地形测绘和地质勘察工作。

2006 年 11 月至 2007 年 1 月,在王建杰院长、项目总协调吕颖峰副院长兼项目经理和技术总负责刘斌的协调组织下,测量、地质、设计人员多次赴现场完成联合踏勘和资料收集工作。

2007 年 3 月,项目组对引汉济渭工程项目建议书工作进行了详细策划准备,编制完成了项目建议书工作计划和编制大纲。

2007年7月，完成全部内业工作。测量队和地质队按照任务书要求，于2007年5月完成地形图补测、水文断面测量、库区断面测量，以及黄金峡、泵站、黄三隧洞、三河口、黑河增建工程的地质勘察外业工作，补充完成三河口水库拱坝方案地质资料。此后经过一年多时间的集中加班，于2007年8月完成了项目建议书的编制工作。同时与铁一院多次沟通协调，对秦岭隧洞进口做出了必要调整，完成了引汉济渭工程项目建议书阶段总报告、单项报告和专题报告共计14册的编制工作，对水文、工程规划和规模、水库淹没和占地、调水区影响、受水区水资源配置等出案专题报告进行分析论证。

2007年9月11—15日，省水利厅在西安组织召开《陕西省引汉济渭工程项目建议书》审查会。2007年12月16—17日，水利部与陕西省人民政府在西安召开联席咨询会，对《陕西省引汉济渭工程项目建议书》进行咨询。水利部副部长矫勇和陕西省副省长张伟出席会议并讲话，参加会议的有水利部规划计划司、南水北调规划设计管理局、水利水电规划设计总院、长江水利委员会、黄河水利委员会，陕西省发改委、财政厅、水利厅、国土资源厅、交通厅、环保局等单位及特邀专家。咨询会议后，勘测设计单位根据咨询专家意见，全力开展了项目建议书的修改完善工作，于2008年4月5日完成全部修改任务。2008年12月23—28日，水利部水利水电规划设计总院在北京召开会议，对项目建议书进行审查。参加会议的有特邀专家和水利部规划计划司、长江水利委员会、黄河水利委员会，陕西省人民政府以及省发改委、水利厅、引汉济渭办、长江勘测规划设计研究院、长江流域水资源保护科学研究所、陕西水电设计院、铁一院和陕西省水利电力咨询中心等单位的领导、专家和代表。2008年12月26日，水利厅王保安副厅长主持召开会议，就引汉济渭工程前期工作及咨询意见落实进行了专题研究，要求各有关部门和项目建议书编制承担单位充分领会和理解项目意图及走势，继续密切与上级业务部门和高层专家的联系和沟通，加强过程咨询，提高编制质量，加快工作进度，确保2008年2月底前完成所有专题研究报告及项目建议书章节修改补充，3月底前完成整体项目建议书的补充完善，4月底前正式向水利部上报引汉济渭工程项目建议书。2009年3月22—24日，水利部水利水电规划设计总院在北京召开会议，对《陕西省引汉济渭工程项目建议书》进行了复审。

完成复审以后，引汉济渭工程项目建议书开始进入国家发改委审批前的咨询审查阶段。2009年7月6日，水利部以水规计〔2009〕355号文将引汉济渭工程项目建议书审查意见报送国家发改委。2009年11月6—13日，中国国际工程咨询公司组织专家组在西安市对《陕西省引汉济渭工程项目建议书》（以下简称《项目建议书》）进行评估。参加会议的有长江水利委员会规划局，湖北省水利厅计财处，湖北省南水北调办规划处，湖北省水科院，长江水资源保护科学研究所、西安交通大学、陕西省政府办公厅、发改委、财政厅、国土资源厅、住

房与城乡建设厅、环保厅、林业厅、水利厅、省移民领导小组办公室、省引汉济渭办公室、省水利水电工程咨询中心，以及设计编制单位陕西省水电设计院和铁一院等单位的领导、专家和代表。2010年5月11日，中国国际工程咨询公司以咨农发〔2010〕278号文向国家发改委报送引汉济渭工程项目建议书咨询评估报告。2011年7月21日，国家发改委批复《关于陕西省引汉济渭工程项目建议书》，标志着引汉济渭在国家正式立项。

第三节 重大技术方案调整

在引汉济渭工程规划阶段技术成果的基础上，项目建议书阶段完成了多项重大技术方案的优化调整工作。

一、调水规模优化确定

（一）受水区需水预测

《项目建议书》提出引汉济渭工程受水区范围为关中地区的西安、宝鸡、咸阳、渭南、杨凌等5个大中城市，渭河沿岸的12个县级城市和4个工业园区。供水对象主要为城市用水。工程设计基准年2005年，设计水平年近期2020年、远期2030年。调水工程与受水区的水源工程联合调度后的供水保证率不低于95%。

2005年受水区需水13.59亿立方米，供水8.30亿立方米，缺水5.29亿立方米。预测2020年受水对象为5个大中城市，渭河沿岸的11个县级城市需水22.70亿立方米，供水工程供水13.24亿立方米，缺水9.45亿立方米；2030年受水对象为5个大中城市，渭河沿岸的12个县级城市和4个工业园区需水28.55亿立方米，供水工程供水14.47亿立方米，缺水14.08亿立方米。因此，《项目建议书》提出2020年调水10亿立方米，2030年调水15亿立方米。中国国际工程咨询公司评估报告认为，工程设计水平年及供水保证率符合有关规定，供水对象合适，需水预测可进一步研究核实。

（二）调水区可调水量分析

《项目建议书》提出陕西省汉江流域自产水资源量259亿立方米，扣除2030水平年陕西省汉江流域耗水20亿立方米后，水资源量239亿立方米，调水15亿立方米仅占6.28%。引汉济渭工程黄金峡断面多年平均天然径流量78.86亿立方米，三河口断面多年平均天然径流量8.65亿立方米，合计87.51亿立方米。考虑2030年黄金峡和三河口两断面耗水和生态用水后，可用水量分别为61.02亿立方米和7.80亿立方米，合计可用水量为68.82亿立方米，可满足调水要求。丹江口多年平均天然径流量373.7亿立方米，调水15亿立方米对汉江水资源配置影响不大。

长江委长规计〔2008〕577号文件提出引汉济渭工程调水10亿立方米对南水北调中线一期工程多年平均调水量95亿立方米方案的影响是：减少多年平均供水量0.9亿立方米，约占中线一期调水量的1%；对汉江中下游的影响是：减少多年平均供水量0.37亿立方米，占供水量169亿立方米的0.2%。如果个别特枯年份不调水，对南水北调中线一期工程及汉江中下游的影响会更小。

在中咨公司对引汉济渭工程项目建议书评估期间，设计单位补充分析了2030水平年引汉济渭调水15亿立方米，在42年中除个别特枯年份（1966年、1994年和1997年）外，对南水北调中线一期工程的影响是：减少多年平均供水量0.99亿立方米，约占中线一期调水量的1.04%；对汉江中下游的影响是：减少多年平均供水量0.46亿立方米，占供水量169亿立方米的0.27%。

中咨公司评估报告认为，引汉济渭工程2020水平年多年平均调水10亿立方米对南水北调中线供水和汉江中下游用水影响不大；2030水平年多年平均调水15亿立方米的影响程度略有增加，可以按照丰水年多调、枯水年少调和特枯年服从汉江水资源统一调度的原则协调各方利益。建议下阶段在充分考虑受水区节水、治污等措施的基础上，对受水区需水预测进一步核实；进一步研究引汉济渭工程对南水北调中线供水和汉江中下游用水带来的不利影响，并加强协调两省关系。

二、工程总体布局优化调整

引汉济渭工程由黄金峡水利枢纽、黄金峡泵站、黄三隧洞、三河口水利枢纽和秦岭隧洞等5部分组成。《项目建议书》提出工程总体布局方案是：在汉江干流修建黄金峡水利枢纽及其支流子午河修建三河口水库两个水源工程，由黄金峡泵站自黄金峡水利枢纽提水，通过黄三隧洞输水至三河口水利枢纽，通过秦岭隧洞输水至黑河金盆水库下游黄池沟，向关中地区供水。

评估期间，专家组提出了需要进行修改和补充的内容，设计单位编制了《项目建议书补充报告》（简称《补充报告》）。根据充分利用水能资源，降低抽水扬程，减少工程运行成本的要求，进行了多方案比选。推荐了工程布局优化方案，即黄金峡水利枢纽和三河口水利枢纽工程规模不变；秦岭隧洞出口点和高程不变，适当降低进口高程，输水比降由1/1100调整为1/3000；黄金峡泵站扬程由216米降低为113.5米；输水进三河口水库改为直接与秦岭隧洞衔接，相应降低黄三隧洞高程；为了更有效地利用水能资源，黄金峡电站装机规模由75兆瓦增加至120兆瓦，三河口增建装机规模为45兆瓦的电站；为了更好地发挥三河口水库的调蓄作用，增建装机规模为60.6兆瓦的三河口泵站。与《项目建议书》方案相比，多年平均抽水电量减少了3.36亿千瓦时，发电量增加了1.54亿千瓦时。

三、秦岭隧洞越岭段布置方案及相关参数比较研究

自从提出建设引汉济渭工程的设想以来，经过工程规划、项目建议书等不同阶段工作的逐步深入，秦岭隧洞选线上的合理性得到了逐步验证。

引汉济渭工程规划从汉江干流黄金峡水库和支流子午河三河口水库两点取水，工程由黄金峡水库、黄金峡泵站、黄金峡至三河口（简称"黄三"）隧洞、三河口水库、秦岭隧洞五大部分组成。规划阶段推荐的总体布局方案是：从黄金峡水库抽水约 220 米，通过黄三隧洞输入三河口水库，经三河口水库统一调节后进入秦岭隧洞，出秦岭隧洞进入岭北黑河金盆水库，通过金盆水库统一配置，最后进入关中供水系统。这一方案的优点是秦岭隧洞长度适中，调出区、调入区均有水库调节，工程调度运行方便；缺点是对三河口的总库容利用不充分，死库容约占总库容一半。

项目建议书阶段前期，沿用了规划阶段推荐的总体布局方案，进一步确定黄金峡抽水扬程 217 米，三河口水库调节库容 3.34 亿立方米，秦岭隧洞长度 65 千米。水规总院对项目建议书审查过程中，要求按照不影响南水北调中线及汉江下游用水的原则实施调水，由此长委会设计院给出了允许调水过程。由于所给允许调水过程较原来仅考虑生态基流限制的调水过程发生极大变化，满足调水需要的调节库容显著增加，从而提出了利用三河口水库死库容的要求。经过比较降低并延长秦岭隧洞（出口降低北移至黑河水库之外，出口向近坝方向移动约 2 千米）和在三河口库内设地下泵站两个方案，选择了降低并延长秦岭隧洞的方案。在这一方案下，秦岭隧洞长度增加到 77.09 千米，但因隧洞出口降低较多比降变陡，断面有所缩小，三河口水库调节库容从 3.34 亿立方米增加到 5.5 亿立方米。

四、抽水方案优化调整

随着秦岭隧洞方案及相关参数的优化调整，中咨公司在对项目建议书评估过程中，有专家认为，秦岭隧洞延长后进口距大坝直线距离已缩小到约 3 千米，黄金峡来水有相当部分与秦岭隧洞引水同步而形成穿堂过，如将秦岭隧洞延长到坝后与黄三隧洞相接，黄三隧洞出口高程由水库正常蓄水位降至秦岭隧洞进口，在三河口水库坝后设二级泵站，仅将黄金峡来水中多出秦岭隧洞引用部分的水量抽入水库调节，如此可显著减少黄金峡泵站扬程和抽水用电，黄金峡泵站的技术难度也可相应降低。经设计单位补充工作，形成了秦岭隧洞进口降低并南移至在三河口水库坝后，黄三隧洞洞线整体降低，出口退至三河口水库坝后直接与秦岭隧洞进口相接、黄金峡泵站扬程由当初的 217 米减小为 113 米的方案（即低抽方案），中咨公司评估认可了这一方案。经这一方案优化调整的动态分析表明，低抽方案的经济性显著优于高抽方案，低抽方案的总费用现值较高抽方案少 5.3 亿元。如果考虑未来能源紧缺加剧电价提高，低抽方案的经济性将更加明显。

五、各分项工程规模优化确定

（1）黄金峡水利枢纽。黄金峡水利枢纽为引汉济渭工程的两个水源之一，也是汉江梯级开发的第一个梯级，具有发电、航运的综合利用效益。水库正常蓄水位450.00米，死水位440.00米，设计洪水位450.00米，校核洪水位453.71米，总库容2.36亿立方米，电站装机容量120兆瓦，多年平均发电量2.98亿千瓦时。

（2）三河口水利枢纽。三河口水利枢纽为引汉济渭工程的两个水源之一，是整个调水工程的调蓄中枢。水库正常蓄水位643.00米，汛限水位641.00米，死水位588.00米，设计洪水位642.03米，校核洪水位643.71米，总库容6.81亿立方米，调节库容5.53亿立方米。电站装机容量45兆瓦，多年平均发电量1.08亿千瓦时。

（3）黄金峡泵站。黄金峡泵站的任务是将汉江黄金峡水利枢纽的水扬至黄三隧洞。泵站设计流量75立方米每秒，设计扬程113.5米，装机容量165兆瓦。

（4）黄三隧洞。黄三隧洞设计流量75立方米每秒，洞长15.79千米，进口高程542.43米，出口高程537.17米，断面为7.18米×7.18米的马蹄形。

（5）三河口泵站。三河口泵站的任务是将黄三隧洞出口的一部分水量扬水入三河口水库，充分发挥水库的调蓄功能。泵站设计流量50立方米每秒，设计扬程95.1米，装机容量60.6兆瓦。

（6）秦岭隧洞。秦岭隧洞设计流量70.0立方米每秒，洞长81.58千米，进口高程537.17米，出口高程510.0米，分段采用7米×7米的马蹄形断面（长度42.29千米）和内径为7.16米的圆形断面（长度39.29米）。

六、各分项工程主要建筑物优化确定

黄金峡水利枢纽大坝初拟采用碾压混凝土重力坝，最大坝高64.3米。工程自左至右依次布置左岸挡水坝段、河床式电站厂房、泄洪底孔、溢流表孔、通航建筑物和右岸挡水坝段。

三河口水利枢纽大坝初拟采用碾压混凝土重力坝，最大坝高138.3米。枢纽工程左右两岸布置混凝土挡水坝段，中部布置溢流坝段，电站布置于坝后右岸，泵站布置于溢流坝段内，泵站、电站呈"一"字形布置。

黄金峡泵站设计流量为75立方米每秒，多年平均抽水量9.76亿立方米，总扬程113.5米，总装机165兆瓦，年用电量3.66亿千瓦时。泵站布置采用正向进水，由进水池、主厂房、压力管道、出水池等建筑物组成，平面呈直线布置。

黄三隧洞全长15.79千米，设计流量为75立方米每秒，多年平均输水量9.76亿立方米。隧洞断面为马蹄形（$2R=7.18$米）。

秦岭隧洞设计流量为70立方米每秒，全长81.58千米，其中TBM法施工长度39.29千

米，采用圆形断面，TBM 直径 8.46 米；钻爆法施工长度 42.29 千米，断面为马蹄形（2R＝7.00 米）。

评估报告认为，《补充报告》提出的输水线路、工程总体布置及各建筑物布置基本合理。下阶段根据复核后的规划参数变化及地质勘察成果对各单项工程主要建筑物设计进行优化。

七、投资估算和资金筹措方案优化确定

水利部水规计〔2009〕355 号文按 2009 年第一季度价格水平，上报工程静态总投资 1519375 万元，总投资 1622257 万元，其中工程部分投资 1183489 万元、淹没处理及工程占地投资 287333 万元、水土保持及环境保护工程投资 48553 万元、建设期贷款利息 102882 万元。

评估时价格水平与 2009 年第一季度价格基本相当，基础材料价格不做调整，重点调整了混凝土、块石及水轮机和发电机组等单价，结合对各主要建筑物的优化调整了相应工程量。

经评估调整，工程静态总投资 1465892 万元，工程总投资 1540327 万元（较《项目建设书》核减 81930 万元），其中工程部分投资 1155822 万元、淹没处理及工程占地投资 271952 万元、水土保持及环境保护工程投资 38118 万元、建设期贷款利息 74435 万元。

根据投资和效益分析，工程财务评价结论：若引汉济渭工程发电量全部按 0.30 元每千瓦时上网，泵站抽水用电按 0.71 元每千瓦时从电网购电，初拟工程运行初期工程末端水价 1.1 元每立方米，到 2020 水平年水价 1.5 元每立方米。按《补充报告》提出的配水方案测算，工程建成后各时段收入可满足工程运行成本费用要求，具有一定的贷款能力。

按以上水价方案，若引汉济渭工程发电量全部上网，泵站抽水用电全部从电网购电，则工程贷款能力 40.63 亿元（含建设期贷款利息 7.44 亿元）。

若工程末端水价均按 1.50 元每立方米计算，则工程贷款能力为 51.41 亿元（含建设期贷款利息 9.42 亿元），工程总投资为 156.01 亿元。

评估认为，引汉济渭工程初拟的运行初期供水水价，与现行的金盆水库供水水价差别不大，有可能实现。随着用户对水价承受能力的提高，对水价进行阶段性调整，符合工程运行实际。建议下阶段进一步分析各类用水户对水价的承受能力，研究制定切实可行的分阶段水价方案和运行管理方案；工程建设和管理可积极引入市场机制，吸引企业或其他社会投资人参与。

国内已建、在建的大中型调水工程，普遍存在调水规模超前而输配水工程建设滞后、调水工程实际供水量滞后于设计等问题。主要原因是外调水水价远高于当地水水价，而且缺乏水资源统一管理的有效措施。建议借鉴已建调水工程经验，下阶段研究制定合理可行的两部制水价，促进工程运行初期外调水量合理消纳。同时必须按照水资源统一调度、统一管理的目标进行水资源管理体制改革，为充分发挥引汉济渭工程效益，保障受水区经济社会可持续发展创造条件。

八、工程建设实施意见确定

《补充报告》提出工程采取"一次立项,分期配水"的建设方案,按照关中用水量逐步增长过程,2020年配水5亿立方米、2025年配水10亿立方米、2030年配水15亿立方米。为实现上述目标,首先建成三河口水利枢纽和秦岭隧洞,满足2020年的配水要求,然后建设黄金峡水利枢纽、黄金峡泵站和黄三隧洞,实现2025年和2030年的配水要求。

评估认为,三河口水利枢纽是座多年调节水库,调节子午河流域的径流,可以满足2020年配水5亿立方米的目标。由于配水连续逐年增加,各项工程建设必须相互衔接,按配水要求安排资金和投产工期,既不造成投资积压,又能满足持续配水的要求。因此,引汉济渭工程应根据用水需要,分阶段建设。

工程施工部署及总工期为:黄金峡水利枢纽、黄金峡泵站、黄三隧洞、三河口水利枢纽和秦岭隧洞5个单项工程施工工期分别为黄金峡水库48个月、黄金峡泵站42个月、黄三隧洞51个月、三河口水利枢纽48个月、秦岭隧洞79个月。从降低工程施工强度,合理分配资金投入,边建设边受益的角度出发,分序安排各单项工程施工。秦岭隧洞和三河口水库先开工,相继安排黄金峡水利枢纽、黄金峡泵站、黄三隧洞等工程,工程施工总工期为11年。

第二章 项目建议书主要结论

项目建议书先经水规总院审查,再经中国国际工程咨询公司(简称"中咨公司"),最后经国家发改委批复,形成了项目建议书阶段的最终结论。

第一节 评 估 意 见

中咨公司作为国家重大工程的权威性评估机构,对重大工程项目建议书进行评估是发改委审批前必须进行的程序,其评估意见和结论是国家发改委审批的重要依据。其评估意见如下。

(1)引汉济渭工程可以缓解关中地区的水资源供需矛盾,逐步减少地下水的超采和改善渭河流域的生态环境,保障关中地区经济社会可持续发展,工程建设是必要的。工程设计深度基本满足本阶段要求,秦岭隧洞等主要技术方案论证较充分,工程虽较艰巨,但不存在重大工程技术和环境问题。

（2）引汉济渭 2020 水平年多年平均调水 10 亿立方米对南水北调中线供水和汉江中下游用水影响不大；2030 水平年多年平均调水 15 亿立方米的影响程度略有增加，可以按照丰水年多调、枯水年少调和特枯年服从汉江水资源统一调度的原则协调各方利益。建议下阶段在充分考虑受水区节水、治污等措施的基础上，对受水区需水预测进一步核实；进一步研究引汉济渭工程对南水北调中线供水和汉江中下游用水带来的不利影响，并加强协调两省关系。

（3）《补充报告》推荐的工程布局优化方案：黄金峡水库和三河口水库工程规模不变，黄金峡电站装机规模由 75 兆瓦增加至 120 兆瓦，三河口增建 45 兆瓦的电站；秦岭隧洞出口点和高程不变，适当降低进口高程，输水比降由 1/1100 调整为 1/3000；输水进三河口水库改为直接与秦岭隧洞衔接，相应降低黄三隧洞高程；黄金峡泵站扬程由 216 米降低为 113.5 米；增建装机规模为 60.6 兆瓦的三河口泵站。与《项目建议书》方案相比，抽水电量减少了 3.36 亿千瓦时，发电量增加了 1.54 亿千瓦时。

（4）三河口水利枢纽是座多年调节水库，调节子午河流域的径流，可以满足 2020 年配水 5 亿立方米的目标。由于配水是逐年增加的，各项工程建设必须相互衔接，按配水要求安排资金和投产工期，既不造成投资积压，又能满足持续配水的要求，工程宜根据供水需要，按最终规模立项，分阶段建设。

（5）经评估调整，工程静态总投资 1465892 万元，建设期贷款利息 74435 万元，工程总投资 1540327 万元，较《项目建议书》核减 81930 万元。

（6）若引汉济渭工程发电量全部按 0.30 元每千瓦时上网，泵站抽水用电按 0.71 元每千瓦时从电网购电，初拟工程运行初期工程末端水价每立方米 1.1 元，到 2020 水平年水价每立方米 1.5 元。按《补充报告》提出的配水方案测算，工程贷款能力 40.63 亿元。

第二节　评估结论与建议

中咨公司评估后形成的结论和建议如下。

（1）引汉济渭工程从汉江向渭河流域调水，可以实现区域水资源的优化配置，缓解关中地区的水资源供需矛盾，逐步减少地下水的超采和改善渭河流域的生态环境，保障关中地区经济社会可持续发展，工程建设是必要的。工程设计深度基本满足本阶段要求，秦岭隧洞等主要技术方案论证较充分，不存在重大工程技术和环境问题。

（2）引汉济渭 2020 水平年多年平均调水 10 亿立方米对南水北调中线供水和汉江中下游用水影响不大；2030 水平年多年平均调水 15 亿立方米的影响程度虽略有增加，可按照丰水年多调、枯水年少调和特枯年服从汉江水资源统一调度的原则协调各方利益。建议下阶段在充分考虑受水区节水、治污等措施的基础上，对受水区需水预测进一步核实；进一步研究引汉济渭工程对南水北调中线供水和汉江中下游用水带来的不利影响，并加强协调两省关系。

（3）引汉济渭工程由两座水库调蓄、一座泵站抽水、两条隧洞输水组成，工程线路选择和总体布局合理。评估期间设计单位在保持原总体布置格局的前提下，又研究提出了补充方案，通过调缓秦岭隧洞比降、降低黄金峡泵站扬程，可显著降低运行成本，增加电站装机规模，有利于实现工程良性运行和发挥工程效益。该方案可作为《项目建议书》阶段的代表方案，建议下阶段进一步优化。

（4）引汉济渭工程宜按最终规模一次立项，分期建设。实现 2020 年配水 5 亿立方米、2025 年配水 10 亿立方米、2030 年配水 15 亿立方米。首先完建三河口水利枢纽和秦岭隧洞，满足 2020 年的配水要求，适时建设黄金峡水利枢纽、黄金峡泵站和黄三隧洞，实现 2025 年和 2030 年的配水要求。

（5）根据已建调水工程运行经验，此类项目运行初期财务效益不佳，建议尽快开展受水区水资源配置和输配水工程建设方案研究和安排，与主体工程同步实施；建立适宜的水资源管理和水价管理机制，促进工程运行初期水量合理消纳；工程建设及运行管理可引入市场机制，吸引企业或其他社会投资人参与投资。

第三节 项目建议书批复

依据上述咨询意见和结论，国家发改委于 2011 年 7 月 21 日以发改农经〔2011〕1559 号文件批复了《引汉济渭工程项目建议书》。批复意见如下。

（1）原则同意所报引汉济渭工程项目建议书及补充报告。

（2）该工程由黄金峡水利枢纽、黄金峡泵站、黄三隧洞、三河口水利枢纽、秦岭隧洞等 5 部分组成。工程规划近期多年平均调水量 10 亿立方米，远期多年平均调水量 15 亿立方米，初拟采取"一次立项，分期配水"的建设方案，逐步实现 2020 年配水 5 亿立方米，2025 年配水 10 亿立方米，2030 年配水 15 亿立方米。工程总工期约 11 年。

（3）按 2009 年第四季度价格水平估算，该工程总投资 154 亿元。

（4）下阶段，要重点在以下几个方面做好和完善前期工作。

1）在充分考虑受水区节水、治污等措施的基础上，进一步调查复核受水区需水预测。

2）进一步研究工程对南水北调中线调水和汉江下游用水的不利影响，制定工程调度方案。

3）进一步优化工程布局及建设方案。

4）优化工程设计。

5）建立科学的水资源管理体制和水价形成机制。

6）深化工程建设管理体制机制改革，根据精简能效的原则，研究提出项目法人组建方案。

7）全面复核淹没及占地范围内的各项实物指标。

8）根据有关法律规定，做好环境影响评价、建设用地预审、节能审查等工作。

9）根据相关法律规定，提出招标投标方案。

（5）据此编制工程可行性研究报告，按程序报批。

第三章 《项目建议书》支撑工作

《项目建议书》在报国家发改委后的审批过程中，发改委对工程建设的必要性、受水区节水与治污以及建设过程中的筹融资机制、建设管理体制和如何协调汉江下游湖北省的关系协调上提出了许多要求，为争取项目建议书获得尽快批准，省政府分管领导多次赴发改委汇报情况，省水利厅、引汉济渭办领导多次与湖北省相关部门协商，获得了有关各方的理解与支持，使项目建议书最终获得批准。

第一节 省政府报国家发改委函

为回答国家发改委的重大关切，省人民政府于 2010 年 8 月向国家发改委报送了《关于立项建设引汉济渭工程有关意见的函》。其重要内容如下。

（1）重申了引汉济渭工程建设的重大意义。一是引汉济渭工程将为关中经济区发展提供必不可少的基本保障。据预测，到 2020 年关中地区总人口超过 3000 万人，西安将建成 1000 万人口以上的国际化大都市，同时加快宝鸡、咸阳、渭南、铜川、杨凌等中心城市和一大批城镇、特色优势产业园区的建设，城镇化率由现状的 43％提高到 60％，人均地区生产总值翻两番以上。即使在全面强化节水和充分挖掘利用当地水资源和非传统水源的条件下，到 2020 年关中地区年均缺水量仍有 16.9 亿立方米，一般干旱年缺水达 24.1 亿立方米。立足陕西省水资源开发利用条件，建设引汉济渭工程是解决近中期关中地区缺水问题唯一现实可行的选择。二是引汉济渭工程将为渭河流域生态建设和环境保护创造基础条件。引汉济渭工程建成通水后，通过替代超采的地下水、退还生态水和增加达标排放水量等方式，将使渭河水量增加 7 亿～8 亿立方米,可提高河流水质自净能力,遏制渭河流域生态环境恶化,同时增加了渭河入黄河水量,为黄河的治理做出贡献,同时还将通过减少地下水超采,减轻关中各大中城市地裂缝和地面沉降对城市环境的危害。三是促进陕北地区能源化工基地建设。陕西省是国家规划的重要能源化工基地,但水资源短缺是制约能源化工基地建设的关键因素。建设引汉济渭工程,可增加入黄河水量 7 亿～8 亿立方米,从而为陕西省争取较多地利用黄河干流水资源创造条件。

(2)承诺将进一步全面加强节水、治污和水资源保护工作。按照规划建设调水工程"三先三后"的原则,陕西省将不断加大节水、治污和水资源保护力度。农业节水将通过狠抓种植结构调整和抗旱品种推广,全面推行渠道防渗、暗管输水和田间节水措施,使关中地区 12 个大型灌区水利用系数达到 0.55 以上。工业节水将严格限制高耗水产业,全面推广节水新工艺、新技术、新设备,工业万元增加值用水量降低到 45 立方米(其中规模以上工业为 24 立方米),主要城市工业用水重复利用率达到 70% 以上。城市节水将大力推进供水管网改造,全面推广节水器具,鼓励中水回用,逐步提高水资源费、污水处理费征收标准和自来水价格,不断提高水资源利用效率和效益。治污和水资源保护方面,省政府已制定出台了《陕西省渭河流域生态环境保护办法》(省政府令第 139 号)、《陕西省渭河流域水污染补偿实施方案(试行)》(陕政办发〔2009〕159 号)等政策法规,对污染严重的"十五小"和"新五小"企业关停并转,停止在渭河流域新建造纸、果汁、化工等高污染项目,实行清洁生产,严格达标排放。同时建立渭河流域水污染补偿制度,并已对出境水质污染物超标的市扣缴了污染补偿资金,排污控制取得良好效果。关中地区的 54 个县(市、区)将实现每个县城建成一座污水处理厂和一座标准化垃圾处理设施,城镇污水处理率平均达到 60% 以上,其中西安达到 80% 以上,其他中心城市达到 70% 以上,县城达到 50% 以上。通过以上措施,规划到 2020 年,关中地区水资源消耗和水环境污染显著降低,城镇污水、生活垃圾、工业固体废物基本实现无害化处理,渭河干流达到 III 类水质,把关中地区建设成为全国水资源节约保护的先进地区和西部资源节约型、环境友好型示范经济区。

(3)抓紧同步规划实施引汉济渭工程输配水配套设施建设。鉴于引汉济渭工程规模较大,同时考虑关中用水量有一个逐步增长过程,陕西省将按照"一次总体规划、相继安排实施、分期增加供水"的建设原则,工程建设安排上首先完建汉江支流子午河上的三河口水库和秦岭隧洞,自流调取子午河水量,2020 年实现供水 5 亿立方米,相继适时安排汉江干流上的黄金峡水库、黄金峡泵站和黄金峡—三河口隧洞等工程建设,进一步增加供水量,2025 年实现供水 10 亿立方米,2030 年达到最终供水规模 15 亿立方米。为保证引汉济渭调水工程尽早发挥效益,在工程项目建议书和可行性研究阶段的前期工作中,陕西省已对输配水工程进行了专题研究并编制了专项规划。总体方案是以石头河水库、黑河金盆水库向西安、宝鸡、咸阳供水工程为基础，增建黑河—西安—渭南—华县输水干线、黑河—咸阳—阎良输水干线以及武功—杨凌输水支线，基本上以自压供水方式覆盖全部供水对象，输水干支线全长 373 千米，并与城市和县城总体规划与城区供水管网建设做好衔接，构建安全高效的关中供水网络体系。在实施引汉济渭工程的同时，陕西省将统筹规划，分步适时启动实施新建输配水工程，在2025 年前，先期建成黑河—西安段输水干线，全部建成黑河—咸阳—阎良输水干线和武功—杨凌输水支线以及相关城镇、产业园区的供水管网工程，满足供水 10 亿立方米的需要；在 2030 年前，全面完成剩余输水干支线和供水管网工程建设任务，满足最终供水 15 亿立方米的需要。

（4）以强化管理为核心促进水资源优化配置和高效利用。引汉济渭工程是陕西在全省范围内进行水资源优化配置的骨干设施，全面加强水资源管理是保证工程良性运行和效益发挥的关键措施，是实现全省水资源优化配置和高效利用的根本保障。为此，陕西省将在水资源管理方面突出抓好以下几方面工作：一是统筹水资源开发利用；二是严格控制开发地下水；三是加强水资源调度管理；四是充分运用经济调节手段，促进水源结构优化调整，形成与保证引汉济渭工程良性运行、促进水资源优化配置和高效利用相适应的水价体系。

（5）充分利用市场机制多渠道筹措工程建设资金。在项目建议书阶段，省政府常务会议已专题研究了工程建设资金筹措方案，在尽可能利用市场机制进行融资的基础上，多渠道筹措建设资金。政府投资部分由省政府和受水区地方政府按分配水量共同筹集，地方政府可通过出让用水权方式筹集建设资金，同时积极争取中央投资补助和利用外资。在项目下阶段前期工作中，陕西省还将进一步研究企业参与投资建设的可行方案。考虑到引汉济渭工程对陕西省发展具有重大战略意义，对带动西部地区发展具有重要作用，对治理渭河流域生态环境发挥骨干作用，对黄河下游的治理也将做出重要贡献。陕西省政府请求国家按照支持西部大开发的有关政策，对引汉济渭工程投资给予补助。由于引汉济渭工程建设工期较长，解决关中缺水问题又非常紧迫，如在项目建议书审批阶段难以明确中央投资补助数量，为加快开展下阶段项目前期工作，促使工程早日开工建设，陕西省承诺工程建设资金以陕西省为主筹措解决，中央投资补助问题待时机成熟时再行研究确定。

（6）构建引汉济渭工程良性运行的管理体制和运行机制。根据引汉济渭工程特点，陕西省认真研究了工程管理体制和运行机制，在借鉴国内外大型调水工程建设和管理经验的基础上，形成了"政府主导、市场运作、企业参与、建管一体"的基本思路。为加强对引汉济渭工程建设的领导，省政府已经成立了"陕西省引汉济渭工程协调领导小组"及其下设的办公室，批准了引汉济渭工程项目法人组建方案，目前由领导小组办公室履行项目法人职责，负责组织推进项目前期工作，待国家正式批复工程项目后，将在领导小组办公室的基础上组建引汉济渭工程建设管理局，负责工程的建设管理，工程建成投运后，转为引汉济渭工程管理局，负责工程的运行管理。在项目下阶段前期工作中，陕西省将按照充分发挥市场机制作用的要求，进一步深化水资源管理制度、水价管理制度改革，为引汉济渭工程的良性运行创造有利条件。

（7）就工程影响问题继续做好与湖北省的沟通协调工作。陕西省汉江流域水资源丰富，年产径流量259亿立方米，现状年用水量仅21亿立方米，开发利用程度很低。规划2030年陕西省汉江流域年用水量为30亿立方米，即使加上引汉济渭年调水量15亿立方米，共计年用水量45亿立方米，预留水量仅占年径流量的17.4%，折合陕西省汉江流域人均用水量为456立方米，仍显著低于汉江中下游流域人均用水量852立方米。为了不对汉江下游省份用水造成影响，已分别委托长江委设计院和长江水资源保护研究所，对汉江下游的用水影响和水生态环境影响进行了专题研究，得出的结是，引汉济渭工程年调水10亿立方米时，影响南水北调中线工程多年平均可调水量0.9亿立方米，影响汉江下游多年平均供水量0.37亿立方米，影响程度分别约为1%和0.2%；年调水15亿立方米时，除个别特枯年份外，造成的影响无明显变化。由于引汉济渭工程调水量占汉江下游水量比例很低，因而对汉江下游水环境的影响是轻微的。为取得湖北省对引汉济渭工程的理解和支持，省政府分管领导和水行政主管部门负责人已与湖北省有关方面进行了沟通，并将进一步研究有关措施，把引汉济渭工程对汉江下游的影响降到最低程度，并继续主动做好与湖北省的沟通协调工作。

第二节 建设管理体制与筹融资机制研究

引汉济渭工程在建设与管理上面临诸多挑战。为了从建设开始就形成工程建设与管理的良性运行机制，在推进工程前期工作过程中，省引汉济渭就开始了多项专题研究。一是委托水利部发展研究中心北京德瑞华诚咨询有限公司开展了《引汉济渭工程水价调整、资金筹措、管理体制与运行机制研究》；二是委托北京中水京华水利水电工程科技咨询有限公司开展了《国内外跨流域调水工程经验与技术总结及其对引汉济渭工程的启示》专题研究；三是由省引汉济渭办主任洪小康和常务副主任蒋建军、副总工程师张克强等带队先后考察了辽宁大火房调水工程、四川锦屏水利水电工程、甘肃景泰调水工程现场，形成了专题调研报告。这些专项研究和调研报告对指导引汉济渭工程前期工作发挥了重要的技术支撑作用。根据上述研究与调研成果，省引汉济渭办形成了《引汉济渭工程管理体制与运行机制建设实施方案》。

管理体制与运行机制建设的总体目标是：总结全国同类调水工程建设与运行管理经验，

引汉济渭调水工程将以"水资源合理开发、优化配置、高效利用和保障经济社会可持续发展"为目标，以水资源统一管理为前提，按照社会主义市场经济的基本要求，实行政府宏观调控、准市场运作和用水户参与的管理体制。在此基础上，建立"政府主导、建管一体、准市场运作与现代企业制度管理"为核心的建设与运行管理机构。

管理体制与运行机制建设的基本原则：一是政府主导，省政府作为投资主体，对项目建设、运营涉及的相关利益主体进行协调管理。二是建管一体，项目建议书阶段，省政府已成立了引汉济渭调水工程协调领导小组，并由其下设的办公室代表政府负责工程建设管理。三是准市场运作，在政府主导的基础上，按照补偿成本、合理收益、优质优价、公平负担并兼顾用户承受能力的原则制定水价。四是各利益相关者参与，形成"利益共享、风险共担"的机制，调动各方积极性，以达到协调有效和整体最优的目标。

管理体制与运行机制建设的总体构架是：引汉济渭调水工程由黄金峡水利枢纽、秦岭隧洞、三河口水利枢纽三大工程组成，然后通过受水区配水管网向用水户供水。因此，引汉济渭调水工程建设管理体制与运行机制建设的总体构架：一是进一步充实协调领导小组，加强对工程建设的组织领导，协调各方关系，加快工程建设。二是加强领导小组办公室自身建设，按照老人老政策，新人新政策的原则，落实调入人员编制和工资待遇。三是按照建管一体的原则，在项目建议书获得国家批复以后组建引汉济渭工程建设管理局和引汉济渭供水总公司，与现有引汉济渭工程协调领导小组办公室，实行三块牌子一套人马的管理体制。同时组建引汉济渭工程供水总公司董事会和监事会。四是根据工程建设进程，适时建设包括黄金峡枢纽、黄三隧洞、三河口水利枢纽、秦岭隧洞、出口段管理和输配水工程管理机构。

引汉济渭工程建设与管理体制建设的实施方案：一是建立完善权威高效的协调领导机构。二是组建引汉济渭工程建设管理局，在"陕西省引汉济渭调水工程协调领导小组"下设办公室的基础上，在项目建议书批复后按照省编办〔2009〕22号文件精神，组建具有行政管理职能的"陕西省引汉济渭调水工程建设管理局"，工程建成运行以后，更名为"陕西省引汉济渭调水工程管理局"。这两个机构分别在建设与运行过程中，履行项目法人职责，具体负责引汉济渭工程的建设与运行管理。三是按照准市场运作的要求建立法人治理结构。按照与引汉济渭办、管理局一套人马、三块牌子、合署办公的模式组建引汉济渭供水总公司，按照公司运作机制开展经营活动。按照现代企业制度和引汉济渭工程实际，董事会成员由省政府代表、调水区和受水区地方政府代表、企业投资者、用水户代表以及具有一定资格的相关人士构成，同时组建监事会。

引汉济渭工程管理体制与运行机制建设的保证措施：一是明确工程的公益性质，制定合理的筹融资政策。二是制定科学合理的水价政策，实现调水效益最大化。三是强化统一管理，促进全省水资源优化配置。四是加强法规体系建设，建立良性运行的法制保障。五是加强水行政管理工作，为工程建设与运行搞好服务。六是严格加强纪检监察工作，确保工程建设的清正廉洁。

第三节　陕西省与湖北省战略合作协议

根据《中华人民共和国水法》，水利部和国家发改委在对引汉济渭工程项目建议书审查审批过程中，要求陕西省加强与下游湖北省的协调、取得湖北省对工程建设的支持。为此，陕西省政府领导和省政府办公厅、发改委、水利厅及引汉济渭办主要负责同志和相关人员，多次专程赴北京、武汉向国家发改委、水利部及长江水利委员会和湖北省有关部门汇报引汉济渭工作，积极加强协调沟通、努力争取各方理解和支持。

在此过程中，2010年7月13日，《新世纪周刊》一篇题为"割据汉江"的文章，经多家网络媒体转载，引起了社会广泛关注，同时也对引汉济渭工程在国家审批立项的进程造成了一定影响。根据中央领导批示和水利部领导的指示，由水利部、国家发改委、国务院南水北调办、水利部南水北调规划设计管理局、水利部水利水电规划设计总院、水利部长江水利委员会等部门组成的联合工作组，针对《新世纪周刊》记者反映的问题和陕西省、湖北省两省提出的要求，于8月中上旬赴陕西省和湖北省两省就汉江流域开发的有关情况进行调研，实地考察了汉江干流水电梯级开发和引汉济渭、引江补汉调水工程，先后与两省的有关地方政府及部门、规划设计单位、工程管理单位就汉江流域开发的有关问题进行了座谈讨论，并形成了调研报告。据了解，调研报告认为：南水北调中线和引汉济渭一期总调水105亿立方米，对汉江中下游的影响不大，通过实施汉江中下游四项治理工程，加强汉江流域水资源的统一管理和调度，可以有效缓解对汉江中下游的不利影响。在基本不影响南水北调中线一期工程调水量的前提下，汉江具备近期向渭河流域调水10亿立方米的条件，远期在实施南水北调中线后期水源工程建设后，多年平均调水量可达15亿立方米。对下一步工作，调研报告建议：一是不宜将"引汉济渭"与"引江补汉"直接挂钩；二是要积极推进引汉济渭工程前期工作和汉江流域相关规划审批工作；三是及早开展丹江口库区及上游地区生态补偿机制研究工作；四是要高度重视汉江流域梯级开发对水生生态的影响研究和汉江中下游的水环境保护工作；五是积极开展汉江流域相关管理制度体系的前期研究工作。联合调研对国家相关部门进一步了解支持引汉济渭工程、争取湖北省的理解支柱有积极促进作用。

2011年6月21日，在水利部、国家发改委的积极协调和陕西省、湖北省两省的共同努力下，时任陕西省省长赵正永和湖北省省长王国生分别代表陕西省人民政府与湖北省人民政府，按照优势互补、互利合作、共谋发展的原则，就加强两省能源、铁路交通、水利及旅游等重点领域合作签订了"重点领域战略合作协议"。协议中明确："引汉济渭工程的实施对陕西省具有重大战略意义，湖北省对此表示理解和支持，并按照国家的协调意见，配合陕西省的好项目建设工作"。

第四篇
可行性研究

2009 年 5 月 4 日，引汉济渭工程项目建议书编制完成并通过水规总院审查；同年 7 月 6 日，水利部以水规计〔2009〕355 号文将引汉济渭工程项目建议书审查意见报国家发改委；7 月 7 日，省水利厅副厅长、引汉济渭办常务副主任田万全与省水利水电设计院及铁一院签订了引汉济渭工程可行性研究勘测设计任务合同，正式启动了可行性研究阶段的各项工作；2014 年 9 月 30 日，国家发改委以发改农经〔2014〕2210 号文批复引汉济渭工程可行性研究报告，标志着引汉济渭工程前期工作全面完成，全省人民期盼已久的这项历史性水利工程进入全面加快建设的新阶段。可行性研究报告阶段的工作历时 5 年零 2 个月，其中更繁重更艰巨的工作还有支撑可行性研究报告审批的 20 项前置性专题研究工作，相关单位为之付出了艰苦卓绝的努力。

第一章　可行性研究过程

引汉济渭工程可行性研究工作从正式签订任务合同，到国家发改委正式批复，整个工作经历了省内审查、水规总院审查、中咨公司咨询、国家发改委批复等历史性阶段；另有支撑可行性研究报告批复的 20 项专题研究也经历了大致相同的工作过程。

第一节　可行性研究工作启动

可行性研究工作启动包括了总报告编制、三河口枢纽、秦岭隧洞、黄金峡枢纽、黄三隧洞等四大主体工程和可行性研究报告审批前置的 20 项支撑性专题研究的启动。

2009 年，引汉济渭工程项目建议书通过水利部审查后，省水利厅副厅长、引汉济渭办常务副主任田万全随即召开了工程可行性研究阶段勘测设计工作座谈会，对承担项目建议书编制工作的陕西省水利电力勘测设计研究院、铁一院集团有限公司开展可行性研究的准备工作，提出了明确要求。同年 7 月 7 日，田万全与陕西省水利水电设计院、铁一院签订了任务合同，正式启动了可行性研究阶段的各项工作。

2009 年 7 月 15—16 日，引汉济渭控制性工程——秦岭特长隧洞设计方案论证会在西安召开。北京交通大学、西南交通大学、西北大学、中铁建设总公司、国电机械设计研究院、中铁第三勘测设计研究院等单位专家和两院院士张国伟、王梦恕、梁文灏和设计大师史玉新、刘培硕、西南交通大学关宝树教授等国内隧洞工程专家，听取了勘测设计单位汇报，肯定了秦岭特长隧洞总体设计方案，同时强调可行性研究阶段要从这一单项工程的重要性和技术上的复杂性出发，站在建设历史性遗产工程的高度深入研究和落实其建设方案。

2009 年 10 月 16 日，引汉济渭工程可行性研究阶段地质成果咨询会在西安举行，咨询专家听取了陕西省水利电力勘测设计研究院汇报，并进行了现场查勘。形成的专家咨询意见认为：地质勘查成果达到了可行性研究阶段深度的要求，工程地质条件和重大工程地质问题基本查明，黄金峡水库、黄金峡泵站、黄三隧洞、三河口水利枢纽 4 个单项工程具备建设的地质条件。

2009 年 12 月 7—9 日，引汉济渭工程可行性研究阶段测绘成果和地质成果验收会议在西安召开。省引汉济渭办常务副主任蒋建军，省引汉济渭办、省水利电力勘测设计研究院和铁一院等单位代表及特邀专家共 30 多人听取了设计单位汇报，专家组审查后同意通过验收。

2010 年 2 月 3 日，引汉济渭工程可行性研究报告编制工作座谈会在西安召开。各参会代表针对可行性研究阶段需要解决、注意的问题提出了很多建议。石瑞芳设计大师在水资源供需分析、调水运行方式、优化工程水位、资金筹措等方面提出了宝贵建议，对可行性研究报告编制起到了重要的指导作用。

第二节　可行性研究重要节点工作

2010 年 3 月 11 日，省水利厅总工孙平安在西安召开引汉济渭工程秦岭隧洞出口与受水区控制高程技术论证会。会议认为，这次控制高程事关引汉济渭工程和输配水工程建设大局，对完成后续设计至关重要。与会专家原则同意以 510 米高程作为秦岭隧洞出口的最低控制高程，高程范围确定在 510～520 米是合理的，要求相关单位进一步细化分析不同高程对方案对受水区输配水工程的主要影响，并考虑供水系统配水功能和联合调度的需要，通过多方案比选，尽快确定秦岭隧洞出口的准确高程。同年 4 月 23 日，省水利厅总工孙平安再次主持召开会议，确定秦岭隧洞出口与受水区控制高程为 510 米，此后的相关设计工作以此为依据相继展开。

2010 年 7 月 7—11 日，水利部水规总院在西安召开《陕西省引汉济渭工程可行性研究报告》技术咨询会。水利厅厅长王锋、副厅长引汉济渭办主任洪小康、水利厅总工孙平安、勘测设计单位代表及特邀专家 160 多人参加会议，会议对加快引汉济渭工程前期工作、保证技术工作方向和深度、促进设计单位尽快按要求完成可行性研究报告编制工作发挥了重要作用，为顺利通过水规总院技术审查打好了基础。会议期间，洪峰副省长看望了与会专家。

2010 年 12 月 7 日，引汉济渭办召开会议，听取了设计单位关于可行性研究阶段工作汇报，认为可行性研究报告经过水规总院咨询和修改完善后，基本可以满足报审要求，要求设计单位进一步完善细化后提交省内审查。

2011 年 3 月 7—10 日，水利部水规总院在西安市召开会议，对引汉济渭工程可行性研究报告（初稿）进行全过程技术咨询。省发改委、水利厅、江河水利水电咨询中心、省引汉济渭办、省水电设计研究院、中铁第一勘察设计院等单位的领导、专家和代表共 150 余人参加了会议。会议听取了报告编制单位关于可行性研究报告编制情况的汇报，部分专家查勘了工程现场，进行了认真的讨论，形成了专家咨询意见。通过全过程技术咨询，提出的技术咨询意见对进一步提高可行性研究阶段设计工作质量、完善技术方案，确保项目建议书批复后可立即上报和今后顺利通过水利部技术审查具有重要意义；同时达到了少走技术弯路、节约可行性研究阶段审批时间的目的，并为前期开工的试验性工程提供有力的技术保障和支持，为一刻不停地推进引汉济渭工程建设提供良好条件。姚引良副省长在北京过问和安排此事，省人大常委会副主任吴前进、省政府办公厅纪检组长刘曙阳看望了与会专家，水利厅副厅长、引汉济渭办主任洪小康和常务副主任蒋建军、副主任杜小洲参加了会议。

2011 年 7 月 21 日，国家发改委以发改农经〔2011〕1559 号文批复引汉济渭工程项目建议书，为完善和报审引汉济渭工程的可行性研究报告提供了前提条件。7 月 22 日，省发改委副主任权永生、省水利厅副厅长、引汉济渭办主任洪小康共同主持召开引汉济渭工程可行性研究报告技术审查会议，形成的专家审查意见认为：可行性研究报告科学严谨、内容完整、总体布局合理、工程方案可行，具备向国家水利部、发改委的报审条件，同意通过省内审查。

第三节　可行性研究审查审批

2011年8月17—21日，受水利部委托，水利部水规总院在西安主持召开陕西省引汉济渭工程可行性研究报告审查会。审查会由水规总院副院长董安建主持。副省长祝列克出席会议并讲话。与会专家和代表听取了设计单位的汇报，分7个小组对可行性研究报告进行了认真审阅。与设计人员进行了深入讨论，形成的审查意见认为：实施从汉江向渭河流域调水的引汉济渭工程，可以实现区域水资源的优化配置，有效缓解关中地区的水资源供需矛盾，尽快实施该工程是十分必要的；报告书的编制符合有关法律法规和技术规范要求，基本同意引汉济渭工程总体布局和建设规模以及建设范围，基本同意推荐的黄金峡水利枢纽和三河口水利枢纽坝址以及秦岭隧洞洞线布置。会议期间，水规总院还穿插召开了环境影响报告书预审会、水土保持方案报告书审查会和移民安置规划及库周交通恢复方案审查会。可行性研究审查会议的召开，使引汉济渭工程总体方案、主要技术问题得以确定和解决，对加快可行性研究报告的批复具有重要意义。

2012年1月10日，水利部水规总院以水总设〔2012〕33号文向水利部报送了《关于陕西省引汉济渭工程可行性研究报告审查意见的报告》（以下简称《可研报告》）。审查意见认为：引汉济渭工程可行性研究报告基本达到设计深度要求，工程建设必要性论证充分，工程规模基本合理，工程技术方案可行，同意将该可行性研究报告上报水利部审定。2012年4月5日，水利部以水规计〔2012〕134号文将引汉济渭工程可行性研究报告审查意见函报国家发改委。

2012年6月11—15日，受国家发改委委托，中国国际工程咨询公司在西安召开引汉济渭工程可行性研究报告评估会议。评估专家形成的评估意见认为：可行性研究报告提出的工程优化调整方案及推荐的各单项工程规模基本合适，工程线路选择和总体布置格局合理，秦岭隧洞等主要技术方案论证较充分，不存在重大工程技术和环境问题，工程设计深度基本满足可行性研究阶段要求，同意引汉济渭工程可行性研究报告通过评审。同时，建议尽早建立适宜的水资源统一管理和水价调整机制，促进工程运行初期水量的合理消纳；尽早开展输配水工程建设的各项前期工作，研究运行管理的合理体制与机制，使工程尽早建成受益。

2012年6月20日，省引汉济渭办常务副主任蒋建军召开引汉济渭工程可行性研究报告修改完善安排部署会议，落实水利厅王锋厅长6月13日在引汉济渭工程可行性研究报告评估总结会议上的讲话精神，安排布置《可研报告》修编工作。要求设计单位7月5日前完成全部可行性研究报告的修改完善工作。

2012年9月29日，中国国际工程咨询公司以咨农发〔2012〕2512号文向国家发改委报送了引汉济渭工程（可行性研究报告）的咨询评估报告。咨询评估报告肯定了可行性研究阶段的工作成果，为尽快得到国家批复奠定了良好基础。至此，引汉济渭工程可行性研究工作进入国家发改委审批阶段。引汉济渭工程建设有限公司成立以后，与引汉济渭办共同推进了可行性研究报告在国家层面的审批工作。

第二章　重大技术方案优化调整

在项目建议书阶段工作成果的基础上，勘测设计单位提出的可行性研究阶段技术成果经过省内技术审查、水规总院全程咨询评审、水利部审查、中国国际工程咨询公司咨询并伴随的不断修改完善，从工程建设的科学性、合理性和经济性等方面进行了进一步深入论证，最终形成了可行性研究阶段的10大技术成果。

第一节　工程建设任务优化确定

引汉济渭工程的建设任务是向陕西省渭河流域重要城市、县城、工业园区供水，逐步退还渭河流域被挤占的农业用水与生态用水，改善渭河流域生态环境，促进区域经济社会可持续协调发展。

一、设计水平年及设计保证率

《可研报告》提出，工程现状水平年为2007年，近期设计水平年为2025年，多年平均调水10亿立方米（采用受水区2020水平年水资源供需平衡成果），远期设计水平年为2030年，多年平均调水15亿立方米（实施南水北调中线后续水源工程建设后）。本工程外调水与受水区水资源联合调度后的历时供水保证率不低于95％。评估认为，《可研报告》采用的设计保证率符合有关规范规定。鉴于该工程近期水平年与远期水平年相距较近，参照国内同类工程经验，建议按最终引水规模（15亿立方米）确定设计水平年为2030年。

二、调水区允许调水量

《可研报告》提出2030年调水区可调水量为15亿立方米，多年平均允许调水量为15.55亿立方米，其对南水北调中线一期工程的影响是：减少多年平均供水量0.99亿立方米，约占中线一期调水量的1.04％；对汉江中下游的影响是：减少多年平均供水量0.46亿立方米，占汉江供水量169亿立方米的0.27％，对南水北调中线供水和汉江中下游用水影

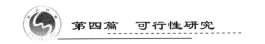

响不大。评估认为，工程可调水量方案基本贯彻了丰水年多调，枯水年少调，尽量减少对南水北调中线供水和汉江中下游用水影响的原则，分析成果基本合适。

三、受水区范围及供需平衡

《可研报告》提出，受水区范围为关中地区的西安、宝鸡、咸阳、渭南、杨凌区 5 个大中城市，长安区、泾阳县等 12 个县级城市及泾阳工业密集区等 6 个工业园区。

受水区现状供水水源主要有黑河金盆水库、石砭峪水库、引乾济石调水、石头河水库、涧峪水库、岱峪水库等 5 处；在建水源工程引红济石、李家河水库及规划建设的清姜河引水共 3 处。全面实施节水改造措施后，农业灌溉面积 6.6 万公顷保持不变，2020 年和 2030 年可供城市及工业的地表水量为 3.16 亿立方米；为控制地下水漏斗范围扩大，地下水多年平均供水量分别控制为 4.12 亿立方米、4.27 亿立方米；在 2020 年计划安排污水处理厂 29 座、2030 年，对已建污水处理厂扩容的前提下，废污水处理率分别可达 69％及 78％，再生水利用量分别达到 2.56 亿立方米、3.46 亿立方米；当地水可供水量分别为 9.84 亿立方米、10.89 亿立方米。

现状年 2007 年受水区需水量为 13.62 亿立方米，当地可供水量为 8.86 亿立方米，缺水量为 4.76 亿立方米。《可研报告》依据《陕西省节约用水规划》《城镇居民生活用水量标准》，按照强化节水条件拟定了各行业用水定额。按拟定的用水效率指标，预测 2020 年需水量为 19.03 亿立方米（不包括华县及 6 个工业园区）。2030 年需水量为 24.61 亿立方米。考虑输水损失后，2020 年及 2030 年引汉济渭工程供受水区多年平均水量分别为 9.01 亿立方米、13.5 亿立方米，外调水与受水区水资源联合调度后历时供水保证率可达到 95％，满足受水区 2020 年及 2030 水平年城市生活、生产及生态需水要求。

评估认为，《可研报告》拟定的用水定额及用水效率指标体现了节约用水原则，需水量预测成果、水资源配置方案基本合适。鉴于受水区供水水源较多，水资源配置较为复杂，下阶段应加强受水区水资源统一调度，进一步优化水资源配置，并加快输配水工程前期工作。

第二节　工程总体布置优化确定

一、工程总布置

引汉济渭工程在汉江干流黄金峡和支流子午河分别修建水源工程黄金峡水利枢纽和三河口水利枢纽蓄水，并利用黄金峡水利枢纽坝后泵站抽水，通过秦岭输水隧洞黄三段输送至三河口水利枢纽坝后右岸控制闸，大部分水量通过控制闸直接进入秦岭输水隧洞越岭段送至关中地区，少量水（黄金峡泵站抽水流量大于关中用水流量部分）经控制闸由三河口泵站抽水入三河口水库存蓄，当黄金峡泵站抽水流量不能满足关中地区用水需要时，由三河口水库放水补充，所放水经坝后电站发电后通过控制闸进入秦岭输水隧洞越岭段送至关中地区。

评估认为，经多方案技术经济比较，《可研报告》确定的引汉济渭工程总布置基本合理。建议下一阶段研究两座水库、两座泵站和两座电站协调运行、统筹调度方案，研究利用电站发电作为泵站抽水电源的可行性。

二、工程等级及标准

引汉济渭工程属Ⅰ等工程，工程规模为大（1）型。根据各单项工程在总体工程中的地位和规模，分别确定建筑物的级别及防洪标准。

黄金峡水利枢纽主要建筑物为2级，设计洪水标准100年一遇，校核洪水标准1000年一遇；黄金峡泵站主要建筑物为1级，设计洪水标准100年一遇，校核洪水标准300年一遇；坝后电站厂房和通航建筑物上下游垂直升降段为3级，设计洪水标准50年一遇，校核洪水标准200年一遇；消能防冲建筑物设计洪水标准为50年一遇；泵站及电站进水口兼作大坝的挡水建筑物，其防洪标准与大坝一致。

三河口水利枢纽主要建筑物为1级，设计洪水标准500年一遇，校核洪水标准2000年一遇；三河口泵站建筑物和坝后电站厂房建筑物分别为2级和3级，防洪标准均为50年一遇设计，200年一遇校核；下游消能防冲建筑物设计洪水标准为50年一遇，并按200年一遇进行校核。

秦岭输水隧洞为1级建筑物，设计洪水标准为50年一遇，校核洪水标准为200年一遇。

评估认为，本阶段确定的工程等级、建筑物级别和洪水标准，符合国家现行有关规定。

主要建筑物：黄金峡水利枢纽由拦河坝、泄洪建筑物、坝后泵站、水电站及升船设施等组成，工程自左至右依次布置左岸挡水坝段、泵站及电站厂房进水口、泄洪冲沙底孔、溢流表孔、通航建筑物和右岸挡水坝段。拦河坝为碾压混凝土重力坝，坝顶高程455.00米，最大坝高68米，坝顶宽25米；电站、泵站采用河床式布置于坝后左岸河床，电站厂房内布置3台机组，泵站安装7台立式水泵机组；通航建筑物通航吨位为100吨级。与《项目建议书》阶段相比，《可研报告》将最大坝高由64.3米调整为68米，泵站装机台数由15台调整为7台。评估认为，鉴于陕西省境内汉江上下游不通航，建议黄金峡水利枢纽通航建筑物暂不建设，可在岸边预留升船机位置（爬坡道式）；下阶段研究优选泵站机型，复核电站装机容量。

三河口水利枢纽由拦河坝、泄洪放空建筑物、坝后泵站及水电站等组成，枢纽工程左右两岸布置混凝土挡水坝段，中部布置溢流坝段，泵站及电站布置于坝后右岸。拦河坝坝型为碾压混凝土双曲拱坝，坝顶高程646.00米，最大坝高145米，坝顶宽10米；电站厂房内安装3台混流式发电机组；泵站安装3台卧式水泵机组。与《项目建议书》阶段相比，坝型由碾压混凝土重力坝调整为碾压混凝土双曲拱坝，坝高由 138.3 米增加至 145 米。评估认为，三河口水利枢纽主要建筑物选型及布置基本合适。建议下阶段优选抽水泵站的机型，研究泵站机组与电站机组相结合的可行性。

秦岭输水隧洞以三河口水利枢纽坝后右岸控制闸为界，以南为黄三段，以北为越岭段。黄三段进口位于黄金峡水利枢纽坝后左岸，出口位于三河口水利枢纽右岸坝后，进口高程549.26 米，出口高程 542.65 米。长 16.52 千米，采用钻爆法施工，净断面为 6.76 米×6.76米的马蹄形。越岭段进口位于三河口水利枢纽坝下游右岸控制闸，出口位于渭河一级支流黑河右侧支沟黄池沟内。进口高程 542.65 米，出口高程 510.00 米。总长 81.78 千米，其中：TBM 法施工段长 39.08 千米，圆形断面直径 6.92 米；钻爆法施工段长 42.7 千米，断面为6.76 米×6.76 米的马蹄形。与《项目建议书》阶段相比，黄三段进口随黄金峡泵站调整至黄金峡水库坝后汉江左岸。评估认为，输水线路布置基本合理。建议将钻爆法施工段的Ⅲ类围岩衬砌厚度由 40 厘米调整为 30 厘米，混凝土衬砌只起减糙作用，围岩稳定靠一次喷锚支护；对采用 TBM 法施工的大埋深洞段中可能发生岩爆的Ⅰ、Ⅱ类围岩洞，应采取防岩爆措施，加强一次支护结构。

第三节　黄金峡枢纽建设方案

一、水文计算

黄金峡水库位于汉江上游干流，坝址位于洋县水文站以下 72 公里处，坝址以上控制流域面积 17070 平方千米。根据洋县水文站 1954—2008 年实测平均径流量推算坝址多年平均天然径流量为 76.17 亿立方米。以洋县、石泉水文站为参证站，采用面积内插法求得坝址设计洪水标准（$P=1\%$）洪峰流量为 18800 立方米每秒，校核洪水标准（$P=0.1\%$）洪峰流量为26400 立方米每秒。根据洋县水文站 1956—2008 年实测资料，推算得出坝址多年平均悬移质输沙量为 564 万吨，推移质输沙量为 56 万吨。评估认为，黄金峡水库的工程水文设计成果基本合理，可作为本阶段的设计依据。

二、地质勘测

黄金峡水库库区河谷为 U 及 V 形，岸坡多为基岩岸坡，两岸地下水高于水库正常蓄水位，无大断裂带与库外邻谷连通，水库蓄水后岸坡整体稳定性较好，不存在永久渗漏问题。水库出露 7 处滑坡，其中 1 处位于坝址上游约 2 千米，总方量 70 万立方米，可结合围堰施工对滑体上部进行削坡处理，其余对水库运行均无影响。《可研报告》对上坝址（带阳滩）及下坝址（懒人床）的工程地质条件进行了比选。经综合比选，上坝址优于下坝址，推荐上坝址。

评估认为，《可研报告》对黄金峡水库工程地质条件的评价及坝址选择的结论基本合适。

三、建设规模

黄金峡水利枢纽是汉江梯级开发的第一个梯级，具有发电、航运等综合利用效益。水库正常蓄水位450.00米，汛限水位448.00米，死水位440.00米，设计洪水位448.01米，校核洪水位453.05米，总库容2.29亿立方米，调节库容0.69亿立方米；坝后电站装机容量135兆瓦，多年平均发电量3.63亿千瓦时；泵站设计抽水流量70立方米每秒，设计扬程117米，装机容量129.5兆瓦。与《项目建议书》阶段相比，《可研报告》根据淤积分析结果将调节库容由0.92亿立方米调整为0.69亿立方米；电站装机由120兆瓦增加为135兆瓦，泵站流量由75立方米每秒调整为70立方米每秒。

第四节 三河口枢纽建设方案

一、水文计算

三河口水库地处汉江一级支流子午河中游峡谷段，坝址以上控制流域面积2186平方千米。坝址下游有两河口水文站，控制流域面积2816平方千米。根据两河口水文站的实测资料，采用面积比拟法计算得到三河口坝址多年平均径流量为8.70亿立方米；设计洪水标准（$P=0.2\%$）洪峰流量为7180立方米每秒，校核洪水标准（$P=0.05\%$）洪峰流量为8870立方米每秒；多年平均悬移质输沙量为43.1万吨，推移质输沙量为8.6万吨。评估认为，三河口水库的工程水文计算成果基本合理，可作为本阶段的设计依据。

二、地质勘测

三河口水库地貌属于中低山峡谷区，河谷呈 V 形，两岸岸坡不对称。库区周边山体雄厚，岩体完整，无与邻谷连通的沟谷，地下水出露较高；断裂虽较发育，但断层带充填紧密，沿断层带渗漏的可能性极小，不存在永久渗漏问题。库区存在四处滑坡，其中三处基本稳定，4号滑坡在水库蓄水至正常高水位时可能失稳，但因其在上坝址坝下2千米处，若选择上坝址则对水库运行无影响。《可研报告》对上、下两个坝址工程地质条件进行了综合比选，上坝址工程地质条件可满足修建混凝土重力坝、拱坝、面板堆石坝高坝的要求，推荐上坝址。

三、建设规模

三河口水利枢纽是引汉济渭整个调水工程的调蓄中枢。水库正常蓄水位643.00米，汛限水位642.00米，死水位558.00米，设计洪水位642.95米，校核洪水位644.70米，总库容7.1亿立方米，调节库容6.62亿立方米；坝后电站装机容量45兆瓦，多年平均发电量1.02亿千瓦时；泵站设计流量18立方米每秒，设计扬程97.7米，装机容量27兆瓦。与《项目建

议书》阶段相比，汛限水位由 641.00 米调整为 642.00 米，死水位由 588.00 米调整为 558.00 米，调节库容由 5.5 亿立方米增加至 6.6 亿立方米。泵站与电站联合布置，泵站流量由 50 立方米每秒调整为 18 立方米每秒，装机容量由 60.6 兆瓦调整为 27 兆瓦。

第五节　秦岭输水隧洞建设方案

一、黄三段

《可研报告》对秦岭输水隧洞黄金峡至三河口段（简称"黄三段"）选择了东线及东 1 线进行比较，经综合比选，推荐东线方案。推荐方案洞长 16.52 千米，位于秦岭中低山区，埋深 80～575 米。围岩成洞条件较好，Ⅱ、Ⅲ 类围岩占 88% 以上。隧洞穿越断层主要有 9 条，其中 8 条大角度与洞线相交。隧洞穿越地段均在地下水位以下，特别是在沙坪水库附近可能有地下水富存，应防止发生突然涌水。

二、越岭段

《可研报告》对秦岭输水隧洞穿越秦岭至黄池沟段（简称"越岭段"）选择了两条洞线方案进行比选，推荐方案洞长 81.78 千米，最大埋深约 2000 米。过岭脊段以 Ⅰ、Ⅱ 类围岩为主，其余地段以 Ⅲ、Ⅳ 类围岩为主，工程地质条件较为复杂。存在的主要地质问题有：大理岩及构造破碎带可能存在较大涌水，深埋段可能发生岩爆，断层带施工时可能出现围岩失稳现象。

评估认为，洞线选择及工程地质评价结论基本合适，工作的精度和深度满足本阶段要求。鉴于秦岭隧洞岭脊段隧洞埋深较大，地应力较高，对地应力、地热增温、软岩变形、有害气体等问题，尤其是各富水断层带可能产生集中涌水的地段，应进一步探明位置，并采取相应措施。

秦岭输水隧洞设计流量 70 立方米每秒，洞长 98.3 千米（黄三段 16.52 千米，越岭段 81.78 千米），综合纵坡 1/2500。与《项目建议书》阶段相比，隧洞长度由 97.3 千米增加至 98.3 千米。黄三段流量由 75 立方米每秒调整为 70 立方米每秒，越岭段流量维持 70 立方米每秒不变。比降由 1/3000 调整为 1/2500。

第六节　工程建设总工期

《可研报告》提出，黄金峡水利枢纽和三河口水利枢纽两主体工程施工期均受洪水影响，需考虑导流；秦岭输水隧洞为地下工程，施工期不受河道洪水影响。

预计工程总工期为 78 个月。为降低施工强度，合理分配资金投入，分序安排各单项工程施工工期，其中：黄金峡水利枢纽 52 个月；三河口水利枢纽 58 个月；秦岭输水隧洞黄三段 54 个月，越岭段 78 个月。

评估认为，工程施工总体安排、场地布置及导流标准基本合适；鉴于秦岭输水隧洞埋深大、洞线长，采取 TBM 法和钻爆法联合施工合理可行。建议重点抓好工期控制性工程 TBM 开挖洞段的施工，下阶段应借鉴已建同类工程实施经验，进一步研究缩短工期的可能性；进一步研究采用 TBM 法施工的高地应力、高涌水洞段的施工措施。

第七节 工程建设投资估算

水利部水规计〔2012〕134 号文按 2011 年第二季度价格水平，上报工程可行性研究阶段静态总投资 1687364 万元，总投资 1880580 万元，其中工程部分投资 1258346 万元、淹没处理及工程占地投资 381319 万元、水土保持工程投资 23291 万元、环境保护工程投资 24408 万元、建设期贷款利息 193216 万元。较《项目建议书》批复工程静态总投资（1465893 万元）增加 221471 万元，其中工程部分投资增加 102523 万元，淹没处理及工程占地投资增加 109367 万元。

评估按 2012 年第二季度价格水平，并根据工程设计、水库征地移民等方面的调整意见，对投资估算进行了调整。调整后，工程静态总投资 1621807 万元，工程总投资 1804316 万元，其中工程部分投资 1231110 万元、淹没处理及工程占地投资 352579 万元、水土保持工程投资 20391 万元、环境保护工程投资 17727 万元、建设期贷款利息 182509 万元。调整后工程静态总投资减少 65557 万元，总投资减少 76264 万元。

调整后工程静态总投资较《项目建议书》仍增加 155914 万元。其中工程部分投资增加 75287 万元，主要原因为价格水平变化导致投资大幅增加（104955 万元）和设计优化投资减少（29668 万元）。

第八节 工程建设经济评价

一、国民经济评价

《可研报告》提出，引汉济渭工程效益主要包括供水效益和发电效益。根据调整后工程投资测算，该工程经济内部收益率为 15.29%，大于社会折现率 8%。在投资增加 10%、效益减少 10%情况下，经济内部收益率仍大于 8%，具有一定的抗风险能力，项目在经济上是合理

的。评估认为，国民经济评价方法和结论基本合适。

二、贷款能力测算

《可研报告》在考虑输配水环节水价及污水处理费等因素后，分析引汉济渭工程用户综合可承受水价，2020 年为 1.80 元每立方米、2030 年为 2.20 元每立方米；主要受水对象之一西安市，现状城市自来水近 80％引自现有黑河金盆水库，原水价 1.20 元每立方米。按《水利工程供水价格管理办法》有关规定和分摊后的供水工程静态投资 142.59 亿元测算，成本利润水价 2.03 元每立方米。

评估根据调整后的工程投资，按照运行初期水价分别为 1.5 元每立方米、1.8 元每立方米，2030 水平年逐步达到成本利润水价 2.0 元每立方米，上网电价 0.30 元每千瓦时，贷款期 25 年，贷款利率 6.55％，对贷款能力补充测算了以下方案：

方案一：工程运行初期供水量 2.5 亿立方米，运行初期水价采用 1.5 元每立方米，经测算，贷款额度 531160 万元（含建设期利息 128952 万元）。

方案二：工程运行初期供水量 2.5 亿立方米，运行初期水价采用 1.8 元每立方米，经测算，贷款额度 659668 万元（含建设期利息 160151 万元）。

方案三：工程运行初期供水量 5 亿立方米，运行初期水价采用 1.5 元每立方米，经测算，贷款额度 751763 万元（含建设期利息 182509 万元）。

方案四：工程运行初期供水量 5 亿立方米，运行初期水价采用 1.8 元每立方米，经测算，贷款额度 897405 万元（含建设期利息 217868 万元）。

评估认为，工程运行初期供水水价采用 1.5 元每立方米较为合适，随着国民经济发展，阶段性进行调整、逐步达到政策要求的水价机制符合工程运行实际。在抓紧落实受水区输配水工程建设、配合适宜的水资源和水价管理措施，促进运行初期水量合理消纳的前提下，2020 年供水量达到 5 亿立方米是有可能的。综上所述，评估推荐方案三，根据方案三的测算成果，工程贷款总额 751763 万元（其中建设期利息 182509 万元）。

根据财务评价成果，该工程总体上财务可行，但运行初期财务收益较低，正常运行和还贷存在较大风险，应进一步研究制定切实可行的水价方案，保证工程建成后良性运行；该工程水电站发电量大于泵站抽水电量，且抽水电价高于上网电价，若发电量用于泵站抽水，可有效降低运行成本、改善财务状况，建议进一步研究该方案的可行性。

第九节　工程建设与运行管理

根据陕编发〔2009〕22 号《关于引汉济渭工程协调领导小组办公室机构编制问题的批

复》：施工期成立"引汉济渭工程建设局"，为事业单位性质；工程建成后，将"引汉济渭工程建设局"改为"陕西省引汉济渭工程管理局"，为事业单位性质。工程建设期初定人员编制为 166 人；运行期管理局下设 7 个处（中心），以及大河坝管理分中心和三个管理站，人员编制为 485 人。

评估认为，引汉济渭工程建设周期较长，在受水区输配水工程建成之前无供水收入，为便于工程建设管理、移民安置等工作的开展，宜先成立引汉济渭工程建设局，负责引汉济渭工程及受水区输配水工程的建设管理；待工程发挥供水效益时，再按照现代企业制度的要求组建企业性质的项目法人，负责该工程和输配水工程的运行管理。建议陕西省尽快组建项目法人。

运行管理模式宜将"两级调度，三级控制，三级管理"调整为"一级调度，两级控制，两级管理"，即管理局运行调度中心统一调度，运行调度中心和现地站控层两级控制，管理局与管理站两级管理；并按照精简、高效、实用的原则，简化黄金峡、三河口、岭北站的配置，复核人员编制和管理设施。

第十节　管理信息系统

《可研报告》提出，引汉济渭工程信息系统由通信系统、计算机网络系统、工程安全监测与控制系统、水情测报系统、水质监测系统、视频会商调度系统、视频监视系统及综合自动化信息系统等 8 个系统组成。系统建设范围包括黄金峡水利枢纽、三河口水利枢纽（大河坝分中心）、秦岭输水隧洞及西安管理中心。信息系统投资估算为 25023 万元。

评估认为，信息管理系统应以实用、可靠为原则，主要实现通信、水调、远程监控、工程安全和状态监测、视频监视等功能，建议按照"一级调度，两级控制，两级管理"的原则，复核信息系统建设内容；通信方式采取专用光纤传输系统与租用公网信道结合的方式是合适的，建议研究依托秦岭隧洞为自建光纤路由的可行性，以大幅度减少光纤路由长度，提高管护安全性。

第三章　可行性研究咨询意见与批复

中国国际工程咨询公司对引汉济渭工程可行性研究报告的咨询评估意见是国家发改批复的重要依据。咨询评估会议历时 5 天，陕西省副省长、省引汉济渭工程协调领导小组组长祝

列克出席会议并致辞；省引汉济渭工程协调领导小组成员单位负责同志与省引汉济渭办主任洪小康、常务副主任蒋建军、副主任杜小周全程参加了咨询评估会议；参加咨询评估的特邀专家对完善优化可行性研究报告提出了重要的咨询意见。

第一节 咨 询 评 估

2012 年 6 月 11—15 日，受国家发改委委托，中国国际工程咨询公司在西安完成了对引汉济渭工程可行性研究报告的评估，并形成了专家组评估意见。2012 年 6 月 20 日，省引汉济渭办常务副主任蒋建军召开专门会议，安排布置《可研报告》修编工作，要求设计单位 7 月 5 日前完成全部可行性研究报告的修改完善工作。2012 年 9 月 29 日，中国国际工程咨询公司以咨农发〔2012〕2512 号文向国家发改委报送了引汉济渭工程（可行性研究报告）的咨询评估报告。其主要结论如下。

（1）引汉济渭工程从汉江向渭河流域调水，可以缓解陕西省关中地区水资源供需矛盾，改善区域生态环境，保障地区经济社会可持续发展，工程建设是必要的。《可研报告》深度基本满足要求，秦岭隧洞等主要技术方案论证较充分，不存在制约工程建设的重大技术和环境问题。

（2）引汉济渭工程 2030 年调水规模 15 亿立方米，按照丰水年多调、枯水年少调和特枯年服从汉江水资源统一调度的原则，可较好地协调各方利益和用水需求，据相关专题论证，工程实施基本不影响南水北调中线供水和汉江中下游用水。

（3）《可研报告》提出的工程总体布局和线路选择合理，在《项目建议书》优化基础上推荐的各单项工程的规模基本合适。评估对秦岭输水隧洞的工程设计、工程的运行管理模式等进行了优化调整，建议下阶段进一步复核黄金峡、三河口两水库的电站装机规模，优选扬水泵站，优化输水和发电的运行机制，以进一步提高工程效益。

（4）引汉济渭工程拟定 2020 年配水 5 亿立方米、2025 年配水 10 亿立方米、2030 年配水 15 亿立方米的目标，首先需在 2020 年前完建三河口水利枢纽和越岭隧洞，并根据配水目标适时建设黄金峡水利枢纽和黄三隧洞。越岭隧洞是控制工程进度的主要环节，应尽早开工建设。

（5）评估调整后，工程静态总投资 1621807 万元，工程总投资 1804316 万元，其中工程部分投资 1231110 万元、淹没处理及工程占地投资 352579 万元、水土保持工程投资 20391 万元、环境保护工程投资 17727 万元、建设期贷款利息 182509 万元。调整后静态总投资较上报投资减少 65557 万元，总投资减少 76264 万元，其中工程部分投资减少 27236 万元，征地移民投资减少 28740 万元。

（6）为尽早发挥引汉济渭工程效益，需加快受水区输配水工程的立项和建设，与输水主体工程同步建成。建议尽早建立合理可行的水资源统一管理和水价机制，促进工程运行初期水量的合理消纳；输配水工程建设及运行管理可引入市场机制，吸引受水区和其他社会投资人参与建设。

第二节　国家发改委批复

2012 年 9 月 29 日，中国国际工程咨询公司向国家发改委报送了引汉济渭工程（可行性研究报告）的咨询评估报告，2014 年 9 月 28 日，国家发改委以发改农经〔2014〕2210 号文批复了引汉济渭工程可行性研究报告。这一过程历时两年，期间国家发改委做了进一步审查与协调工作，省引汉济渭办、省引汉济渭工程建设有限公司在省政府相关部门的大力支持下，相继完成了总计 15 个支撑性专题研究项目中的"环境影响评价报告书""建设用地预审""节能评估报告""社会稳定风险分析评估报告"等 4 项专题研究成果在国家相关部委的审查审批工作，使可行性研究报告最终获得国家批复。其批复如下。

（1）原则同意所报引汉济渭工程可行性研究报告。该工程主要任务为向陕西省渭河沿岸重要城市、县城、工业园区供水，逐步退还挤占的农业与生态用水，促进区域经济社会可持续发展和生态环境改善。

工程采取"一次立项，分期配水"的建设方案，逐步实现 2020 年配水 5 亿立方米，2025 年配水 10 亿立方米，2030 年配水 15 亿立方米。

（2）该工程由黄金峡枢纽、三河口枢纽和秦岭输水隧洞等组成。黄金峡水利枢纽水库坝型采用混凝土重力坝，最大坝高 68 米，正常蓄水位 450.00 米，总库容 2.29 亿立方米，调节库容 0.69 亿立方米，电站装机容量 13.5 万千瓦，泵站装机容量 12.95 万千瓦，设计流量 70 立方米每秒，设计净扬程 112.6 米。三河口水利枢纽水库坝型采用混凝土拱坝，最大坝高 145 米，正常蓄水位 643.00 米，总库容 7.1 亿立方米，调节库容 6.62 亿立方米，电站装机容量 4.5 万千瓦，泵站装机容量 2.7 万千瓦，设计流量 18 立方米每秒，设计净扬程 93.16 米。秦岭输水隧洞设计流量 70 立方米每秒，洞长 98.30 千米。

引汉济渭工程等别为 1 等。黄金峡水利枢纽主要建筑物混凝土重力坝挡水、泄水建筑物级别为 2 级，河床式泵站厂房为 1 级，坝后电站厂房为 3 级，升船机与坝体结合部分为 2 级，上下游升降段为 3 级，下游引航道为 4 级。重力坝设计洪水标准为 100 年一遇，校核洪水标准为 1000 年一遇；泵站厂房设计洪水标准为 100 年一遇，挡水部分校核洪水标准与大坝一致为 1000 年一遇，非挡水部分校核洪水标准为 300 年一遇；电站厂房设计洪水标准为 50 年一遇，校核洪水标准为 200 年一遇；消能防冲建筑物设计洪水标准为 50 年一遇。三河口水利枢纽主要建筑物混凝土拱坝为 1 级建筑物，泵站厂房为 2 级，电站厂房为 3 级。大坝设计洪水标准为 500 年一遇，校核洪水标准为 2000 年一遇；泵站和电站厂房设计洪水标准为 50 年一遇，挡水部分校核洪水标准与大坝一致为 200 年一遇；下游消能防冲建筑物设计洪水标准为 50 年一遇，并按 200 年一遇进行校核。秦岭输水隧洞为 1 级建筑物。

根据国土资源部用地预审意见，项目用地规模应控制在 4485.17 公顷以内，其中农用地 2617.21 公顷（含耕地 832.87 公顷）。规划水平年搬迁人口 9612 人，其中水库淹没搬迁安置 9145 人。

（3）该工程为地方水利项目。同意陕西省引汉济渭工程建设有限公司作为工程项目法人，负责项目前期工作、工程建设和运营管理。陕西省有关部门和项目法人要进一步落实各项建设资金，保证资金足额及时到位；按照招标投标法及有关规定，委托招标代理机构公开招标选择勘测、设计、施工、监理以及与工程建设有关的重要设备材料供应等单位；要按照精简高效原则，进一步理顺管理体制，协调好各方面意见，落实工程管护责任主体、管理维护经费和各项措施。要根据当地水资源利用形势，从促进区域水资源高效利用，加快用水结构调整的角度，考虑预期与可能，兼顾当地群众生产生活实际和工程运行需要，制定并落实正式的、合理反映当地水资源稀缺程度和工程建设运行成本的水价实施方案，确保工程建成后的良性运行。

（4）在初步设计阶段，要根据审查意见和评估报告提出的要求，重点做好以下工作：在充分考虑受水区节水、治污等措施的基础上，进一步复核水资源供需平衡分析结果，优化水资源配置方案，复核工程规模和各行业用水量指标；加强流域和区域水资源统一调度、统一管理，在满足南水北调中线调水和汉江中下游用水的条件下，落实工程调度方案；深化地勘工作，结合地形地质条件，综合考虑建筑物结构型式、工程占地、施工条件及配水目标等因素，优化工程总体布局，细化工程设计；从严控制建设用地规模，节约和集约用地，落实安置规划；加快受水区输配水工程建设，与主体工程同步建成，尽早发挥工程效益。

（5）根据上述原则进一步优化工程方案，编制初步设计。初步设计投资概算经国家发改委核定后，初步设计由水利部审批。

第五篇
可行性研究支撑专题研究

按照国家相关规定，引汉济渭工程可行性研究报告审批需要先期完成15项专题研究。这些专题分别是：建设征地移民安置规划大纲、建设征地移民安置规划报告、工程环境影响评价报告书、水土保持方案报告书、水资源论证报告书、规划同意书、防洪影响评价报告、地质灾害危险性评估报告、矿产资源压覆储量评估报告、建设场地地震安全评价报告、文物调查评估报告、建设用地预审报告、项目选址论证报告、节能评估报告、社会稳定风险分析评估报告。在开展这些专题研究过程中，根据国家相关部委要求又增加了5个专题研究：其中支撑环境影响评价报告的专题4个，分别是工程对汉江上游西乡段国家级水产种质资源保护区影响专题、秦岭隧洞工程对地下水环境影响评价专题、引汉济渭工程对自然保护区影响评价专题、汉江上游干流（陕西段）梯级开发规划环境影响评价报告，另有用水协议、筹资方案和管理体制专题研究1个。

完成上述专题研究，任务繁重、时间紧迫，必须在工作深度与时限上满足项目建议书与可行性研究报告审查、审批的要求。引汉济渭工程前期工程实质性启动以来，省引汉济渭办把上述专题研究与项目建议书、可行性研究报告编制进行了同步安排，从2007年开始相继选择省内甚至国内高水平勘测设计单位开展了各项专题研究工作。截至2013年6月底，完成了其中的11项专题研究的编制、审查与审批工作，其余的工程环境影响评价报告书、建设用地预审、节能评估报告、社会稳定风险分析评估报告4项完成了专题研究报告编制，在引汉济渭办与引汉济渭工程有限公司的共同推进下，与 2013 年 6 月以后逐步完成了审批工作。其中，环境影响报告书先后通过环保部评估中心技术复核、修改完善、环保部环评司审查、环保部部长专题会议审议等环节工作，于 2013 年 12 月 20 日获得环保部批复；节能评估报告、社会稳定风险分析评估报告先后得到国家发改委批复；土地预审材料上报国土资源部后，先后通过了初审、补充补正材料、违法用地查处等环节工作，于 2014 年 5 月 5 日得到国土资源部批复。至此，可行性研究报告审批前置的 15 项专题研究的审批工作全面完成。

第一章　土地征占与移民安置

建设征地与移民安置规划包括"建设征地移民安置规划大纲""建设征地移民安置规划报告"和"建设用地预审报告"3 项专题研究。

第一节　规 划 编 制 与 审 批

建设征地与移民安置是引汉济渭工程建设最基本的前提条件，甚至在勘探试验与准备工程建设阶段就需要对此有一个初步的认识。其中，黄金峡与三河口两座水利枢纽工程是引汉济渭工程的两大水源调蓄工程，也是移民安置、土地占用和征迁的重点区域。在工程前期工作一开始，省水利厅、引汉济渭办、省移民办等机构在省委、省政府与工程协调领导小组的领导下，就开始了移民安置、土地占用与征迁的各项准备工作，并相继完成了移民确认与实物调查、移民安置规划大纲的编制工作。2011 年 8 月 5 日，引汉济渭工程建设征地移民安置规划大纲通过水规总院审查，2011 年 9 月 7 日通过水利部批复，2012 年 4 月 19 日水利部以水规计〔2012〕171 号文向国家发改委报送了《关于陕西省引汉济渭工程建设征地移民安置规划报告》的函，支撑了引汉济渭工程项目建议书的审批。

第二节　建 设 用 地 预 审 报 告

2012 年 2 月 1 日，省引汉济渭办以引汉济渭字〔2012〕13 号文向国土资源部报送了《关于陕西省引汉济渭工程用地预审的请示》。请示简要介绍了引汉济渭工程概况和需占地情况。

引汉济渭工程涉及西安市周至县、安康市宁陕县、汉中市佛坪县与洋县4个县，拟申请用地4645.5527公顷，其中农用地2772.7708公顷（耕地854.5281公顷、园地75.3658公顷、林地1566.7430公顷、牧草地274.7083公顷，其他农用地1.4256公顷），建设用地161.8745公顷，未利用地1710.9074公顷。在拟用地总面积中，其中水库淹没区4206.6001公顷，防护工程64.4000公顷，枢纽工程77.5687公顷，输水隧洞工程60.5545公顷，道路工程236.4294公顷。

引汉济渭工程补充耕地拟采用缴纳耕地开垦费的方式，委托当地土地管理部门负责统一组织开垦数量与质量相当耕地。引汉济渭工程在西安市周至县、安康市宁陕县、汉中市佛坪县与洋县拟占用耕地854.5281公顷。其中水田331.8442公顷，旱地522.6839公顷。引汉济渭工程属于基础设施建设项目，按照陕西省政府关于耕地开垦费的缴纳标准：水田为10元每平方米，旱地为8元每平方米，耕地开垦费拟缴纳总额为7499.9132万元。该费用列入工程投资估算，专款专用。

为保障工程沿线农民及企事业单位的相关权益不因征地拆迁而受损征地标准严格按照《陕西省人民政府办公厅关于印发全省征地统一年产值及片区综合地价平均标准的通知》（陕政办发〔2010〕36号文）执行。周至县统一年产值1197元每亩，补偿倍数26倍，补偿标准31125元每亩；宁陕县统一年产值1137元每亩，补偿倍数22倍，补偿标准25020元每亩；佛坪县统一年产值1200元每亩，补偿倍数22倍，补偿标准26400元每亩；洋县统一年产值1293元每亩，补偿倍数25倍，补偿标准32323元每亩。依据工程可行性研究阶段拟征收各地类面积，结合设计单位外业实物调查统计，引汉济渭工程征地补偿费为206500.4610万元，该费用列入工程投资估算。

2012年8月17日，陕西省国土资源厅以陕国土资字〔2012〕156号文向国土资源部报送了《关于陕西省引汉济渭工程建设项目用地预审的审查意见》，认为引汉济渭工程建设项目用地预审材料齐全，内容符合要求，同意转报国土资源部进行建设项目用地预审。

2014年5月6日，国土资源部以国土资预审字〔2014〕60号文，向陕西省国土资源厅、陕西省引汉济渭工程协调领导小组办公室批复了《关于陕西省引汉济渭工程建设用地预审意见的复函》。复函原则同意通过用地预审，并要求有关地方人民政府要根据国家法律法规和有关文件的规定，认真做好征地补偿安置的前期工作，足额安排补偿安置资金，并纳入工程项目预算，合理确定被征地农民安置途径，明确就业、住房、社会保障等措施，保证被征地农民原有生活水平不降低，长远生计有保障，切实维护被征地农民的合法权益。

第二章　环境影响评价

引汉济渭工程建设是否会影响到工程所在地及相关地域的生态环境，从一开始就得到省委、省政府和相关部门的高度重视。省水利厅、引汉济渭办在组织开展的规划报告、项目建议书报告、可行性研究报告中，都对环境影响评价问题进行了持续不断地深入研究，同时完成了支撑项目环境评价的 3 个专项研究。

第一节　环境评价报告编制与审批

2011 年，国家发改委以发改农经〔2011〕1559 号文件批复了引汉济渭工程项目建议书后，省引汉济渭办和相关部门进一步加快了工程可行性研究阶段的前期工作，同时在规划、项目建设阶段工作基础上，在可行性研究阶段进一步深化了环境影响评价工作。

考虑到引汉济渭工程跨长江、黄河两大流域，涉及汉中朱鹮、天华山、周至 3 个国家级自然保护区和省级黑河湿地、汉江西乡段国家级水产种质资源两个保护区，生态环境保护任务艰巨繁重。为了充分论证引汉济渭工程对涉及区域生态环境的影响，从 2008 年 1 月开始，省水利厅委托长江水利委员会水资源保护研究所等国内多家科研单位开展了环境影响评价和相关研究工作，这项工作得到了国家环保部领导和环评司、自然保护司、环境工程评估中心和省环保厅的大力支持，给予了具体指导，相继完成了一系列工作。

在项目建议书阶段委托长江规划设计研究院完成《引汉济渭工程对汉江干流河道内外用水影响评价研究报告》的基础上，由长江水资源保护研究所完成了《引汉济渭工程环境影响专题报告》。

从 2009 年 1 月开始，以长江水资源保护研究所为环境评价单位，联合陕西省环境监测总站、长江水产研究所、长安大学等单位，开展了大量的监测、调查和专题研究工作，于 2011 年 8 月完成了《引汉济渭工程环境影响评价报告书》的编制工作，经水利部水规总院预审后，又根据预审意见于 2012 年 5 月形成了上报国家环保部的报审稿。

委托国家林业总局西北林业调查规划设计院于 2010 年 5 月编制完成了《引汉济渭工程对陕西秦岭自然保护区影响评价报告》。同年 5 月 24 日，省林业厅组织专家对评价报告进行了评审并报国家林业总局。2011 年 1 月 5 日，国家林业总局以办护字〔2011〕2 号复函，同意陕西省实施引汉济渭工程。

根据水利部水规总院预审意见，同期还委托黄河水产研究所对汉江上游西乡段水产种质资源保护区的影响进行了专题论证，经国家农业部审查后，同意了专题报告的基本结论。

在项目环境影响评价过程中，根据国家环保部要求，于2010年8月由省引汉济渭办、陕西汉江投资开发公司、中广核汉江水电开发有限公司联合委托北京水电勘测设计研究院编制完成了《汉江干流上游（陕西段）水电开发环境影响回顾性研究报告》。以后又于2011年10月9日按照环保部意见，由编制单位进行了补充和完善工作。

2012年5月，由环境评价单位完成了环境影响评价公众参与信息公示，6月上旬，由省引汉济渭办向环保部正式上报了《陕西省引汉济渭工程环境影响评价报告书》。

第二节 项目环境评价三项支撑专题研究

一、汉江上游干流水电开发环境影响回顾性评价研究

开展引汉济渭工程项目环境影响评价工作过程中，国家环保部针对汉江干流开发缺乏规划环境评价的问题，提出在项目环境评价批复之前，陕西省政府应对汉江上游干流水电开发环境影响进行回顾性评价。根据这一要求，2010年8月，由省引汉济渭办、陕西汉江投资开发公司、中广核汉江水电开发有限公司联合委托北京水电勘测设计研究院编制完成了《汉江干流上游（陕西段）水电开发环境影响回顾性研究报告》。以后又按照2011年10月9日环保部审查意见，由编制单位进行了补充和完善工作。2012年12月25日，环保部在北京主持召开了《汉江上游干流水电开发环境影响回顾性评价研究报告》（以下简称《研究报告》）专家论证会，认为《研究报告》内容全面，结论可信，对研究汉江干流梯级开发与生态环境保护关系、优化水电开发方案、完善流域生态环境保护对策措施等具有十分重要的意义，对其他流域开展环境影响回顾性评价研究工作也有一定借鉴作用和参考价值。

二、对3个国家级自然保护区保护措施研究

审批引汉济渭工程项目环评过程中，依照《野生动物保护法》和《野生植物保护条例》等法律法规的相关规定，环境保护部环境影响评价司致函国家林业局野生动植物保护与自然保护区管理司《关于征求陕西省引汉济渭工程涉及陕西朱鹮等三个国家级自然保护区有关问题意见的函》（环评函〔2012〕59号），就该工程对野生动植物及其栖息地的影响评价征求意见。为此，省引汉济渭办立即开展了《引汉济渭工程对陕西秦岭三个自然保护区影响评价报告》的研究编制工作，并相继通过了专家评审、林业部审定并函报国家环保部的工作过程，为项目环评通过审查提供了重要支撑。

三、对汉江西乡段国家级水产种质资源保护区影响专项研究

在项目环境评价阶段，省水产渔业管理机构对引汉济渭工程建设是否会造成汉江西乡段国家级水产种质资源保护区造成不利影响提出质疑。为此，省引汉济渭办紧急启动了相关专题研究，于 2012 年初向国家农业部报送了《关于落实陕西省引汉济渭工程对汉江西乡段国家级水产种质资源保护区影响措施的报告》，国家农业部渔业局研究审查后，于 2012 年 2 月 13 日以农渔资环便〔2012〕19 号文批复，原则同意专题评估报告提出的基本结论和渔业资源与生态补偿措施。

第三章　取水许可、水保方案与防洪影响评价

取水许可、水保方案与防洪影响评价 3 项专题研究作为引汉济渭工程可行性研究报告审批的前置条件，省引汉济渭办委托相关科研单位做了深入的专项研究，赶在可行性研究报告编制完成以前，拿出了专题研究报告，并通过了层层审查审批。

第一节　水资源论证和取水许可

水资源论证报告由引汉济渭办委托长江委勘测规划设计研究院于 2011 年编制完成，并以引汉济渭字〔2011〕160 号文件报长江委进行审查，2011 年 12 月 14 日，长江委在武汉主持召开了《陕西省引汉济渭工程水资源论证报告书》评审会议，2013 年 6 月 8 日，长江委以长许可〔2013〕49 号文件批复了取水许可。其批复的主要意见如下。

根据审定的《陕西省引汉济渭工程水资源论证报告书（报批稿）》及其审查意见（长许可〔2013〕66 号），同意陕西省引汉济渭工程从汉江黄金峡水库和汉江一级支流子午河三河口水库取水，取水方式为泵站提水和隧洞输水。工程取水用于受水区用水和黄金峡水利枢纽、三河口水利枢纽发电用水，2025 规划水平年，多年平均调水量为 10 亿立方米；黄金峡水利枢纽和三河口水利枢纽多年平均发电取水量分别为 41.18 亿立方米、7.07 亿立方米。

同意陕西省引汉济渭工程施工生产、生活用水取自汉江干流、子午河和蒲河以及输水隧洞各工区附近的山泉水，取水方式为泵站提水，施工期 87 个月，总取水量 4261 万立方米。

2025 规划水平年，黄金峡水利枢纽和三河口水利枢纽坝址多年平均来水量分别为 74.23 亿立方米和 9.12 亿立方米，通过调水区黄金峡水库和三河口水库与受水区黑河水库、地下水的联合运行，受水区供水历时保证率可达到 95％，取水水源来水量可满足项目调水和发电用

水水量要求。黄金峡水利枢纽和三河口水利枢纽坝址处水质现状均为Ⅱ类，可满足项目取水水质要求。

引汉济渭工程建设期、初期蓄水期和运行期应落实最小下泄流量保障措施，确保黄金峡水利枢纽最小下泄流量38立方米每秒、三河口水利枢纽最小下泄流量2.71立方米每秒，以满足下游生活、生产、生态用水要求；施工期除黄金峡水利枢纽和三河口水利枢纽基坑排水、秦岭输水隧洞施工涌水外，其余生产生活废水全部回收利用，不得外排。工程受水区应切实采取有效措施，加强污水收集处理和回用设施建设，污水收集和处理能力应与受水区退水规模相适应。

引汉济渭工程应当安装符合国家相关技术质量标准的取水计量和下泄流量在线监测设施，取水计量设施和监测设施应与项目同时设计、同时施工、同时投入使用；取水计量设施投入使用后，应定期由具有相应资质的单位进行检定或者核准，保证计量设施正常使用和量值的准确、可靠；落实和安装数据传输设备，保证项目取退水信息传入长江流域水资源管理系统。

引汉济渭工程管理单位在黄金峡水利枢纽、三河口水利枢纽下闸蓄水之前3个月，按有关规定编制蓄水计划和调度方案报国家发改委审批，经批准后方可蓄水、试运行。

引汉济渭工程试运行满30日后90日前，应向国家发改委报送取水工程竣工验收材料，经国家发改委验收合格并核发取水许可证后，方可正式取水运行，并应服从汉江流域水资源的统一调度管理。

第二节 水土保持方案

根据《中华人民共和国水土保持法》以及陕西省水土保持实施办法规定，省引汉济渭办于2008年8月委托省水电勘测设计研究院开展了引汉济渭工程可行性研究阶段水土保持方案的编制工作，在现场勘测与全面调查的基础上，于2011年7月编制完成了《陕西省引汉济渭工程水土保持方案报告书（送审稿）》，于2011年8月19—20日通过了水利部水规总院的审查。根据审查意见，省水电勘测设计研究院于2012年2月完成了《陕西省引汉济渭工程水土保持方案报告书（报批稿）》，2012年5月8日，水利部以水保函〔2012〕128号文件批复同意了《陕西省引汉济渭工程水土保持方案报告书》。

第三节 防洪影响评价

引汉济渭工程黄金峡水利枢纽防洪影响评价由省引汉济渭办委托长江勘测规划设计研究院

编制完成。2011 年省引汉济渭办以〔2011〕161 号文向长江水利委员会报送了该报告书；2011 年 12 月 12 日，长江委在武汉主持召开审查会，对《陕西省引汉济渭工程黄金峡水利枢纽防洪评价报告》进行了审查，编制单位根据审查意见对报告进行了修改完善，2012 年 4 月完成了《陕西省引汉济渭工程黄金峡水利枢纽防洪评价报告（审定本）》（以下简称《报告》）；2012 年 6 月 18 日，长江水利委员会以长许可〔2012〕105 号文予以批复。

批复意见认为：《报告》采用的基础资料较丰富，研究内容较全面，技术路线正确，基本满足《河道管理范围内建设项目防洪评价报告编制导则（试行）》（以下简称《报告》）的要求。国家发改委基本同意该《报告》提出的本工程施工期和运行期对河道行洪安全及河势稳定的影响分析结论意见；基本同意《报告》对现有防洪、河道整治和其他水利工程及设施的影响分析意见；基本同意《报告》提出对防洪抢险的影响分析意见，以及对建设项目防御洪水的设防标准与措施的分析评价；基本同意《报告》提出的工程对第三人合法水事权益的影响分析意见。业主应协调下游梯级电站的关系，对下游电站受影响的程度进行全面分析，并采取必要的措施；基本同意《报告》提出的工程影响防治及补救措施。下阶段应优化汉江平川段洋县堤防工程布置，并研究落实西汉高速公路桥址以上至溢水河口河段防洪影响补救措施；《报告》同时要求，黄金峡水库调度应服从汉江流域总体调度的要求，以有效减少其对汉江中下游和南水北调中线调水的影响。

第四章　地震安全地质灾害评估与矿产资源覆压

地震安全地质灾害评估与矿产资源覆压 3 项专题研究与项目建议书、可行性研究报告的编制工作同步推进，其工作成果如期满足了可行性研究报告的审查审批。

第一节　地震安全性评价

引汉济渭工程地震安全性评估，由省引汉济渭办委托陕西大地地震工程勘察中心完成，其提交的《陕西省引汉济渭工程地震安全性评价工作报告》（以下简称《地震安全评价报告》），由省地震安全性评定委员会组织专家于 2008 年 4 月 16 日在西安召开评审会进行了评审。2008 年 5 月 4 日，省地震局以陕震设防字〔2008〕15 号文件批复了关于陕西省引汉济渭工程抗震设防要求的函。2008 年 10 月 28 日，省地震局以陕震设防字〔2008〕33 号文件批复了关于陕西省引汉济渭工程震后抗震设防要求复核结果批复的函。

陕西省地震安全性评定委员会评审认为：《地震安全评价报告》在收集、整理、分析有关地震构造、地震活动性资料的基础上，对陕西省引汉济渭工程 6 个工程场点以及整个线路周围的活动断裂进行了较为详细的调查，在 6 个工程场地内开展了必要的工程地质条件勘察，通过地震危险性概率分析、区域性地震动参数区划等工作，为该工程的抗震设计提供了设计地震动参数。报告内容完整，符合国家标准《工程场地地震安全性评价》（GB 17741—2005）的技术要求。

《地震安全评价报告》对区域和近场地震活动性、地震构造环境及场区主要断裂活动性进行了较为合理的分析和评价。

《地震安全评价报告》给出了 6 个工程场地未来 50 年超越概率 10％、5％和 1％的水平地面峰值加速度和特征周期以及工程沿线平均场地 50 年超越概率 10％的地震动峰值加速度区划结果，经评审，认为该参数取值合理，可以作为该工程抗震设计和抗震设防的依据，并同意该报告对黄金峡坝址、三河口坝址等 6 个场地地震地质灾害的评价意见。

依据评审意见，省地震局对《地震安全评价报告》正式批复，主要意见如下：同意该报告对区域、近场的地震构造环境和地震活动性分析评价意见；同意该报告对该工程场地地震地质灾害的评价意见；同意该报告对黄金峡坝址、三河口坝址、黄金峡泵站、黄三输水隧洞出口、秦岭输水隧洞进口、秦岭输水隧洞出口等 6 个场地提供的地面设计地震动参数结果。该结果可供该工程抗震设计和抗震设防使用；同意该报告给出的地震动峰值加速度区划结果，可作为该工程线路一般工程抗震设计使用。

陕西省地震安全性评定委员会同时审查了陕西大地地震工程勘察中心承担完成的《陕西省引汉济渭工程地震安全性评价震后地震动参数复核工作报告》。该报告根据汶川地震后《中国地震动参数区划图》（GB 18306—2001）修改后提供的新的地震潜源和参数，对陕西省引汉济渭工程工程场地地震动参数重新进行了计算。根据陕西省地震安全性评定委员会的评审意见，省地震局批复意见为：同意该报告对陕西省引汉济渭 6 个工程场地提供的未来 50 年超越概率 10％、5％和 100 年超越概率 2％、1％的水平地面峰值加速度和特征周期以及地面地震动时程等设计地震动参数震后复核结果，同意该报告对黄金峡坝址、三河口坝址等 6 个场点地震地质灾害的评价意见。复核结果可供该工程抗震设计和抗震设防使用。

第二节　地质灾害危险性评估报告

《陕西省引汉济渭工程地质灾害危险性评估报告》（以下简称《评估报告》）由省引汉济渭

办委托长安大学工程设计研究院和陕西省水利电力勘测设计研究院联合编制。《评估报告》完成后，陕西省国土资源厅邀请有关专家及相关部门负责同志于 2010 年 1 月 30 日进行了评审。评审意见如下。

评估报告是在充分收集包括区域地质、有关地质灾害防治规划、相关工程的勘察报告等资料的基础上，经过详细的现场地面调查工作（其中调查面积 604.63 平方千米，评估区面积 377.895 平方千米，调查路线长 949.84 千米，调查地质灾害 123 处、确定地质灾害点 72 处），取得了必要的第一手资料之后编写的，因此，评估资料丰富，依据充分，满足了评估工作需要。

评估报告介绍了拟建引汉济渭工程的主要组成部分，并对沿线气象水文、地形地貌、地层岩性、地质构造（含区域稳定性）、水文地质条件、岩土体类型及特征等地质背景和人类工程活动对地质环境的影响进行了详细分析，对评估区的地质环境条件阐述清楚。

拟建引汉济渭工程是陕西省内大型调水工程，是解决关中缺水问题和实现关中水资源优化配置的关键性工程，工程主要途经汉中、安康、西安三市，由水库、泵站及引水隧洞三类五单元组成，工程总投资约 146.58 亿元，属重要建设项目。该拟建工程地貌上横跨秦岭剥蚀中高山及侵蚀、堆积河谷阶地两种地貌单元类型，出露地层岩性随地貌而异，地层主要为元古界片麻岩、印支期花岗岩，次为奥陶系、志留系、泥盆系、石炭系灰岩、大理岩及第四系松散堆积物；岩性较为复杂，岩土体工程性质差异较大，地质环境条件复杂。据此确定该工程地质灾害危险性评估级别为一级是正确的，根据工程特点和地质环境条件，所确定的评估范围是适当的。

现状评估认为：在划定的评估区内有滑坡、崩塌、泥石流等 3 种地质灾害，其中滑坡 66 处，危险性中等 11 处、危险性小 55 处；崩塌 3 处，危险性中等 2 处，危险性小 1 处；泥石流 3 处，危险性中等 1 处、危险性小 2 处。现状评估结果符合实际情况。

预测评估认为：①拟建黄金峡水利枢纽工程遭受 3 处滑坡、1 处崩塌威胁，预测均为危险性小；可能加剧 9 处滑坡灾害，预测均为危险性小；可能引发地质灾害，水库工程预测均为危险性小。拟建坝址工程遭受 4 处滑坡威胁，其中上坝址遭受 3 处滑坡威胁，预测均为危险性小，下坝址遭受 1 处滑坡威胁，预测危险性小；拟建坝址工程（上、下坝址左、右坝肩）可能加剧地质灾害的危险性小；可能引发地质灾害 4 处，预测均为危险性中等。②拟建黄金峡泵站遭受 3 处滑坡威胁，预测均为危险性小；可能加剧地质灾害危险性小；可能引发地质灾害 2 处，预测均为危险性中等。③拟建黄三隧洞工程遭受 1 处滑坡威胁，为预测评估危险性小；可能加剧地质灾害危险性小；可能引发地质灾害 6 处，预测危险性中等 3 处，危险性小 3 处。④拟建三河口水库工程共遭受 6 处滑坡、3 处泥石流威胁，其中，预测危险性中等 2 处，危险性小 7 处；可能加剧地质灾害 31 处，其中 28 处滑坡、3 处泥石流，预测危险性小 28 处，危险性中等 3 处；可能引发地质灾害，预测危险性小。拟建坝址工程共遭受 5 处滑坡威胁，其中上坝址遭受 2 处滑坡威胁，预测均为危险性小，下坝址遭受 3 处滑坡威胁，预测 1 处危险性中等，2 处危险性小；拟建三河口坝址工程可能加剧地质灾害危险性小；可能引发地质灾害 4 处，预测均为危险性中等。⑤拟建秦岭隧洞工程共遭受 5 处滑坡威胁，预测危险性中等 1 处、危险性小 4 处；拟建秦岭隧洞工程（隧洞进出口及各斜井井口）可能加剧地质灾害危险性小；可能引发地质灾害 14 处，预测危险性中等 2 处、危险性小 12 处。

在现状评估和预测评估的基础上，经综合分析定量地将评估区地质灾害危险性划分为中等和小两级区段。综合评估按照黄金峡水利枢纽工程（含黄金峡泵站工程）、黄三隧洞工程、三河口水利枢纽工程、秦岭隧洞工程 4 个分区分别进行评估。

综合评估认为：①黄金峡水利枢纽工程（包括黄金峡泵站工程区）评估区总面积 92.43 平方千米，地质灾害危险性小区面积 86.68 平方千米，占评估区面积的 93.78％；地质灾害危险性中等区面积 5.75 平方千米，占评估区面积的 6.22％。②黄三隧洞工程评估区总面积 17.57 平方千米，地质灾害危险性小区面积 15.45 平方千米，占评估区面积的 87.90％；地质灾害危险性中等区面积 2.13 平方千米，占评估区面积的 12.10％。③三河口水利枢纽工程评估区总面积 182.08 平方千米，地质灾害危险性小区面积 180.94 平方千米，占评估区面积的 99.37％；危险性中等区面积 1.14 平方千米，占评估区面积的 0.62％。④秦岭隧洞工程评估区总面积 85.80 平方千米，地质灾害危险性小区面积 80.31 平方千米，占评估区面积的 93.60％，地质灾害危险性中等区面积 5.50 平方千米，占评估区面积的 6.41％。总体上危险性中等的区段面积为 14.51 平方千米，占总评估面积的 3.84％；危险性小的区段 363.38 平方千米，占评估区总面积的 96.16％。在地质灾害危险性小的区段，场地建设适宜；危险性中等的区段，经必要防治，场地建设基本适宜。综合评估结论可信。

《评估报告》提出的地质灾害防治措施与建议针对性强，拟建引汉济渭工程修建时应给予足够重视，使工程的施工和运营过程中不受或少受地质灾害影响，确保该引水工程安全可靠。

综上所述，该评估报告资料翔实，评估依据充分，内容全面，方法正确，结论可信，附件齐全，符合国土资源部工程建设项目地质灾害危险性评估技术要求，报告按专家意见作必要修改完善后，予以评审通过。

第三节 压覆矿产资源报告

根据可行性研究报告审批需要，省引汉济渭办委托省地质矿产勘查开发局测绘队编制了《陕西省引汉济渭工程压覆矿产资源储量核实报告》（以下简称《核实报告》）。编写单位于2009年6月19日将《核实报告》送审，经省国土资源厅同意受理后，省国土资源规划与评审中心组织矿产储量评估师及有关专家对《核实报告》进行了审查，于2009年7月30日在西安召开了评审会议，经评审专家及与会代表评议，再经编写单位修改完善，专家组审定后形成了核定意见，省国土资源规划与评审中心于2009年10月28日以陕国土资评储发〔2009〕252号文印发了《陕西省引汉济渭工程压覆矿产资源储量核实报告》核定意见。

审查核定意见认为，压覆资源储量调查、核实、估算使用的资料可靠，采用方法正确，同意《核实报告》按上述原则和方法估算的引汉济渭工程压覆矿产资源储量为：陕西省佛坪县石墩河花岗石矿床推断的内蕴经济资源量（333）237万立方米；陕西省洋县良心河铁矿总矿石量108.19万吨。上述估算的压覆矿产资源储量经省国土资源厅备案后，可作为陕西省引汉济渭工程压覆矿产资源储量申报的依据。经省国土资源厅批准压覆矿产的陕西省佛坪县石墩河花岗石矿资源量应在陕西省矿产资源储量表（非金属矿产）"佛坪县石墩河花岗石矿"栏内变更、统计。

第五章 其他支撑性专题研究

其他支撑性专题研究包括文物影响评价、节能评估、社会风险分析评价、项目选址与规划同意书等五项专题研究。

第一节 文 物 影 响 评 价

引汉济渭工程文物影响评价由省引汉济渭办委托陕西省考古研究院编制了《陕西引汉济渭工程文物影响评估报告》。2008年10月23日，省文物局以陕文物函〔2008〕264号文批复了这一报告。批复意见是：原则同意陕西省考古研究院《陕西省引汉济渭工程文物影响评估报告》中提出的评估结论；在线路设计中应当尽可能避开考古调查中发现的文物点，因特殊原因不能避开的，必须与文物部门一起商定适当的文物保护措施；在工程实施前，应报请我局组织考古发掘单位进行考古勘探和必要的考古发掘，以确保文物安全和建设工程的顺利进行；我局原则同意陕西省考古研究院制定的文物保护经费预算，根据《中华人民共和国文物保护法》第三十一条规定，该费用应列入建设工程预算。

2013年2月19日，省文物局函复省引汉济渭办《关于审批〈陕西省引汉济渭工程文物勘探报告〉的函》，就汉济渭工程文物勘探提出以下意见：原则同意陕西省文物勘探有限公司在《陕西省引汉济渭工程文物勘探报告》中提出的考古勘探结论；同意对考古勘探发现的古遗址、古墓葬进行考古发掘和保护，所需费用应列入建设工程预算；请你单位加强工地文物安全管理，对考古勘探发现的古遗址、古墓葬区域加强安全巡查，确保地下文物安全，防止文物盗窃案件的发生；我局已委托陕西省考古研究院承担该项目的考古发掘工作，请你单位尽快与省考古研究院接洽并协商考古发掘事宜，积极配合考古发掘工作，以保证建设工程的顺利开展。

第二节 节能评估报告

应可行性研究报告审批要求，省引汉济渭办组织完成了《引汉济渭工程节能评估报告》（以下简称《能评报告》）的编制工作，并于2012年12月26日通过了中国国际工程咨询公司组织进行的咨询评估工作。咨询评估认为，《能评报告》对工程选址对能源消耗的影响分析较全面，评估意见基本合适，但仍需进一步修改完善。此后编制单位根据评估意见对《能评报告》做了进一步修改完善，最终通过评审，具体结论与建议如下。

修改后的《能评报告》，其评估依据较完善；提出的能耗相关数据参数、计算结果及评估结论基本准确。经重新测算，该项目的年综合能耗为5.19万吨，较评审前调减1941.47吨。

该项目主要耗能种类为电力损耗，由于发电量大于运行期电力损耗，且油、水损耗较小，其能源供应可靠，能源消耗对当地能源消费基本无影响。

从节能的角度，项目选址、总布置及建设方案合适。该项目采用的水泵机组、发电机组、主变压器等主要耗能设备效率均优于国内同类产品的效率，能效水平处于同内先进水平；黄金峡水利枢纽的综合厂用电率为0.5%、三河口水利枢纽的综合厂用电率为0.8%，能效水平达到国内中等偏上水平。提出的节能措施和建议较合理、可行。

评审建议：下阶段按1级能效等级或同等水平，进一步完善辅助设备、细部结构及建筑物节能设计。研究利用太阳能提供厂区用能的可行性。

第三节　社会稳定风险评估

根据《国家发展改革委重大固定资产投资项目社会稳定风险评估暂行办法》，省引汉济渭办委托省水利电力勘测设计研究院于 2013 年完成了《陕西省引汉济渭工程可行性研究阶段社会稳定风险分析报告》。2013 年 5 月 10 日，该项报告于由省水利厅组织进行了审查，编制单位做了进一步修改完善，于 2013 年 5 月底形成了送审稿。

此后，按照有关规定，陕西省水利厅指定陕西省水利水电工程咨询中心对风险分析报告进行了评估，于 2013 年 11 月形成了《陕西省引汉济渭工程社会稳定风险评估报告》，并由省水利厅上报省政府审批，2014 年 2 月 10 日，省政府办公厅以陕政办函〔2014〕35 号文函复省水利厅。复函认为：引汉济渭工程是《渭河流域重点治理规划》和《关中——天水经济区发展规划》确定的重大基础设施建设项目，纳入了国家和陕西省"十二五"规划，目前该工程项目建议书已经国家发改委审批，可行性研究报告通过了水利部审查和中国国际工程咨询公司评估。经省政府研究，原则同意该工程社会稳定风险评估报告，社会稳定风险等级定为低风险。

批复要求省水利厅按照国家有关部委的审查意见，抓紧推进项目前期工作，积极会同有关部门和市县政府，督促项目建设单位落实各项社会风险防控措施，提前化解建设征地、移民安置、施工安全、环境影响等方面潜在的风险因素，切实保障各有关方面的合法权益，确保项目建设顺利实施。

综合引汉济渭工程社会稳定风险分析报告、评估报告和省政府办公厅对评估报告复函的内容，其主要结论如下。

（1）合法合理性：引汉济渭工程建设符合《大中型水利水电工程建设征地补偿和移民安置条例》（国务院令第 471 号），《渭河流域重点治理规划》《国家南水北调中线一期工程规划》《陕西省水资源开发利用规划》《陕西省渭河流域综合治理规划》等。工程建设将给当地经济发展带来前所未有的机遇，对改善地方投资环境，加快基础设施建设，提供就业机会等方面带动地方社会经济的发展，促进人民群众生活水平的提高。

（2）可行性：陕西省库区移民工作领导小组办公室以陕移发〔2007〕77 号文批复《三河口水库淹没及工程占地实物指标调查细则》。调查成果经三榜公示确认，佛坪县人民政府、宁陕县人民政府对三河口水库淹没影响实物指标调查成果予以确认；陕西省库区移民工作领导小组办公室以陕移便函〔2008〕24 号对陕西省引汉济渭工程《黄金峡水库淹没及工程占地实物指标调查细则》予以批复。调查成果经三榜公示确认，洋县人民政府对黄金峡水库淹没及影响区实物指标调查成果予以确认。输水隧洞和其他附属工程的实物指标调查成果也分别得到了所在建设征地区的县级人民政府的确认。因此，建设征地范围调查成果可作为开展引汉济渭工程建设征地移民相关工作的依据。

（3）引汉济渭工程区环境现状质量良好，工程的运行生产属清洁生产，基本不排放污染物；工程以有利影响为主，工程建设对环境的不利影响包括：工程占地对土地资源的影响；黄金峡、三河口水利枢纽兴建对汉江上游干流及其支流子午河鱼类资源的影响；黄金峡水库淹没及洋县防护工程建设对朱鹮游荡期觅食活动的影响等。综合评价认为，除耕地资源损失为不可逆影响外，其他不利环境影响可以通过落实切实可行的环境保护措施得到降低或减免。

工程建设单位需要依据前期已批复的报告中提出的环境保护措施及批复意见，通过优化施工方案、落实环境保护措施、加强环境监测和管理，将其不利影响减小到环境可承受程度，因此，工程建设不存在重大环境制约因素，从可持续发展、环境保护与经济发展并重的角度看，陕西省引汉济渭工程的建设是可行的。

（4）可控性：省委、省政府高度重视引汉济渭工程建设，引汉济渭办狠抓落实，与"三市四县"人民政府以"以人为本、稳定第一、平安建设、和谐移民"为主导思想，建立健全了社会稳定和平安建设工作机构，制定了行之有效的工作形式与应对预案，基本满足维护社会稳定的要求。

综上所述，根据引汉济渭工程特点和建设征地区移民特点以及实物补偿方式的特点、县域经济结构单一、环境影响和总体发展水平等综合分析，引汉济渭工程建设对社会稳定风险影响较小，相关预测评估和化解措施可将风险降为最低直至没有，因此引汉济渭工程建设可行。

第四节　规　划　同　意　书

在可行性研究报告审批过程中，工程规划同意书作为支撑性专项报告之一，省引汉济渭办向工程所在汉江的管辖机构——长江水利委员会报送了《关于上报陕西省引汉济渭工程建设规划论证报告的请示》（引汉济渭字〔2011〕159号文）。2011年12月12日，长江委在武汉组织相关专家对《陕西省引汉济渭工程建设规划论证报告》进行了审查，报告编制单位根据审查意见对报告进行了修改完善，2012年2月完成了《陕西省引汉济渭工程建设规划论证报告（审定本）》，并于2012年3月29日得到长江批复同意。规划同意书主要意见肯定了引汉济渭工程的总体规划，列举了引汉济渭工程规划上的重要依据：①国务院以国函〔2010〕118号批准《全国水资源综合规划（2010—2030）》，提出规划建设引汉济渭等跨流域调水工程。②国务院以国函〔2005〕99号批准的《渭河流域重点治理规划》提出了从汉江干流规划的黄金峡水库和子午河三河口水库取水，调水跨越秦岭，入渭河支流黑河金盆水库，其中一期（到2010年）调水5.0亿立方米，二期（到2030年）调水15.5亿立方米的引汉济渭工程调水方案。③国家发改委以发改西部〔2009〕1500号印发的《关中—天水经济区发展规划》，将"引汉济渭"等跨区域调水工程列为重点水利工程项目。④已经水利部审查的《长江流域综合规划》和《汉江干流综合规划报告》，确定汉江治理开发与保护的主要任务是防洪与治涝、供水与灌溉、跨流域调水、水资源与水生态环境保护、水土保持、发电、航运、水利血防等；推荐干流梯级15级开发方案，汉江上游干流梯级开发方案为：黄金峡（450米）—石泉（410米）—喜河（362米）—安康（330米）—旬阳（240米）—蜀河（217.3米）—白河（196米）—孤山（179米）。并提出引汉济渭工程建设，实现引汉济渭调水10亿立方米的近期目标，远景2030年可结合南水北调中线后期从长江引水或其他措施，扩大引水量至15亿立方米。黄金峡水利枢纽是实现陕西省引汉济渭调水的水源工程，同时兼有发电等综合效益。⑤2009年7月，水利部以《关于报送陕西省引汉济渭工程项目建议书审查意见的函》（水规计〔2009〕355号）将陕西省引汉济渭工程项目建议书审查意见报送国家发改委，2011年7月，国家发改委以发改农经〔2011〕1559号批复了《陕西省引汉济渭工程项目建议书》。⑥2012年1月，水利部水利水电规划设计总院以《关于报送陕西省引汉济渭工程可行性研究报告审查意见的报告》（水总设〔2012〕33号）向水利部报送了审查意见。

规划同意书对引汉济渭工程建设与运行管理提出了两条要求：①对其他水工程的影响评价与补救措施。黄金峡水库在初期蓄水和工程运行期，应按照国家有关规定，保障向下游下泄生态流量，以满足下游生态环境用水的要求，并落实有关工程措施和管理措施。下阶段应优化汉江平川段洋县堤防工程布置，并研究落实西汉高速公路桥址以上至溢水河口河段防洪影响补救措施。②工程调度运行。汉江流域水资源除满足流域内用水需求外，还承担南水北调中线供水任务。引汉济渭工程调度运行必须服从汉江流域水资源的统一调度和管理，并在工程建设和运行期间，按有关要求和承诺逐项落实相应管理制度和工程措施。

第五节　建设项目选址意见书

建设项目选址意见书见表4-5-1。

表 4 - 5 - 1 　　　　　　　　　　建设项目选址意见书

中华人民共和国
建设项目选项址意见书

选字第 610000201200091 号

　　根据《中华人民共和国城乡规划法》第三十六条和国家有关规定，经审核，本建设项目符合城乡规划要求，颁发此书。

　　核发机关：陕西省住房和城乡建设厅

日　　　期：2013 年 1 月 5 日

建设项目名称	陕西省引汉济渭工程
建设单位名称	陕西省引汉济渭工程协调领导小组办公室
建设项目依据	陕西省引汉济渭工程选址报告
建设项目拟选位置	场址涉及汉中市洋县、佛坪、安康市宁陕县及西安市周至县
拟用地面积	项目占地 4645.5527 公顷
拟建设规模	项目年调水量 15 亿立方米

附图及附件名称：

　　1. 建设项目选址意见书审核表。

　　2. 陕西省引汉济渭工程选址报告。

本选址意见书有效期为二年。

遵守事项：

　　一、建设项目基本情况一栏依据建设单位提供的有关材料填写。

　　二、本书是城乡规划主管部门依法审核建设项目选址的法定凭据。

　　三、未经核发机关审核同意，本书的各项内容不得随意变更。

　　四、本书所需附图与附件由核发机关依法确定，与本书具有同等法律效力。

第六篇
引汉济渭工程初步设计

2011年8月17—21日，受水利部委托，水规总院在西安召开引汉济渭工程可行性研究报告审查会，基本肯定了可行性研究报告的技术成果。此后，省水利厅、引汉济渭办在组织勘测设计单位加快完善可行性研究报告的同时，引汉济渭办于2011年12月正式启动了工程初步设计工作，到2015年4月29日水利部以〔2015〕198号文件批复引汉济渭工程初步设计报告，初步设计工作历时将近4年时间。期中，2013年6月底以前的工作推进由省引汉济渭办负责，此后的工作由省引汉济渭工程建设有限公司推进。

第一章　初步设计工作过程

初步设计工作主要包括三大部分：即，初步设计总报告；13个专题报告；包括初步设计总报告设计图册、黄金峡水利枢纽、三河口水利枢纽、秦岭输水隧洞黄三段、秦岭输水隧洞越岭段、建设征地与移民安置初步设计图册在内的六大图册。

第一节　初步设计任务划分

引汉济渭工程初步设计工作正式启动以后，省引汉济渭办为加快初步设计工作进度，同时考虑初步设计总体审查的需要，将初步设计工作划分为总体初步设计、三河口水利枢纽、黄金峡水利枢纽、秦岭隧洞越岭段、秦岭隧洞黄三段5个标段。

2011年12月，省引汉济渭办通过公开招标，选择陕西省水利水电勘测设计研究院（简称陕西院）、长江勘测规划设计研究有限责任公司（简称长江设计公司）、中铁第一勘察设计院集团有限公司（简称铁一院）、黄河勘测规划设计有限公司（简称黄河设计公司）为中标单位。

Ⅰ标段为总体初步设计，引汉济渭工程初步设计报告编制，由陕西院承担。其任务是：复核引汉济渭工程任务及水文成果，复核确定工程规模、总体布置和调度运行方案，进行输水系统水力过渡分析和工程调度运行方式研究，制定初步设计报告编制需要统一的要求，明确各设计单位应采用标准和规范，指导、协调Ⅱ、Ⅲ、Ⅳ、Ⅴ标段工作；提出各标段的工程管理、信息化系统、节能等设计的总体思路和要求；提出Ⅱ、Ⅲ、Ⅳ、Ⅴ标段经济评价的工作思路和要求，完成引汉济渭工程经济评价；统一概算编制的标准和要求；按照初步设计报告编制规程，协调、汇总Ⅱ、Ⅲ、Ⅳ、Ⅴ标段的劳动安全与工业卫生、消防设计、施工组织设计、工程占地、环境保护设计、水土保持设计、设计概算等初步设计成果，编制完成总体初步设计文件。合同费用价1249.3万元。

Ⅱ标段为三河口水利枢纽，由陕西院承担。勘察设计任务为：三河口水利枢纽初步设计、招标设计、施工图设计三阶段，内容包括工程测量、地质、设计、专项科研试验及设计服务等全部工作。合同费用价12000.05万元，其中设计费3600万元（初步设计900万元，招标设计720万元，施工图设计1980万元），工程测量、工程地质、施工地质、专项研究等费用8400.05万元。

Ⅲ标段为黄金峡水利枢纽，由长江设计公司承担。勘察设计任务为：黄金峡水利枢纽初步设计、招标设计、施工图设计三阶段，内容包括工程测量、地质、设计、专项科研试验及设计服务等全部工作。合同费用9992.86万元，其中设计费4945万元（初步设计1236万元，招标设计989万元，施工图设计2720万元），工程测量、工程地质、施工地质等费用5047.86万元。

Ⅳ标段为秦岭隧洞越岭段，由铁一院承担。勘察设计任务为：秦岭隧洞越岭段初步设计、招标设计、施工图设计三阶段，内容包括工程测量、地质、设计、专项科研试验、施工地质及设计服务等全部工作。设计范围：上至三河口控制闸（秦岭隧洞越岭段方向）渐变段，下至黄池沟出口。合同费用20588.01万元，其中设计费13714.39万元（初步设计3640.99万元，招标设计2427.33万元，施工图设计7646.07万元），工程测量、工程地质、施工地质、专项研究等费用6873.62万元。

Ⅴ标段为秦岭隧洞黄三段，由黄河公司承担。勘察设计任务为：秦岭隧洞黄三段初步设计、招标设计、施工图设计三阶段，内容包括工程测量、地质、设计、专项科研试验及设计服务等全部工作。设计范围：上至黄金峡泵站出水池后渐变段末端，下至三河口控制闸与秦岭隧洞越岭段、三河口连接洞渐变段末端（包含控制闸）。合同费用2690.96万元，其中设计费1465.16万元（初步设计366.29万元，招标设计293.03万元，施工图设计805.84万元），工程测量、工程地质等费用1225.8万元。

第二节 初步设计进度安排

按照合同，引汉济渭工程勘察设计工作分两个时间段，第一阶段是完成初步设计，第二阶段是完成施工准备、建设实施阶段的勘察设计工作。

初步设计阶段工作分两步：第一步是依据可行性研究报告技术审查与评估意见，在总体初步设计单位协调下，各单位按照初步设计报告编制规程完成三河口水利枢纽、黄金峡水利枢纽、秦岭隧洞越岭段、秦岭隧洞黄三段各单项工程初步设计，其中，三河口水利枢纽、秦岭隧洞越岭段、秦岭隧洞黄三段初步设计要求2012年6月底前完成，黄金峡水利枢纽初步设计要求2012年8月底前完成。各项初步设计完成后分别进行咨询，由各设计单位根据咨询意见修改完善；第二步是按照引汉济渭工程一次性审查的要求，以总体初步设计单位为主编制引汉济渭工程初步设计报告，其他设计单位配合，共同完成初步设计报告送审稿编制，在可行性研究报告审批后以最短时间完成并上报初步设计报告。此后的工作基本达到了当初安排的要求。

2012年10月，各中标单位分别完成了各自承担任务部分的"初步设计报告"（咨询稿）及"初步设计总报告"（咨询稿）。

2012年10月，引汉济渭工程领导小组办公室委托江河水利水电咨询中心对引汉济渭工程各部分的"初步设计报告"（咨询稿）及"初步设计总报告"（咨询稿）进行了咨询；2013年3月，引汉济渭工程领导小组办公室委托江河水利水电咨询中心对引汉济渭工程初步设计阶段有关秦岭输水隧洞断面型式、一期支护、控制闸设置、施工支洞布置、黄金峡和三河口水利枢纽骨料场选择以及初步设计总报告编制等专题成果进行了咨询。

2013年4—6月，各勘察设计单位先后分别编制完成了《陕西省引汉济渭工程黄金峡水利枢初步设计报告》《陕西省引汉济渭工程三河口水利枢纽初步设计报告》《陕西省引汉济渭工程秦岭输水隧洞黄三段初步设计报告》《陕西省引汉济渭工程秦岭输水隧洞越岭段初步设计报告》及《陕西省引汉济渭工程初步设计总报告》。

2014年11月，水利部水利水电规划设计总院对完成的各部分"初设报告"进行了审查，各设计单位根据审查意见，对各部分"初设报告"进行了修改完善，于 2015 年 2 月完成了各部分"初设报告"审定稿。

第三节 初步设计联络协调

2012 年 2 月 9 日，省水利厅副厅长、省引汉济渭办主任洪小康主持召开了引汉济渭工程设计工作专题会议。出席会议的有省水利厅总规划师席跟战、总工程师王建杰，引汉济渭办常务副主任蒋建军、副主任杜小洲，厅办公室、规计处、总工办、咨询中心、引汉济渭办有关负责人，省水电勘测设计研究院领导和技术负责同志。会议学习了祝列克副省长在引汉济渭工程协调领导小组第五次会议上的讲话，听取了引汉济渭办关于 2012 年前期工作安排意见的汇报，听取了省水电勘测设计研究院关于引汉济渭工程前期工作进展情况和下阶段工作安排的汇报，就进一步加快引汉济渭工程前期工作提出要求。

2012 年 2 月 15 日，省引汉济渭办常务副主任蒋建军在西安主持召开初步设计工作第一次联席会议，衔接了初步设计工作大纲及工作计划，明确了各设计单位的工作边界和工作中互提资料的要求及技术对接机制。

2012 年 4 月 27 日，省引汉济渭办常务副主任蒋建军在武汉主持召开初步设计工作第二次联席会议，会议通报了引汉济渭工程前期工作进展情况以及第一次联席会议纪要落实情况，由初步设计总体单位陕西院提出了初步设计阶段工程管理设计、信息系统设计的思路及设计概算编制要求，就第一次联席会遗留问题、推进下一步工作进行了安排。

2012 年 7 月 26 日，省引汉济渭办常务副主任蒋建军在西安主持会议，讨论研究勘察设计下一步工作安排，省水电设计院主管领导及主要项目负责人参加了会议。会议听取了省水电设计院关于三河口前期准备工程设计和三河口水利枢纽初步设计报告技术咨询会后的工作进展，就初步设计第三次联席会的内容进行沟通，经讨论和研究形成一致意见。

2012 年 8 月 7—8 日，省引汉济渭办常务副主任蒋建军在河南主持召开初步设计工作第三次联席会议。会议回顾了前两次会议纪要内容并通报了第二次联席会纪要落实情况，各设计单位汇报了工作进展、存在问题及下一步工作安排，并就各标段之间衔接、初步设计报告出案形式和时间安排等问题进行了深入的讨论，统一了意见，达成了共识。

2013 年 4 月 17—19 日，省引汉济渭办组织在西安召开了初步设计工作第四次联席会议。会议通报了第三次联席会纪要落实情况，检查了各设计单元工作进度，讨论了初步设计总报告编制及完成时间安排，研究了需要解决的问题。

第二章　初步设计技术咨询

引汉济渭工程初步设计编制完成后，相继进行了 4 次大的技术咨询活动。江河水利水电咨询中心分别对初步设计总报告、黄金峡水利枢纽、三河口水利枢纽、秦岭隧洞越岭段、秦岭隧洞黄三段等分部工程提出了具体的咨询意见，勘测设计单位不断完善了初步设计的技术成果。

第一节　技术咨询过程

2012 年 6 月，江河水利水电咨询中心在西安召开会议，对中铁第一勘察设计院集团有限公司编制完成的《陕西省引汉济渭工程秦岭隧洞（越岭段）初步设计报告》进行了技术咨询。

2012 年 7 月，江河水利水电咨询中心在北京召开会议，对陕西省水利电力勘测设计研究院编制的《陕西省引汉济渭工程三河口水利枢纽初步设计报告》进行了技术咨询。

2012 年 10 月，江河水利水电咨询中心在西安召开会议，对《黄金峡枢纽工程初步设计报告》《引汉济渭工程秦岭隧洞（黄三段）初步设计报告》《引汉济渭工程初步设计总报告》进行了技术咨询。

2013 年 3 月，江河水利水电咨询中心在西安召开会议，对引汉济渭工程初步设计阶段有关专题成果进行了技术咨询，包括秦岭隧洞断面设计、4 号施工支洞布置、黄金峡和三河口水利枢纽骨料料场选择，以及初步设计总报告编制等专题内容。

第二节　初步设计总报告咨询意见

江河水利水电咨询中心对初步设计总报告提出的意见如下。

一、初步设计总报告编制的基本要求

引汉济渭工程初步设计阶段工作由 4 个设计单位承担，建议初步设计总报告按以下基本要求编制：一是要说明各设计单位的分工、设计范围和责任。二是章节安排要符合《水利水电工程初步设计报告编制规程》要求，深度既要反映各设计单位设计单元的主要设计成果，又要重点、系统反映需要统筹解决的全局性、整体性设计内容，以及各设计单位设计界面交叉的协调要求。三是说明成果体系的组成内容（包括总报告、附件、附图、附表、专题等）。

初步设计总报告可作为主报告，4 个设计单位的设计报告可作为附件，专题报告单独成册。四是各设计单位要加强沟通与协调，初步设计总报告的内容、成果、结论与各设计单位的设计单元报告要求一致。五是可行性研究阶段的审查批复文件、评估报告及相关文件要作为附件列入初步设计总报告。

二、工程任务和规模

咨询意见要求：工程任务由《初步设计总报告》统一提出，待国家发改委批复引汉济渭工程可行性研究报告后，必要时再统筹研究工程建设任务；设计水平年和设计标准由初步设计总报告统一确定，近期设计水平年 2025 年，远期设计水平年为实施南水北调中线后续水源工程建设后（2030 年）是合适的。可行性研究阶段以 2007 年作为现状基准年；鉴于该基准年距今较早，建议收集 2011 年（或 2010 年）基本资料，复核现状基本资料；本工程与受水区联合调度后的历时供水保证率按不低于 95% 进行设计是合适的。咨询意见同时对设计调水量、水资源配置、调水工程联合调度运行方式及工况分析、输水隧洞控制点水位、水量自动化调度系统等问题提出了具体要求。

三、工程布置及建筑物

咨询意见建议：一是按《水利水电规程初步设计报告编制规程》要求，调整章节编制顺序和内容。二是进一步明确各设计单元的范围和起始点位置、桩号。三是工程的选线选址在初步设计总报告中统筹考虑；结合黄金峡水利枢纽和三河口水利枢纽的轴线选择、工程布置，对秦岭输水隧洞（含黄三段和越岭段）的起点位置、终点位置、线路走向以及主要控制点位置进行复核；对三河口汇流池的位置进行论证。四是补充完善引汉济渭工程输水方式选取的有关内容。五是统筹考虑补充完善引汉济渭工程总体布置有关内容；根据调度运用要求，对黄三段、越岭段和连接洞汇流池的总布置方案进行论证。六是全线统筹考虑，并结合方案比较，对秦岭输水隧洞（含黄三段和越岭段）纵比降，以及隧洞起点高程、终点高程和主要控制点高程进行复核论证。七是对秦岭输水隧洞黄三段和越岭段的隧洞断面型式、衬砌结构设计和一期支护措施进行统筹考虑。

四、关于工程管理

咨询意见建议：一是统筹研究和细化管理机构设置方案、管理单位设置地点和人员编制。二是统筹考虑工程管理范围和保护范围。三是统筹考虑并优化管理设施和设备配置。

五、关于设计概算

咨询意见建议：一是设计概算依据水利部水总〔2002〕116 号文、按枢纽工程标准计算工程投资。二是统一各单项工程设计概算费用计算标准。三是复核水泥、钢筋、油料等主要材料供应方式，统一材料原价和运杂费计算标准，统一人工工资、电价等基础单价。四是补充

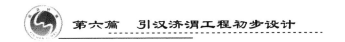

初步设计阶段较可行性研究阶段投资变化原因分析报告作为附件。

第三节　黄金峡枢纽初步设计报告咨询意见

咨询意见要求，黄金峡水利枢纽的工程任务、规模以及设计水平年和保证率要与初步设计总报告保持一致，同时提出了针对性意见和建议。

一、综合利用要求

按照基本不影响汉江中下游用水和南水北调中线调水量的条件，与三河口水库联合调度满足受水区近期调水量10亿立方米是合适的，建议结合相关专题报告研究成果，补充说明设计水平年受水区范围和水资源供需平衡分析相关内容，补充完善受水区水资源配置方案；黄金峡坝址下游最小生态基流采用25立方米每秒、航运基流采用38.3立方米每秒是合适的。

（一）特征水位

本阶段对水库正常蓄水位450.00米和451.00米方案进行了技术经济比较，推荐正常蓄水位450.00米是合适的。建议补充449.00米方案进行技术经济综合比选，说明推荐正常蓄水位的合理性。本阶段对汛期限制水位448.00米和449.00米方案进行了技术经济比较，推荐汛期限制水位为448.00米。建议进一步分析不同方案对库区淹没影响指标的合理性，补充不同方案的发电和抽水耗电指标，并进行综合技术经济比较，推荐合理的汛期限制水位方案。

报告推荐水库采用蓄水运用、相机排沙的泥沙调度运行方式是合适的。建议进一步研究水库排沙调度运行方式的流量及沙限判别条件，注重分析"小水大沙"对库尾淤积影响，推荐合理的排沙水位及运用时间；为保证排沙效果，建议明确排沙水位的最小泄量要求。

报告拟定死水位为438.00米和440.00米进行了技术经济比较，推荐死水位为440.00米基本合理。

报告推荐100年一遇设计洪水位为446.97米，1000年一遇校核洪水位为452.71米。建议进一步说明水库防洪调度与排沙调度运行方式的关系及各泄流设施启用条件，复核特征洪水位。

（二）电站装机容量及额定水头

报告推荐黄金峡水库电站装机容量120兆瓦。为充分利用水能资源和考虑初期外流域调水量的不确定性，建议进一步研究电站装机容量的合理性。

报告拟定对额定水头35.00米、36.50米和38.00米3个方案进行了技术经济比较，推荐额定水头为36.50米是合适的。

（三）航运

根据 1998 年陕西省人民政府《关于汉江汉中至安康段航道技术等级的批复》（陕政函〔1998〕52 号），汉江干流洋县—安康航道为 V（3）级，过坝设施规模为 300 吨级。鉴于黄金峡水库下游的石泉水库未修建通航建筑物和目前工程区通航现状，本工程预留通航建筑物位置是合适的。

（四）黄金峡泵站建设规模

报告推荐黄金峡泵站近期和远期设计流量分别为 52 立方米每秒和 70 立方米每秒是合适的；建议分析说明黄金峡泵站的运行条件，研究黄金峡泵站和三河口泵站流量匹配的必要性；黄金峡泵站进口最低运行水位采用水库死水位 440.00 米、进口设计运行水位采用 440.55 米是合适的；建议补充说明泵站出口最高运行水位和最低运行水位推算方法和控制点水位要求，复核相关成果。

二、工程布置及建筑物

黄金峡水利枢纽主要建筑物混凝土重力坝挡水、泄水坝段为 2 级建筑物；河床式泵站厂房为 1 级建筑物，坝后电站厂房为 3 级建筑物；升船机与坝体结合部分为 2 级建筑物，上、下游升降段为 3 级建筑物，下游导航、靠船建筑物为 4 级建筑物基本合适。建议复核大坝左岸边坡级别；过鱼建筑物与坝体结合部分为 2 级建筑物。

重力坝设计洪水标准为 100 年一遇，校核洪水标准为 1000 年一遇；泵站厂房设计洪水标准为 100 年一遇，挡水部分校核洪水标准与大坝一致为 1000 年一遇，非挡水部分校核洪水标准为 300 年一遇；电站厂房设计洪水标准为 50 年一遇，校核洪水标准为 200 年一遇；消能防冲建筑物设计洪水标准为 50 年一遇基本合适。建议补充说明过鱼建筑物洪水标准；复核通航建筑物洪水标准。

工程区地震基本烈度为 6 度，主要建筑物地震设计烈度采用基本烈度、不进行抗震计算是合适的。

（一）坝型

本阶段在可行性研究阶段推荐混凝土重力坝的基础上，对碾压混凝土重力坝和常态混凝土重力坝坝型进行了比选。两种坝型方案枢纽布置相同，碾压混凝土重力坝方案可加快施工进度，有利于节省工程投资，设计推荐碾压混凝土重力坝方案基本可行。建议进一步分析两种坝型在坝体结构布置和施工布置上的差异；补充完善常态混凝土重力坝方案设计内容及有关图件；完善坝型比选内容。

（二）工程总布置

本阶段结合施工导流方式和泵站厂房位置选择，比较了 3 个枢纽布置方案。方案一采用二期导流方式，主河槽布置 5 个泄洪表孔和两个泄洪底孔，左岸联合布置河床式泵站厂房和坝后电站厂房，泵站厂房左侧布置过鱼建筑物，泄洪表孔右侧边孔布置通航建筑物，其他坝段为混凝土重力坝挡水坝段；方案二为减少两岸开挖，采用隧洞导流方式，取消混凝土纵向围堰，主河槽布置 4 个泄洪表孔和两个泄洪底孔，右岸设置导流兼泄洪洞；方案三泄水建筑物和施工导流方式和方案一基本相同，泵站厂房采用左岸岸边布置。3 个方案均可满足工程运行要求。方案一枢纽布置紧凑，便于管理，但大坝左岸边坡开挖和支护工程量较大；方案二可减少大坝坝肩开挖和支护工程量，但需开挖大规模导流洞和对导流洞进行改建，导流工程量大；方案三可改善电站厂房引水条件，但泵站开挖工程量大。方案一和方案三工期相同，方案二总工期虽然和方案一、方案二相同，但发电工期提前 3 个月；方案一和方案二施工布置略优。投资方面，方案一最小，方案三最大，方案二居中。经综合比较，设计推荐方案一基本合适。建议本阶段结合施工导流方式和导流建筑物布置，对枢纽布置方案进行专题研究，对工程总布置方案进一步优化。

（三）混凝土重力坝布置

混凝土重力坝挡水坝段的布置和坝体断面设计基本合适。建议研究将左非 1 号坝段和左非 2 号坝段合并布置，以减少左岸坝肩开挖工程量的可行性；结合坝顶布置要求，优化坝顶宽度；结合施工要求，优化中导墙和厂坝导墙断面布置。

溢流表孔坝段的布置、结构型式以及下游消能采用宽尾墩结合戽式消力池的型式基本合适。建议本阶段结合泄洪规模的比较，进一步论证堰顶高程和溢流总净宽的合理性。

泄洪底孔的断面布置、结构型式以及下游采用底流消能型式基本合适。建议本阶段进一步分析底孔孔数和进口高程的合理性；结合泄洪、排沙要求，复核底孔孔口尺寸；结合水工模型试验，研究优化消力池的布置。

坝顶、坝体分缝、坝内廊道以及坝体止水和排水等坝体构造的布置和结构型式基本合适。建议补充坝顶不设防浪墙的理由。

坝体混凝土分区设计基本合适。建议结合碾压混凝土坝体防渗要求，完善坝体分区设计内容。

大坝基础开挖原则基本合适。建议根据地质条件，进一步优化大坝建基面高程、坝基帷幕灌浆控制标准与范围、坝基固结灌浆布置。

（四）泵站、电站建筑物布置

泵站、电站联合布置的总布置方案基本合理。泵站由河床式泵站厂房、出水压力管道和出水池等组成，泵站厂房下游侧布置电站厂房，泵站和电站均采用单管单机进水的布置型式。

泵站厂房的布置以及出水压力管道、出水池的布置和结构型式基本合适。建议复核泵站安装高程；研究优化厂房布置以减少左岸边坡开挖的可行性。

坝后电站的主、副厂房布置和结构型式基本合适。

通航和过鱼建筑物布置。通航建筑物和过鱼建筑物的结构型式和布置基本可行。建议待国家发改委对引汉济渭工程可行性研究报告批复后，相应调整或优化通航和过鱼建筑物设计内容。

三、设计概算

设计概算编制采用的原则及依据是合适的，即采用水利部颁布的水总〔2002〕116 号文。

钢筋、水泥、油料等主要材料限价进入工程单价，预算价与限价的差价计取税金后计入工程相应部分投资的计算方法是可行的。

建议进一步复核水泥、钢筋、油料、粉煤灰等主要材料预算价格；复核砂石料开采覆盖层摊销率，根据混凝土骨料级配需求、原料开采运输方式，复核人工碎石、砂等骨料价格。

建议根据地质条件，复核石方开挖工程单价。建议复核抗冲耐磨混凝土工程单价。

建议复核电站主、副厂房和泵站厂房建筑装修面积，调整永久房屋建筑工程投资，复核安全监测工程投资，细化其他建筑工程建设内容和投资。依据泵站供电设计，复核供电设施投资。

建议复核公用设备及安装工程中计算机监控、外部观测设备等项目投资，并细化项目建设内容。复核交通设备投资。

建议复核启闭机设备价格和压力钢管制作钢板价格。

建议复核临时房屋工程投资。原则上枢纽工程 10 千伏临时供电工程投资不单独计列。

建议补充投资变化原因分析说明。

第四节　三河口枢纽初步设计报告咨询意见

一、工程任务和规模

关于工程任务，咨询意见认为三河口水利枢纽是引汉济渭工程的重要组成部分，目前只说明了三河口水利枢纽的功能，待国家发改委批复陕西省引汉济渭工程可行性研究报告后，必要时再统筹研究工程建设任务。建议补充说明工程的设计水平年和保证率。建议结合相关专题报告研究成果，补充说明设计水平年受水区范围和水资源供需平衡分析相关内容。

关于工程规模，水库正常蓄水位 643.00 米，汛期限制水位 642.00 米，500 年一遇设计洪水位 642.95 米，2000 年一遇校核洪水位 644.70 米基本合理；水库死水位 558.00 米，最低运用死水位 544.00 米基本合理；三河口电站装机规模 64 兆瓦，其中常规机组装机容量 40 兆瓦，可逆机组装机容量24兆瓦基本合理。建议结合水泵水轮机模型研究，进一步研究可逆机组的合理性和装机容量；三河口泵站近期和远期设计流量分别为12立方米每秒和18立方米每秒基本合适，建议进一步复核泵站的设计净扬程、最大净扬程和最小净扬程；水库泥沙冲淤分析和回水计算成果基本合理；水库初期蓄水分析成果基本合理。建议补充说明水库初期发电和供水的水位要求，并结合施工进度安排，进一步完善水库初期蓄水分析成果；本阶段提出的水库调度运用方式原则可行。建议进一步统筹研究黄金峡水库、三河口水库和黑河金盆水库等3个水库调度运用判别条件和不同运用工况，进一步完善三河口水库调度运行方式，并同相关设计单位研究三河口泵站和黄金峡泵站流量匹配问题，补充说明三河口泵站的运行条件。

二、工程布置及建筑物

（一）工程等级和标准

引汉济渭工程为Ⅰ等工程，三河口水利枢纽主要建筑物混凝土拱坝最大坝高超过130米为1级建筑物，泵站厂房为2级建筑物，发电厂房为3级建筑物，坝后消能防冲建筑物为2级建筑物基本合适。建议补充边坡级别；完善建筑物级别确定内容、依据和理由。

大坝设计洪水标准为500年一遇，校核洪水标准为2000年一遇；泵站厂房及发电厂房设计洪水标准均为50年一遇，校核洪水标准均为200年一遇；下游消能防冲建筑物设计洪水标准采用50年一遇基本合适。消能防冲建筑物不设校核洪水标准。

大坝地震设计烈度较地震基本烈度提高至7度，并进行抗震设计是合适的；根据地震安全评价成果，相应地震动参数值采用0.146g基本合适。

建议补充完善设计基本资料、坝体设计控制标准。

（二）坝型

本阶段在可行性研究阶段推荐碾压混凝土拱坝的基础上，对碾压混凝土拱坝和常态混凝土拱坝进行了比选。两种坝型枢纽布置方案基本一致，大坝拱形曲线型式及坝顶高程、坝顶宽度和最大坝高等控制尺寸基本相同。碾压混凝土拱坝体型稍胖，工程量相对略多，但筑坝材料单价较低，工程投资较省。经综合分析，设计推荐碾压混凝土拱坝基本合适。建议进一步分析两种坝型在坝体断面设计上的差别及其合理性；复核工程量和工程投资；补充施工工期等比较内容；完善方案比选内容。

（三）工程总布置

河床布置碾压混凝土拱坝，坝顶拱冠布置开敞式溢流堰、两侧底部布置泄流底孔，坝后右岸布置抽水、发电建筑物，大坝下游右岸通过设置连接洞与秦岭隧洞控制闸相接的枢纽总布置方案基本合适。建议根据泄洪、放空等调度运用要求，进一步分析设置两个底孔的合理性。

对坝后抽水和发电系统的布置型式，本阶段比较了泵、电站结合布置并采用可逆式机组的方案和泵、电站分开布置的方案。泵、电站结合布置方案中可逆式机组设计、制造技术要求较高，设备投资较大，但厂房占地较小，土建工程投资较省，管理方便，设计推荐采用泵、电站结合布置方案。建议进一步分析采用可逆式机组方案的技术合理性；进一步分析两方案运行条件；复核土建和设备投资；进一步论证推荐方案的合理性。

为满足应急情况下供水要求，设计对采用减压阀方案和引水渠方案进行了比较。经综合分析，推荐减压阀方案基本可行。建议根据规划要求，进一步研究减少减压阀数量的可行性。

（四）挡水建筑物

根据坝址处地形、地质条件，碾压混凝土拱坝体形采用双曲拱坝基本合适。经方案比较，拱形采用抛物线基本合理。建议完善拱形曲线型式比选内容。

碾压混凝土拱坝坝体断面布置、体型设计和主要控制尺寸选择基本合适。建议进一步明确和复核坝顶高程；进一步分析坝顶宽度取值的合理性；完善坝体应力计算内容，补充说明温度荷载取值的合理性，复核坝体应力计算成果。

根据坝肩抗滑稳定计算成果，采取高压固结灌浆结合混凝土洞塞的坝肩处理措施基本合适。考虑到洞塞工程量较大，建议对滑动模式及稳定评价方法进一步研究，优化洞塞长度和结构尺寸。

坝体混凝土分区设计基本合适。建议补充坝体迎水面防渗涂层设计；结合配合比试验，优化混凝土配合比。

坝顶、坝体分缝、坝内廊道和交通以及坝体止水和排水等坝体构造的布置和结构型式基本合适。建议优化弧门支撑结构设计；进一步分析坝体分缝设计的合理性；研究坝体保温措施。

大坝基础开挖原则、坝基固结和帷幕灌浆布置及坝基断层破碎带处理措施基本合适。建议复核坝基帷幕灌浆控制标准和范围。

建议补充大坝抗震措施相关内容。

（五）泄水建筑物

溢流表孔的布置和结构型式基本合适。建议完善堰顶高程、总净宽及孔口尺寸比选内容。

泄洪底孔的布置和结构型式基本合适。

溢流表孔和泄洪底孔采用的消能型式及布置基本合适。建议完善水垫塘底板抗浮稳定计算内容，复核水垫塘底板厚度、长度、锚筋布置；优化水垫塘两岸防护工程布置。

（六）抽水、发电建筑物

可逆式机组方案的抽水、发电建筑物布置和结构型式基本可行。建议结合机组选型、优化厂区和厂房布置；复核引水管道断面布置；根据不同抽水运行工况要求，结合计算，进一步分析厂房尾水通过导流洞改造后的尾水洞与连接洞进行连接的合理性，复核连接洞和尾水洞断面尺寸；补充相关计算内容。

三、设计概算

设计概算依据水利部水总〔2002〕116号文编制是合适的。暂按2012年第二季度价格水平编制设计概算基本合适。建议进一步复核钢筋、水泥、油料等材料单价。砂石料开采施工道路不宜分摊到砂石料单价中。

建议根据碾压混凝土配合比试验成果，进一步复核碾压混凝土单价。

建议根据设计深度要求，细化挡水工程等细部结构投资。

建议复核帷幕灌浆等工程单价。建议信息管理与水情测报系统分别计列投资，并细化信息管理项目投资构成。建议复核内外部观测、其他建筑工程投资。

建议复核水轮机、泵站、变频装置等设备价格。

建议待国家发改委批复可行性研究报告后，进行初步设计阶段设计公司与可行性研究批复投资变化原因分析，对设计工程量和项目内容的变化进行详细对比和阐述。

第五节　秦岭隧洞（越岭段）初步设计报告咨询意见

一、工程地质

秦岭隧洞穿越3条区域性断裂及一系列次一级断层，分布有火成岩、沉积岩及变质岩，工程地质及水文地质条件复杂，勘察难度大。本阶段通过地质测绘、物探、钻探、现场测试及试验洞开挖揭露等，取得了丰富的资料，主要工程地质问题比较明朗，基本达到了初步设计阶段深度要求。

建议充分重视可能遇到的工程地质问题并做好预案，在前期勘察成果基础上，通过加强施工地质工作和地质超前预报工作，不断加深和完善地质结论，是解决深埋长隧洞工程地质问题的关键。

3号、5号支洞穿越多条断裂及岩性复杂区，施工过程中将揭示丰富的地质资料，对评价该段主洞TBM施工的适应性有重要作用，建议尽早安排、及早打通。

建议进一步对以下问题进行深入研究：根据秦岭地区已建隧洞工程地质资料及试验洞揭露的地质情况，评价工程存在的工程地质问题；研究断裂构造特别是区域性断裂的分布、规模、构造分带及工程地质特性；结合试验洞补充地应力测试工作，完善岩爆、软岩大变形评价内容；研究软岩的分布、构造特征及物理力学性质；进一步完善施工地质超前预报内容。按施工方法和存在的工程地质问题研究合适的地质超前预报方法，对于重点地段可以考虑采用不同方法互相验证，提高预报水平。

二、工程布置及主要建筑物

引汉济渭工程为Ⅰ等工程。秦岭隧洞主要建筑物为1级建筑物是合适的。建议本阶段细化主要建筑物组成；根据建筑物的重要性，复核3号、6号支洞及其他作为永久建筑物的支洞级别。

秦岭隧洞主洞出口主要建筑物设计洪水标准采用50年一遇，校核洪水标准采用200年一遇基本合适。建议本阶段复核支洞出口洪水标准。

根据《中国地震动参数区划图》（GB 18306—2001），秦岭隧洞所在场区岭南地区地震基本烈度为6度，岭北地区地震基本烈度为7度。隧洞主要建筑物地震设防烈度可采用地震基本烈度。建议本阶段复核隧洞抗震设计标准有关内容。

（一）线路选择

根据隧洞沿线地形、地质及施工条件，本阶段在可行性研究阶段基本选定线路的基础上，结合秦岭隧洞黄三段线路选择，对秦岭隧洞越岭段线路采用左线方案和右线方案进行了进一步比较。右线方案越岭段在三河口水库大坝坝后右岸与黄三段进行连接，左线方案在左岸与黄三段进行连接。两线路地质条件差别不大。右线方案线路较短，跨河建筑物少，施工条件较优，工程投资略省，推荐右线方案是合适的。建议本阶段结合黄三段线路选择，对线路进一步复核。

本阶段对穿椒溪河局部线路比较了明洞方案和暗洞方案，暗洞方案穿椒溪河位置位于明洞方案上游1.8千米。明洞方案线路较短，但施工布置复杂，投资较高，设计推荐暗洞方案基本合适。建议完善方案比较内容。

（二）输水方式选择

根据隧洞沿线地形、地质条件和运行条件，秦岭隧洞越岭段采用无压输水方式是合适的。

（三）工程布置

秦岭隧洞越岭段工程布置基本合适。进口位于三河口水利枢纽坝后右侧，与黄三段出口相接，出口位于渭河一级支流黑河金盆水库右侧支流黄池沟，隧洞总长约81.78千米。建议复核支洞布置原则及型式。

（四）隧洞设计

结合黄三段洞底比降选择，经方案比较选取的秦岭隧洞越岭段洞底纵比降基本合适。建议本阶段结合黄三段洞底比降选择，复核越岭段比降；补充分段比降选取内容。

隧洞断面型式选择基本合适，掘进机施工段采用圆形，钻爆法施工段采用马蹄形。建议本阶段完善钻爆法施工洞段断面型式比较内容；补充掘进机施工洞段长度选择的原则和依据；对马蹄形断面体型曲线进行比较。

隧洞断面尺寸选择基本合适。建议本阶段完善水力设计内容，复核隧洞净空；根据掘进机施工特点和围岩类别，对掘进机施工洞段开挖洞径进行复核、优化。

根据围岩分类选取的隧洞一次支护措施和二次衬砌断面型式基本合适。建议本阶段进一步研究掘进机施工段中Ⅰ、Ⅱ类围岩洞段采用锚喷衬砌型式的合理性，复核锚喷衬砌段长度；根据围岩类别，结合衬砌结构计算，复核衬砌厚度；复核、优化Ⅳ类围岩洞段一期支护参数；采用结构力学方法对衬砌结构进行计算，复核、完善结构计算成果；结合专题研究，复核结构计算中外水压力荷载和Ⅳ、Ⅴ类围岩段预留变形量；衬砌混凝土标号按现行规范执行。

隧洞灌浆和排水设计基本合适。建议复核、完善分缝设计内容。

建议补充完善隧洞进出口设计及隧洞检修、通气和放空等设计内容。

建议优化安全监测设计内容。监测设计宜以不良地质洞段为主，一般洞段监测断面和仪器布设宜简化。

三、施工组织设计

越岭段洞线长近82千米，根据地形条件，岭南、岭北为两个钻爆法施工段，岭脊段设施工支洞相当困难，选用两台开敞式TBM施工，总体支洞设计方案基本合理。

钻爆法施工段设8条施工支洞，其中6条双向掘进，2条单向掘进，最长工作面长度6500米，技术上是可行的。

两台TBM利用钻爆法3号、6号施工支洞进场，洞内安装，相向掘进，在汇合点设扩大洞室，拆卸后原路运出。为解决TBM施工中的出渣、通风、供电、供水、进料等问题，设中间支洞是必要的，按每台TBM掘进长度不超过20千米控制，方案是可行的。

限于地形条件，4号支洞布置为斜井，全长1700米，倾角为23度。设计比较了竖井和平洞方案，竖井深600米，水平连接段长1600米；平洞方案设计纵坡为10%，长度为5600米，与斜井方案相比不具优势。鉴于4号支洞斜井倾角23度，使用皮带出渣有特殊要求，施工较为困难，建议本阶段对4号支洞布置进一步进行比选。

大倾角斜井开挖一般不能使用平洞施工设备，建议选用平斜两用0.6立方米以上耙斗装岩机配3立方米以上箕斗出渣，双滚筒绞车提升。选择容绳量足够和提升力合适的绞车是设备选型关键。适当调小倾角对皮带出渣是有利的。

其余各支洞布置及断面尺寸基本合适，5号支洞因增加进料功能可适当调整断面尺寸。

施工通风方案专题报告中选用的计算公式、参数选择合理，成果可信。设计选用风机型号、柔性风管直径及压入式通风方式可行。

施工排水方案专题报告中计算的涌水量分正常和最大涌水量两种工况，鉴于隧洞涌水量计算的不确定性，建议按正常涌水量配置水泵和管路，另按全段最大涌水量配置1套应急排水设备备用，以解决突泥涌水等事故；正常检修和事故备用水泵可按工作水泵的25％计。富水洞段的封堵限排方案可采用随机处理方式。

隧洞施工供电为二级负荷是合适的，采用一路专用网电供电，配合柴油发电机备用。设计分岭南、岭北二个供电区，电压等级为35千伏，可满足施工供电需求。建议本阶段明确备用电源供电范围，计算柴油发电机组容量。

设计选择的岭南、岭北共8处弃渣场满足容量要求，建议本阶段考虑部分钻爆法施工段洞渣作为混凝土粗骨料利用的可行性。TBM施工段洞渣松方系数可取1.3。

第六节　秦岭隧洞（黄三段）初步设计报告咨询意见

一、工程地质

隧洞处于扬子准地台与秦岭褶皱系的交接部位，岩性复杂，构造发育，围岩类别以Ⅲ类为主，部分为Ⅱ类、Ⅳ类，局部发育的断层破碎带为Ⅴ类，隧洞具备成洞条件。

本阶段已完成的工作基本满足初步设计阶段深度要求，对黄三隧洞工程地质条件评价基本合适，建议进一步加强工程地质勘察资料的分析与整理工作，并做好以下工作：

根据区域地质资料及物探测试成果，复核Fi9断层的规模、构造分带及围岩分类，评价对隧洞围岩稳定的影响。

根据勘察成果，结合大坪隧洞开挖揭露的地质情况，复核相应洞段的围岩类别及主要工程地质问题评价结论。

复核隧洞围岩物理力学参数建议值。进口段和出口段应充分利用黄金峡水利枢纽及三河口水利枢纽工程地质勘察资料，相应的工程地质评价结论尽可能协调一致。

进一步完善施工地质超前预报内容，根据隧洞地质条件提出需要进行超前预报的洞段位置以及拟采用的预报方法。

二、工程布置及主要建筑物

引汉济渭工程为Ⅰ等工程。黄三段输水隧洞主要建筑物隧洞主洞和末端控制闸为1级建筑物是合适的。建议根据建筑物的重要性，复核退水洞和交通洞主要建筑物级别。

黄三段隧洞主洞及末端控制闸均位于山体内，无防洪问题的结论是合适的。建议进一步复核退水洞、交通洞出口洪水标准。

根据《中国地震动参数区划图》（GB 18306—2001），黄三段隧洞所在场区地震基本烈度为 6 度，隧洞主要建筑物地震设计烈度采用地震基本烈度是合适的。

（一）洞线选择

本阶段在可行性研究阶段基本选定线路的基础上，对黄三段隧洞线路地质条件和施工条件做了进一步分析和复核，仍维持可行性研究阶段推荐的线路方案。建议本阶段结合秦岭输水隧洞（越岭段）线路选择及黄金峡水利枢纽泵站出水池位置选择，对黄三段隧洞线路进一步复核、优化。

（二）输水方式选择

根据隧洞沿线地形、地质条件和运行条件，黄三段隧洞仍采用可行性研究阶段选取的无压输水方式是合适的。

（三）工程布置

黄三段隧洞起点接黄金峡水利枢纽泵站出水池，末端通过控制闸与秦岭输水隧洞越岭段和三河口水利枢纽连接洞相接，隧洞总长约 16.485 千米。建议本阶段研究取消退水洞；根据黄金峡、三河口水利枢纽调度运用情况研究取消黄三段隧洞出口控制闸；根据三河口水利枢纽调度运用要求和连接洞布置，研究设置连接洞控制闸的必要性；结合控制闸的调整，优化交通洞的布置。

（四）隧洞设计

黄三段隧洞纵比降采用可行性研究阶段成果基本合理。鉴于黄三段隧洞比降与黄金峡水利枢纽泵站出水池高程和越岭段进口高程相关，建议本阶段结合黄金峡水利枢纽泵站出水池高程和越岭段洞底纵比降选择，对黄三段洞底纵比降进行复核。

隧洞断面采用马蹄形基本合适，在可行性研究阶段基础上，经方案比较，提出的优化断面型式基本合理。建议结合地质条件和工程施工条件等，补充说明断面型式选取的比选条件和结论的合理性。

隧洞断面布置基本合适。建议根据围岩类别，对开挖洞径进行复核、优化，预留变形量不宜计入设计断面。

根据围岩分类选取的隧洞一次支护措施和二次衬砌断面型式基本合适。建议本阶段根据围岩类别，结合衬砌结构计算，复核衬砌厚度；复核、优化围岩一期支护参数；结合专题研究，进一步复核结构计算中外水压力荷载。

隧洞灌浆设计基本合适。建议进一步论证排水措施和排水板结构布置的合理性。

三、初步设计阶段有关专题成果技术咨询意见

(一) 关于隧洞断面型式

针对秦岭隧洞钻爆法施工段马蹄形断面的具体断面型式，设计比较了标准马蹄形断面、倒角半径为0.9米的马蹄形断面和倒角半径为1.5米的马蹄形断面。3种断面的隧洞顶拱、侧墙及底拱内缘半径相同，均能满足过流能力要求，水力学条件基本一致，净空比相差很小。结构受力方面，根据黄河勘测规划设计有限公司提供的内力分析计算成果，倒角半径为0.9米的断面侧墙和底拱处剪力和弯矩值较不带倒角断面有明显减小，倒角半径为1.5米的断面和倒角半径为0.9米的马蹄形断面相比，剪力和弯矩值进一步减小。工程施工方面，3种断面无明显差异，均能满足施工机械设备布置和车辆通行要求，仅施工车辆两侧富余宽度有所差别。工程投资方面，不带倒角的断面虽然混凝土衬砌工程量略少，但侧墙和底拱处钢筋量增加较多，工程投资较大，倒角半径为0.9米的断面和倒角半径为1.5米的断面相比投资相差不大。经综合分析，针对马蹄形断面，在墙角处采用倒角断面是合适的。考虑到倒角半径为1.5米的断面结构受力条件较倒角半径为0.9米的断面要好，统一采用倒角半径为1.5米的马蹄形断面是基本合适的。建议在复核断面衬砌结构计算、衬砌结构设计和工程投资的基础上，完善断面型式比选内容。

(二) 关于马蹄形断面隧洞衬砌结构和一期支护设计

建议考虑越岭段和黄三段衬砌结构设计和一期支护参数设计，并采用以下原则对衬砌结构和一期支护参数进行调整。

鉴于马蹄形断面中Ⅱ类围岩洞段所占比例不大，考虑到马蹄形断面的特点和秦岭隧洞的特点，Ⅱ类围岩采用全断面衬砌。

Ⅱ、Ⅲ类围岩洞段统一采用钢筋混凝土进行衬砌，钢筋可按构造配筋进行设计。

根据围岩类别，统一调整衬砌厚度；优化Ⅳ、Ⅴ类围岩洞段一期支护中喷混凝土厚度。进一步研究衬砌结构计算中外水压力荷载和温度荷载，复核衬砌结构计算。

(三) 关于黄三段排水设计

为进一步降低富水区隧洞衬砌上外水压力，设计对在衬砌后设置排水板和毛细透排水带进行了初步研究。对隧洞富水区，设置排水板与仅设置排水孔相比，可进一步降低作用在衬砌上的外水压力，改善衬砌结构的受力条件，进而降低衬砌结构中的钢筋含量和衬砌工程投资，并可为衬砌安全运行提供一定程度的保障，但也存在恶化围岩受力条件、施工工艺相对复杂、排水板可能淤堵失效、排水工程投资增加等问题。毛细透排水带和排水板相比，施工工艺相对简单，防淤堵效果较好，但排水效果稍差，工程投资相对较大。综合上述分析，建议富水段排水设计仍以常规的排水孔为主，结合专题研究，分析仅设置排水孔是否可解决衬

砌结构外水压力问题。在此基础上，结合调研和工程实例，对设置排水板等排水措施的可行性和合理性进一步研究。

（四）关于秦岭输水隧洞控制闸的设置

设计对黄三隧洞、越岭隧洞及三河口连接洞等三洞分别设闸的必要性进行了分析。设计认为，为解决黄三段隧洞、越岭隧洞检修问题以及连接洞和三河口尾水长期充水问题，在黄三隧洞出口末端、越岭隧洞进口、连接洞出（进）水口设闸是必要的。建议根据引汉济渭工程联合调度运行方式及不同工况，结合水力计算分析，并考虑工程运行管理和工程投资等因素，对取消黄三段出口末端控制闸和连接洞出（进）水口设闸的必要性进一步研究。

第三章　初 步 设 计 批 复

初步设计批复上报水利部后，经历了水规总院审查、发改委核定工程概算和水利部批复 3 个工作阶段。

第一节　批 复 过 程

引汉济渭工程可行性研究报告获得国家发改委正式批复以后，省水利厅很快组织引汉济渭办、引汉济渭工程建设有限公司召开专题会议，安排部署引汉济渭工程初步设计报告的修编工作，省引汉济渭工程建设有限公司立即召开初步设计联络会，集中梳理归纳了初步设计工作的主要问题，制定了设计工作奖励办法，动员勘测设计抓紧按照可行性研究批复意见加快初步设计修编工作。各设计单位积极响应，集中精兵强将，舍弃节假日，在较短时间内完成了初步设计报告的修编完善工作。

2014 年陕西省水利厅会同省发改委，以陕水字〔2014〕91 号文件向水利部报送了《关于上报陕西省引汉济渭工程初步设计的请示》；经水利部水利水电规划设计总院审查后，2015 年 3 月 12 日，初步设计概算由水利部报送国家发改委核定；同年 4 月 29 日，水利部以水总〔2015〕198 号文件正式批复了引汉济渭工程初步设计报告。

第二节　审 查 与 批 复 意 见

水规总院的审查意见与水利部批复意见基本一致。水利部批复意见摘要如下。

（1）引汉济渭工程建设任务是向关中地区渭河沿岸重要城市、县城、工业园区供水，逐步退还挤占的农业与生态用水，促进区域经济社会可持续发展和生态环境改善。工程实施后，可实现区域水资源优化配置，有效缓解关中地区水资源供需矛盾，为陕西"关中-天水"经济区可持续发展提供保障，还可替代超采地下水和归还超用的生态水量，增加渭河下泄水量，遏制渭河水生态恶化和减轻黄河水环境压力。因此，建设该工程是必要的。

（2）同意引汉济渭工程 2025 年多年平均调水量 10 亿立方米，在南水北调后续水源工程建成后，2030 年多年平均调水量 15 亿立方米；2025 年和 2030 年分别向受水区供水 9.3 亿立方米和 13.95 亿立方米（黄池沟节点）。

基本同意黄金峡水库正常蓄水位为 450.00 米，水库总库容 2.21 亿立方米；电站装机容量 135 兆瓦，多年平均发电量 3.87 亿千瓦时；泵站设计抽水流量 70 立方米每秒，总装机 126 兆瓦。

基本同意三河口水库正常蓄水位为 643.00 米，水库总库容 7.12 亿立方米；电站装机容量 60 兆瓦，多年平均发电量 1.325 亿千瓦时；可逆式机组设计抽水流量 18 立方米每秒。

基本同意秦岭输水隧洞（含黄三段和越岭段）设计流量 70 立方米每秒。

（3）同意引汉济渭工程为大（1）型 1 等工程。同意黄金峡水利枢纽主要建筑物混凝土重力坝挡水、泄水坝段位 2 级建筑物；河床式泵站厂房根据装机容量为 1 级建筑物，坝后电站厂房为 3 级建筑物；升船机和过鱼建筑物与坝体结合部分为 2 级建筑物，上、下游升降段为 3 级建筑物；大坝左岸边坡级别为 1 级，右岸边坡级别为 2 级，2 号滑坡体边坡级别为 5 级。重力坝设计洪水标准为 100 年一遇，校核洪水标准为 1000 年一遇；泵站厂房设计洪水标准为 100 年一遇，挡水部分校核洪水标准与大坝一致为 1000 年一遇，非挡水部分校核洪水标准为 300 年一遇；电站厂房设计洪水标准为 50 年一遇，校核洪水标准为 200 年一遇；消能防冲建筑物设计洪水标准为 50 年一遇。

同意三河口水利枢纽主要建筑物混凝土拱坝及其边坡、供水系统流道部分为 1 级建筑物，供水系统厂房及坝后消能防冲建筑物为 2 级建筑物，大坝下游雾化区边坡级别为 3 级。大坝设计洪水标准为 500 年一遇，校核洪水标准为 2000 年一遇；供水系统厂房设计洪水标准为 50 年一遇，校核洪水标准为 200 年一遇；下游消能防冲建筑物设计洪水标准为 50 年一遇，并按 200 年一遇洪水进行校核。

同意秦岭输水隧洞主要建筑物隧洞主洞、交通洞、检修洞及控制闸为 1 级建筑物；各隧洞出口主要建筑物设计洪水标准采用 50 年一遇，校核洪水标准采用 200 年一遇。

基本同意黄金峡水利枢纽主要建筑物抗震烈度采用 6 度，其他工程主要建筑物抗震设计烈度采用 7 度。

（4）基本同意黄金峡水利枢纽工程总布置，主坝在混凝土重力坝，最大坝高 63 米；基本算同意三河口水利枢纽总布置，主坝为混凝土拱坝，最大坝高 145 米；基本同意秦岭输水隧洞的布置，总长 98.26 千米，其中黄三段长 16.481 千米，越岭段长 81.779 千米，隧洞最大埋深 2000 米。

（5）基本同意各单项工程施工进度安排和工程施工总进度计划。黄金峡水利枢纽工程施工总工期 52 个月，三河口水利枢纽工程施工总工期 54 个月，秦岭隧洞工程施工总工期 78 个月。引汉济渭工程施工总工期 78 个月。

（6）按 2014 年第四季度价格水平，核定工程静态投资 1751253 万元，总投资为 1912549 万元（不含送出工程投资）。

第三节　后续工作要求

水利部批复意见要求，陕西省水利厅要按照基本建设程序要求，认真做好开工前的准备工作，抓紧开工建设；根据审查意见要求，进一步完善优化工程设计；在工程实施过程中，要认真做好征地补偿和移民安置工作，维护移民合法权益，妥善解决移民安置工作中出现的问题，接受群众和社会监督；按照项目法人责任制、招标投标制、建设监理制合同管理制及批复的设计文件要求，认真组织好项目实施，确保按工程质量按期完成工程建设任务并及早发挥效益。严格验收管理，工程竣工验收由水利部主持，阶段验收由黄河水利委员会会同陕西省水利厅主持。

引汉济渭工程初步设计报告经水利部批复后，国家发改委、水利部下达了 2015 年重大水利工程第一批中央预算内投资，陕西省引汉济渭工程作为首批投资对象，获得了 2015 年中央预算内投资 26 亿元。

第七篇
建设实施方案

　　根据项目建议书确定的建设目标，引汉济渭工程拟采取"一次立项，分期配水"的建设方案，逐步实现 2020 年配水 5 亿立方米，2025 年配水 10 亿立方米，2030 年配水 15 亿立方米，工程总工期约 11 年。为了保证如期实现配水目标，在推进前期工作的同时，省委、省政府要求"一刻不停地推进工程建设"。为此，根据协调领导小组与省水利厅的要求，省引汉济渭办组织省水利电力勘测设计研究院、中铁第一勘察设计院集团有限公司于 2010 年初拟定了引汉济渭工程近期建设实施方案。

　　2010 年 10 月 25 日，省水利厅在西安召开引汉济渭工程近期建设实施方案技术讨论会。省水利厅规计处、总工办、省引汉济渭办、省水电设计院及中铁第一勘察设计研究院等单位项目负责人及特邀专家共 30 人参加了会议。会议认为：随着全省经济社会的持续快速发展，加快实施引汉济渭工程，争取早日通水是十分必要和紧迫的。经过 7 年前期工作和 4 年准备工程建设，引汉济渭调水目标、总体布局、工程规模经过深入论证和研究，目前已基本成熟，依据可行性研究阶段主要成果进行引汉济渭工程先期建设方案研究很有必要，建议对提交会议讨论的近期建设实施方案报告进行补充修改后正式组织审查。

　　同年 12 月 9 日下午，由副省长、省引汉济渭工程协调领导小组组长姚引良主持，专题研究引汉济渭工程建设有关问题。省引汉济渭工程协调领导小组副组长、省政府副秘书长胡小平，省引汉济渭工程协调领导小组副组长、省水利厅厅长王锋，水利厅副厅长、引汉济渭办主任洪小康，引汉济渭办常务副主任蒋建军及省引汉济渭工程协调领导小组成员单位负责同志参加会议。会议听取了省引汉济渭办关于引汉济渭工程前期工作情况和先期实施方案的汇报，研究确定了先期实施方案，在省级各部门形成了早上、快干、抓紧建设的共识，为动员各有关方面加快推进前期工作和准备工程建设提供了行动指南。

第一章　实 施 条 件 分 析

引汉济渭工程先期实施条件包括前期工作、准备工程和技术方案等 3 个大的方面。实施方案对此进行了全面分析。

第一节　前期工作与准备工程

2004 年初，陕西省启动了引汉济渭一期工程项目建议书阶段勘测设计工作。2007 年初，根据省委、省政府全面启动引汉济渭工程的决策，水利厅安排编制引汉济渭整体工程项目建议书。2007 年 9 月，省水利厅对引汉济渭工程项目建议书进行了审查；2007 年 12 月，水利部与陕西省政府联合组织了引汉济渭工程项目建议书咨询论证；2008 年 4 月，陕西省完成项目建议书修编并上报国家发改委、水利部；2008 年 12 月，水利部水规总院开始对引汉济渭工程项目建议书进行审查；2009 年 3 月，经复审通过审查；2009 年 6 月，水利部部长办公会审定通过引汉济渭工程项目建议书；2009 年 7 月，水利部将审查意见函送国家发改委（水规计〔2009〕355 号）；2009 年 11 月，受国家发改委委托，中国国际工程咨询公司在西安对引汉济渭工程项目建议书进行了评估；2009 年 12 月，中咨公司在北京对补充修改过的引汉济渭工程项目建议书进行复评，于 2010 年 5 月将咨询评估报告（咨农发〔2010〕278 号）报送国家发改委。

为加快、加深项目前期工作，在项目建议书报审和修改的同时，水利厅安排设计单位开展了可行性研究阶段的勘测工作，2008 年年底主要的勘察工作已经完成；2009 年上半年，根据水利部项目建议书审查意见补充了部分勘察工作。项目建议书通过水利部部长办公会审定后，可行性研究报告编制工作随即启动；2009 年 12 月下旬，中咨公司通过工程项目建议书复评后，可行性研究报告编制工作全面推进；2010 年 7 月，引汉济渭办委托水规总院江河水利水电咨询中心对可行性研究报告中间成果进行了技术咨询；2010 年 9 月 18—21 日，水规总院对可行性研究报告的工程总体布局和工程规模论证成果进行了咨询，认可相关成果。

根据工作进展，2010 年年底，引汉济渭工程可行性研究报告具备报审条件，各项专题进度基本能够满足可行性研究报告国家审查和审批的需要。

准备工程建设始于 2007 年 6 月，先后实施了 14 项工程项目，投资规模 11.97 亿元，从施工交通、供电、勘探试验、信息化管理、管理基地等方面为主体工程开工建设创造条件。截止实施方案确定之日已完工 5 项，包括三河口勘探试验洞，秦岭隧洞岭南施工道路、岭北施工道路、岭南供电工程、岭北供电工程；在建的 7 项：包括秦岭隧洞 1 号、2 号、3 号、6 号 4 条勘探试验洞，大河坝至黄金峡交通道路，大河坝基地及三河口水库首批移民安置点建设；即将开工的项目两项，一是西汉高速公路佛坪连接线永久改线工程，二是施工期信息管理系统一期工程。

第二节 前期实施项目技术条件

从 2004 年编制引汉济渭一期工程项目建议书开始，经过长达 6 年多的持续深入工作，特别是 2007 年以来项目前期工作整体加快推进，多项试验工程启动实施，经过水利部审查和中咨公司对项目建议书的评估，以及近期水利部水规总院对项目可行性研究阶段的成果咨询，使引汉济渭工程的方案研究和勘察设计逐步得到优化和深化进行方案抉择并在控制性部位上实施主体工程的时机已经成熟。综合分析，引汉济渭工程当前的前期工作深度总体上达到可行性研究阶段要求，现有技术工作成果可以作为项目实施决策的基础。

一、工程任务、调水规模、受水范围得到确认

在项目建议书正式审查前，水利部水规总院对引汉济渭调水规模和受水区选择问题进行了历时一年的专题咨询，综合考虑汉江水资源情况和关中缺水发展的预测情况，确定工程最终设计调水规模 15 亿立方米，近期调水规模 10 亿立方米；中咨公司评估对工程最终调水规模给予肯定，建议将达到近期 10 亿调水规模的时间推后 5 年。工程任务、调水规模、受水范围的确认，也是对项目的必要性的进一步认定。

二、工程选点、选线在技术上得到落实

在规划阶段，曾研究了从嘉陵江、汉江水系向关中调水的 18 个取水点、9 条调水线路，筛选出引汉济渭、引红济石、引乾济石 3 条线路。经过项目建议书和可行性研究阶段的深入勘察，表明所选引汉济渭线路是实现 15 亿调水目标的最佳工程线路，作为线路节点的黄金峡水库、三河口水库、秦岭隧洞越岭位置，具有较理想的地形和地质条件，不存在制约工程建设的重大问题，水库坝址选择和隧洞洞线选择在审查、评估中均得到肯定。

三、对关键技术问题的研究取得明确结论

引汉济渭工程最令人关注的首先是秦岭隧洞的施工问题，其次为黄金峡泵站的机组选型问题，再次为三河口水库的坝型问题。作为可行性研究阶段的重点工作，设计单位围绕这些问题开展了大量研究工作，有针对性地加强了地质勘察。铁一院邀请国内有经验的单位和专家对秦岭隧洞 TBM 选型和适应性问题、长距离通风问题、意外情况的应对方案等共同研究，对国内外工程实例的进展情况进行跟踪。省水电设计院与国内外著名大型水泵制造企业开展合作，对类似工程实例进行了全面调研，针对拱坝方案对三河口坝址加强了勘察工作量。这些工作对加深技术工作，促进工程方案选择提供了扎实基础。

四、主体工程规模参数基本确定

根据水利部长江委给定的允许调水过程，省水电设计院对调出区、调入区多水源进行了不同组合方案的联合调度研究，经过技术经济比较推荐了各分项工程的规模参数（水库特征水位、泵站及隧洞流量等）。在可行性研究阶段加深了对主体建筑物规模论证的深度和精度，在项目建议书审查和评估的基础上，使规模参数得到进一步优化，工程经济性得到改善：优化黄金峡排沙方式和设置汛限水位，使库尾防洪工程得以简化；黄金峡泵站及黄三隧洞流量由 75 立方米每秒减小到 70 立方米每秒，三河口二级泵站流量减小到 18 立方米每秒；动用三河口死库容使特枯年破坏深度有所降低，优化结果得到水规总院专家认可。

五、主体工程设计和建设已积累了一定的技术基础

已完成的勘探试验工程为加深了解工程地质问题提供有利条件，为工程设计方案优化和秦岭隧洞总体设计积累了大量一手资料，将在年内交付使用的引汉济渭工程统一高程控制系统及秦岭隧洞精密平面控制网可以保证工程设计、施工的测量控制需要。综合运用这些成果和资料，通过必要的补充勘察，可以在总体布局方案的控制下先完成部分先开工工程的设计。

第三节　前期建设施工条件

前期施工条件包括交通、供电、工程占地、移民搬迁安置等条件。

一、交通条件

引汉济渭项目区主要通过西汉高速公路和 108 国道与外界沟通，有西汉高速佛坪连接线及佛坪县至陈家坝乡、洋县金水镇至桑溪乡的县乡道路穿越工程区，引汉济渭工程已经建成的岭南、岭北进场道路，正在建设的大河坝至黄金峡交通道路、西汉高速佛坪连接线改线工程可以满足主体工程建设对外交通的需要。

二、施工供电条件

已建成的秦岭隧洞岭南供电工程可满足秦岭隧洞 0 号、0-1 号、1 号、2 号、3 号、4 号支洞施工用电要求，岭北供电工程可满足秦岭隧洞 5 号、6 号支洞施工用电要求。

三河口水库施工用电可从大河坝 110kV 变电站引 35kV 线路至各施工工区，目前 35kV 线路已架设至坝址，大河坝 110kV 变电站主变容量和供电距离均可满足水库施工用电需求。

黄三隧洞、黄金峡枢纽及泵站的施工供电方案已经通过省水利厅和省地方电力公司审查，可以根据主体施工需要迅速完成。

三、工程占地

秦岭隧洞占地主要为渣场和洞口施工区临时占地。岭南部分隧洞沿蒲河河谷地带共设置有马家滩、郭家坝、陈家坝、四亩地、凉水井、五根树、柴家关共 7 个渣场；岭北设置有王家河、东河渣场，堆放 5 号、6 号、7 号 3 个斜井工作面的出渣，隧洞出口工区弃渣由配套建设的黄池沟渣坝消纳。通过 4 个已开工试验洞的实践，施工弃渣、排水等问题能够较好解决。秦岭隧洞各工区用地不会影响施工安排。

三河口水库工程总占地 121.67 公顷，其中永久占地 28.6 公顷（包括大河坝基地 6.73 公顷，已完成征用），坝区施工临时占地 90.4 公顷，其他占地 2.67 公顷。除大河坝基地外其他用地需要根据建设安排按规定程序办理相关征用手续。

黄金峡水库坝区工程占地 93.8 公顷，其中永久占地 24.53 公顷，临时占地 69.27 公顷。设计工作还待进一步深化，工程用地需要根据建设安排按规定程序办理相关征用手续。

黄三隧洞工程占地约 31.07 公顷，弃渣场及辅助坑道位置还需要随设计工作进一步深化明确。

四、水库移民及专项设施恢复

三河口水库需搬迁安置人口 1175 户 4132 人，其中宁陕县 392 户 1463 人，佛坪县 783 户 2669 人。初步确定搬迁安置点 20 个，其中宁陕县 9 个，佛坪县 11 个。满足主体工程建设的移民搬迁安置计划分三阶段实施：第一阶段（2011 年 7 月底前）结合大坝截流确定的 552.00 米淹没高程，佛坪县需安置 489 人，宁陕县需安置 311 人，共计 800 人，设置佛坪县五四农村集中安置点和宁陕县梅子集镇安置点、海棠园农村集中安置点，省库区移民工作领导小组办公室以陕移发〔2010〕76 号批复了《引汉济渭工程三河口水库建设征地移民安置试点工程初步设计报告》，安置点建设和移民搬迁工作已经启动实施；第二阶段（2013 年年底前）完成佛坪县（石墩河集镇迁建点、十亩地集镇迁建点、三教殿农村集中安置点、陈家坝农村集中安置点）、宁陕县（油坊坳集中安置点、栗扎坪集中安置点）集镇迁建点和农村集中安置点的建设和移民搬迁，搬迁至以上安置点的农村移民及集镇移民、单位的财产补偿，同时进行专项设施恢复建设（三陈路、筒大路、输变电线路、通信线路、水利水电设施补偿、文物古迹保护

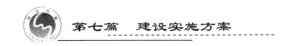

等）；第三阶段（2015年年底前）结合库周交通恢复建设，完成其余农村移民财产补偿以及安置点的建设和移民搬迁、专项设施恢复建设工作（石佛路及淹没线上对外交通路和库底清理工作）。

黄金峡水库涉淹洋县10个乡镇的43个行政村，淹没集镇1个（金水镇）；淹没影响的农村人口2842人，集镇人口1406人。目前正在编制移民安置规划报告。

第四节　面临问题分析

引汉济渭工程从准备工程建设转入主体工程建设，当前需要对工程总体布置、水库坝型、隧洞通风、工程实施步骤、工程勘察设计安排等问题进行研究和把握，并确定建设方案。

一、工程总体方案

引汉济渭工程项目建议书的审批时间尚难预计，考虑工程通水至少需要6年以上时间，随着关中—天水经济区的发展，缺水形势将更加严峻，为了在关中未来用水安全问题上做到未雨绸缪，当前应充分利用已有建设条件，实质性推进引汉济渭工程建设。在当前特殊形势下推进工程建设，要在技术上做到可靠稳妥，万无一失。技术可靠的基础是工程总体布局方案得到充分论证和优化，能够确保开工部分与总体工程良好衔接。

在引汉济渭工程的选点、选线方案上，水利部水规总院和中咨公司给予了一致的认可，但在工程不同部分的组合关系上却以黄金峡泵站抽水扬程为标志，出现了"高抽""低抽"两种方案（两种方案的情况详述于后）。经过可行性研究阶段的深入工作，目前设计单位已完成了对两种方案的进一步比较，并得出了"低抽"方案显著优越的确定结论。迄今为止，引汉济渭工程总体布局方案的论证比较和优化已经充分，需要对其把握确认，使其成为控制工程设计和分步建设的依据。

二、三河口水库坝型

三河口水库大坝进行了面板堆石坝、碾压混凝土重力坝、碾压混凝土拱坝等坝型的比较。根据已有成果，目前较为一致的看法是碾压混凝土拱坝。但选择拱坝，需要进行更多的勘察工作排除不确定因素，如基础变形模量等参数的大量试验和确定，坝肩影响稳定构造的详查等，不同的勘察结果，会导致大坝设计参数的不同，进而对枢纽工程布置和设计方案带来影响。因此完成针对拱坝方案的地质详察，并进行选坝论证是引汉济渭工程近期前期工作要重点解决的问题之一。

三、秦岭隧洞施工通风

引汉济渭工程秦岭隧洞具有埋深大（最大2000米）、地质条件复杂、独头施工距离长（TBM和钻爆段均突破常规）、高地应力、高地温（隧洞埋深最大处原岩温度约为41℃）、施工通风距离长、反坡排水困难等特点。秦岭隧洞通风方案将决定施工支洞布置。目前通风技术方案阶段性成果报告已完成并通过评审。专家意见设置9座施工支洞，其中的4号、5号支洞接近岭脊，洞口与主洞高差超过500米，特别是4号支洞坡度达到37.5%，施工困难，需对4号、5号支洞的设置问题做专门研究。

四、工程实施步骤

引汉济渭工程由多项独立的分项工程组成，各分项工程在实现调水目标中的作用不同，相互之间又具有特定的制约关系，根据关中缺水形势发展分阶段确定调水目标，按照调水目标合理安排各分项工程及分项工程中不同部位的建设顺序，对顺利推进工程建设、充分发挥工程效益有重要意义。当前需要结合"十二五"规划编制工作，对引汉济渭工程的通水目标和建设步骤进行研究和把握。

五、工程设计

在工程实施步骤确定后，对最先开工部分的工程设计，需要完成从可行性研究阶段到初步设计、再到施工图设计的深化和优化，如秦岭隧洞断面和衬砌结构的优化定型、三河口大坝基础处理设计方案的最终确定、大坝体形优化及总体结构设计等。解决这些问题，需要尽快向设计单位进行委托，组织精干的设计力量，必要时辅以科研机构的配合，并做好充分的技术协调工作。单项工程初步设计工期约为6个月。

第二章　工程总体布局方案研究

实施方案根据项目建议书成果，详述了总体方案布局的优化过程、可行性研究阶段对总体布局方案的进一步比较研究以及对总体布局方案比较的分析结论。

第一节　总体布局方案优化过程

20世纪90年代提出省内南水北调设想以后，先后经过了工程规划、项目建议书、可行性研究几个不同阶段的工作，最终确定建设引汉济渭工程，并对选点、选线上的合理性进行了逐步验证。但工程各组成部分的组合关系却因出现新情况而产生新构想、新方案，从而形成了不同的工程总体布局方案，对这些方案优化和比选成为引汉济渭工程前期工作的重要内容。经历几次重要的总体方案优化之后，当前推荐方案是否存在新的较大变化的可能，需要明确给予回答。为此，对工程总体布局方案的研究过程和比较结论做如下分析。

引汉济渭工程规划从汉江干流黄金峡水库和支流子午河三河口水库两点取水，工程由黄金峡水库、黄金峡泵站、黄金峡至三河口（简称黄三）隧洞、三河口水库、秦岭隧洞五大部分组成。规划阶段推荐的总体布局方案是：从黄金峡水库抽水约220米，通过黄三隧洞输入三河口水库，经三河口水库统一调节后进入秦岭隧洞，出秦岭隧洞进入岭北黑河金盆水库，通过金盆水库统一配置，最后进入关中供水系统。这一方案的优点是秦岭隧洞长度适中，调出区、调入区均有水库调节，工程调度运行方便；缺点是对三河口的总库容利用不充分，死库容约占总库容一半。

项目建议书阶段前期，沿用了规划阶段推荐的总体布局方案，进一步确定黄金峡泵站抽水扬程217米，三河口水库调节库容3.34亿立方米，秦岭隧洞长度65千米。水利部水规总院对项目建议书审查过程中，要求按照不影响南水北调中线及汉江下游用水的原则实施调水，由此长江委设计院给出了允许调水过程。由于所给允许调水过程较原来仅考虑生态基流限制的调水过程发生极大变化，满足调水需要的调节库容显著增加，从而提出了利用三河口水库死库容的要求。经过比较降低并延长秦岭隧洞（出口降低北移至黑河水库之外，出口向近坝方向移动约2千米）和在三河口库内设地下泵站两个方案，选择了降低并延长秦岭隧洞的方案。在这一方案下，秦岭隧洞长度增加到77.09千米，但因隧洞出口降低较多比降变陡，断面有所缩小，三河口水库调节库容从3.34亿增加到5.5亿立方米。黄三隧洞出口位于三河口水库内，黄金峡泵站抽水217米。这一方案成为水利部水规总院审查推荐的方案（即高抽方案）；中咨公司对项目建议书评估过程中，有专家认为，秦岭隧洞延长后进口距大坝直线距离已缩小到约3千米，黄金峡来水有相当部分与秦岭隧洞引水同步而形成穿堂过，如将秦岭隧洞延长到坝后与黄三隧洞相接，黄三隧洞出口高程由水库正常蓄水位降至秦岭隧洞进口，在三河口水库坝后设二级泵站，仅将黄金峡来水中多出秦岭隧洞引用部分的水量抽入水库调节，如此可显著减少黄金峡泵站扬程和抽水用电，黄金峡泵站的技术难度也可相应降低。经设计单位补充工作，形成了秦岭隧洞进口降低并南移至三河口水库坝后，黄三隧洞洞线整体降低，出口退至三河口水库坝后直接与秦岭隧洞进口相接、黄金峡泵站扬程减小为113米的方案（即低抽方案），中咨公司评估认可了这一方案（表7-2-1）。

表7-2-1　　　　　　引汉济渭工程项目建设阶段总体方案演变细表

项　　目		初始方案	第一次优化	第二次优化
黄金峡水库枢纽	坝型	混凝土重力坝	混凝土重力坝	混凝土重力坝
	正常蓄水位/米	450.00	450.00	450.00
	死水位/米	440.00	440.00	440.00
	总库容/亿立方米	2.36	2.36	2.36

续表

项 目		初始方案	第一次优化	第二次优化
黄金峡水库枢纽	调节库容/亿立方米	0.92	0.92	0.92
	电站装接容量/兆瓦	75	75	120
黄金峡泵站	直供水量/亿立方米	10	9.76	9.76
	设计流量/立方米每秒	62.5	75	75
	总扬程/米	220	217	113
	泵站装机容量/兆瓦	225	277.5	165
	用电量/亿千瓦时		7.3	
黄三隧洞	设计流量/立方米每秒	62.5	75	75
	隧洞长度/千米	16.94	16.94	15.79
	进/出口高程/米	641.44/635.79	643.44/637.79	542.43/537.17
	比降	1/3000	1/3000	1/3000
三河口水库	坝型	混凝土重力坝	混凝土重力坝	混凝土重力坝
	正常蓄水位/米	641.00	643.00	643.00
	死水位/米	614.00	588.00	588.00
	总库容/亿立方米	6.81	6.81	6.81
	调节库容/亿立方米	3.34	5.53	5.53
	坝高/米	136.3	138.3	138.3
	二级泵站流量/立方米每秒			50
	二级泵站扬程/米			95.1
	二级泵站装机容量/兆瓦			60.6
	电站装机容量/兆瓦			45
	电站发电量/亿千瓦时			1.08
秦岭隧洞	流量/立方米每秒	57.64	70	70
	隧洞长度/千米	64.897	77.09	81.58
	进/出口高程/米	608.8/590.5	580.1/510	537.17/510
	比降	1/3546	1/1100	1/3000

第二节　可行性研究对总体布局方案的比较

可行性研究阶段，设计单位对工程边界条件进行了深入分析和复核，对关键技术问题加深研究，工程勘测设计深度增加，影响工程总体布局的因素得到清晰和量化，在此基础上对工程总体方案布局方案进行优化和深入比较。与项目建议书阶段相比，可行性研究阶段的总体布局研究在5个方面得到加深：一是考虑了受水区地下水开采规模的限制，争取使开采过程均匀化；二是结合了多水源的联合调节，在黄金峡、三河口、金盆水库等多库联调的情况下考查不同布局方案对工程规模的影响；三是结合了黄金峡水库排沙方式及黄金峡、三河口水库特征水位的研究，充分考虑了移民、库区防护等因素；四是将工程规模、隧洞比降等与总体布局一起研究，加强了比较的全面性和综合性；五是采用了工程设计和关键技术研究的新成果，对分项工程设计均进行了优化，经济技术比较精度显著提高。

可行性研究阶段研究总体布局方案时，在高抽、低抽两种布局方案的基础上，又按水库特征水位、隧洞比降、泵站及隧洞流量规模的不同，组合出多达24个比较方案，分别对其进行调节计算和经济分析，从中优选推荐方案。经过对各种方案的综合比较，取得以下结论：

（1）高抽方案中，满足年调水量15亿立方米、时段供水保证率95％前提下，总费用现值最小为105.63亿元，该方案黄三隧洞比降1/3000，工程总投资158.87亿元。

（2）低抽方案中，满足年调水量15亿立方米、时段供水保证率95％前提下，总费用现值最小为100.23亿元，该方案黄三隧洞、秦岭隧洞比降1/2000，工程总投资159.94亿元。

（3）动态分析表明，低抽方案的经济性显著优于高抽方案，低抽方案的总费用现值较高抽方案少5.4亿元。如果考虑未来能源紧缺加剧电价提高，低抽方案的经济性将更加明显。

（4）在低抽方案下，单纯以经济指标衡量，隧洞比降采用1/2000时指标最优。但隧洞比降采用1/2500时，将有条件在特枯年动用三河口水库死库容，使供水破坏深度显著减小，1/2500比降仅较1/2000工程投资增加约1.46亿元，但年抽水电费少0.26亿元，可动用死库容1774万立方米，两种情况下费用总现值仅差0.19亿元，所以采用1/2500比降应更为合理。

第三节　实施方案对总体布局分析的结论

可行性研究阶段，通过大量的方案设计、调节计算和经济分析，对高抽、低抽两大布局方案比较的精度和深度均超过项目建议书阶段，但结论仍与项目建议书评估得到的结论相同，所不同的是低抽方案的优势更加明显。

与高抽方案比较，低抽方案最突出的优点有3个：一是年抽水电量少3亿千瓦时以上，节省电费2亿元以上；二是增加坝后电站装机4.5万千瓦，年发电1亿千瓦时；三是三河口水库死库容可进一步降低，使调节库容增加1亿立方米以上。项目建议书评估中因时间所限，仅考虑了节省电费和增加发电对工程经济性的影响，未系统研究增加调节库容对工程规模和运行的影响。此次在多方案调节计算中充分研究了增加调节库容的作用，使低抽方案的工程布局和工程规模得到优化，使其比较优势更加明显。

除上述影响经济比较的优点之外，低抽方案还有几个重要优点，对今后工程的实际运用有利：一是水库放水设施从库内移到坝后，运行管理方便；二是陕西省有从邻近金水河增加自流调水的考虑，低抽方案下金水河来水进入秦岭隧洞将更为方便；三是低抽方案有利于充分调用子午河水，在单库运用情况下较高抽方案年可多调水约 3000 万立方米。

对低抽方案下三河口二级泵站运行不稳定和黄三隧洞水力过渡过程复杂化的问题，本次省水电设计院委托武汉大学进行了数模分析，结果表明二级泵站能够稳定运行，黄三隧洞水力过渡过程不会危及结构安全，且不需要调节池平抑水力过渡过程。

经过不断深化和优化，当前基于低抽方案的引汉济渭工程总体布局已经成熟和完善，再进行较大幅度调整和优化的余地已不存在。这一点可从输水距离和高程关系进行说明：从区域地形条件可知，当前引汉济渭工程调水线路不足 100 千米，已经是从汉江到秦岭北麓 510.00 米高程位置的最短距离，不可能在此外找出更短的工程线路。引汉济渭受水区输配水工程规划阶段成果表明，引汉济渭受水区输水的合理控制高程（即秦岭隧洞出口高程）是 510.00 米，这一高程既能满足向 96% 以上受水区重力供水，也能兼顾输水工程选线的技术经济合理性。现推荐方案黄金峡泵站净扬程 119 米，从黄金峡到秦岭隧洞出口的输水距离约 100 千米，考虑输水所需水头约 40 米，黄金峡水库死水位（440.00 米）与秦岭隧洞出口的净高差 70 米，说明抽水水头得到充分利用。

9 月 19—21 日，省水电设计院与水规总院专家就工程总体布局方案的研究和比较成果进行了专门沟通，总院专家对研究和比较成果给予肯定，同意推荐低抽方案。

通过以上分析可以认为，截至目前，对引汉济渭工程总体布局方案的研究已较为充分，推荐的低抽总体布局方案在技术上可靠，经济上最优，再进一步对其优化的空间已非常有限，作为控制工程设计和建设的总体框架，可以使之得到确立。

第三章　近期工程实施方案

据设计单位研究，引汉济渭秦岭隧洞主体工程施工最少需要 6 年半时间，面对关中地区的缺水现实和西安国际化大都市、关中经济区加速发展带来的需水增长，迫切需要抓紧实施引汉济渭主体工程。为充分利用 2007 年启动以来形成的建设条件，在确保技术稳妥的前提下不失时机地推进主体工程施工，争取早日通水，对当前特殊阶段的工程实施方案进行分析并提出建议。

第一节　首期调水目标建设任务

引汉济渭工程最终调水规模 15 亿立方米，中咨公司评估意见提出，调水目标应结合关中社会经济发展情况分步达到，2020 年，设计水平年先达到 5 亿立方米，2025 年增加到 10 亿立方米，2030 年达到最终的 15 亿立方米规模，建议先实施三河口水库和秦岭隧洞工程，保证首期调水 5 亿立方米目标的实现，之后再根据需水发展情况相机实施黄金峡水库、泵站及黄三隧洞工程。

按照上述意见和全省重点水利工程建设动员会安排，近期引汉济渭工程建设宜围绕第一步调水 5 亿立方米的目标，集中实施秦岭隧洞和三河口水库工程。这样除较易得到国家认可以外，还有利于应对湖北对引汉济渭工程的关注，资金筹措难度也相对较小。

第二节　首期建设内容工期分析

首期建设内容包括三河口水库和秦岭输水隧洞两大项目。

一、三河口水库

三河口水库可行性研究阶段推荐坝型为碾压混凝土双曲拱坝，最大坝高 145 米，水库总库容 7.03 亿立方米。工程筹建期 12 个月，设计总工期 54 个月，其中准备期 14 个月，枢纽主体工程工期 38 个月，完建期 2 个月。除枢纽工程外，需根据工程进度及时完成库区移民搬迁及道路、电力、通信等设施恢复。

（一）筹建期

工程筹建期为开工前一年，目前施工供电已完成，导流洞已经贯通，坝址对外交通便利，筹建期需完成的主要工作有工程设计、履行审批程序及佛坪连接线改线工程建设、办理场地征用、552.00 米高程以下 800 人的搬迁及工程招标。

（二）施工准备期（14 个月）

包括施工所需的风、水、电、通信、场内交通、砂石料系统、混凝土拌和系统建设，施工房建，将勘探试验洞改造成导流洞（增加防冲及封堵措施），做好汛末（10 月下旬）大坝截流施工准备。

（三）主体施工期（38 个月）

从大坝截流开始，利用 3 个枯水期，度过 3 个汛期。第一个枯水期完成截流，修建围堰（高程 573.50 米），进行大坝基坑开挖、基础处理，汛前坝体混凝土按进度将浇至 514.8 米，此方案采用全年围堰，第一个汛期采用围堰挡水，大坝继续施工；第二个枯水期末将坝体浇至598米，此高程超过设计的50年一遇洪水度汛标准高程582.00米，第二个汛期坝体挡水，混凝土可继续施工；第三个枯水期内，即开工后第26个月碾压混凝土大部分浇至坝顶高程，之后2个月表孔混凝土及相关碾压混凝土浇筑完成。大坝施工期间夏、冬两季需采取温控措施，坝基、坝体的各类灌浆需根据技术要求和合理安排工期的要求与混凝土施工穿插进行。电站及泵站施工与大坝施工结合，按尽可能少影响大坝施工的原则进行，其中泵站与坝体及电站连接的部分与大坝同期完成，其余部分可缓建。

（四）完建期（2个月）

完成工程扫尾和蓄水前验收。

三河口碾压混凝土拱坝相对其他项目规模大，技术要求高，施工强度大，碾压混凝土拱坝为本工程施工总进度的控制性工程项目。其工期关键线路为：施工准备（风、水、电、通信、砂石料及混凝土系统等）-导流洞改造-截流戗堤施工-围堰防渗及基坑排水-基坑开挖及处理-基础混凝土浇筑-基础固结灌浆-坝体混凝土浇筑至514.8米-坝体混凝土浇筑至598米-598.00米以上高程坝体混凝土-溢流表孔常态混凝土浇筑-602.00米高程以上接缝灌浆。其中导流洞改造可另行单独进行，从关键线路上移出，使工期得到优化。

工程施工总工期为54个月，影响工程开工的关键项目主要为：552.00米高程以下首期移民、对外交通（右岸佛坪连接线改线道路、陈家坝至三河口库区恢复道路、筒车湾至大河坝库区恢复道路）、施工准备（风、水、电、通信、砂石加工及混凝土拌和系统等）、导流洞改造、截流戗堤施工、围堰防渗及基坑排水。以上项目的按期完成是保证本工程按期完成的必要条件。影响工程开工的次关键项目主要为：场内道路桥梁、场地平整及临时房建、建设等，这些项目的按期完成，也是保证工程顺利实施的重要条件。

二、秦岭隧洞

秦岭隧洞工程布置为秦岭隧洞全长81.625千米，进口位于三河口水库坝后子午河右岸，出口位于黑河金盆水库下游周至县马召镇东约2千米的黄池沟内，最大埋深2000米。隧洞布置9座施工支洞，进口洞底高程542.65米，出口洞底高程510.00米，纵坡1/2500。采用9座支洞作为辅助坑道进行施工。

受地形条件控制，岭脊深埋段隧洞采用两台TBM分别从南北两端相向掘进，为解决此段的施工通风，在岭南布置4号有轨支洞，岭北布置5号井无轨支洞，5号支洞同时可以辅助岭北千枚岩及断层破碎带段落的主洞施工。2台TBM分别从3号和6号支洞相向施工。

关键线路分析如图7-3-1所示。

3号和6号斜井之间为主关键线路。作为TBM施工通道的3号和6号斜井，因为已按试

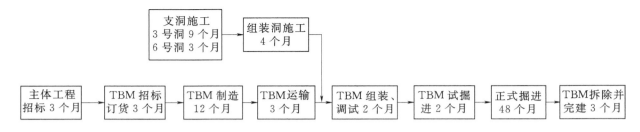

图 7 - 3 - 1　关键线路分析

验洞提前建设，不会再影响工期。从 3 号和 6 号洞底采用钻爆法相向施工步进洞，TBM 同步采购与推后采购两种方案工期提前时间为推迟采购月份减组装时间。

由于 4 号支洞施工难度较大，距离 3 号支洞底较近（距离为 6990 米）；5 号支洞较长（长达 4600 米），工期较长，因此支洞需在 TBM 到达支洞与主洞交汇处之前贯通，使之成为关键工作。

7 号支洞工区钻爆段及出口钻爆段工区独头掘进距离长，通风困难，也使该工区成为关键工作。

三河口水库与秦岭隧洞工期协调。秦岭隧洞穿越三河口水库库区，水库大坝截流后，隧洞穿椒溪河处的施工进口会被常遇洪水淹没，由该入口承担施工的约 6 千米洞段将受到影响；水库蓄水后，隧洞岭南部分的主要施工通道及 0 号施工支洞将会被淹没。

由于三河口水库主体施工工期较秦岭隧洞短，为避免水库施工与隧洞施工相互干扰，在工期协调上应优先保障秦岭隧洞，将水库主体的开工时间适当错后，在隧洞施工运输高峰期结束前保证过枢纽及库区道路的畅通。此外，在水库大坝截流前应完成隧洞穿椒溪河涵洞的施工，并妥当设置河道两岸的施工作业面，以免大坝截流对库区段隧洞施工造成影响。

第三节　近期建设方案

一、引汉济渭工程近期实施方案编制原则

尽可能利用现有建设条件，尽快进入主体工程施工，争取尽早实现通水；保证开工工程的技术可靠性，防范技术风险；合理安排建设强度，均衡资金需求；保证关键线路工期，注意关键工作，注重不同部位的工期协调。

二、首选方案

近期建设首选方案为秦岭隧洞年底进入主洞施工，启动岭脊 TBM 施工段主体工程招标，开始进行三河口水库技术准备，2012 年 6 月 TBM 进场，2012 年汛后大坝截流；2016 年上半年建成三河口水库，2016 年年底，建成秦岭隧洞，2017 年实现先期通水。2014 年启动黄金峡

水库、泵站与黄三隧洞工程建设。

截至 2010 年 9 月底，秦岭隧洞 1 号勘探试验洞掘进 1721 米，距主洞 566 米；2 号勘探试验洞掘进 2280 米，距主洞 425 米；3 号勘探试验洞掘进 2584 米，距主洞 1301 米；6 号勘探试验洞掘进 2220 米，距主洞 259 米。2010 年 10 月底、12 月底及 2011 年 6 月底前 6 号、1 号与 2 号、3 号勘探试验洞将陆续到达与主洞轴线相交位置。2010 年年底前，首先用钻爆法从 1 号、2 号、6 号勘探试验洞及出口进入主洞施工，开工 7 号斜井；2011 年再增加开工椒溪河明洞、0 号、0-1 号、4 号、5 号斜井工作面，并完成岭脊段主体工程招标，启动 TBM 采购。同时鉴于作为 TBM 施工通道的 3 号、6 号勘探试验洞完成时间较 TBM 进场提前较多，对原施工设计方案进行优化，先用钻爆法沿 TBM 掘进方向完成部分隧洞，施工至主洞后先施工 TBM 后配套洞及组装洞，组装洞施工完毕后，采用钻爆法向上下游同时掘进，其中顺 TBM 掘进方向按步进洞施工，待 TBM 组装完毕后在步进洞中步进至掌子面开始掘进。TBM 反方向的钻爆掘进应在 TBM 进场组装前完成。作如此优化，一可充分利用 TBM 进场前的时间，在工期安排上取得主动；二可减少 TBM 掘进长度，降低施工风险；三可节约部分资金（图7-3-2）。

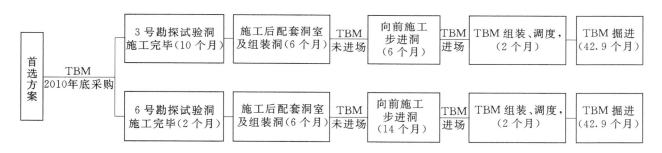

图 7-3-2　首选方案

三、备选方案

备选方案按照不能立即进行岭脊段隧洞施工招标并启动 TBM 采购的情况拟定。TBM 采购推迟至 2012 年，但为尽量争取工期，秦岭隧洞各钻爆工作面仍同首选方案安排进入主洞施工，3 号和 6 号支洞 TBM 掘进方向也用钻爆法分别施做约 2000 米、2500 米步进洞，之后施做组装洞，2013 年 8 月 TBM 进场，2013 年上半年完成基地建设，汛后三河口水库大坝截流；2017 年上半年建成三河口水库，2017 下半年建成秦岭隧洞，2018 年实现先期通水。期间相继建设黄金峡水库、黄金峡泵站、黄三隧洞工程（图7-3-3）。

四、方案选择建议

秦岭隧洞是控制引汉济渭通水时间的咽喉工程，只要打通秦岭隧洞和建成三河口水库，其余工程的建设时机将主要取决于关中用水的发展，从此便可基本掌握解决关中缺水问题的

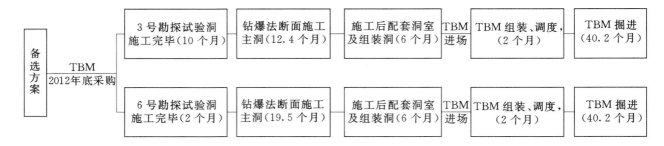

图 7 - 3 - 3　备选方案

主动权。决定秦岭隧洞贯通时间的控制部位在岭脊 TBM 施工段。从充分利用已有建设条件、争取早日通水的角度出发，应该选择尽快启动隧洞岭脊 TBM 施工段的首选施工方案。

备选方案设定了争取项目建议书审批后再正式开工隧洞主体（启动 TBM 采购招标）的条件，但因 2011 年能否批准项目建议书仍是未知，且如严格按程序要求只有等初步设计批准后才能进行招标，所设条件并不完备且何时达到难以估计。此外，如果推迟一年后 TBM 段的施工仍不能启动，将造成秦岭隧洞工期控制工作面（3 号、6 号支洞）的搁置，这样不仅会使经过几年努力取得的成果得不到发挥，还需要采取措施对其维护，这在工期安排上既不合理、也不经济。在上述备选方案之外也难以拟定其他方案。

因此，从技术合理，有利于早日通水考虑，建议选择首选方案加快推进引汉济渭工程建设。

第四节　结论与建议

经过对引汉济渭工程当前建设条件和前期工作成果的系统分析，先期实施方案行了以下初步结论。

一、创造一切条件加快实施引汉济渭主体工程

根据《关中—天水经济区发展规划》，到 2030 年关中地区总人口将超过 3000 万人，西安、咸阳将建成人口 1000 万以上、建成区面积 800 平方千米的国际化大都市，宝鸡、渭南、铜川、杨凌等城市规模也将显著扩张，关中中等以上城市城区人口、建成区面积将较现状发生显著变化（与 2005 年比较，建成区面积增加 70%），城市化的迅速发展必然带来用水需求的显著增长，在关中现状已严重缺水，因缺水导致的生态恶化已被普遍深刻地感受的情况下，如果不以强烈的危机意识抓紧建设引汉济渭工程，关中的城市化进程必将受到水资源的制约。

从 2007 年起实施的前期准备工程已完成在建工程投资规模 11.97 亿元，这些工程的实施为引汉济渭主体工程建设奠定了必要的条件，如果不及时推进主体工程建设，不仅这些准备

工程的效益不能及时发挥，还必须采取措施对其进行维护，造成不必要的损失。

引汉济渭工程已在多项国家批准规划中得到确认，工程项目建议书审批前的规定程序已履行完毕，基于国内调水工程建设经验，实质性推进工程建设，在一定程度上能够促进审批项目进程。当前湖北对引汉济渭的关注风浪尚未过去，南水北调通水在即，如果放松对工程的推进，错失良机，逢汉江下游突发干旱、水华等事件，极可能使引汉济渭的立项遥遥无期，全省未来的经济社会发展必将遭受严重损失。

二、现有工程总体方案与工程规模论证结论可以作为确定近期工程建设方案的依据

引汉济渭调水规模、工程总体布局最终方案、工程规模经过逐步深入地论证和研究，结论已经明确。

（1）黄金峡与三河口水库坝址位置、秦岭隧洞选线在水利部审查、中咨公司评估和可行性研究阶段深化研究中均得到一致确认。可行性研究阶段对秦岭隧洞与黄三隧洞进出口位置及高程研究结论与中咨公司评估意见基本一致，也得到水规总院专家认可。

（2）在引汉济渭工程系统组成中，秦岭隧洞和三河口水库处于下游位置，相对其他工程边界条件较为简单，在总体布局方案控制下，采取适当的技术措施可以保证它们与其他工程可靠衔接又不影响其他工程的深入研究和继续优化。如先将秦岭隧洞进口段一定长度洞段推后施工，留足三河口枢纽布置的研究时间，以保证秦岭隧洞与黄三隧洞及水库施工设施的合理衔接；三河口枢纽中除泵站与电站的共用设施外，将泵站其余部分搁置，可以为二级泵站的研究留有充分的时间和空间。其余黄金峡水库、泵站及黄三隧洞更有条件做深入研究和优化。

（3）按照年15亿立方米的最终调水规模，黄金峡水库及三河口水库的特征水位、黄金峡泵站及黄三隧洞、秦岭隧洞流量等工程规模参数可基本确定，秦岭隧洞的出口高程及比降经过充分论证，以秦岭隧洞设计流量70立方米每秒确定隧洞断面在技术上稳妥可靠，且不影响其他工程参数的进一步优化。

三、近期实施首选方案

首选方案是2010年内开始实施秦岭隧洞主体工程，三河口水库抓紧开展技术准备，2012年10月实施大坝截流。

（1）引汉济渭工程黄金峡水库建设工期48个月、黄金峡泵站建设工期42个月、黄三隧洞建设工期51个月、三河口水库建设工期48个月、秦岭隧洞建设工期79个月，制约引汉济渭总工期的秦岭隧洞应先开工建设。

（2）秦岭隧洞具备全面开工的技术条件和环境条件。引汉济渭工程在控制部位即秦岭隧洞进入主体工程的时机已经成熟，在出口段及1号、2号、3号、6号勘探试验洞进入主洞施工，同时启动岭脊 TBM 段的设计和招标准备，借鉴国内外长隧洞施工经验和秦岭终南山铁路、公路、输水隧洞施工实践，完全有把握在施工过程中采用动态设计理念克服岩爆、通风、涌水等难题，并保证开工工程与总体工程的技术衔接。

（3）三河口水利枢纽结构复杂，大型水库审批程序复杂，同时为衔接库区内工程施工工期安排，宜适当推后三河口水库主体开工。三河口水库枢纽是一个点状工程，作为最高的碾压混凝土拱坝，大坝截流后基础处理和坝体必须一气呵成，其碾压混凝土双曲拱坝特征参数及结构设计必须列专题进行充分论证。国家对水库建设管理有明确要求，大型水库未经审批开工建设有较大风险，不宜实施。同时，西汉高速公路佛坪连接线改线等库区道路恢复工程需先期实施。

四、前期实施工程建议

（1）引汉济渭工程是陕西省未来经济社会发展的战略性工程，是促进关中、统筹全省、引领西北的重大水资源配置工程，必须统一认识，快干实干，在干中研究问题，在过程中解决问题。

（2）首选方案是积极主动实施先期调水 5 亿立方米的目标，集中力量建设三河口水库和秦岭隧洞。在秦岭隧洞和三河口水库顺利进入主体施工之后，可鼓励企业参与，争取按水电开发有关程序实施黄金峡水利枢纽工程建设。

（3）近期方案中秦岭隧洞建设可按勘探试验洞进行项目管理，三河口水库筹建和施工准备工作项目，做单项工程管理，工程设计由省水利厅审查、省发改委审批。

（4）尽快落实资金计划。秦岭隧洞和三河口水库估算投资 92.71 亿元，须尽快落实资金来源。

（5）尽快启动秦岭隧洞和三河口水库初步设计工作。从现状条件开展初步设计，三河口水库约需 14 个月，秦岭隧洞约需 6 个月，初步设计工作需超常规安排。

第八篇
勘探实验与准备工程建设

　　勘探实验与准备工程建设是引汉济渭工程前期工作的重要组成部分，也是主体工程建设的必要条件。为了争取主体工程尽早开工建设，2007年6月12日，时任常务副省长赵正永主持召开引汉济渭工程协调领导小组第一次会议，研究贯彻落实袁纯清省长4月29日在佛坪县召开的现场会议精神的具体措施，要求省级各有关部门加大工作力度，在强力推进期工作的同时，加快供电、交通、勘探试验、信息化设施以及管理基地等方面的准备工程建设。截至2013年6月底，由引汉济渭办组织实施了25项准备工程建设，并全面完成了其中的13个项目。秦岭隧洞越岭段在11个工作区全线开工，共形成15个工作面，隧洞总开挖36.92千米，其中，支洞掘进16.73千米，占到支洞总长度的70%；完成主洞掘进15.84千米，占到越岭段主洞总长度的18%；累计建成施工供电线路45.7千米；施工道路54.38千米，桥梁27座，公路隧道4353米。勘探实验与不剖在工程共计完成投资39.595亿元。未完成的其余勘探实验与准备工程在2013年6月30日以后由引汉济渭工程建设有限公司组织实施并相继完工，为秦岭隧洞与三河口水利枢纽建设做好了充分准备。

第一章　施　工　道　路　工　程

　　施工道路工程共计5项，建成后为主体工程建设创造了必需的交通条件。

第一节　四亩地至麻房子道路工程

从佛坪县陈家坝镇至宁陕县四亩地镇麻房子村一带的蒲河河谷，是引汉济渭秦岭隧洞岭南段施工的主要区域。隧洞进口和岭南段的 5 个施工斜支洞位于该区域。区内四亩地镇至麻房子村地处深山，原有道路依山傍河而建，路面狭窄，弯急坡陡，通行条件极差。对此段道路进行改造，既是秦岭隧洞建设不可缺少的准备工程，也可为方便当地群众生产生活发挥积极作用。

该工程由陕西省发改委以陕发改农经〔2007〕899 号文批准兴建，工程概算总投资为 5800 万元。建设资金来源为政府投资。四亩地镇至麻房子道路全长 23.109 千米（桩号 K0＋000～K23＋109），综合隧洞施工和当地交通的要求，工程标准采用四级公路标准，设计时速 20 千米每小时，最大纵坡 9％，最小坡长 60 米，路面宽度 6.5 米，过村镇的个别段落为减少拆迁采用 4.5 米。全线设中桥每 179.4 米 4 座，小桥每 100.6 米 6 座，涵洞每 1073 米 104 道，路基挡护段落每 17838 米 101 处，累计挡护长度 18.838 千米。挡护工程占全线长度的 80％以上，是该段道路工程的主要特点之一。路基防洪标准采用 25 年一遇，以相应洪水位设计沿河路基高度。针对隧洞施工中重型车辆过往频繁和及时进行道路维护的需要，设计采用砂砾石过渡路面，待主体工程施工完后再改造成硬化路面。

工程划分为两个标段，Ⅰ标项：四亩地至柴家关段道路工程，桩号：K0＋000～K14＋600；Ⅱ标项：柴家关至麻房子段道路工程，桩号：K14＋600～K23＋109。Ⅰ标段合同金额为 2882 万元，由陕水集团施工，中国水电顾问集团西北勘察设计研究院监理；Ⅱ标段合同金额为 1812 万元，由中水十五工程局施工，陕水监理公司监理。工程于 2007 年 8 月开工，2009 年 1 月完工。

第二节　108 国道至小王涧段道路工程

工程起点为 108 国道周至段 1410 桩号附近，沿王家河河谷左岸布线，至 5 号斜井附近的小王涧村结束。秦岭隧洞岭北段主要施工区域位于黑河支流王家河河谷内，由 108 国道进入王家河的原有道路为山区乡村道路，路线沿河岸蜿蜒起伏，路基狭窄，险段频出，经常因洪水、塌方而中断。秦岭隧洞岭北道路工程是为保证隧洞勘探和主体施工对外及场内交通而安排的关键准备工程，同时综合隧洞施工和当地生产、生活交通要求，可显著改善周至县王家河乡的交通条件。公路采用四级标准，设计时速 20 千米每小时，最大纵坡 9％，最小坡长 60

米，一般路基宽度 6.5 米，局部困难段落 4.5 米，设计荷载为公路 II 级。路面按分期修建的原则进行，施工期采用 15 厘米厚过渡性泥灰结碎石面层，施工完成后再重新硬化。

该工程由陕西省发改委以陕发改投资〔2007〕1177 号文批准兴建，工程概算总投资为 5800 万元。建设资金来源为政府投资。道路全长 14.65 千米（桩号 K0＋000～K14＋650），路基防护工程 11.7 千米，公路隧道 143 米每 1 座，过水隧洞 215 米每 1 座，中桥 141.62 米每 3 座，涵洞 42 道，结合主体工程弃渣场建设交通隧道 1 座，改河输水隧道 1 座。

本工程划分为两个标段，I 标项：桩号 K0＋000～K8＋400；II 标项：桩号 K8＋400～K14＋650。I 标段合同工金额为 2474 万元，由中铁十五局集团施工，陕水监理公司监理；II 标段合同金额为 2746 万元，由中铁十七局施工，陕西大安监理公司监理，工程于 2007 年 10 月开工，2009 年 12 月完工。

第三节 大河坝至黄金峡道路工程

黄金峡水库是引汉济渭工程的主要水源之一，工程区交通条件极差，车辆无法通行。建设大河坝至汉江黄金峡交通道路工程将永久解决引汉济渭黄金峡水库、黄金峡水源泵站、黄三输水隧洞工程施工及运行期的对外交通问题，同时结合当地新农村建设和长远发展，对改善区域路网整体状况具有重要意义。

该工程由陕西省发改委以陕发改农经〔2009〕576 号文件批准修建，建设资金来自政府投资，总投资 2.91 亿元。工程起于西汉高速公路大河坝立交收费站出口处，平行于西汉高速公路布线，至沙坪水库下游约 1 千米处向西南偏移，采用隧道方案平行于引汉济渭工程设计的黄三输水隧洞敷线，于东沟口出隧道，沿东沟河、良心河至汉江黄金峡水利枢纽坝址。全线采用三级公路标准，设计速度为 30 千米每小时，一般路基宽度 7.5 米。汽车荷载等级采用公路 II 级，桥梁及路基设计洪水频率 1/50。线路全长 17.987 千米，其中大桥 105.04 米每 1 座，中桥 503.42 米每 9 座，小桥 33 米每 2 座，涵洞 41 道，隧道 4210 米每 1 座。

工程施工共分 4 个标段（I 标、II 标、III 标为路基施工，IV 标为路面及绿化）。I 标段：桩号 K0＋236.988～K6＋725，主要建设内容：路基工程 6.583 千米，中桥 160.76 米每 3 座，小桥 33 米每 2 座，隧道 2105 米每 0.5 座，涵洞 15 道，平交 3 处。II 标段：桩号 K6＋725～K22＋400，主要建设内容：路基工程 5.103 千米，中桥 122.68 米每 3 座，隧道 2105 米每 0.5 座，涵洞 9 道，平交 1 处。III 标段：桩号 K22＋400～K28＋700，主要建设内容：路基工程 6.3 千米，大桥 105.04 米每 1 座，中桥 305.02 米每 4 座，涵洞 17 道，平交 1 处。IV 标段：建设内容包括修建长 13.14 千米，宽 7.0 米，厚度 45 厘米的沥青混凝土路面工程，以及沿线交通设施和绿化工程。

Ⅰ标段合同金额为 9154 万元，由中国葛洲坝集团施工，上海宏波监理公司监理；Ⅱ标段合同金额为 8480 万元，由中铁十七局二公司承建，陕西大安监理公司监理；Ⅲ标段合同金额为 3119 万元，由铜川路桥承建，陕西大安监理公司监理，Ⅳ标段合同金额为 1751 万元，由陕西高速集团机械化公司施工，陕西兴通监理公司监理。Ⅰ标、Ⅱ标、Ⅲ标段于 2009 年 5 月开工，2011 年 6 月完工；Ⅳ标段于 2011 年 8 月开工，2012 年 6 月完工。

第四节　西汉高速公路佛坪连接线改线工程

根据引汉济渭工程项目建议书阶段成果，拟建的三河口水库设计坝顶高程为 644.3 米，水库回水末端高程在 650 米以内，原有道路库区段将处于水库蓄水位以下，且为沥青路面，线形指标差，道路通行水平较低。结合《陕西省"十一五"交通运输发展专项规划》和《佛坪县交通发展规划》，为满足佛坪县国民经济快速发展需要，保证佛坪县进出西汉高速的道路畅通，根据 2007 年 11 月省政府领导对西汉高速公路佛坪连接线建设问题批示精神（办公厅办文处理专用单 2773 号），2008 年引汉济渭办委托中交一院承担西汉高速公路佛坪连接线永久改线工程的可行性研究和勘测设计工作，委托省环保局环境科学研究院承担了环境影响评价工作，委托省水电设计院承担了项目的水土保持方案编制工作。

西汉高速公路佛坪连接线改线工程起于西汉高速公路大河坝立交收费匝道终点，途经蒲家沟口、田坝梁、蚂蟥咀、黄泥咀、十亩地、烂草湾，终于余家庄，路线全长 17.597 千米。按照二级公路标准实施建设，设计时速 40 千米每小时，路基宽度 8.5 米，路面宽度 7 米，采用沥青混凝土路面。桥涵设计荷载公路 Ⅱ 级。沿线设大桥 1733 米每 12 座，中桥 435 米每 5 座，涵洞 63 米每 2 道，隧道 1520 米每 2 座。按照省政府安排，该工程由省交通厅负责建设。

第五节　三河口水库施工道路工程

三河口水库施工道路工程分为两部分。

一部分是左岸上坝路起点位于大坝左坝肩，终点与西汉高速佛坪连接线子午河大桥桥头相接，路线全长 2.875 千米，涵洞 19 道。道路按照四级公路标准设计设计行车速度 20 千米每小时。设计荷载为公路 Ⅰ 级。路基宽度 8.5 米，双向路拱，行车道横坡 2%。路面采用永临结合方式，施工期采用 30 厘米厚泥结碎石路面，施工期结束后加铺 20 厘米厚水泥稳定碎石基层和 20 厘米厚 C30 混凝土面层。

两部分是大坝下游交通桥，位于坝址下游 900 米处，按永久工程设计，设计荷载为公路 I 级，防洪标准为 100 年一遇洪水，抗震设防烈度为 Ⅶ 度。桥面高程 539.80 米，采用 5 跨空心板结构，单跨长 20 米，桥总长 108 米，桥面宽 10 米，行车道宽 7 米，两侧各设 1.5 米宽人行道；下部支撑结构采用柱式墩台、灌注桩基础。该工程由陕西省水利厅以陕水规计发〔2012〕489 号文件批准建设，建设资金来自政府投资。合同金额为 2156 万元，由陕水集团施工，四川二滩国际监理。

第二章　施 工 供 电 工 程

施工供电工程共计三项，包括秦岭隧洞岭南供电工程、三河口勘探试验洞及施工供电工程、秦岭隧洞岭北供电工程。

第一节　秦岭隧洞岭南供电工程

引汉济渭秦岭隧洞地处秦岭深山无电网覆盖区，隧洞岭南供电工程是为满足隧洞岭南段勘探试验和主体施工用电的专用工程，同时可兼顾当地用电需求。

该工程由陕西省发改委以陕发改农经〔2007〕1048 号文批准兴建，工程概算总投资为 2300 万元。建设资金来源为政府投资。工程选择宁陕县龙王坪 110 千伏变电站为电源接入点，建设内容包括架设 35 千伏线路 31.8 千米、10 千伏电力线路 14.48 千米、35 千伏变电站一座。其中 35 千伏线路自龙王坪变电站开始，沿五龙乡、田坝、黄泥坪、红岩山、瓦南沟至四亩地镇走线，经五根树专用变电所和 2 号、1 号、0 号支洞，杆塔总数 215 基；10 千伏线路从五根树变电所开始，至麻房子村 4 号斜井附近结束，杆塔总数 145 基。线路经过地区多属中高山区，施工难度较大。35 千伏变电所位于宁陕四亩地镇五根树村，输出电压为 10 千伏和 20 千伏两个等级，其中 20 千伏专用于隧道掘进机施工，工程合同金额为 1968 万元，由中铁一局集团电务公司施工，省电力建设工程监理有限责任公司监理。该工程于 2007 年 9 月开工，2009 年 4 月完工。

第二节　三河口勘探试验洞施工供电工程

三河口水库与秦岭隧洞共同控制引汉济渭整体工程建设工期和效益的发挥。结合施工导流需要实施三河口勘探试验洞工程。一是为大坝设计提供更充分的地质资料和参数；二是为秦岭隧洞及黄三隧洞设计施工提供参考；三是为保障水库主体工程施工期创造有利条件。隧洞进口位于大坝右岸上游，出口于坝后，洞室穿过的主要岩层有变质砂岩、结晶灰岩及大理岩、侵入岩脉等，洞身段大多位于地下水位以下。在隧洞开挖过程中，对地质构造、岩石强度与变形特性、断层及破碎带影响、地下水径流方向及补排关系等问题进行了综合研究，取得了重要的技术参数。

该工程由陕西省发改委以陕发改农经〔2007〕937号文批准兴建，工程概算总投资为3000万元。建设资金来源为政府投资。勘探试验洞长532米，其中进口段36米、洞身段415米、出口段98米，断面形式为圆拱直墙形，宽9米，高11.8米。进口底板高程530米，洞底比降9/1000，明流状态下过流量583立方米每秒，最大过流量1627立方米每秒，最大流速16.4立方米每秒。除进出口及断层段进行混凝土衬砌外，其余段落仅进行初期支护，主体工程开工后再全面衬砌加固以满足导流需要。配合勘探试验洞施工，同时实施了三河口供电工程，从大河坝变电站向三河口架设35千伏线路4.13千米，10千伏临时线路1.65千米，其中35千伏线路可满足大坝主体施工的供电要求。

工程由中铁二十二局四公司承建，陕西大安监理公司监理，工程于2007年9月开工至2008年9月完工，合同金额为1951万元。其中，供电工程165万元，由陕西省地方电力公司组织建设，于2007年12月完工。

第三节　秦岭隧洞岭北供电工程

岭北供电工程是为满足秦岭隧洞岭北段勘探试验和主体施工用电的专用工程，除满足工程用电外，可适当兼顾当地生产生活用电。

该工程由陕西省发改委以陕发改农经〔2007〕1396号文批准兴建，工程概算总投资为1900万元。建设资金来源为政府投资。工程选择与周至县王家河6/35千伏水电站相连的35千伏公网为电源接入点。建设内容包括35千伏线路3.34千米，10千伏电力线路13.04千米，建设进线35千伏变电站一座。变电站出线为10千伏、20千伏两个电压等级，20千伏专用于隧道掘进机施工。35千伏线路由王家河水电站接线，沿王家河溯流而上至周至林业检查站变电站，共设铁塔11基。10千伏线路自专用变电站出线，顺王家河向下游输电至7号斜井，沿王家河向上游输电至小王涧村附近的5号斜井，共设杆塔83基。

该工程合同金额为1428万元，施工单位为陕西恒通电气工程有限公司，监理单位为陕西省中小型电力建设工程监理有限责任公司。工程于2007年11月开工，2009年8月完工。

第三章 勘探试验工程

勘探实验工程共计 15 项。这些工程既是勘探实验项目,也是三河口水库与秦岭隧洞支洞工程的组成部分。

第一节 秦岭隧洞 0 号勘探试验洞工程

秦岭隧洞越岭段 0 号勘探试验洞位于佛坪县石墩河乡迥龙寺蒲河右岸山坡,洞口以上蒲河流域面积分别为 458 平方千米,河道平均比降为 26.6‰,洞口 50 年一遇洪水流量为 1534 立方米每秒,200 年一遇洪水流量为 2113 立方米每秒,是结合 0 号施工支洞实施的勘探试验洞工程。主洞段洞室最大埋深约为 610 米,施工支洞与主洞交汇里程为 10+200,主洞段设计输水流量 70 立方米每秒。工程的任务是查明秦岭隧洞(越岭段)岭南地区大理岩、石英片岩、花岗闪长岩、闪长岩、片麻岩等地层岩性,断层破碎带、软弱结构面对工程的影响。同时进行外水压力测试、水工隧洞预留变形量研究,以及钻爆法施工通风、运输等施工组织方案研究,为秦岭隧洞全面开工建设取得现场经验和做好准备。

该工程由陕西省发改委以陕发改农经〔2012〕177 号文件批准建设,建设资金来自政府投资。0 号勘探试验洞工区支洞斜长 1154.44 米,综合纵坡为 10.13%。主洞段长 7262 米(桩号 K6+638～K13+900),由 0 号施工支洞洞底分别向上、下游方向勘探 3562 米和 3700 米。主洞段按 1 级建筑物设计,防洪标准为 50 年一遇洪水设计,200 年一遇洪水校核。0 号施工支洞作为永久运行检修通道,工程级别为 3 级,防洪标准与主洞相同,按 50 年一遇洪水设计,200 年一遇洪水校核。支洞按双车道设计,净空尺寸 7.0 米×6.0 米(宽×高),主洞段纵坡比降为 1/2527,马蹄形断面,成洞尺寸 6.76 米×6.76 米。主洞段全断面采用复合式衬砌,Ⅲ类围岩段采用锚、喷、网初期支护,C25 混凝土衬砌,底板设单层钢筋网;Ⅳ类、Ⅴ类围岩段采用锚、喷、网和钢拱架初期支护,C25 钢筋混凝土衬砌。Ⅲ类围岩段 8～12 米设计一条环向施工缝,Ⅳ类、Ⅴ类围岩 20 米设计一条环向变形缝。施工支洞支护形式以喷锚为主,对围岩较差段、支洞与主洞交叉部位采用复合式衬砌。

工程由中铁五局承建,陕水监理公司监理,合同金额为 22825 万元。工程于 2012 年 7 月开工,截至 2013 年 6 月底,完成支洞开挖任务,主洞开挖 11 米。

第二节　秦岭隧洞0－1号勘探试验洞工程

0－1号勘探试验洞洞口位于佛坪县石墩河乡小郭家坝蒲河右岸山坡，与主洞交汇里程为13＋950。洞口以上蒲河流域面积为415千米，河道平均比降为26.6‰。洞口50年一遇洪水流量为1436立方米每秒，200年一遇洪水流量为1979立方米每秒。工程任务是查明秦岭隧洞越岭段岭南地区大理岩、石英片岩、花岗闪长岩、闪长岩、片麻岩等地层岩性，断层破碎带、软弱结构面对工程的影响，同时进行试验研究。为秦岭隧洞全面开工建设取得现场经验和做好准备。

该工程由陕西省发改委以陕发改农经〔2012〕178号文件批准建设，建设资金来自政府投资。0－1号勘探试验洞支洞斜长1521.12米，主洞段长3034米（桩号K13＋900～K16＋934.226），由0－1号施工支洞洞底分别向上、下游方向勘探50米和2984米。主洞段洞室最大埋深约为734米，支洞最大埋深约为540米。主洞段按1级建筑物设计，防洪标准为50年一遇洪水设计，200年一遇洪水校核。施工支洞作为永久运行检修通道，工程级别为3级，防洪标准与主洞相同，按50年一遇洪水设计，200年一遇洪水校核。主洞段设计输水流量70立方米每秒。支洞综合纵坡为10.44％，采用无轨运输，均为圆拱直墙型断面，按单车道设计，每隔200米设20米长错车道，净空尺寸5.2米×6.0米（宽×高）。主洞段纵坡比降为1/2527，马蹄形断面，成洞尺寸6.76米×6.76米，全断面采用复合式衬砌，Ⅲ类围岩段采用锚、喷、网初期支护，C25混凝土衬砌，底板设单层钢筋网；Ⅳ类、Ⅴ类围岩段采用锚、喷、网和钢拱架初期支护，C25钢筋混凝土衬砌。Ⅲ类围岩段8～12米设计一条环向施工缝，Ⅳ类、Ⅴ类围岩20米设计一条环向变形缝。施工支洞支护形式以喷锚为主，对围岩较差段、支洞与主洞交叉部位及支洞错车道段采用复合式衬砌。

工程由中铁十七局承建，陕西大安监理公司监理，合同金额为14321万元。工程于2012年7月开工，截至2013年6月底，完成支洞937米开挖。

第三节　秦岭隧洞1号勘探试验洞工程

秦岭隧洞1号勘探试验洞工程进口位于宁陕县四亩地镇附近的蒲河右岸山坡，是根据秦岭隧洞施工总体布置，结合1号施工斜井实施的勘探试验工程。目的为了查明秦岭隧洞大理岩地段可能存在较严重的岩溶涌水施工风险，摸清岩溶水对施工的影响，解决钻爆法施工面临的主要技术问题，为工程设计和制定施工方案提供依据。

该工程由陕西省发改委以陕发改农经〔2009〕700号文批准实施，工程概算总投资为5200万元，建设资金来源为政府投资。1号勘探试验洞原设计与秦岭隧洞正洞交汇里程为K14+200，与正洞轴线夹角为39.52°，试验洞斜长1891.24米。洞口底板高程为745.64米，与主洞交汇处洞底高程为567.19米，与主洞连接处设110米平段，综合纵坡9.48%，最大纵坡10.88%。横断面为圆拱直墙形，单车道断面净空尺寸5.2米×6.0米（宽×高），错车道断面净空尺寸7.66米×6.55米（宽×高）。根据中咨公司评估意见，1号勘探试验洞最终斜长将变更为2286米。

试验洞工程由中铁二十二局四公司承建，上海宏波监理公司监理，合同金额为4304万元。工程于2009年7月开工，2010年11月完工。

第四节 秦岭隧洞2号勘探试验洞工程

秦岭隧洞2号勘探试验洞位于宁陕县四亩地镇凉水井村，是按照秦岭隧洞施工总体布置，结合2号施工斜井实施的勘探试验洞工程。目的是在秦岭隧洞工程地质勘察工作的基础上，进一步查明秦岭隧洞的工程地质和水文地质条件，为秦岭隧洞岭南石英片岩加变粒岩段施工提供地质和施工技术参数。

该工程由陕西省发改委以陕发改农经〔2008〕1159号文批准实施，工程概算总投资为6000万元。建设资金来源为政府投资。工程原设计与秦岭隧洞正洞交汇里程为K14+500，与正洞中线夹角为45°49′30″，试验洞斜长1993.16米，设计洞口底板高程为802.05米，与主洞交汇处洞底高程为602.38米，根据2009年4月经水利部审查的项目建议书设计成果，2号试验洞斜长变更为2440米，与正洞交汇里程为K16+400，与正洞中线夹角为66°32′28″，与主洞交汇处洞底高程变为565.19米。根据中咨公司评估意见，2号勘探试验洞最终斜长将变更为2707米。

工程由中铁十七局承建，陕水监理公司监理，合同金额为50901万元。工程2008年11月开工，2010年4月完工。

第五节 秦岭隧洞3号勘探试验洞工程

3号勘探试验洞进口位于宁陕县四亩地镇五根树村蒲河右岸，是结合秦岭隧洞岭南TBM运输支洞实施的勘探试验工程，目的是进一步查明秦岭隧洞岭南段硬质岩地段围岩的地质条件，掌握隧洞所在区域花岗岩、石英岩及片麻岩等岩性的工程地质特性，验证设计施工方案的可靠性。

秦岭输水隧洞 3 号勘探试验洞由陕西省发改委以陕发改农经〔2009〕717 号文批准实施，工程概算总投资分别为 13900 万元。建设资金来源为政府投资，3 号勘探试验洞原设计与秦岭隧洞的轴线交点位于隧洞 K21+000 桩号处，与秦岭隧洞轴线夹角为 37.1°，试验洞斜长 3544.31 米。洞口底板高程为 848.99 米，与主洞交汇处洞底高程 561.00 米，综合纵坡 8.15%，最大纵坡 9.03%，与主洞连接处设 80 米长平段。试验洞标准横断面为 7.7 米×6.75 米（宽×高）的圆拱直墙断面。洞身采用复合式衬砌方案，初期支护以锚喷支护为主，Ⅲ类、Ⅳ类围岩洞段二次衬砌用 C25 现浇混凝土，衬厚 35 厘米，Ⅴ类围岩洞段二次衬砌采用 C30 钢筋混凝土，衬厚 45 厘米。根据中咨公司评估意见，3 号勘探试验洞最终斜长将变更为 3885 米。

工程由中铁隧道集团承建，陕西大安监理公司监理，合同金额为 11401 万元。工程 2009 年 7 月开工，2011 年 8 月完工。

第六节　秦岭隧洞 6 号勘探试验洞工程

6 号勘探试验洞是结合秦岭隧洞岭北 TBM 运输支洞实施的勘探试验工程，进口位于周至县王家河入黑河口上游约 1 千米处，目的是进一步查明秦岭隧洞岭北硬质岩地段围岩的工程地质和水文地质条件，掌握花岗岩、闪长岩段岩体工程地质特性，验证隧洞设计和施工方案的可靠性。

秦岭输水隧洞 6 号勘探试验洞工程由陕西省发改委以陕发改农经〔2009〕720 号文批准实施，工程概算总投资分别为 11000 万元。建设资金来源为政府投资。6 号勘探试验洞原设计与秦岭隧洞的轴线交点位于隧洞 K60+400，与正洞轴线夹角为 37.5°，试验洞斜长 2398.55 米。设计洞口底板高程为 721.93 米，与主洞交汇处洞底高程为 525.17 米，试验洞与正洞交接部位设 60 米长平段，综合纵坡 8.23%，最大纵坡 9.10%。试验洞标准横断面为 7.7 米×6.75 米（宽×高）的圆拱直墙断面。设计洞身采用复合式衬砌方案，初期支护以锚喷支护为主，Ⅲ类、Ⅳ类围岩段二次衬砌用 C25 现浇混凝土，衬厚 35 厘米；Ⅴ类围岩段二次衬砌采用 C30 钢筋混凝土，衬厚 45 厘米。根据中咨公司评估意见，6 号勘探试验洞最终斜长将变更为 2466 米。

工程由中铁十八局承建，陕西大安监理公司监理，合同金额为 7775 万元。工程于 2009 年 7 月开工，2010 年 12 月完工。

第七节　秦岭隧洞 7 号勘探试验洞工程

秦岭隧洞 7 号勘探试验洞工程由省发改委以陕发改农经〔2011〕155 号文批准建设，建设资金来自政府投资。工程位于周至县陈河乡黑河上游 2000 米处黑河右岸陡坡上，与正洞交汇里程为 K70+579，与正洞线路中线夹角为 85°22′59″，承担主洞工区范围为 8422 米，其中进口方向 3559 米，出口方向 4563 米。

试验洞斜长 1880.52 米，设计洞口高程为 623.27 米，洞底高程为 514.37 米，综合纵坡为 5.80%，横断面为 7.0 米×6.0 米（宽×高）的圆拱直墙断面，按双车道设计。勘探试验洞出口跨黑河桥梁 1 座，桥长 99.26 米，桥面宽 4.75 米。

试验洞洞身位于中等富水区，地下水主要为基岩裂隙水，预估正常涌水量每天 1949 立方米，可能出现的最大涌水量每天 3898 立方米。洞口 100 年一遇洪峰流量为 3430 立方米每秒，相应的洪水位为 620.4 米。

工程沿线主要涉及地层为片麻岩。进口段围岩类别为Ⅴ类和Ⅳ类，Ⅴ类长 15 米，Ⅳ类长 45 米；洞身段以Ⅲ类围岩为主，长 1820 米。Ⅴ类和Ⅳ类，采用复合式衬砌。Ⅴ类喷层厚度 23 厘米，衬砌厚度 40 厘米；Ⅳ类喷层厚度 20 厘米，衬砌厚度 30 厘米；Ⅲ类围岩采用锚喷衬砌，喷层厚度 23 厘米，衬砌厚度 12 厘米。

工程由中铁十八局承建，上海宏波监理公司监理，合同金额为 4504 万元。于 2011 年 5 月开工，2013 年 5 月完成隧洞开挖。

第八节　秦岭隧洞出口勘探试验洞工程

秦岭隧洞出口位于渭河一级支流黑河金盆水库右侧的黄池沟内，距黑河约 800 米。引汉济渭工程通过秦岭隧洞出口的配水设施与引汉济渭输配水工程相接，将 15.0 亿立方米水送入渭河流域关中地区的西安等 5 个地市、12 个县城和 6 个工业园区。修建此试验洞工程的主要任务是进一步查明秦岭隧洞岭北段工程地质和水文地质条件，为优化秦岭隧洞设计、施工、运行提供必要的基础参数和试验资料。该工程由省发改委以陕发改农经〔2011〕1652 号文批准建设，建设资金来自政府投资。

秦岭隧洞出口高程为 510.0 米，出口段控制工区总长 6.5 千米，比降为 1/2530，采用钻爆法施工，断面为马蹄形，断面尺寸 6.76 米×6.76 米。

出口勘探试验洞设计长 3 千米。主要涉及地层为第四系全新统坡积碎石土，中元古界宽坪群四岔口岩组、云母片岩夹石英片岩、绿泥片岩。Ⅲ类围岩长 200 米，占 6.7%；Ⅳ类围岩长 1921 米，占 90%；Ⅴ类围岩长 99 米，占 3.3%。

工程由中铁十七局承建，湖北长峡监理公司监理，合同金额为 19615 万元。于 2012 年 12 月开工，截至 2013 年 6 月底，完成隧道开挖 650 米。

第九节　椒溪河勘探试验洞工程

椒溪河勘探试验洞洞口位于椒溪河右岸黄泥嘴，与主洞交汇里程为 K2＋655，该段河道比降 18.7‰，洞口 20 年一遇洪峰流量为 1410 立方米每秒。工程任务是查明秦岭隧洞（越岭段）岭南地区大理岩、石英片岩、花岗闪长岩、闪长岩、片麻岩等地层岩性，断层破碎带、软弱结构面对工程的影响，同时进行试验研究，为设计、施工提供可靠的技术参数，为隧洞全面开工建设取得现场经验和做好准备。该工程由省发改委以陕发改农经〔2012〕176 号文批准建设，建设资金来自政府投资。

椒溪河工区支洞斜长 325.99 米，主洞段长 6638 米（桩号 K0＋000～K6＋638），由椒溪河施工支洞洞底分别向上、下游方向勘探 2655 米和 3983 米。主洞段洞室最大埋深约为 610 米，椒溪河部分段落位于三河口水库正常蓄水位以下。

主洞段按 1 级建筑物设计，防洪标准为 50 年一遇洪水设计，200 年一遇洪水校核。椒溪河支洞为临时施工支洞，施工完成后封堵，工程级别为 4 级，防洪标准为 20 年一遇洪水设计。

椒溪河支洞综合纵坡为 10.71%，采用无轨运输。为圆拱直墙型断面，按双车道设计，净空尺寸 7.0 米×6.0 米（宽×高）。主洞段纵坡比降为 1/2527，马蹄形断面，成洞尺寸 6.76 米×6.76 米。主洞段设计输水流量 70 立方米每秒。

主洞段全断面采用复合式衬砌，Ⅲ类围岩段采用锚、喷、网初期支护，C25 混凝土衬砌，底板设单层钢筋网；Ⅳ类、Ⅴ类围岩段采用锚、喷、网和钢拱架初期支护，C25 钢筋混凝土衬砌。Ⅲ类围岩段 8～12 米设计一条环向施工缝，Ⅳ类、Ⅴ类围岩 20 米设计一条环向变形缝。下穿椒溪河段洞身采用锚喷网初期支护，C25 钢筋混凝土全断面衬砌的强化结构。

该工程由中水十五局承建，上海宏波监理公司监理，合同金额为 23424 万元，截至 2013 年 6 月，完成支洞开挖和主洞掘进 793 米。

第十节　1 号勘探试验洞主洞延伸工程

1 号勘探试验洞主洞延伸工程任务为进一步查明秦岭隧洞主洞段的地层岩性及破碎带、软弱结构面、外水压力及软弱围岩变形对工程的影响，预测各段涌水量、径流方向和补排关系，研究洞室收敛、位移、变形情况及开挖支护方案，并进行钻爆法施工通风、运输及组织安排方案研究等。

主洞试验段设计里程为 K16＋934.226～K19＋427.226，全长 2493 米，其中由 1 号勘探试验洞洞底向上、下游方向的掘进长度分别为 2366 米和 127 米。同意 1 号勘探试验洞主洞试验段工程按 1 级建筑物设计，防洪标准采用 50 年一遇洪水设计、200 年一遇洪水校核，施工期防洪标准为 20 年一遇洪水。

试验段隧洞纵坡为 1/2527，洞身采用马蹄型断面，成洞尺寸为 6.76 米×6.76 米。洞身采用复合式衬砌。Ⅲ类围岩段初期支护采用锚喷网，二次衬砌拱墙采用 C25 混凝土，仰拱采用 C25 钢筋混凝土。Ⅳ类围岩段初期支护采用锚喷网和钢拱架，二次衬砌采用 C25 钢筋混凝土。

引汉济渭工程秦岭隧洞（越岭段）1 号、2 号、3 号、6 号勘探试验洞主洞延伸段工程由陕西省发改委以陕发改农经函〔2012〕235 号文批准建设，建设资金来自政府投资。1 号主洞延伸段仍为中铁二十二局承建，上海宏波监理公司监理，合同金额为 8896 万元。于 2012 年 7 月开工，2012 年 8 月，下游与 2 号洞贯通，截至 2013 年 6 月，完成上游方向开挖 1661 米。

第十一节　2 号勘探试验洞主洞延伸工程

2 号勘探试验洞主洞延伸工程任务为进一步查明秦岭隧洞主洞段的地层岩性及破碎带、软弱结构面、外水压力及软弱围岩变形对工程的影响，预测各段涌水量、径流方向和补排关系，研究洞室收敛、位移、变形情况及开挖支护方案，并进行钻爆法施工通风、运输及组织安排方案研究等。

2 号勘探试验洞主洞试验段为秦岭隧洞的一部分，设计里程为 K19＋427.226～K24＋527.226，全长 5100 米，其中由 2 号勘探试验洞洞底向上、下游方向的施工长度分别为 2000 米和 3100 米。同意 2 号勘探试验洞主洞试验段工程按 1 级建筑物设计，防洪标准采用 50 年一遇洪水设计、200 年一遇洪水校核，施工期防洪标准为 20 年一遇洪水。

隧洞纵坡为 1/2527，洞身采用马蹄型断面，成洞尺寸为 6.76 米×6.76 米。试验段洞身采用复合式衬砌。Ⅱ类、Ⅲ类围岩段初期支护采用锚喷网，其中Ⅱ类围岩段锚杆随机局部布设，Ⅲ类围岩段锚杆布设于顶拱；二次衬砌拱墙采用 C25 混凝土，仰拱采用 C25 钢筋混凝土。Ⅳ类围岩段初期支护采用锚喷网和钢拱架，二次衬砌采用 C25 钢筋混凝土。2 号主洞延伸段施工和监理单位同原支洞单位，合同金额为 9643 万元。于 2012 年 7 月开工，截至 2013 年 6 月，已完成合同开挖。

第十二节　3 号勘探试验洞主洞延伸工程

3 号勘探试验洞主洞延伸工程任务为进一步查明秦岭隧洞主洞段的地层岩性及破碎带、软弱结构面、外水压力及软弱围岩变形对工程的影响，预测各段涌水量、径流方向和补排关系，研究洞室收敛、位移、变形情况及开挖支护方案，并进行钻爆法施工通风、运输及组织安排方案研究等。

3 号勘探试验洞主洞试验段为秦岭隧洞的一部分，设计里程为 K24＋527.226～K27＋643.006，全长 3116 米，其中由 3 号勘探试验洞洞底向上、下游方向的施工长度分别为 1616 米和 1500 米。主洞试验段工程按 1 级建筑物设计，防洪标准采用 50 年一遇洪水设计、200 年一遇洪水校核，施工期防洪标准为 20 年一遇洪水。

试验段隧洞纵坡为 1/2527，洞身采用马蹄型断面，成洞尺寸为 6.76 米×6.76 米。洞身采用复合式衬砌。初期支护采用锚喷网，其中Ⅱ类围岩段锚杆随机局部布设，Ⅲ类围岩段锚杆布设于顶拱；二次衬砌拱墙采用 C25 混凝土，仰拱采用 C25 钢筋混凝土。3 号主洞延伸段合同金额为 9643 万元，承包人仍为中铁隧道集团，监理单位为上海宏波监理公司。于 2012 年 7 月开工，截至 2013 年 6 月，已完成合同开挖。

第十三节　6 号勘探试验洞主洞延伸工程

6 号勘探试验洞主洞延伸工程任务为进一步查明秦岭隧洞主洞段的地层岩性及破碎带、软弱结构面、外水压力及软弱围岩变形对工程的影响，预测各段涌水量、径流方向和补排关系，研究洞室收敛、位移、变形情况及开挖支护方案，并进行钻爆法施工通风、运输及组织安排方案研究等。

6 号勘探试验洞主洞试验段为秦岭隧洞的一部分，设计里程为 K62＋902.517～K67＋163.517，全长 4261 米，其中由 6 号勘探试验洞洞底向上、下游方向的施工长度分别为 2261 米和 2000 米。主洞试验段工程按 1 级建筑物设计，防洪标准采用 50 年一遇洪水设计、200 年一遇洪水校核，施工期防洪标准为 20 年一遇洪水。

试验段隧洞纵坡为 1/2530，洞身采用马蹄形断面，成洞尺寸为 6.76 米×6.76 米。洞身采用复合式衬砌。Ⅱ类、Ⅲ类围岩段初期支护采用锚喷网，其中Ⅱ类围岩段锚杆随机局部布设，Ⅲ类围岩段锚杆布设于顶拱；二次衬砌拱墙采用 C25 混凝土，仰拱采用 C25 钢筋混凝土。

Ⅳ类围岩段初期支护采用锚喷网和钢拱架，拱墙喷 C20 混凝土，拱部和边墙均布设锚杆；二次衬砌采用 C25 钢筋混凝土。Ⅴ类围岩段拱部设超前小导管注浆加固地层，初期支护采用锚喷网和钢拱架，全断面喷 C20 混凝土，拱部和边墙均布设锚杆；二次衬砌采用 C25 钢筋混凝土。

6 号主洞延伸段合同金额为 14111 万元，由中铁十八局集团承建，陕西大安监理公司监理。于 2012 年 7 月开工，截至 2010 年 6 月，已完成合同开挖。

第十四节　7 号勘探试验洞主洞试验段工程

7 号勘探试验主洞试验段的工程任务是进一步查明秦岭隧洞主洞段以花岗岩、片麻岩为主的地层岩性，以及破碎带、软弱结构面、外水压力、软弱围岩变形对工程的影响，验证分段涌水量、径流方向和补排关系。同时进行外水压力测试、水工隧洞预留变形量研究，以及钻爆法施工通风、运输、衬砌等施工组织方案研究。

7 号勘探试验主洞试验段结合主洞工程建设，按 1 级建筑物设计，7 号支洞口运行期防洪标准为 50 年一遇洪水设计、200 年一遇洪水校核，施工期防洪标准为 20 年一遇洪水。

主洞试验段设计桩号为 K67+163.517～K75+286，由 7 号勘探试验洞洞底向主洞上、下游延伸段分别长 3415.483 米和 4707 米，共长 8122.483 米。隧洞设计流量 70 立方米每秒，隧洞比降为 1/2530，横断面为马蹄形断面，断面净尺寸为 6.76 米×6.76 米。

Ⅱ类、Ⅲ类围岩段初期支护采用锚喷支护，采用 C30 混凝土衬砌，衬砌厚分别为 0.3 米和 0.35 米；Ⅳ类、Ⅴ类围岩段采用锚、喷、网和钢拱架初期支护，采用 C30 钢筋混凝土衬砌，衬砌厚分别为 0.40 米、0.45 米。

第十五节　秦岭隧洞 TBM 施工段

秦岭隧洞（越岭段）是引汉济渭的控制性工程，根据施工组织设计，其岭脊段拟由 3 号、6 号支洞采用 TBM 法施工，TBM 法施工段是决定秦岭隧洞（越岭段）工期的关键部分。

该工程由省发改委以陕发改农经〔2011〕1652 号文批准建设，建设资金来自政府要投资。

岭脊段采用两台 TBM，分别由岭南的 3 号、岭北的 6 号支洞进入主洞相向施工。3 号支洞控制主洞长度 18717 米（K27+643～K46+360），6 号支洞控制主洞长度 16543 米（K46+360～K62+903），比降均为 1/2474，开挖直径 8.02 米，按照围岩类别分别采用锚喷、钢筋混凝土等不同支护衬砌形式。4 号和 5 号两个施工支洞，长度分别为 1601 米和 4595 米，断面均为城门洞形，以喷锚支护为主，局部采用复合衬砌，成洞尺寸分别为 4.5 米×4.64 米和 5.2 米×6.0 米。

3 号试验段内的 3 号和 4 号施工支洞洞口分别位于蒲河和蒲河支流麻河，配套的柴家关弃渣场位于蒲河河漫滩。

4 号施工支洞设计方案。支洞全长 1601 米，综合坡比 38.06％；断面采用城门洞型，成洞尺寸 4.5 米×4.64 米，以喷锚支护为主，局部采用复合衬砌。3 号试验段工程竣工后，3 号支洞作为秦岭隧洞永久检修管理通道，洞口设置管理用铁门一套；4 号支洞洞口和洞底均采用 C15 片石混凝土封堵。

试验段内的 5 号和 6 号施工支洞口均位于黑河一级支流王家河，配套的双庙子弃渣场位于王家河支流东沟河滩。

5 号施工支洞全长 4595 米，综合坡比 9.96％；断面形式为城门洞型，成洞尺寸 5.2 米× 6.0 米，以喷锚支护为主，局部洞段采用复合衬砌。6 号试验段工程竣工后，在 5 号和 6 号支洞洞口各设置管理用铁门一套，6 号支洞洞口外设置防洪拦水坝一道。

岭南 TBM 段合同金额为 103220 万元，由中铁隧道集团承建，四川二滩监理公司监理，于 2012 年 3 月开工，截至 2013 年 6 月，完成 TBM 设备招标工作；岭北 TBM 段施工合同金额为 92851 万，由中铁十八局集团承建，陕西大安监理公司监理，于 2012 年 3 月开工，截至 2013 年 6 月，完成 TBM 设备制造和组装洞上导洞开挖。

第四章　信息系统（一期）工程与管理基地

准备工程中的信息系统与管理基地工程主要是为满足工程施工需要建设的。

第一节　信息系统（一期）工程

引汉济渭工程信息系统建设须考虑工程施工期和运行期的管理需求，施工期信息系统按照总体工程进度计划分期安排建设。一期工程主要是满足前期与准备工程管理对信息传输和处理的要求，任务包括：完善引汉济渭办公室现有的计算机网络与管理系统；建设大河坝基地计算机网络、监测控制、视频会商系统；实现对在建工程施工现场的远程监控等。

一期工程设计内容由传输系统、程控语音调度系统、计算机网络系统、视频监视系统、视频会商系统、应用系统组成，范围覆盖西安引汉济渭办公室、大河坝基地与秦岭隧洞 1 号、

2号、3号、6号勘探试验洞及黄三公路大坪隧道。

第二节 大河坝基地建设一期工程

大河坝基地是为了加强和方便岭南地区工程项目管理工作需要建设的岭南工程建设管理中心。工程建成后可以满足三河口水利枢纽工程建设和运营期间管理机构的生产生活、通信联络、试验检测、指挥协调需要。

工程选址于佛坪县大河坝镇的城山梁上，该地块总面积6.73公顷，其中林地2.13公顷，工程占地4.6公顷。建筑工程规划用地面积约1.85公顷，总建筑面积7874.12平方米，其中：生产办公楼4283.54平方米，职工宿舍三栋2783.67平方米，职工食堂、配电室一栋806.91平方米。整个建筑依山而建，设计建筑高度12.5米。建筑结构的安全等级为二级，设计使用年限50年，抗震设防烈度6度。办公楼、职工食堂采用框架结构，职工宿舍采用砖混结构，防火等级为二级。

根据省发改委《关于对引汉济渭工程大河坝基地建设管理基地项目（一期）可行性研究报告的批复》（陕发改农经〔2009〕156号）精神，大河坝基地按照统一规划，分期实施的原则建设。初步设计一次整体性设计，工程建设分期实施。可行性研究报告一期工程总建筑面积3169平方米，包括生产办公楼左翼1434平方米，职工宿舍一栋928平方米，职工食堂及配电室一栋807平方米，实施建设基地对外交通道路一条长752米，完成总体室外工程，征用土地4.6公顷。

基地总体工程估算总投资4126万元，发改委批复可行性研究报告（一期工程）投资1740万元。初步设计通过省水利厅审查，分大河坝基地对外交通道路和大河坝基地建设两项工程进行了批复，批复概算投资分别为418万元和1366万元。根据陕水规计发〔2009〕56号批复要求，按照基地总体建筑设计，基地建设土地征用、水电接入和污水处理系统应按总体设计在一期工程中一次完成；生产办公楼、职工食堂及配电室应优先安排，建筑面积按3169平方米控制；室外工程按满足办公楼和职工食堂使用要求建设。批复一期建筑工程投资1366万元，其中：房建工程656万元，土地征用费403万元，水电接入、污水处理系统及室外工程307万元。该工程由陕西尚天建筑有限公司承建，陕西江河监理公司监理，于2009年10月开工，截至2013年6月底，已完成土建部分主体施工。

第九篇
输配水工程规划

引汉济渭输配水干线工程是引汉济渭工程的重要组成部分，其作用是将引汉济渭工程调至秦岭隧洞出口（黄池沟）的水量输送至供水范围的城市和工业区。这项工程是保障关中地区经济社会持续发展的"生命线"工程，也是一项规模庞大的系统工程。为保证输配水工程与主体工程同步建成并发挥效益，从2009年开始，省水利厅就启动了这方面的规划工作，到最终形成的输配水干线工程规划经省政府同意，并于2015年9月7日由省发改委、省水利厅以陕发农经〔2015〕1247号文件发布，整个输配水工程规划从开始编制到省政府同意印发执行历时近7年时间。

最终形成的输配水干线工程总体规划共包括8个部分：一是工程建设的必要性；二是水量配置；三是工程总体布局；四是工程效益；五是工程占地、移民安置及环境保护；六是工程投资及资金筹措；七是工程组织实施；八是保障措施。

第一章 输配水工程规划编制过程

输配水工程规划历时7年，先后经过了编制《引汉济渭工程受水区水资源配置规划》《引汉济渭受水区输配水工程规划》和《引汉济渭输配水干线工程总体规划》等几个阶段。

第一节 受水区水资源配置规划

2009—2012 年，在引汉济渭工程项目建议书和可行性研究阶段，省水利厅就在广泛调研、征求各市意见和分析论证的基础上，从 2009 年开始组织省引汉济渭办、省水电设计院编制了《引汉济渭工程受水区水资源配置规划》。这一规划初步确定了引汉济渭工程供水范围、水量配置和输配水方案，作为引汉济渭工程前期工作成果的重要组成部分，在项目建议书、可行性研究报告审查审批过程中，一并通过了国家水利部、发改委等相关机构的审查和评估。

与此同时，省水利厅、省引汉济渭办还于 2009 年开展了"引汉济渭工程秦岭隧洞出口高程及受水区控制高程初步论证"工作。2010 年 4 月，省水利厅组织召开了技术论证收口会，初步确定了秦岭隧洞出口底板和受水区控制高程为 510 米。随后，省水电设计院编制完成了规划工作大纲，2010 年 7 月，就受水区规划工作大纲和水利部水规总院咨询专家进行了沟通。2010 年 8 月，省水利厅及省引汉济渭办组织专家，对规划工作大纲进行了审查。

2011 年 3 月，在引汉济渭工程可行性研究报告技术咨询会上，水规总院专家对受水区输配水工程规划报告进行讨论并提出了修改意见。2011 年 8 月 1 日，省水利厅组织专家对规划报告进行了审查，基本认可规划的指导思想和原则、规划范围、输配水工程规模及工程规划等内容，并提出了修改意见。

第二节 受水区输配水工程规划

在水资源配置规划的基础上，2012 年 3 月，根据省水利厅、省引汉济渭办意见，省水电设计院进一步对规划报告进行了完善，增加了支线工程费用，并吸纳了省政府对调蓄工程的意见，编制完成了《引汉济渭受水区输配水工程规划》，初步确定了引汉济渭工程受水区输配水工程总体布局、工程规模和实施安排意见。

根据引汉济渭工程可行性研究阶段受水区水资源配置成果，这一规划确定的直接受水对象为西安、咸阳、渭南等 3 个重点城市，杨凌区和周至、户县、长安、临潼、华县、泾阳、三原、高陵、阎良、兴平、武功等 12 个县区，以及泾阳工业密集区、高陵泾河工业区、绛帐工业区、常兴工业区、蔡家坡工业区、阳平工业区 6 个工业区，共计 21 个受水单元；间接受水对象为宝鸡市和眉县。

2013 年 1 月，《引汉济渭受水区输配水工程规划》上报省政府。此后，按照省政府批办意见，省发改委牵头征求了各相关厅局及受水区各市意见。根据各方面反馈意见，省水利厅结

合西咸新区建设等新的用水需求情况，对引汉济渭工程的供水范围和水量配置进行了适当调整，组织省引汉济渭办、省水电设计院和省引汉济渭工程公司编制了《引汉济渭工程受水区水量配置规划》。

第三节　输配水干线工程规划

在完成《引汉济渭工程受水区水量配置规划》编制完善的同时，省水利厅、引汉济渭办、引汉济渭工程公司、省水电设计院还对《引汉济渭受水区输配水工程规划》做了进一步修改，在以往工作成果及上述规划的基础上，按照省发改委提出的修改意见，编制完成了《引汉济渭工程输配水干线工程总体规划》，并经省政府同意印发执行。

与以往规划成果相比，最终经省政府同意的输配水干线总体规划，根据 2012 年以后经济社会发展情况，对供水对象及水量配置进行了适当调整，供水对象中增加了西咸新区的 5 座新城、西安渭北工业园区和抚平县城，取消了宝鸡的 4 个工业园区。除此之外，也充分考虑了泾河东庄水库、黄河古贤水库、渭南抽黄供水等有关水源工程规划建设的最新进展，对水资源配置进行了相应调整，使之更符合关中地区经济社会发展的实际情况。

第二章　水　量　配　置

引汉济渭工程所调水量的输配水干线工程作为关中供水网络的主体框架，将建立与当地水源相互连通、互为备用、统一调度的多水源供水网络，极大地提高城市供水安全的保障水平。其规划水平年与引汉济渭工程设计水平年相一致，现状水平年为 2010 年，规划水平年近期为 2025 年，中远期为 2030 年。

第一节　关中地区水资源配置

根据《陕西省水资源综合规划》《陕西省水中长期供求规划》，关中地区水资源配置，按照近水近用、高水高用、优水优用、高效利用的配置原则，引汉济渭、东庄、黑河、石砭峪、引乾济石、李家河等水源工程以关中渭河两岸最为发达的区域为供水区域；古贤、东雷抽黄、涧峪、沈河等水源工程以关中东部为主要供水区域；石头河、引红济石、冯家山、王家崖等水源工程以关中西部为主要供水区域。

引汉济渭以及泾河东庄水库、黄河古贤水库是未来关中地区的 3 大支撑性骨干水源，其供水范围均以关中中东部为主，工程任务、供水范围和供水对象各有侧重、互相补充。

引汉济渭工程以城市和工业供水为主要任务，年均进入关中水量 13.95 亿立方米，供水范围分布于渭河两岸，渭河以南西起周至，东到华县，渭河以北西起杨凌，东到阎良，区域总面积 1.45 万平方千米，是支撑关中地区乃至全省未来经济社会可持续发展的重要基础性工程和骨干工程（图 9-2-1）。

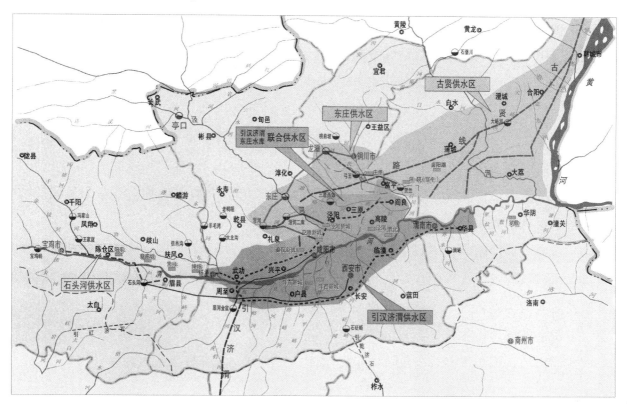

图 9-2-1 引汉济渭工程供水范围

泾河东庄水库年均可向渭河以北城镇生活和工业供水 2.13 亿立方米，其供水范围的地面高程略高于引汉济渭，向北可以输水到渭北地势稍高的铜川、富平一带，向南与引汉济渭供水区域衔接。

黄河古贤水库主要向农业灌溉和城乡生活供水，供水区主要分布于渭北泾东一带，近期不增加供水量，主要替代现有东雷抽黄灌区和一部分泾惠渠灌区的抽水灌区，改善上述灌区的取水条件，提高灌溉保证率，远期供水量增加，供水范围可向北扩展，局部可达到 850.00 米高程范围。

3 个骨干水源供水线路与已成的石头河宝鸡供水、黑河水库供水、渭南抽黄供水以及当地其他水源的供水线路，共同构成了关中供水网络线路框架。从供水任务、供水范围和供水对象看，引汉济渭输配水线路供水规模最大、线路最长、覆盖面最广、供水对象最多，是关中

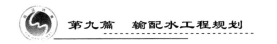

供水网络框架中最大的骨干工程。

引汉济渭工程建成后，关中地区各大中城市及工业区的水资源配置方案如下：

（1）宝鸡市。宝鸡市及宝鸡沿渭的中小城市和工业区由石头河水库（含引红济石水量）及当地水源供水，石头河水库不再向东供水；宝鸡渭河以北地区的城市和工业区主要由冯家山水库和现有和规划建设的中小水源工程联合供水。宝鸡市是关中地区缺水程度相对较轻的区域，引汉济渭工程建成后石头河水库的水量调配给宝鸡，再加上现有和规划建设的中小水源，未来用水基本可以得到保障。

（2）咸阳市及杨凌示范区。杨凌、武功、兴平、咸阳均以引汉济渭工程为主、以羊毛湾、大北沟、泔河水库等当地水源为辅进行联合供水。黄河古贤水库建成供水至泾河东岸后，咸阳北部地区由东庄、亭口、红岩河水库和当地其他水源联合供水。

（3）西安市。西安市由引汉济渭工程与黑河、石砭峪（含引乾济石水量）、李家河水库等当地其他水源联合供水。

（4）西咸新区。西咸新区的沣东、沣西新城由引汉济渭供水，泾河、空港、秦汉新城以引汉济渭工程与东庄水库联合供水为主。

（5）渭南市。渭南市及华县由引汉济渭工程与渭南抽黄、涧峪水库、尤河水库等当地水源联合供水；黄河古贤水库建成后，渭南北部地区由古贤水库和当地水源联合供水，卤阳湖工业区及蒲城清洁煤化工区主要由渭南抽黄供水。富平及富平一带工业区由东庄水库与引汉济渭、古贤水库联合供水。

（6）铜川市。铜川市高程较高，由东庄水库及桃曲坡、龙潭等当地水源联合供水。

第二节　引汉济渭工程供水对象

关中地区属严重资源型缺水地区，而引汉济渭工程调水量有限，其供水对象的选择，应在关中缺水的对象中，进一步考虑其缺水的紧迫性、地理位置、其他后备水源情况等因素，按照以下原则确定：

（1）突出效益原则。根据产业和城镇化发展规划布局，优先选择缺水量大、当地水源无法满足的地区；优先选择水资源利用效率和效益较高的城市和工业区。

（2）控制成本原则。为降低工程运行成本，尽可能避免抽水，优先选择渭河沿岸高程较低、能够实现自流输水的城市和工业区。

（3）统筹配置原则。统筹配置当地水源和调入水源，实现关中地区水资源优化配置。

根据上述原则，最终确定了22个城市及工业园区作为引汉济渭供水对象，包括：西安、咸阳、渭南、杨凌 4 座重要城市；西咸新区沣西、沣东、秦汉、空港、泾河 5 座新城；兴平、武功、三原、周至、户县、长安、临潼、高陵、阎良、富平、华县 11 个中小城市；以及西安泾渭工业园区和西安渭北工业区。

与引汉济渭工程项目建议书和可行性研究阶段的成果相比，此规划的供水对象中增加了西咸新区的 5 座新城、富平县城及西安渭北工业区，取消了宝鸡的 4 个工业园区，泾阳县城及泾阳产业密集区纳入西咸新区泾河新城一并考虑，高陵泾河工业园纳入西安泾渭工业园区一并考虑。根据关中地区水资源配置方案，宝鸡市的 4 个工业园区由石头河水库和当地水源供水。

依据《关中-天水经济区发展规划（2009—2020 年）》《西安国际化大都市发展战略规划》、各城市总体规划及工业园区规划，预测各供水对象 2025 水平年和 2030 水平年的经济社会发展指标预测成果，见表 9 - 2 - 1 和表 9 - 2 - 2。

表 9 - 2 - 1 　　　　供水对象 2025 水平年经济社会发展指标预测成果

供水对象		建成区面积/平方千米	城镇人口/万人	第 二 产 业				第三产业/亿元	GDP/亿元
				工业增加值/亿元	火电工业装机/万千瓦	建筑业/亿元	小计/亿元		
合　计		1332	1302	5251	470	2075	7325	6284	13608
重点城市	小计	656	734	2711	290	1323	4034	3474	7507
	西安市	468	552	1978	100	1065	3043	2739	5782
	咸阳市	75	70	374	130	146	520	376	896
	渭南市	75	78	285	0	80	365	243	608
	杨凌区	38	34	74	60	32	106	115	221
西咸新区	小计	272	221	723	180	310	1034	1582	2614
	沣西新城	64	50	154	0	66	220	330	550
	沣东新城	75	66	192	0	82	275	412	686
	秦汉新城	50	36	106	180	46	152	259	410
	空港新城	36	25	154	0	66	220	330	550
	泾河新城	47	44	117	0	50	167	251	418
中小城市	小计	322	276	1431	0	314	1743	980	2724
	兴平市	38	34	161	0	35	196	110	306
	武功县	15	16	64	0	14	78	44	122
	三原县	18	16	117	0	26	142	80	222
	周至县	14	14	55	0	12	67	38	105
	户县	38	35	165	0	36	202	113	315

续表

供水对象		建成区面积/平方千米	城镇人口/万人	第　二　产　业				第三产业/亿元	GDP/亿元
				工业增加值/亿元	火电工业装机/万千瓦	建筑业/亿元	小计/亿元		
中小城市	长安区	48	35	274	0	60	334	188	522
	临潼区	55	42	154	0	34	188	106	294
	高陵县	12	10	54	0	12	65	37	102
	阎良区	42	35	197	0	43	240	135	375
	富平县	30	25	87	0	19	106	59	165
	华县	12	14	103	0	23	125	70	196
工业园区	小计	82	71	386	0	128	514	249	763
	西安泾渭工业园区	42	36	126	0	54	180	97	277
	西安渭北工业区	40	35	260	0	74	334	152	486

表 9 - 2 - 2　　供水对象 2030 水平年经济社会发展指标预测成果

供水对象		建成区面积/平方千米	城镇人口/万人	第　二　产　业				第三产业/亿元	GDP/亿元
				工业增加值/亿元	火电工业装机/万千瓦	建筑业/亿元	小计/亿元		
合　　计		1405	1412	6509	470	2366	8873	7482	16356
重点城市	小计	702	789	3252	290	1516	4769	4177	8946
	西安市	500	595	2300	100	1200	3500	3200	6700
	咸阳市	80	75	468	130	165	633	477	1110
	渭南市	80	83	388	0	110	498	332	830
	杨凌区	42	36	96	60	41	138	168	306
西咸新区	小计	272	242	837	180	348	1184	1817	3000
	沣西新城	64	55	177	0	76	253	380	633
	沣东新城	75	72	226	0	97	323	484	806
	秦汉新城	50	40	123	180	41	164	286	450
	空港新城	36	27	174	0	75	248	373	621
	泾河新城	47	48	137	0	59	196	294	490
中小城市	小计	339	301	1878	0	331	2207	1138	3347
	兴平市	40	36	212	0	37	249	129	378
	武功县	18	17	84	0	15	99	51	150
	三原县	18	17	154	0	27	181	93	274
	周至县	14	16	72	0	13	84	44	128
	户县	38	37	218	0	38	256	132	389

供水对象		建成区面积/平方千米	城镇人口/万人	第 二 产 业				第三产业/亿元	GDP/亿元
				工业增加值/亿元	火电工业装机/万千瓦	建筑业/亿元	小计/亿元		
中小城市	长安区	52	38	358	0	63	421	217	638
	临潼区	55	48	202	0	36	238	122	360
	高陵县	12	12	71	0	12	83	43	126
	阎良区	45	38	258	0	46	303	156	460
	富平县	33	27	114	0	20	134	69	203
	华县	14	15	135	0	24	159	82	241
工业园区	小计	92	80	542	0	171	713	350	1063
	西安泾渭工业园区	45	40	142	0	61	203	125	328
	西安渭北工业区	47	40	400	0	110	510	225	735

供水对象水资源供需分析。根据各供水对象的经济社会发展指标，采用定额法计算需水量，需水定额见表9-2-3。

表 9-2-3　　　　　　　　不同水平年供水对象主要用水行业用水定额

受水对象	水平年	生活/升每人每日	生 产				生 态	
			火电工业/立方米每千瓦	一般工业/立方米每万元	建筑业/立方米每万元	商饮服务业/立方米每万元	人均绿地/平方米每人	人均水面/平方米每人
重要城市	基准年	119	6.62	32	8.32	6.23	3.2	11.8
	2025 年	144	3.72	21	4.59	3.83	12.2	10.0
	2030 年	145	3.64	19	3.89	3.40	12.8	9.4
西咸新区	基准年	125		33	9.47	7.36	1.7	11.8
	2025 年	130	3.72	12	5.23	3.75	12.5	10.0
	2030 年	132	3.64	10	3.33	3.33	13.0	9.4
中小城市	基准年	101		42	12.94	11.76	4.1	11.2
	2025 年	141		26	8.56	7.09	9.2	9.6
	2030 年	143		22	6.44	6.19	9.8	9.0
工业园区	基准年	98		53	11.76	8.34	4.8	11.2
	2025 年	120		28	5.91	6.36	11.0	9.1
	2030 年	136		22	4.44	4.44	15.0	6.7
平均	基准年	116	6.62	34	8.67	6.77	3.2	11.6
	2025 年	140	3.72	21	4.92	4.09	11.5	9.8
	2030 年	142	3.64	19	3.91	3.55	12.4	9.1

经预测计算，2025 水平年和 2030 水平年 22 个供水对象总需水量分别为 23.30 亿立方米、25.10 亿立方米。需水量计算成果见表 9－2－4。

表 9－2－4　　　　　　　　规划水平年供水对象需水量计算成果　　　　　　　　单位：万立方米

供水对象		水平年	城镇生活	第二产业	第三产业	生态	合计
合计		2025 年	66581	123377	25690	17371	233019
		2030 年	72984	133881	26546	17591	251002
重点城市	小计	2025 年	38617	62995	13311	9930	124855
		2030 年	41821	67422	14204	10050	133494
	西安	2025 年	29077	43425	10272	7505	90279
		2030 年	31611	43362	10667	7596	93236
	咸阳	2025 年	3687	9011	1411	921	15030
		2030 年	3985	10685	1591	949	17210
	渭南	2025 年	4076	8823	1106	1025	15030
		2030 年	4342	11389	1291	1029	18051
	杨凌	2025 年	1777	1736	522	479	4514
		2030 年	1883	1986	655	476	5000
西咸新区	小计	2025 年	10634	10843	5931	3159	30567
		2030 年	11581	10439	6054	3208	31282
	沣西新城	2025 年	2406	2235	1238	719	6598
		2030 年	2632	2162	1265	733	6792
	沣东新城	2025 年	3176	2767	1544	943	8430
		2030 年	3446	2731	1613	955	8745
	秦汉新城	2025 年	1732	2309	970	526	5537
		2030 年	1914	2210	955	540	5619
	空港新城	2025 年	1203	1780	1238	362	4583
		2030 年	1292	1678	1242	362	4574
	泾河新城	2025 年	2117	1752	941	609	5419
		2030 年	2297	1658	979	618	5552
中小城市	小计	2025 年	14208	37810	4864	3422	60304
		2030 年	15649	43206	4733	3524	67112
	兴平市	2025 年	1692	4640	751	390	7473
		2030 年	1810	5392	714	386	8302
	武功县	2025 年	796	1844	298	181	3119
		2030 年	855	2134	283	182	3454
	三原县	2025 年	796	3107	546	183	4632
		2030 年	855	3563	517	182	5117

供水对象		水平年	城镇生活	第二产业	第三产业	生态	合计
中小城市	周至县	2025 年	737	1495	150	176	2558
		2030 年	850	1718	145	189	2902
	户县	2025 年	1844	4298	451	442	7035
		2030 年	1966	5214	440	439	8059
	长安区	2025 年	1844	6493	704	475	9516
		2030 年	2019	6692	724	490	9925
	临潼区	2025 年	2212	4274	397	569	7452
		2030 年	2550	5188	408	612	8758
	高陵县	2025 年	527	1392	146	127	2191
		2030 年	638	1652	143	144	2577
	阎良区	2025 年	1844	5110	536	444	7934
		2030 年	2019	5884	521	459	8883
	富平县	2025 年	1244	2305	405	288	4242
		2030 年	1358	2636	383	291	4668
	华县	2025 年	672	2852	480	147	4151
		2030 年	729	3133	455	150	4467
工业园区	小计	2025 年	3122	11729	1584	860	17295
		2030 年	3933	12814	1555	809	19111
	西安泾渭工业园区	2025 年	1583	3903	617	436	6539
		2030 年	1979	3435	554	407	6375
	西安渭北工业区	2025 年	1539	7826	967	424	10756
		2030 年	1954	9379	1001	402	12736

从分布地域来看，需水量主要集中在 4 个重点城市，其需水量占总需水量的 53%。供水对象 2025 年需水地域分布图如图 9-2-2 所示。从需水结构来看，主要集中在工业生产上，其需水量占总需水量的 63%。供水对象 2030 年需水结构分析图如图 9-2-3 所示。

可供水量预测中综合考虑已成和规划建设的地表水源工程及再生水的可供水量，已成水源可供水量的合理衰减，扣除了地下水不合理超采水量等因素。2025 年，地表水可供水量主要考虑黑河金盆水库、李家河水库、渭南抽黄等当地水源工程可供水量，2030 年，地表水可供水量增加了东庄水库可供水量。规划 2025 年供水对象总可供水量 10.65 亿立方米，其中地表水可供水量 3.99 亿立方米，地下水可供水量 4.55 亿立方米。2030 年，供水对象总可供水量 11.36 亿立方米，其中地表水可供水量 4.44 亿立方米，地下水可供水量 4.55 亿立方米。

（1）2025 水平年，缺水量及供需平衡。规划 2025 年，供水对象总需水 23.30 亿立方米，当

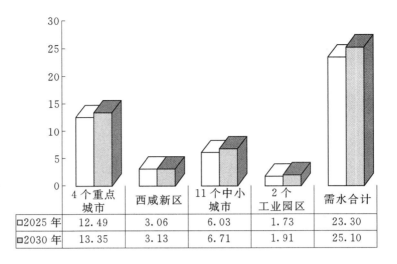

	4个重点城市	西咸新区	11个中小城市	2个工业园区	需水合计
□2025年	12.49	3.06	6.03	1.73	23.30
□2030年	13.35	3.13	6.71	1.91	25.10

图 9-2-2　供水对象需水量地域分布图（单位：亿立方米）

地水源工程总可供水量 10.65 亿立方米，总缺水量达到 12.65 亿立方米，缺水程度 54.31％。
2025 年缺水地域分布图见图 9-2-4，2025 年供水对象水量供需平衡成果见表 9-2-5。

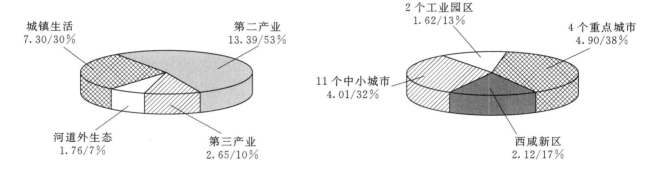

图 9-2-3　供水对象 2030 年需水结构分析图　　　图 9-2-4　2025 年缺水地域分布图
（单位：亿立方米/占总水量％）　　　　　　　（单位：亿立方米/占总缺水量％）

（2）规划 2030 年供水对象总需水量达到 25.10 亿立方米，当地水源工程总可供水量
11.36 亿立方米，总缺水量达到 13.73 亿立方米，缺水程度 54.72％。2030 年供水对象水量供
需平衡成果见表 9-2-6，2030 年缺水地域分布图如图 9-2-5 所示。

表 9-2-5　　　　　　　　　　2025 年供水对象水量供需平衡成果

供水对象	需水量/亿立方米	可供水量/亿立方米				供需平衡/亿立方米		缺水程度/%
		地表水	地下水	其他	总供水量	余水	缺水	
合　计	23.29	4.00	4.56	2.09	10.63		12.65	54.31
重要城市	12.48	3.42	2.87	1.30	7.57		4.91	39.28
西安市	9.03	2.41	1.95	0.95	5.30		3.73	41.27
咸阳市	1.50	0.00	0.58	0.15	0.73		0.77	51.29
渭南市	1.50	1.01	0.25	0.15	1.41		0.09	6.00

续表

供水对象	需水量/亿立方米	可供水量/亿立方米				供需平衡/亿立方米		缺水程度/%
		地表水	地下水	其他	总供水量	余水	缺水	
杨凌区	0.45	0.00	0.09	0.05	0.13		0.32	70.48
西咸新区	3.05	0.00	0.60	0.32	0.93		2.12	69.44
沣西新城	0.66	0.00	0.15	0.07	0.22		0.44	66.89
沣东新城	0.84	0.00	0.29	0.09	0.38		0.46	54.37
秦汉新城	0.55	0.00	0.00	0.05	0.05		0.50	90.35
空港新城	0.46	0.00	0.05	0.05	0.11		0.35	76.81
泾河新城	0.54	0.00	0.11	0.06	0.17		0.37	68.37
中小城市	6.03	0.58	1.09	0.36	2.02		4.00	66.48
兴平市	0.75	0.00	0.21	0.04	0.25		0.50	66.77
武功县	0.31	0.00	0.04	0.02	0.06		0.25	81.16
三原县	0.46	0.00	0.09	0.03	0.12		0.34	74.00
周至县	0.26	0.05	0.06	0.01	0.12		0.14	52.78
户县	0.70	0.00	0.07	0.04	0.11		0.59	84.51
长安区	0.95	0.08	0.09	0.06	0.23		0.72	75.58
临潼区	0.75	0.00	0.16	0.05	0.20		0.54	72.63
高陵县	0.22	0.07	0.07	0.01	0.15		0.07	31.32
阎良区	0.79	0.38	0.08	0.05	0.51		0.28	35.78
富平县	0.42	0.00	0.07	0.03	0.10		0.33	77.60
华县	0.42	0.00	0.15	0.02	0.17		0.24	58.40
工业园区	1.73	0.00	0.00	0.11	0.11		1.62	93.60
西安泾渭工业园区	0.65	0.00	0.00	0.04	0.04		0.61	93.44
西安渭北工业区	1.08	0.00	0.00	0.07	0.07		1.01	93.70

表 9-2-6　　　　　　　　　　2030 年供水对象水量供需平衡成果

供水对象	需水量/亿立方米	可供水量/亿立方米				供需平衡/亿立方米		缺水程度/%
		地表水	地下水	其他	总供水量	余水	缺水	
合计	25.12	4.46	4.56	2.37	11.38		13.73	54.72
重要城市	13.35	2.91	2.87	1.44	7.22		6.13	45.93
西安市	9.32	2.41	1.95	1.03	5.38		3.94	42.28
咸阳市	1.72	0.00	0.58	0.18	0.76		0.96	55.85
渭南市	1.81	0.50	0.25	0.18	0.94		0.87	48.10
杨凌区	0.50	0.00	0.09	0.05	0.14		0.36	72.12
西咸新区	3.13	0.50	0.60	0.35	1.46		1.67	53.47
沣西新城	0.68	0.00	0.15	0.08	0.23		0.45	66.86
沣东新城	0.87	0.00	0.29	0.10	0.39		0.48	55.09
秦汉新城	0.56	0.09	0.00	0.06	0.14		0.42	74.48
空港新城	0.46	0.11	0.05	0.05	0.22		0.24	52.17
泾河新城	0.56	0.30	0.11	0.06	0.48		0.08	14.39
中小城市	6.73	1.05	1.09	0.44	2.56		4.15	61.93

续表

供水对象	需水量/亿立方米	可供水量/亿立方米				供需平衡/亿立方米		缺水程度/%
		地表水	地下水	其他	总供水量	余水	缺水	
兴平市	0.83	0.00	0.21	0.05	0.26		0.57	69.01
武功县	0.35	0.00	0.04	0.02	0.06		0.28	81.93
三原县	0.51	0.28	0.09	0.03	0.40		0.11	21.31
周至县	0.29	0.05	0.06	0.02	0.12		0.17	57.13
户县	0.81	0.00	0.07	0.05	0.12		0.69	85.26
长安区	0.99	0.08	0.09	0.07	0.24		0.75	76.01
临潼区	0.88	0.00	0.16	0.06	0.22		0.66	75.45
高陵县	0.26	0.07	0.07	0.02	0.15		0.10	40.17
阎良区	0.89	0.38	0.08	0.06	0.52		0.37	41.70
富平县	0.47	0.19	0.07	0.03	0.29		0.18	38.38
华县	0.45	0.00	0.15	0.03	0.18		0.27	60.44
工业园区	1.91	0.00	0.00	0.14	0.14		1.77	92.86
西安泾渭工业园区	0.64	0.00	0.00	0.05	0.05		0.59	92.53
西安渭北工业区	1.27	0.00	0.00	0.09	0.09		1.18	93.03

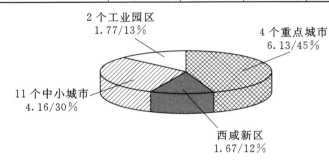

图9-2-5 2030年缺水地域分布图
（单位：亿立方米/占总缺水量%）

规划水平年供水对象水量供需平衡分析成果汇总见表9-2-7。

综上所述，规划选择的供水对象在当前和未来一段时期内的缺水形势将十分严峻，所缺水量主要由引汉济渭工程解决。

引汉济渭调水量配置方案。2025年引汉济渭工程从汉江干流和支流子午河年调水量10亿立方米，扣除输水损失后，进入黄池沟配水枢纽的水量为9.30亿立方米，进入关中各城市和工业区水厂的净水量为9.01亿立方米，安排先期向西安、咸阳、西咸新区3个新城、长安、户县、周至、兴平、阎良5个中小城市及西安泾渭工业园区、西安渭北工业区等14个供水对象供水，其中向西安、咸阳供水4.35亿立方米，向西咸新区5个新城供水1.45亿立方米，向长安、户县、周至、兴平、阎良5个中小城市供水2.11亿立方米，向两个工业园区供水1.1亿立方米。从水量配置的行业看，城市生活占30%，生产占到70%。2025年净水量地域分配及行业分配情况分别如图9-2-6和图9-2-7所示。

表 9 - 2 - 7 规划水平年供水对象水量供需平衡分析成果汇总

水平年	城市名称	需水量/亿立方米	可供水量/亿立方米				供需平衡/亿立方米		缺水程度/%
			地表水	地下水	其他	总供水量	余水	缺水	
2025年	合 计	23.31	4.00	4.55	2.10	10.64		12.65	54.31
	重要城市	12.49	3.42	2.87	1.29	7.58		4.90	39.28
	西咸新区	3.06	0.00	0.60	0.33	0.93		2.12	69.44
	中小城市	6.03	0.58	1.08	0.37	2.03		4.01	66.48
	工业园区	1.73	0.00	0.00	0.11	0.11		1.62	93.60
2030年	合 计	25.10	4.45	4.55	2.38	11.38		13.73	54.72
	重要城市	13.35	2.91	2.87	1.44	7.22		6.13	45.93
	西咸新区	3.13	0.50	0.60	0.36	1.46		1.67	53.47
	中小城市	6.71	1.04	1.08	0.44	2.56		4.16	61.93
	工业园区	1.91	0.00	0.00	0.14	0.14		1.77	92.86

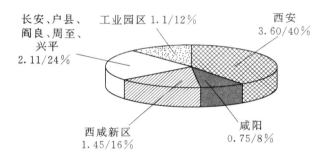

图 9 - 2 - 6 2025年净水量地域分配情况
（单位：亿立方米/占总水量%）

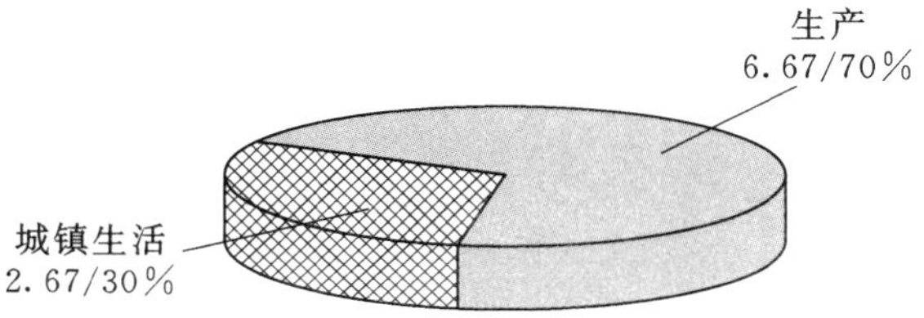

图 9 - 2 - 7 2025年净水量行业分配情况
（单位：亿立方米/占总水量%）

规划水平年引汉济渭水量配置成果汇总见表9-2-8。规划水平年引汉济渭供水对象分布情况如图9-2-8和图9-2-9所示。

表 9 - 2 - 8 规划水平年引汉济渭水量配置成果汇总　　　　　　　单位：万立方米

配水对象		2025年配水量		2030年配水量	
		进入黄池沟配水枢纽水量	进入配水系统净水量	进入黄池沟配水枢纽水量	进入配水系统净水量
合 计		93000	90100	139507	134999
重要城市	小计	44900	43500	61576	60233
	西安	37159	36000	39440	38832
	咸阳	7741	7500	9700	9387
	渭南			8700	8419
	杨凌			3736	3595

配水对象		2025 年配水量		2030 年配水量	
		进入黄池沟配水枢纽水量	进入配水系统净水量	进入黄池沟配水枢纽水量	进入配水系统净水量
西咸新区	小计	14967	14500	17130	16487
	沣西	4129	4000	4587	4439
	沣东	4129	4000	4866	4709
	秦汉	4129	4000	4359	4178
	空港	2064	2000	2486	2366
	泾河	516	500	832	795
中小城市	小计	21779	21100	42794	41073
	兴平	4645	4500	5906	5716
	武功			2902	2808
	三原			1136	1089
	周至	1342	1300	1674	1620
	户县	5987	5800	6940	6867
	长安	7225	7000	7697	7449
	临潼			6812	6592
	高陵			1089	1024
	阎良	2580	2500	3899	3573
	富平			1895	1784
	华县			2842	2551
工业园区	小计	11354	11000	18009	17206
	西安泾渭工业园区	4129	4000	6209	5809
	西安渭北工业区	7225	7000	11800	11397

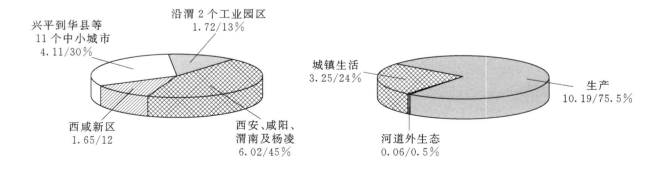

图 9-2-8　2030 年净水量地域分配情况
（单位：亿立方米/占总水量%）

图 9-2-9　2030 年净水量行业分配情况
（单位：亿立方米/占总水量%）

第三章 输配水工程总体布局

输配水工程总体布局遵循节约用水、节约能源、节约用地、注重环保的原则，与《陕西省水资源综合规划》《关中—天水经济区发展规划》《西咸新区总体规划》等相关规划相协调，充分考虑利用已有的输（供）水工程，尽可能节约工程投资，且重要城市供水线路尽量采用并联方式；尽量减少跨越渭河、泾河等较大河流的次数，降低工程造价及失事风险；尽量避开文物及自然保护区；尽量避开人口稠密、拆迁量大等工程实施难度较大的区域，拟定了工程布局方案。

第一节 布 局 方 案

引汉济渭工程供水对象分布特点：一是紧邻渭河两岸分布，其中南岸9个，北岸13个；二是供水对象地面高程西高东低；三是除武功、杨凌、周至外，其他19个供水对象均处于渭河南岸的输水起点——黄池沟配水枢纽以东。因此，必须布置过渭输水设施才能向渭河北岸供水对象供水；输水线路总体采用自西向东走向，大部分供水对象可以实现自流供水。基于上述考虑，规划拟定了4个基本方案进行比选。

一、周至渭城向北两次过渭方案（方案一）

本方案设渭河南干线自黄池沟配水枢纽向东输水，沿途依次向渭河南岸由户县至华县的供水对象供水，设渭北东分干线自渭河南干线分水于渭城区向北过渭河，依次向渭河北岸的咸阳及咸阳以东至阎良区的供水对象供水；设过渭干线自黄池沟配水枢纽向北于周至过渭至渭北分水点，沿途向周至县供水，自渭北分水点向东设兴平分干线向兴平市供水，向西设渭北西干线，依次向武功县和杨凌区供水。本方案设过渭设施2处、过泾设施1处，形成渭河南干线、渭北东分干线、过渭干线、渭北西干线和兴平分干线的总体布局，如图9-3-1所示。

本方案的主要优点是，线路尽量避开了咸阳北塬汉代古墓葬群区域（即五陵塬，西起兴平东部南位乡、东到草滩渭河大桥一代），有利于文物保护；主要缺点，一是共布置过渭工程2处、过泾工程1处，较大的跨河工程多，工程投资较大；二是渭河南干线供水量占引汉济渭总供水量的90%，供水比重过大，一旦线路失事，影响的供水范围大。

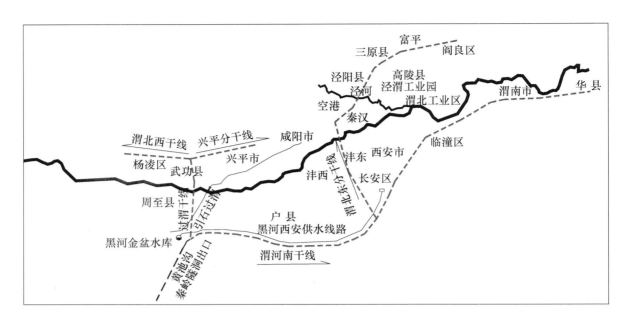

图 9-3-1 周至渭城向北两次过渭方案示意图 (方案一)

二、周至临潼向北两次过渭方案 (方案二)

本方案与方案一相似,主要区别是,渭北东分干线过渭点调整至临潼区泾河口以东,改为泾东分干线,供水对象仅包括渭北泾河以东的城市和工业区;过渭干线自渭北分水点向东的兴平分干线改为咸阳分干线,依次向兴平市、咸阳市、秦汉新城、空港新城供水。本方案布置过渭设施 2 处,形成渭河南干线、泾东分干线、过渭干线、渭北西干线和咸阳分干线的总体布局,如图 9-3-2 所示。

该方案的主要优点是,渭北分干线过渭点位于泾河以东,较方案一减少跨泾工程 1 处,

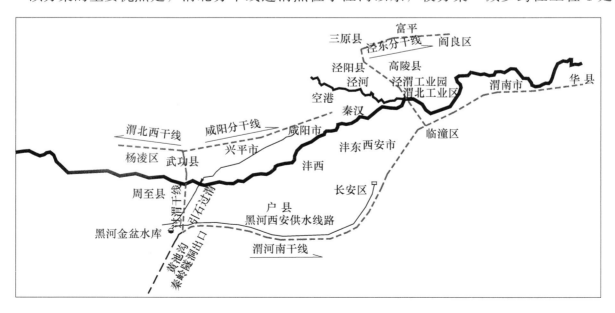

图 9-3-2 周至临潼向北两次过渭方案示意图 (方案二)

工程投资较有所节省；主要缺点与方案一类似，即渭河南干线的供水量占引汉济渭总供水量
的 77%，供水任务比重仍然过大，不利于供水安全，渭北东分干线从咸阳市附近由西向东穿
越，需避让咸阳北塬汉代古墓葬群区。

三、周至向北一次过渭方案（方案三、推荐方案）

为进一步减小渭河南干线供水任务比重，本方案是在方案二的基础上，将渭河以北泾河以东
的供水任务由南干线调整至过渭干线，即：南干线不再设渭北分干线，而将过渭干线渭北分水点向
东的咸阳分干线延伸过泾河，改为渭北东分干线，依次向兴平市、咸阳市、秦汉新城、空港新城及
泾河以东的供水对象供水。本方案布置过渭、过泾工程各1处，形成渭河南干线、过渭干线、渭北
东干线和渭北西干线的总体布局，如图9-3-3所示。

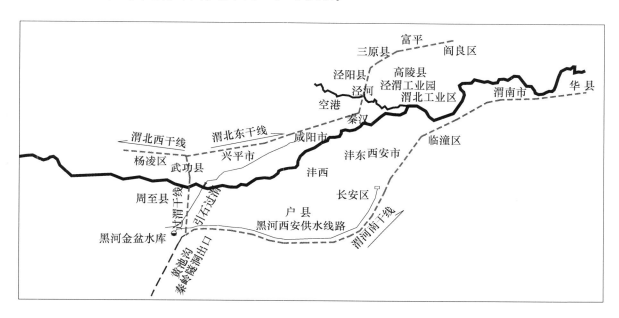

图 9-3-3　周至向北一次过渭方案示意图（方案三）

本方案的主要优点是，较大的跨河设施仅有2处，工程投资较为节省，渭河南干线供水
量占引汉济渭总供水量的 61%，供水任务比重大幅降低，供水安全性明显提高；主要缺点是
渭北东分干线从咸阳市附近由西向东穿越，需避让咸阳北塬汉代古墓葬群区。

四、周至向北临潼向南两次过渭方案（方案四）

本方案是在方案三的基础上，将渭河南岸临潼以东的供水任务由南干线调整至过渭干线，
即：渭河南干线改为西安干线，供水末端只到西安市，不再向东延伸；过渭干线渭北分水点
向东的渭北东干线上，增设渭南分干线向南于临潼过渭河，依次向渭河以南的临潼、渭南、
华县供水。本方案布置过渭设施2处、过泾设施1处，形成西安干线、过渭干线、渭北西干
线、渭北东干线和渭南分干线的总体布局，如图9-3-4所示。

本方案的主要优点是，渭河南干线供水量占引汉济渭总供水量的比例为 48%，供水任务

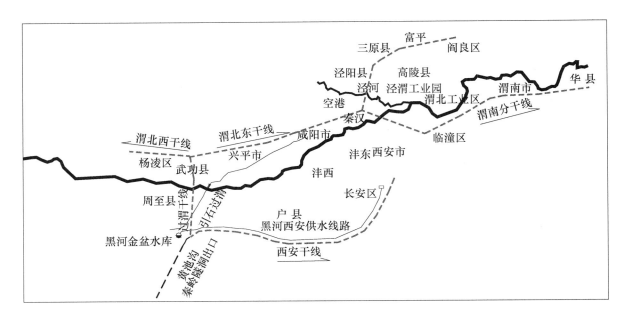

图 9-3-4 周至向北临潼向南两次过渭方案示意图（方案四）

比重接近一半，更加有利于供水安全；主要缺点是较大的跨河设施共 3 处，工程投资有所增加，渭北东干线供水线路较长，水头损失较大，渭南、华县不能自流输水，渭北东干线同样存在咸阳北塬汉代古墓葬群区的避让问题。

第二节 方 案 比 选

本工程输水起点（引汉济渭秦岭隧洞出口黄池沟）位于渭河南岸，供水对象分布于渭河两岸，从渭河南岸输水到北岸的过渭工程投资约 20 亿元，因此输水干线过渭次数对工程投资影响较大；同时过渭点的选择对南、北干线承担的供水比例起决定作用，过渭点靠近供水起点，使南、北干线供水比例相对均衡，可避免一条干线承担供水量过大、一旦失事发生较大范围供水受影响的情况，有利于降低整个供水系统的结构性安全风险；在投资增加不多的情况下，采取线路绕行等方式，可有效避让咸阳北塬汉代古墓葬群区。综合考虑地形地质条件、供水安全保障程度、环境和文物保护、工程建设投资和运行成本等因素，推荐"周至向北一次过渭"（方案三）的线路布置方案。具体如下：

（1）渭河南干线。自秦岭隧洞出口黄池沟至华县，沿途向户县、西安市、沣东新城、沣西新城、长安区、临潼区、渭南市和华县供水。

（2）过渭干线。自秦岭隧洞出口黄池沟至渭北分水点，沿途向周至县供水。

（3）渭北东干线。自渭北分水点至阎良，沿途向兴平市、咸阳市、秦汉新城、空港新城、泾河新城、三原县、高陵县、阎良区、富平县、西安泾渭工业园和西安渭北工业区供水。

（4）渭北西干线。自渭北分水点至杨凌，沿途向武功县和杨凌区供水。

第三节　建设规模与工程方案

一、建设规模

按照引汉济渭输配水干线工程总体布置示意图（图9-3-5），输配水干线总长度330.77千米，其中渭河南干线长172.83千米，过渭干线19.8千米，渭北东干线112.10千米，渭北西干线26.04千米。

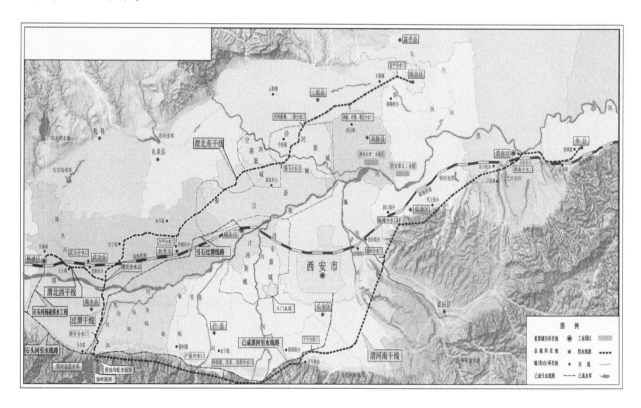

图9-3-5　引汉济渭输配水干线工程总体布置示意图

以秦岭隧洞出口黄池沟配水枢纽为起点，引汉济渭调入水量分别进入渭河南干线和过渭干线。本次规划阶段两条干线的设计流量，初步以各干线供水量占引汉济渭总供水量的比例，对秦岭隧洞设计流量进行同比例分配求得，南干线设计流量为43立方米每秒，过渭干线设计流量为27立方米每秒，两者之和等于秦岭隧洞设计流量70立方米每秒。下阶段应按照设计阶段要求对干线设计流量进一步复核。

二、工程方案

引汉济渭输配水干线工程由黄池沟配水枢纽、渭河南干线、过渭干线、渭北东干线、渭

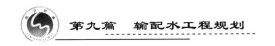

北西干线等五部分组成。

（1）黄池沟配水枢纽。黄池沟配水枢纽位于秦岭隧洞出口黄池沟内，主要任务是对引汉济渭调入水量进行调配，并维持输配水干线的进口水位，同时还具备接收黑河金盆水库水量的条件。黄池沟配水枢纽按照"两进、两出、一放空、一溢流"的使用要求进行设计，总容积3.3万立方米。

两进：即承接秦岭隧洞来水和黑河水库来水，使引汉济渭工程实现与黑河水库联合调度的功能。

两出：即设两个出水口，分别向渭河南干线和过渭干线供水。

一放空、一溢流：即设放空设施和溢流设施各一处，用于配水枢纽检修和安全保障。

（2）渭河南干线。渭河南干线西起黄池沟配水枢纽，东到华县，线路总长度172.83千米，黄池沟至渭南段以无压输水为主，渭南至华县段以压力管道为主。沿线共布置箱涵11段，隧洞9座，倒虹7座，压力管道21.94千米，渡槽共2座，分水口（节制闸、分水闸）5座，退水闸6座。

（3）过渭干线。过渭干线南起黄池沟配水枢纽，北到渭北分水点，线路总长度19.8千米，全线采用压力输水，主要采用压力管道输水，同时布置隧洞1座；倒虹2座，进水池1座。

（4）渭北东干线。渭北东干线西起渭北分水点，东到富平、阎良，线路总长度112.1千米，渭北分水点至泾河段以无压箱涵、隧洞输水为主，泾河至阎良段以压力管道输水为主，沿线共布置隧洞1座，箱涵10段，压力管道11段，倒虹7座，分水口3座。

（5）渭北西干线。渭北西干线东起渭北分水点，西到杨凌区，线路总长度26.04千米，全线采用压力管道输水，沿线共布置压力管道4段，倒虹1座，加压泵站1座。

第四节　供水安全保障

引汉济渭输配水干线工程的供水安全，在整个关中地区城市供水网络系统中起着举足轻重的作用，涉及引汉济渭工程和当地水源工程的联合调度、引汉济渭输配水线路与当地供水线路的配合衔接、供水对象的水资源调蓄能力、引汉济渭输配水工程建筑物自身安全、管理运行方式及事故应急预案等多个方面。

一、多水源联合调配

与引汉济渭工程联合向各个供水对象供水的水源，主要包括当地地下水源、当地地表水源和城市再生水等，需采取多水源联合调配措施来保障供水对象的供水安全。

二、输配水线路安全

输配水线路一旦失事或检修，将对其承担的供水任务造成影响，下一步应采取必要的连通措施，使引汉济渭水量可进入当地水源供水线路，当地水源水量也可进入引汉济渭输水线路，实现供水线路互为备用，远期还可逐步建立供水环线，进一步提高供水安全保障。

三、引汉济渭水量调蓄

引汉济渭工程设计中，采用黄金峡水库、三河口水库、黑河金盆水库以及受水区地下水等4个水源联合调节供水，以确保在不影响南水北调中线工程的前提下实现引汉济渭工程供水目标。但由此造成当引汉济渭调水流量不足时，需受水区开采大量地下水进行补充，才能满足城市和工业较为稳定的用水需求，地下水开采量从不足1亿立方米到8亿立方米之间变化。按上述情况，虽然地下水并不经常按最大规模开采，但仍需维持较高的开采能力，造成地下水的实际运用管理十分困难，而受水区如能建设一些调蓄设施，将能有效缓解地下水开采量变幅大和管理困难的问题。因此，建议下阶段继续研究在受水区修建调蓄水库对输配水干线水量进行调蓄的可行性，进一步研究修建小型分散调蓄设施对供水支线水量调蓄的可行性。

四、建筑物安全保障

分析研究表明，建筑物本身的安全度不够、地震、地质灾害是输配水工程建筑物的主要风险因素，其中建筑物安全度不够的影响程度最大。因此在输配水工程设计阶段，应对输水线路跨越河道及沟道处、地质条件较差处、易发生地质灾害处等关键节点工程进行特别考虑，以保证建筑物安全。

五、非工程措施

除确保设计方案科学合理、建设质量安全可靠等工程性措施外，采取水文水资源预警预报、制定合理的水量调蓄计划、实施水资源自动化联合调度，制定定期巡视维护计划和事故应急供水计划，完善相关用水政策等非工程措施，也是确保供水安全的必要措施，下阶段应予重视。

第五节 建设占地移民及环境保护

一、建设占地

经实地调查和计算分析，引汉济渭输配水干线工程总占地面积33384.51亩，其中永久占地901.05亩（含耕地491亩），临时占地32483.46亩。拆迁房屋总共108516.47平方米；零星树木7809株；建设征地涉及专业项目中电力线路121千米，通信线路133千米；军事设施

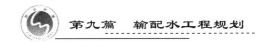

1 处，小型工业企业 22 个。

二、移民安置

生产安置人口为 551 人，搬迁安置人口为 1345 人。由于需要安置的移民较为分散，生产安置采取本村调整耕地的大农业有土安置方式；搬迁安置采取就近后靠、分散建房的方式进行，按照国家有关政策做好补偿工作。

三、环境保护

引汉济渭输配水干线工程是我省重大基础设施，工程建设不涉及环境敏感区域，不存在重大环境制约因素，工程建成后将有利于渭河流域生态环境改善，对环境的有利影响占主导地位。

工程对环境的不利影响主要为施工期输配水管（隧洞）线、水厂（泵站）设施占地等造成地表植被破坏、土地占用、耕地损失以及施工废污水排放等环境污染，可采取相应的环境保护工程措施和非工程措施予以减缓。

第四章　工程效益及组织实施

引汉济渭输配水干线工程效益巨大，所需投资较多。经规划阶段的效益评估、水价分析以及筹融资方案研究，工程建成后可以做到良性运行。

第一节　工　程　效　益

引汉济渭工程年调水量 15 亿立方米，进入关中的水量 13.95 亿立方米，进入城市和工业区水厂的净水量 13.5 亿立方米，其中用于工业生产 10.19 亿立方米，按照 2030 水平年单位 GDP 用水量 9 立方米每万元的规划指标推算，可支撑受水区内 GDP 总量 1.1 万亿元；引汉济渭工程与当地其他水源联合供水，可支撑 GDP 总量为 1.64 万亿元。2030 年城镇生活供水量 3.25 亿立方米，供水范围受益人口 1411 万人；按照人均 140 升每天的平均生活用水定额计算，相当于直接供水人口 640 万人。

此外，引汉济渭工程建成后，对改善渭河流域水生态环境也将发挥重要作用。黄科院初步研究成果（《陕西省引汉济渭水权置换关键技术研究》）表明，引汉济渭工程实施后，关中地区可减采地下水约 5.5 亿~7 亿立方米，地下水位持续下降的趋势将得到有效遏制，对缓解地面沉陷等环境地质问题将发挥积极作用；该研究还表明，引汉济渭工程建成后，关中地区河道回归水量也将有所增加，仅考虑引汉济渭工程配置水量的回归和替代傍河地下水两项，即可增加回归渭河的水量 6.3 亿立方米。

引汉济渭工程是实现全省水资源优化配置的关键工程，将陕南汉江流域的水量调入关中，为关中经济社会可持续发展提供可靠的水资源支撑，促进和保障工业化、城镇化和农业现代化发展，其所增加的河道回归水量最终也会进入黄河，从而为陕西省陕北地区置换黄河干流用水指标创造条件，促进陕北能源化工基地可持续发展，同时也具有改善生态环境的作用，将为关中水系综合治理创造基础性条件。

第二节 工程投资及资金筹措

一、工程静态投资估算

依据陕西省省颁定额和投资估算编制办法，采用 2014 年第 2 季度价格水平，引汉济渭输配水干线工程静态总投资 197 亿元，其中水工建筑物工程投资 170 亿元，建设征地移民补偿费 19 亿元，水保工程投资 3.5 亿元，环保工程投资 4.5 亿元。

分项工程投资分别为：黄池沟配水枢纽 1.5 亿元，渭河南干线 98 亿元，过渭干线 21 亿元，渭北东干线 72 亿元，渭北西干线 4.5 亿元。

二、水价分析及贷款能力测算

在贷款利率相对稳定、贷款期限一定的条件下，供水工程的贷款能力主要取决于水价，水价的确定又与社会承受能力密切相关。

（一）受水区现状水价

引汉济渭工程受水区现状城市居民生活水价，最低为杨凌示范区的 2.2 元每吨，最高为西安、渭南市的 2.9 元每吨，平均 2.64 元每吨；工业水价最低为杨凌区的 4.9 元每吨，最高为渭南市的 5 元每吨；特种行业水价最高为西安市的 17 元每吨，其他各市均为 10 元每吨。现状水价由基本水价、水资源费、污水处理费三项构成，其中基本水价为供水企业收入。各市水资源费征收标准为居民生活用水 0.3 元每吨，非居民生活用水 0.72 元每吨；污水处理费征收标准在 0.65～1.1 元每吨。据调查，目前各市污水处理折合成本在 1.0～1.2 元每吨，现行征收标准尚难以较好维持污水处理厂运营。

（二）水价承受能力

（1）居民生活水价承受能力。居民生活对水价的承受能力，可用家庭水费支出占家庭收入的比重并结合居民的心理承受力（以水价上涨率与收入增长率比值反映）两方面因素综合衡量。关于水费支出占家庭收入的比重指标，世界银行和一些国际信贷机构认为 3%～5% 比较合适，1995 年建设部《城市缺水问题研究报告》认为 2.5％～3％比较合适，2003 年水利部发展研究中心《国家南水北调水价研究报告》则认为 2％比较合适。根据公布的 2014 年城镇居民可支配收入及水价推算，北京、上海两市按实行阶梯水价水量计算，生活用水支出占收入比例分别在 0.68％～1.11％、0.53％～0.80％，天津市居民生活用水支出占收入比例为 0.93％，关中受水区现状城镇生活用水支出占收入比例在 0.5％～0.8％。因此，不同地区指标的确定应结合该地区水资源紧缺程度、经济社会发展水平、水处理程度（包括供水和排水）等因素进行具体分析。

参照国内发达地区情况并结合陕西省关中地区实际，建议引汉济渭受水区 2025 水平年居民生活水费占收入比例为 1.0％～1.5％，预测 2025 年城镇居民人均可支配收入可增加到 54830 元（剔除物价因素年均增长率为 5.3％），相应生活用水水价承受力在 8.53～12.81 元每吨。该水价与现状平均水价 2.64 元每吨比较，水价年均上涨率在 14.5％～17.1％，为同期收入增长率的 2.7～3.2 倍。

综合考虑家庭水费支出和居民对水价上涨的心理承受力，建议按水价上涨率不超过收入增长率的 2 倍控制，采用 2025 年生活水价承受力为 8.87 元每吨。

（2）工业水价承受能力。工业水价承受能力可按工业用水成本占工业产值的比重来衡量。该指标与工业用水结构、用水水平、水资源紧缺程度等相关。世界银行和一些国际信贷机构认为，当该指标大于 3％时将引起企业对用水量的重视。国内有研究机构认为该指标在 2％～3％较合适。按 2025 年关中万元工业产值用水量 25 吨、工业用水成本占产值比重 2.5％计算，工业水价承受能力为 10 元每吨。

综合可承受水价按照设计水平年居民生活水价承受力为 8.87 元每吨、工业水价承受能力为 10 元每吨、生活用水与工业用水量比例（生活 31％，工业 69％）测算，受水区综合可承受水价（加权平均）为 9.64 元每吨。

三、输配水干线工程环节水价

引汉济渭工程受水区用户终端水价包含调水（原水）、输配水干线、水厂制水、城市管网 4 个环节的费用，再加上水资源费和污水处理费。

经调查和分析测算，在合理经济技术指标范围内，用户最终水价 9.64 元每吨时，扣除水厂制水、城市管网环节费用及水资源费（取 1.3 元每吨）、污水处理费（取 1.6 元每吨）并考虑水量损失，再扣除调水工程原水水价 1.50 元每吨（国家发改委批复可行性研究报告核定水价），输配水干线工程环节水价为 1.97 元每吨。

四、工程贷款能力

按照输配水干线工程环节水价为 1.97 元每吨、还贷期 25 年、年利率 5.90％测算，工程最大贷款能力为 112 亿元（含建设期利息 16 亿元）；在一定范围内，输配水干线工程环节水价每增减 0.1 元，贷款能力约相应增减 9 亿元。

按照上述贷款能力分析，引汉济渭输配水干线工程静态总投资 197 亿元，加上建设期贷款利息 16 亿元，工程动态总投资 213 亿元。规划阶段按项目资本金和银行贷款两部分考虑筹措建设资金，工程动态总投资 213 亿元，需项目资本金 101 亿元，利用银行贷款 112 亿元。项目资本金拟在政府投资的基础上，积极吸收社会资本筹集解决。

第三节 工程组织实施

按照 2017 年引汉济渭通水到西安以及 2025 年和 2030 年两个规划水平年的配水任务，输配水干线工程宜分期分段建设，建成一段、受益一片。计划 2015 年开工，2020 年建成配水 10 亿立方米的工程规模，2022 年建成配水 15 亿立方米的工程规模，也可根据受水区用水需要适当延后。

根据《陕西省人民政府关于同意成立省引汉济渭工程建设有限公司的批复》（陕政函〔2012〕227 号文），"陕西省引汉济渭工程建设有限公司"作为项目法人，负责陕西省引汉济渭调水工程和输配水干线工程的建设和管理。公司为具有独立法人资格的国有独资企业，省国资委负责资产监管，省水利厅负责业务管理。

引汉济渭输配水干线工程以下的配水支线、净水厂、城市管网、分散调蓄等配套供水设施，由各受水区当地政府负责筹资建设，并与输配水干线工程做好衔接。

引汉济渭输配水工程工期长，涉及面广，建设协调任务重，必须强化保障措施，确保工程顺利建设和良性运行。为此，规划拟定了 8 项保障措施：一是加强组织领导，建立高效协调机制；二是加大政府投入，充分利用市场机制筹集建设资金；三是加快受水区配套供水设施建设，确保工程效益及早发挥；四是严格水资源管理，实现水资源统一调度；五是加强法制建设，强化依法管水；六是依靠科技进步，提高现代化管理水平；七是加快水价制度改革，促进工程良性运行和水资源高效利用；八是加强建设管理，科学组织实施。

第十篇
工程建设关键技术研究

在引汉济渭工程项目建议书工作阶段，参与相关技术成果审查的国内一流水利专家、院士强调指出，引汉济渭工程建设将面临诸多世界级技术难题，应提早进行创新性技术研究，拿出切实可行的重大技术风险防控措施，保证引汉济渭工程建设顺利推进。

基于上述要求，2010 年 1 月 28 日，省引汉济渭办与中铁第一勘察设计研究院集团有限公司、西南交通大学签订了引汉济渭工程秦岭特长隧洞施工通风方案研究合同，正式启动了工程建设最关键技术难题的研究工作。2010 年 4 月 12 日，引汉济渭办常务副主任蒋建军带领有关处室负责同志赴京，与中国水利水电科学研究院专家学者座谈引汉济渭工程建设的关键技术问题，王浩院士建议对工程的关键技术问题进行系统梳理，在此基础上组织开展课题研究，攻克技术难题。此后，经过多次协商，双方签订了引汉济渭工程关键技术研究协议，随即省引汉济渭办组织勘测设计单位结合可行性研究、初步设计等工作开展了一系列关键技术研究。省水利厅副总工程师、引汉济渭办主任助理张克强、引汉济渭办规划计划处处长严伏朝等人开展了秦岭隧洞岭脊段 TBM 盾构机的选型研究。在此之前，省引汉济渭办还组织中铁一院和西南交通大学于 2010 年 5 月完成了《陕西省引汉济渭秦岭特长隧洞施工通风方案研究阶段成果》。上述关键技术研究不仅解决了前期工作阶段的技术难题，同时也为工程施工乃至运行管理创造了必要的技术条件。

第一章 关键技术研究背景

引汉济渭工程技术复杂，难度很大，多项参数突破世界工程纪录，也超越了现有设计规范，无相关标准可循。工程的设计、施工、运行均面临诸多风险。工程的实施还存在一系列没有解决的工程技术难关和项目管理难题，需通过科学研究解决，因此尽早开展引汉济渭工程关键技术研究十分必要、非常紧迫，具有重大的理论与现实意义。

第一节 秦岭隧洞面临技术难题

秦岭隧洞面临的技术难题首先是隧洞施工难题。

一是深埋超长隧洞的贯通问题超越了现有设计规范。引汉济渭工程的引水隧洞工程位于东经 108°，北纬 33°15′～34°05′，南北长 100 多千米，东西宽 2 千米左右。隧洞总长 97.37 千米，其中黄三段长 15.79 千米，越岭段长 81.58 千米，属于超长隧洞。秦岭隧洞 3～6 号斜井段贯通段长 39.3 千米，由于该隧道通过秦岭主峰中段，山高林密又是野生动物保护区，因此只能采用 TBM 技术南北对挖。该项工程无论从隧洞总长，还是单个贯通长度都居世界前列。而且目前国际、国内的相关测量规范中对于相向开挖长度大于 20 千米的隧洞还没有相应的贯通误差值可以参考，因此开展引汉济渭工程控制测量关键技术的研究十分必要。

二是隧洞面临超长距离通风、岩爆、高温灾害等一系列施工风险。引汉济渭工程中最具挑战性的关键技术难点是解决从黄金峡到关中穿越秦岭的引水隧洞的施工和运行中的难题。整个工程具有超长、深埋隧洞地质条件复杂、高地温、高地应力等特征。其中秦岭隧洞黄三段全长 81.58 千米，隧洞最大埋深 2012 米，沿线分别穿越大理岩、花岗岩、闪长岩、千枚岩夹变质砂岩，隧洞埋深最大处原岩地温预计可达到 42℃，最大水平地应力预计超过 50～60 兆帕。相对开挖的两个掌子面之间最大距离达到 40 千米。采用的钻爆法施工的过水断面为马蹄型，采用 TBM 施工的为圆形断面，直径是 8.03 米。

由于引汉济渭工程秦岭隧洞的上述超常特点，以及设计指标超出规范范围和没有工程先例可以借鉴等原因，使得隧洞的设计、施工以及运行存在许多超常规的关键技术难题，如：超长深埋隧洞围岩的基本工程特性，涌水突泥问题，高地应力的岩爆预测与防治，高地应力围岩变形与稳定性分析及支护设计，施工期围岩实时监测及支护优化设计，通风及 TBM 施工关键技术，超长深埋隧洞地质灾害预测预报及信息管理系统等。

第二节 枢纽工程面临技术难题

引汉济渭工程由黄金峡水利枢纽、黄金峡抽水泵站、引水隧洞（包括黄三隧洞、秦岭隧洞两段）、三河口水利枢纽四大关键工程组成。其中，三河口水利枢纽和黄金峡水利枢纽是至关重要的两个控制性枢纽工程。目前的项目建议书中，这两个枢纽工程设计为碾压混凝土重力坝，但此坝型混凝土方量相对较大，投资也较多。如果地质条件许可，将碾压混凝土重力坝优化为碾压混凝土拱坝是降低投资的有效途径。另外，根据目前规划，加大对大坝施工期的温控防裂、质量控制与数字监控系统研究是大坝安全的有力保障。同时，通过工程实践和实验研究，证明堆石混凝土在密实度、抗渗性、水化温升以及综合力学性能方面上比常态混凝土和碾压混凝土有一定优势。而且自密实混凝土在长隧洞钢筋混凝土衬砌中的应用有很大的潜力。因此开展水库枢纽工程坝型优化设计、碾压混凝土大坝温控防裂、质量控制与数字监控系统，以及堆石混凝土工程应用等方面的关键技术的研究是十分必要的。

另外，枢纽工程中的泵站机组优化设计也面临重大技术难题。引汉济渭工程包含黄金峡水库和三河口水库两个取水点，其运行方式为：当黄金峡泵站抽水量大于引水工程需水量时，多余水量经三河口泵站抽入三河口水库调蓄；当黄金峡泵站抽水量小于引水工程需水量时，由三河口水库补足，并利用水头发电。黄金峡泵站的装机容量为 165 兆瓦，为亚洲引水工程泵站装机容量之最；三河口水库水位变幅达 55 米，两座泵站和三河口电站机组参数的选择十分困难，直接关系到工程技术难度和建设运行管理成本。基于上述情况，开展黄金峡与三河口泵站机组参数优化、黄金峡与三河口泵站水泵水力模型参数优化、三河口电站宽水头变幅的水轮机优化解决方案及其水力模型和三河口抽水蓄能电站机组可行性分析等专题研究是十分必要的。

第三节 供水与全省水资源配置面临难题

引汉济渭工程从长江最大的支流汉江调水到黄河最大的支流渭河，这将从根本上改变陕西省水资源配置格局。汉江水源区来水丰枯变化大，而调水工程主要供秦岭以北的工业和城镇生活用水，需水过程相对稳定。所以对调水工程的调蓄能力有很高的要求。引汉济渭配置情景复杂，工程联动难度大，由于抽水高程的限制，水库调蓄功能难以发挥。所以，迫切需要开展引汉济渭工程水资源配置方案研究，科学规划受水区地表水、地下水、外调水等多水源、多用户的水资源合理配置，同时注重水资源保护。配置研究还需打破受水区的地域界线，探索关中平原渭河用水权与陕北高原黄河北干流用水权的置换问题，扩大引汉济渭工程的受益范围，以"引汉江济渭水"间接支撑陕北能源重化工基地的建设和发展。引汉济渭工程不仅可以解决关中地区的缺水问题和改善渭河下游的水环境状况，还可联通汉江、黄河，成为组成国家大水网的一部分，十分有利于长江和黄河的水资源优化配置，也有利于黄河上游、中游、下游水资源配置和统一调度。引汉济渭工程的调水过程如何减小对南水北调中线工程的影响，是工程调度运行的关键问题；怎样用好引汉济渭工程的水量并使其引水过程与当地需水相协调，尽量减少引汉济渭工程的运行成本，提高工程安全性，并探索利用三河口水利枢纽作为上池进行抽水蓄能调度，充分发挥引汉济渭工程的综合效益同样是需要深入研究的问题；此外，引汉济渭水源区与受水区水资源联合调度研究，需要考虑不同管理方式对水源区、受水区各自水资源调度方式的影响，对水源区、受水区之间供需平衡的影响等。需要结合水源区、受水区的水资源管理水平及格局，提出切实可行的引汉济渭工程水资源调度管理方式及水源区、受水区联合调度方案。

第四节　建设面临移民及其他风险

引汉济渭工程规划移民人数 11277 人，移民规模较大，涉及的安置工作任务重，该工程的非自愿性移民可能会产生许多政治、经济、社会和环境等方面的问题，这些方方面面的问题构成了移民的各类潜在风险，如不及早进行识别、分析和防范，极有可能造成移民生活水平的严重下降，阻碍工程的顺利完成，甚至产生不良的社会影响和后果。因此，一方面，为了保证移民生活水平的恢复和提高、工程的顺利建设及移民后社会的稳定，实现工程与移民的和谐发展，对引汉济渭工程移民过程中所面临的各类风险及其原发因素进行分析，开展引汉济渭工程移民风险分析技术研究工作是十分必要的，具有重要的理论意义与实际应用价值；另一方面，引汉济渭工程移民不管是从工程规模还是移民安置人数，在我国同类工程移民项目中具有一定的代表性，因此以引汉济渭工程为依托，开展工程非自愿移民面临的风险及防范理论的研究，具有重要的科学技术价值。除此之外，多数大型调水工程都存在对受水区用水需求预测不准确、工程规模及投资估算存在偏差、复杂项目工期难以保障等问题，使得调水工程预期的财务评价和国民经济评价偏高，高估了项目的收益，低估了项目的投资风险。同时也会导致运行管理过程中供水量与实际需水量存在较大的差距，使得项目不能有效发挥预期功能。引汉济渭工程投资额大，未来项目收益主要来源于对外售水，在项目前期决策、设计、施工以及运行管理阶段存在着诸多风险因素，会导致项目遭受经济风险。开展经济风险研究，提前采取必要的规避措施，对于提高项目决策水平，较好发挥项目的社会、经济效益也具有重要意义。

综上所述，围绕引汉济渭工程建设和管理开展研究，为引汉济渭工程的可行性研究、设计、施工、管理和运行服务，通过科研攻关，实现技术突破，保证工程的顺利实施和安全运行，所创造的社会经济效益巨大。通过研究成果应用推广，可以解决工程建设急需解决的重要工程建筑物的结构、材料、施工技术与工艺、设备等难题，优化结构，为工程建设提供科技支撑；可以强化工程建设对环境的保护作用和生态的修复作用；可以尽量减少征地数量；可以保证工程建设质量、安全、进度，可以提高工程建设的技术水平，降低工程建设和投入运营后的成本，充分发挥工程的投资效益，为建设一流工程提供保障和条件。研究的深埋超长隧洞的设计和施工技术、控制测量技术、水资源综合配置技术、调度技术、调水区生态环境影响的综合评估结果等成果将直接应用于引汉济渭工程的建设和运行管理，为引汉济渭工程的高效运行保驾护航。同时，紧密结合国家重大基础建设工程中急需的关键技术问题开展研究，符合《国家中长期科学技术发展纲要》（2006—2020年）提出的优先资助领域及前沿领域中的目标要求，在引导带动我国在深埋超长隧洞设计及施工技术领域的水平的提高，实现区域水资源优化配置与综合开发利用等方面将发挥积极作用，研究取得的一系列成果可以为南水北调西线工程的实施奠定坚实的技术基础。

第二章 关键技术研究方向

基于对引汉济渭工程面临的重大技术难题的深入分析，相关专家学者一致认为，引汉济渭工程是一项非常复杂的水资源调配的系统工程，实施难度大，牵涉面广，影响因素多，如此超常规的工程建设必然带来一系列的科学技术问题。

第一节 工程建设之最

经中国水利水电科学研究院专家查阅全球40多个国家和地区的350多项调水工程资料，发现引汉济渭工程改写了多项世界工程纪录，部分参数也超越了现有工程设计规范。

一、第一次从底部横穿世界级雄峻山脉——秦岭

引汉济渭工程将是人类从底部洞穿世界高大雄峻山脉的首次尝试。在人类历史上，1985年秘鲁马杰斯·西嘎斯（Majes.Siguas）调水工程横穿了世界第一长山脉——安第斯山脉，但

穿越点位于海拔4000米的山腰（是世界海拔第一高的跨流域调水工程），最长隧洞仅14.9千米。引汉济渭工程的穿越点位于海拔550～510米的山脚，整体隧洞长达97.37千米，工程难度极大。

二、深埋超长隧洞——世界第一

引汉济渭工程的引水隧洞长度97.37千米，最大埋深2012米，长度和埋深综合排名世界第一。世界单项长度第一的隧洞为芬兰赫尔辛基调水工程隧洞，总长120千米，其最大埋深仅100米；世界单项埋深最大的隧洞是锦屏二级引水隧洞，最大埋深2525米，但其长度仅16.7千米。目前建成的其他输水隧洞埋深绝大多数在1000米以下：辽宁大伙房调水工程隧洞埋深在60～630米；芬兰赫尔辛基调水工程隧洞埋深30～100米。正在建设的引大济湟工程大坂山隧道埋深1100米。另一说法是：世界第一长输水隧道是纽约特拉华水道（Delaware Aqueduct，137千米），这是种误解。特拉华水道是由隧洞、钢管、明渠、暗渠等组成，并不是完全意义上的岩石隧洞。

三、高扬程、大流量泵站——亚洲第一

黄金峡泵站总装机容量165兆瓦，建成后将超过现有亚洲最大泵站——山西万家寨引黄工程总干一级、二级泵站（120兆瓦），单机配套功率也将超过万家寨引黄工程现有最大水泵的单机容量12兆瓦。该泵站规模稍逊于美国埃德蒙斯顿泵站，其泵站总流量125立方米每秒，扬程587米，单机功率59兆瓦，总装机826兆瓦。

四、三河口138米碾压混凝土重力坝——世界第一

三河口水库的坝型目前有两套设计方案，混凝土重力坝和碾压混凝土拱坝。如果采用碾压混凝土拱坝方案，138米的坝高将超越现有世界最高的碾压混凝土拱坝——四川沙牌电站大坝（132米），成为世界第一高碾压混凝土拱坝。后在可行性研究阶段确定为145米高的碾压混凝土拱坝，不再是世界第一。

从以上几项技术参数可以看出，引汉济渭工程是一项世界级的宏伟工程。此种超常规的工程设计和施工，在一些方面已经超出了现有工程设计施工规范，无章可循，亟须针对其中的关键技术问题展开研究，支撑工程设计，降低施工和运行风险。

第二节 工程建设之难

引汉济渭工程建设与运行管理的难度主要体现在以下4个方面。

一、隧道施工难度堪称世界之最

引汉济渭工程中，大埋深、难分割的引水隧洞长达40千米，即使采用TBM从两头施工，

单向掘进距离为 20 千米，如果不设通风竖井，主洞加上施工支洞，通风距离预计超过 23 千米，这对现有的施工和通风设计将是一大挑战。目前国内 TBM 施工中设计的最长通风距离为 11.4 千米（锦屏二级电站），实际操作中成功运用的最长通风距离为 10.42 千米（辽宁大伙房调水工程）。国外冰岛卡拉杰卡（Karahnjukar）水电站 TBM 施工的通风长度达到了 16.2 千米，为目前采用的最长通风距离。此外，该工程钻爆法施工的最长通风距离达 6.4 千米，超过目前使用的最长 5 千米的通风距离。

二、工程运行调度极为复杂

工程建成后，引水线路上的两个重要调蓄水库——黄金峡水库和三河口水库，正好位于秦岭南坡的暴雨集中区，其防洪调度和水资源调度任务交叉耦合，调度系统复杂，实时性要求高。黄金峡泵站、三河口泵站以及黑河水库联合运行，保障关中用水过程，也是一个极为复杂的多参数、多约束、不确定求解问题。此外，15 亿立方米汉江水翻越秦岭后，关中地区现状 55 亿立方米的供水系统格局将面临重大调整，水资源的优化配置问题是工程效益能否充分发挥的关键。

三、工程优化设计难度大

引汉济渭工程在项目建议书审查和中咨公司评估阶段，已对调水线路、泵站扬程作了多次优化，但目前依然面临着施工支洞较多、开掘困难、泵站单机容量小、设备使用率低等诸多不足。设计方案变更将会面临一系列的施工和运行调度风险。例如：减少施工支洞意味着增加通风距离；增大泵站单机容量，泵站流量的可调性就会减弱。为了优化设计，提高投资效益，降低工程风险，需要进行一系列的科学技术攻关。

四、移民及生态保护任务重

引汉济渭工程，投资规模位于全国同类工程第二。工程移民规模较大，安置任务重。工程引水线路还经过国家级自然保护区，生态系统保护的压力也比较大。

第三节 关键技术研究课题

为了解决上述科学技术难题，省引汉济渭办与中国水科院决定开展以下 7 个方面的科学技术研究：

（1）课题一：引汉济渭工程控制测量关键技术研究。

（2）课题二：深埋超长隧洞设计及施工关键技术研究。

（3）课题三：水库枢纽工程设计与施工关键技术研究。

（4）课题四：泵站与电站设计及运行关键技术研究。

（5）课题五：引汉济渭工程水资源配置关键技术研究。

（6）课题六：引汉济渭工程运行调度关键技术研究。

（7）课题七：引汉济渭工程移民及相关风险研究。

通过上述 7 个课题的研究，在基础理论、工程应用及科学管理方面开展攻关，确保引汉济渭工程的顺利实施。项目研究中积累的深埋、超长、大断面隧洞的施工经验，将为南水北调西线工程的实施奠定坚实的理论和技术基础，具有重要的科学技术价值。

第三章　关键技术研究创新

根据省引汉济渭办与中国水科院达成的协议，水科院的专家研究了国内调水工程的最新科研成果，包括深埋超长隧洞控制测量、深埋超长隧洞设计和施工、水库枢纽坝型优化和质量控制、泵站及电站设计和运行、水资源配置、水资源调度技术、工程移民及相关风险等 7 个方面。借鉴上述科研实验成果，拟定了关键技术研究创新点和技术路线。

第一节　超长隧洞平面与高程控制技术研究

一、技术难点

（1）长距离、多点隧洞平面和高程控制网的布网方案和数据处理技术。

（2）地下高温、高湿及粉尘条件下全站仪测量方法及数据处理技术。

（3）超长距离隧洞贯通的平面和高程控制测量技术。

（4）超深竖井精密高程和方位传递测量技术。

二、技术创新

（1）卫星定位技术首次用于山区 100 千米长距离、深隧洞高精度贯通平面控制测量技术及整体网平差方法。

（2）电磁波三角高程用于山区高程控制二等网测量技术。

（3）高温、高湿条件下隧洞高精度导线测量技术及洞中大气改正模型。

（4）陀螺经纬仪在超长、超深隧洞贯通中提高贯通精度的技术。

（5）激光投点仪和激光测距仪在超深竖井高程和点位测量中的应用。

三、技术路线

（1）调查国内外在超长隧洞外部平面和高程控制测量采用的技术和方法。

（2）调查并模拟试验和分析超长、超深隧洞洞中温度、湿度及能见度对全站仪测距和测角的影响，在此基础上进行秦岭隧洞贯通精度分析研究。

（3）研究深度竖井及斜井高程和方向传递方法及精度分析。提出测量方法、数据处理方法及质量控制方法。

（4）实地调查秦岭隧洞附近国家平面和高程控制点的状况、前期勘察控制点布置情况、各段隧洞洞口等情况。了解目前隧洞施工单位施工测量的技术方案和能力。

（5）在上述研究工作基础上制定引汉济渭水工隧洞外部平面和高程控制测量方案及内部施工控制测量方案。

第二节　深埋超长隧洞设计与施工技术研究

一、超长深埋隧洞围岩基本工程特性研究

如何采用适宜的定性、定量指标对深埋隧洞围岩进行合理分类，这对工程设计与施工都具有非常重要的影响；全面分析深埋高地应力、高温等复杂条件下岩体工程特性，合理确定工程中需要的岩体强度、变形等参数及其变异特性，是本项目研究的难点和创新点。

二、不利地质条件涌水突泥诱发条件及工程处理措施研究

隧洞所处地带的地质构造、水文地质情况是弄清涌水突泥机理和实施处理措施的关键所在，因此在超长深埋长隧洞中如果通过物探、钻探等技术弄清隧洞所处地带的地质构造、水文地质情况和地下水的水力学是解决涌水突泥的关键所在。

三、高地应力岩爆预测与防治技术研究

发生岩爆的脆性围岩微破裂面破坏机制和破坏准则及扩展过程的研究，是岩爆发生机理的核心内容，是本项目的最大难点和创新点之一。岩爆的力学模型研究及岩爆数值模拟，通过现场岩爆特征及岩爆机理的研究，进行岩爆的力学模型的研究，通过数值模拟重现和预测岩爆的发生及发生严重程度，也是研究岩爆的难点之一。

四、高地应力围岩变形与稳定性分析及支护设计

包括对高地应力软岩的变形机理研究，软岩大变形的支护技术研究。国内外主要严重大变形隧洞的整治经验表明，锚、注、喷一体化（锚、注为核心）围岩加固-支护技术在大变形隧道的支护、控制方面是卓有成效的。当然，该项技术还有待于进一步完善、优化，以减少支护工作量、降低支护工程造价并缩短支护周期。

五、施工期围岩实时监测、反演反馈与支护优化设计研究

包括监测反演数值仿真三维模型的建立和分析技术，锚网喷支护技术的支护效果仿真模

拟技术，监测资料分析与监控管理信息系统的研制。

六、通风及 TBM 施工关键技术问题研究

技术难点是岩爆防治、TBM 通过不良地质段的措施研究以及通风方案的研究。

七、超长深埋隧洞地质灾害预测预报及信息管理系统研制

包括构建一套深埋超长隧洞岩爆、涌水、突泥、塌方等地质灾害的专家系统；综合利用隧洞地质超前探测的数据，降低环境干扰，判读有用和有效的数据，用于隧洞开挖可能遇到的地质灾害类型和及其程度预测预报；建立可扩展平台的数据接口，处理包括工程地质和水文地质条件、结构设计信息、施工相关信息、监测信息和现场监控图像信息，以及数据库管理、可视化技术和技术决策支持于一体的非常庞大的软硬件系统。这一研究成果，有利于深埋超长隧洞工程的控制、管理和协调，是一项具有开创性的工作。

八、技术路线

（1）超长深埋隧道围岩基本工程特性研究。

（2）不利地质条件涌水突泥诱发条件及工程处理措施研究。

（3）高地应力岩爆预测与防治技术研究。

（4）高地应力围岩变形与稳定性分析及支护设计。

（5）施工期围岩适时监测、反演反馈与支护优化设计研究。

（6）通风及 TBM 施工关键技术问题研究。

（7）超长深埋隧洞地质灾害预测预报及信息管理系统研制。

第三节　水库枢纽工程设计与施工技术研究

一、技术难点和创新点

（一）技术难点

（1）混凝土最优体型的确定。根据地形地质情况，确定合适的左右岸嵌深，最后确定体型参数，在保证坝体安全前提下，确定投资最小的拱坝体型。

（2）碾压混凝土大坝温控防裂、质量控制与数字监控系统研究。为保证数字监控的实时性和有效性，需要建立施工期温度监控数据的自动化无线传输，并开发相应的正反分析与决策支持系统。以数字监控的方式控制碾压混凝土施工质量是一种新的模式，建立相应的控制指标体系需要经过反复试验和现场验证。

（二）技术创新点

碾压混凝土大坝质量控制与数字监控系统；碾压混凝土大坝的施工质量是施工成败

的关键，通过大量试验，建立碾压混凝土施工质量控制的指标体系，建立数字监控平台，服务于黄金峡、三河口大坝施工质量的全过程控制，将开创我国大坝施工质量控制的新模式。

二、技术路线

（1）黄金峡、三河口枢纽布置优化专题研究。按照规范要求，开展坝址区地质勘探工作，并开展坝址区地质评价专题研究，为坝址坝线的选择提供依据。针对设计院提出的黄金峡、三河口枢纽的枢纽布置方案，对国内外类似工程开展调研，从功能性、安全性、经济性、可行性等多个方面对枢纽布置方案进行比选，确定更优的枢纽布置方案。

（2）水库枢纽工程坝型优化专题研究。采用优化分析方法，考虑实际工程水文气象、地形地质情况，并结合典型工程资料，对不同坝型不同参数对应力和稳定的影响进行系统研究，确定关键的影响因素，揭示不同坝型应力稳定的变化规律，通过多方面比选，在保证安全的前提下确定投资最小的坝型。

（3）碾压混凝土大坝温控防裂、质量控制与数字监控系统研究。从硬件和软件两个方面进行研究，开发出能实时监测现场混凝土开裂风险并能给出决策支持的系统；运用试验和仿真分析，建立与数字监控相适应的碾压混凝土坝温度控制标准和措施；运用现场试验和经验总结等方式，建立基于数字监控的碾压混凝土坝施工质量控制指标体系；以黄金峡和三河口大坝工程为依托，运用现代测试技术、GPS 技术、无线网络技术、计算机技术等开发大坝混凝土施工质量控制系统。

第四节　泵站与电站设计及运行技术研究

一、技术难点和创新点

（1）宽水头变幅条件下的水泵、水轮机及水泵水轮机的选型及其启动与运行的解决方案。

（2）高扬程、大流量泵站的水泵参数的优选，设计、制造与运行难度和泵站造价的综合平衡。

（3）新型高扬程、大流量、高效水泵开发，以及新型高效可适应宽水头变幅的水泵、水轮机及水泵水轮机的成功开发，将填补国内该领域的空白。

二、技术路线

本课题将采用对相关资料收集、相关泵站与制造企业的调研、统计分析、数值优化与模型试验相结合的方式完成。具体技术路线为：①收集国内外规模相近的大型泵站的相关资料。②针对泵站和制造企业分别制定详细而可行的调研提纲，并对国内外参数相近的大型泵站和相关制造企业进行调研。分析、研究、总结调研资料，结合黄金峡与三河口泵站的技术参数，提出三河口建设二站（发电站和抽水泵站）合一的抽水蓄能电站的可行性论证报告，提出黄金峡与三河口泵站及三河口抽水蓄能电站的技术参数优化选择研究报告。③根据优选的黄金峡与三河口泵站及三河口抽水蓄能电站的技术参数，利用水力优化设计技术与高精度模型试验技术，完成黄金峡与三河口水泵、三河口水轮机及三河口水泵水轮机的水力模型开发工作。

第五节　水资源配置关键技术研究

一、技术难点和创新点

（1）以"自然-社会"二元水循环为基础的整体配置模式。以水资源二元演化模型为基础，架构全方位水资源配置模型。将流域水资源循环系统与人工用水的供水、用水、耗水、排水过程相适应并互相联系为一个整体，同时考虑天然水主循环与人工侧支水循环的相互作用，在接纳水资源及其开发利用情况调查评价、节约用水和水资源保护规划、需水和供水预测工作成果的同时，也为上述各部分工作提供中间和最终成果的反馈，以便相互迭代，取得优化的水资源配置格局；同时为总体布局、水资源工程和非工程措施的选择及其实施确定方向和提出要求。

（2）复杂水源关系条件下的水量置换分析。考虑研究区现有水源配置格局和相应的供水设施等条件，分析引黄水源、本地地表水和地下水资源在不同用户之间进行供水转换的可行性和配套条件，分析不同水文条件对水源转换的影响，考虑研究区未来需水量的变化趋势与对供水量和质等保障条件的要求，对西安市等重点区域开展水源转换工作的经济技术可行性以及生态环境效应进行分析，提出不同模式水源转换的成本效益关系。

（3）生态用水与经济用水统一配置。引汉济渭工程的建成，将大大有利于改善陕西省水生态状况。以经济效益、环境效益和生态效益最大为目标，实现生态用水与经济用水的统一配置。以社会净福利最大为目标，进行降水和径流统一考虑的水分综合平衡（水资源天然循环支撑天然生态和人工生态，人工侧支循环支撑社会经济系统和人工生态）。将生态环境系统引进定量决策范畴，在竞争性用水条件下，分析评价生态用水的综合效益，通过与经济用水的效益比较，进行经济社会发展和生态环境保护的权衡，实现生态环境用水和国民经济用水的统一配置。

（4）外调水量、地表水、地下水的联合配置。引汉济渭工程从汉江上游调水至渭河，南水北调中线从汉江中游丹江口水库调水至我国北方地区，两大工程属同一水源，未来远期调水规划都有扩大的调水方案，如何协调国家利益与地方利益，保障河流生态环境，需要深入研究。

由于现有引汉济渭工程调蓄能力不足，需水过程稳定，特别是枯水期，难以有足够水源保障，需要深入研究如何将外调水量与当地地表水、地下水统一联合配置。

二、技术路线

在进行国内外广泛调研的基础上，收集整理资料，构建受水区水资源配置模型，计算各种条件下的配置方案，对最终结果进行评价，水资源配置技术路线如图 10-3-1 所示。

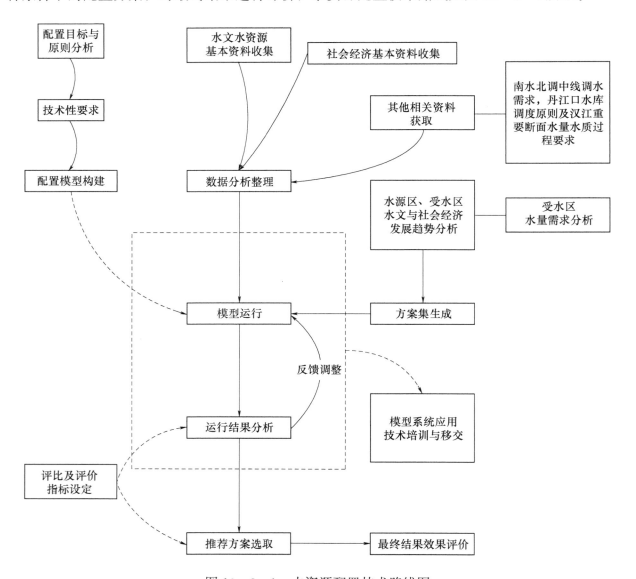

图 10-3-1　水资源配置技术路线图

第六节　工程运行调度关键技术研究

一、技术难点和创新点

（1）水库、电站、泵站群联合调度模型。引汉济渭工程水源区联合调度是一个多水库、多电站、多泵站的复杂水资源综合调度问题，从系统综合效益最大的角度来考虑，需要对各个水库的蓄放水过程、水电站的发电过程、泵站的抽水过程进行优化。水库、电站、泵站群系统的调度过程优化是一个高度非线性、带有风险不确定性、多时段序贯决策问题。要得到该问题的最优解或者满意解，可以采取两种方案：①优化方法，即用数学规划方法对整个水资源系统进行描述，并直接求解给定目标最优解；这种方法需要对水库、电站、泵站系统进行合理的简化及概化，使其能够很好地用数学语言描述，同时不会对真实水资源系统过分简化；②规则方法，即通过对各个水利工程建立调度规则，然后按照该规则进行顺时序模拟，但是这种方法需要引入优化机制得到最优或者满意的调度规则。这种方法需要建立合理、可操作的调度规则。同时需要构建支持非线性问题优化的全局优化模型对水利工程的调度规则进行优化。

（2）基于二元水循环理论的水文、水动力学联合模拟与调度模型。引汉济渭工程水源区人类活动对水循环过程的影响主要体现在水库、电站、泵站的调度。要准确描述引汉济渭工程水源区的水循环过程，为引汉济渭工程调度提供支撑，需要构建引汉济渭水源区包括水库、电站、泵站调度过程的二元水循环模拟模型。模型中既包括对水库入流过程预报、模拟的水文模型，也包括对泵站、隧洞的水动力学模拟模型。整个模型系统是一个高度复杂得多尺度水循环模拟与调度系统，需要引入并行计算、优化算法等多种技术，同时还需要耦合水循环模拟模型与水资源调度模型实现水循环全过程的模拟与调度。

（3）多水源、多用户、多时段水资源联合调度模型。引汉济渭工程受水区水资源调度是一个多水源、多用户、多时段的水资源联合调度模型。其中水源包括：引汉济渭水、当地地表水、当地地下水、再生水，用户包括：生活、生产、生态，调度时段一般把一年划分为12个月或者36个旬。无论采用优化或者规则方法来构建水资源联合调度模型，都需要对这个复杂的水资源系统进行科学的概化，同时需要借助大规模数学规划算法或者全局优化算法来找到全局最优解或者满意解。

二、技术路线

引汉济渭工程运行调度关键技术研究，按照"1个平台、3个模型、4大方面、13个问题"来组织研究技术路线。具体来说，开发引汉济渭工程水源区、受水区二元水循环模拟与调控平台，先具体针对水源区、受水区不同问题开发水源区水循环模拟模型、水源区水库群调度模型、受水区水资源调配模型，然后借助这些模型，研究引汉济渭工程水源区水库、电站、泵站联合调度方案，引汉济渭工程对南水北调中线工程、汉江流域供水、发电影响，引汉济渭工程受水区水量分配方案、引汉济渭工程水源区、受水区联合调度机制及方案（图10-3-2）。

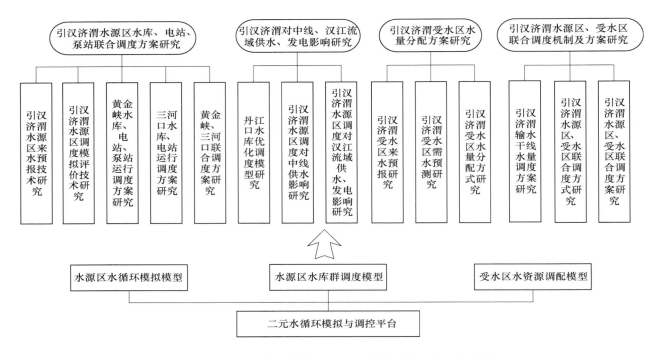

图 10-3-2 引汉济渭工程调度课题研究技术路线图

第七节 工程移民及相关风险研究

一、技术难点和创新点

（1）技术难点。①需开展交叉学科体系的综合性研究，有效解决移民系统中的较难量化分析的随机性、相关性等问题；②对移民过程中涉及的各类不确定因素进行识别与量化，以及对移民规划方案进行合理的风险估计与评价；③从整个移民系统的角度出发，引进新的理论和方法，解决移民风险预警与控制的问题；④大型调水工程全过程经济风险因子系统分析；⑤大型调水工程全过程经济风险定量评价方法及动态经济风险评价模型研究。

（2）创新点。①识别引汉济渭移民工程中涉及的各类风险因子，通过敏感性分析方法筛选出主要风险因子，并结合定性与定量分析方法进行量化；②提出引汉济渭移民风险评价指标体系和风险估计方法，建立移民风险综合评价模型，实现移民规划方案的风险计算与评价；③探索风险均衡控制下合理、高效的移民预警与控制机制，改进目前移民风险研究的基础理论不完善、实验性和盲目性的问题。

二、技术路线

（1）收集、分析、整理移民区的工程建设征地及安置规划等相关资料，充分了解移民区的自然、地理等背景，对移民工程的真实物理系统进行深入的分析和概化，明确在移民过程中可能涉及的各类风险因子，通过敏感性分析筛选主要风险因子，并对各主要风险因子进行定性或定量分析。

（2）构建集社会、经济、人口、资源、环境与一体的引汉济渭工程移民风险评价指标体系，提出现行安置方案下的风险估计方法及风险评价模型。

（3）基于风险评价结果构建改善移民规划方案预警系统，根据不同指标反映的结果，动态揭示各类目标演变过程及机理，估量移民所经受的损失和痛苦的程度，以及时引起政府适当的干预和社会行为，从而减少移民安置过程中的阻力，改善移民生存和发展环境。

（4）在移民风险分析的基础上，通过跟踪调查对整个移民过程进行监测与评估。

关键技术研究协议确定的 7 项研究项目，及其提出的技术难点、技术创新点与技术路线，对指导引汉济渭工程可行性研究、初步设计等阶段的勘测设计工作发挥了积极作用。

第四章　秦岭隧洞 TBM 功能需求论证

引汉济渭工程秦岭隧洞越岭段全长 81.8 千米，其中穿越秦岭主脊段长约 40 千米，最大埋深约 2000 米。由于地形条件限制，穿越主脊洞段必须采用 TBM 法施工。采用 TBM 施工又面临岩性多变、构造带密集、高地应力及长距离持续掘进、长距离独头通风等复杂问题，完成此段隧洞施工将面临世界级技术难题与风险的巨大挑战，也是保证引汉济渭工程能否如期实现通水目标的最大控制因素。为避免 TBM 选型和配置不当给工程带来的风险，省引汉济渭办在已往工作成果基础上，由蒋建军、张克强、严伏朝等组织国内一流专家团队通过工程调研、文献检索、技术交流，进一步研究论证了适合秦岭隧洞岭脊段的 TBM 类型，并对其功能、性能参数提出了及其详尽的要求及具体数据。

第一节　TBM 功能需求论证结论

岭脊段 2 台开敞式 TBM 计划掘进长度基本相当，开挖断面、支护需求等也基本相同。根据本工程地质条件、施工规划以及技术交流成果，对 2 台 TBM 相同的功能需求与参数提出了基本要求，作为后序 TBM 招标采购及设计制造的基础和依据。这些参数可作为 TBM 设计制造的最低标准。

（1）整机。为全新设备，适应本工程施工特点，确保本工程施工期间性能可靠，在规定的工期内实现隧洞贯通。整机质量可靠，适应引汉济渭工程秦岭隧洞的综合地质条件，保证本工程掘进施工过程中不需要大修。

（2）刀盘刀具。刀盘的设计和刀具的配置应适应本工程不同地质的掘进需要，为全新、欧美产原装件，具有足够的刚度和强度，防止刀盘变形、裂纹、断裂。在本工程任何地质条件下刀盘都不会变形。

（3）刀盘驱动。刀盘驱动采用可靠的变频电机驱动，转速根据地质情况随时可调，无级变速。驱动电机与减速箱为欧美优质产品，具有足够的脱困扭矩，刀具检查和更换时刀盘可以反转，具有过载保护的功能和装置。

（4）刀盘护盾。护盾可为刀盘区域的设备提供可靠保护，保证在不良地质条件下落石不会损坏掘进机设备。护盾具有足够的强度与刚度，有防止壳体变形、裂纹的措施，在本工程可能遇到的高地应力造成的软岩变形挤压下，保证不发生塑性变形，耐磨性能良好。

（5）主梁与撑靴。主梁与撑靴具有足够的强度，适应本工程各类围岩。支撑系统的支撑力能长时间保持并能根据地质条件进行调节。撑靴设计适应隧洞钢拱架结构与布置间距要求，不能发生干扰。

（6）推进系统。推进系统应有足够的推力以满足本工程任何地质条件下掘进的需要，推进速度与设计掘进速度相匹配。

除上述主要技术参数外，论证结论还对初期支护、底部清渣、仰拱铺设与轨道延伸、设备桥及后配套台车、超前地质预报、TBM 皮带机、测量导向系统、电气系统、液压与润滑系统、物料运输、人员通道与作业平台、供排水与冷却系统、二次通风与除尘系统、控制系统与数据采集系统、视频监控、消防系统、连续皮带机与支洞皮带机、隧道施工通风系统（一次通风系统）、刀具备品备件、牵引机车与列车编组等 30 多项技术指标提出了具体要求。

第二节　岭南 TBM 配置基本结论

针对岭南特殊的地质条件，如高石英含量、岩爆、硬岩甚至极硬岩、高地温、较长距离的断层破碎带等，TBM 需要具备相应的有针对性的应对措施。

一、岩爆

结合应对岩爆的工程措施，对 TBM 提出如下配置要求：①TBM 首先应该能够承受岩爆冲击，不至于轻易造成设备本身的损伤。②刀盘护盾后方可以及时施工初期支护。③围岩出露后可以及时施工应力释放孔（与锚杆钻孔结合）。④具备施工超前应力释放孔的能力。⑤刀盘喷水可根据需要开启并且最大喷水量超出正常掘进喷水量的一倍以上。

二、高地温

（1）加强通风，一次与二次通风系统，在系统设计和通风计算时，充分考虑高地温导致的洞内可能达到的最高环境温度。

（2）加大刀盘喷水，刀盘喷水的压力和喷水量设计能力，要求不仅仅满足正常情况下的喷水降尘降温之需，还要有一定的储备，建议喷水量增大一倍以上。

（3）围岩出露后及时喷水降温，TBM 供水系统需在护盾后部设置接口。

（4）根据预报岩温，应配备空气冷却系统。

三、硬岩、高石英含量

本工程勘测围岩抗压强度超过 150 兆帕，并且在石英岩、石英片岩、花岗岩等洞段，石英含量高。

（1）刀盘表面耐磨性能要求高，TBM 设计阶段就要充分考虑硬岩和高石英含量的特点，确保岭南 TBM 施工段贯通前不会由于刀盘过度磨损而延误工期。

（2）需要根据硬岩和高石英含量的围岩条件，合理设计刀具在刀盘上的布置方式以及刀间距，合理配置刀具数量和种类；同时，在上述洞段掘进时，要求刀圈具有良好的承载能力和耐磨性。

（3）硬岩洞段掘进过程中，刀盘需要承受更大的推力和扭矩，因此刀盘结构强度设计要对此予以重视，并且建议要求 TBM 制造商提供相关的强度计算过程及结论。

（4）刀具消耗数量多，在刀具储备、刀具维修装配、刀具检查更换方面提出了更高的要求，TBM 设计需要对此予以重视，否则会严重影响掘进效率。

四、断层

岭南 TBM 施工段存在一个 QF₄ 断层，预计影响长度 190 米，要求 TBM 具备良好的初期支护和超前加固能力。

（1）TBM 初期支护。上述"基本要求"中已详细描述。

（2）超前加固。具备超前锚杆、超前小导管注浆等作业能力。

五、反坡排水

（1）TBM 上配置双套排水系统且流量和排水管直径不同，针对不同的涌水量分别启用。当涌水量较小时，仅启用小流量排水系统，其排水管直径也较小，这样可以有效避免管路内泥沙沉积；当涌水量增大、小流量系统无法及时排水时，启用大流量排水系统，其排水管直径较大，排水效率高。

（2）隧洞内也要合理配置排水泵和排水管路。

六、出渣运输

由于 4 号支洞坡度达到 38%，该支洞皮带机采购成本以及运行成本均较高，并且技术难度大。可对支洞皮带机方案和增加主洞皮带机方案进行技术经济对比分析后确定。

第三节　岭北 TBM 配置基本结论

针对岭北特殊的地质条件，如围岩失稳洞段多、断层多、高地应力下软岩变形、千枚岩等，TBM 需要具备针对性的应对措施。

一、断层破碎带

岭北 TBM 施工段存在 14 条断层，最大的 QF_3 影响长度预计是 190 米，这对于 TBM 掘进速度的影响非常大，必须配置强有力的初期支护和超前加固能力。

（1）TBM 初期支护能力：要求Ⅳ类围岩条件下，在 TBM 一个循环掘进时间内，可基本完成所有的锚杆、钢筋网、钢拱架、喷混等初期支护作业。Ⅳ类围岩洞段掘进时每循环初期支护额外占用的时间不超过 10 分钟。

（2）TBM 主机底部清渣能力要求：TBM 主机底部要求配置机械化清渣设备，不允许完全依靠人工清理；除非大块落石，完全可以通过机械拾取和传送设备将残渣输送至 TBM 石渣运输系统，进而以连续皮带机运输到洞外。

（3）超前加固：具备超前锚杆、超前小导管注浆等作业能力，详见"基本要求"。

（4）尽量避免大塌方，因而要求在护盾后方配置钢筋排加固系统（Mcnally 系统）或者钢瓦片安装系统等，以此加强支护。

（5）对于围岩出露后、尚未坍塌的松散体，可以注浆加固，要求 TBM 上配置相应的注浆系统。

二、高地应力时软岩大变形

针对 TBM 在高地应力软岩大变形条件下的施工措施，配置 TBM 相关性能与设备。

（1）TBM 具备快速掘进的能力，当变形速度不大时，可以快速通过，避免围岩收敛导致卡机。

（2）TBM 具有较好的扩挖性能，并且实施方便，可长距离连续扩挖。扩挖量不小于 50 毫米（半径）。

（3）初期支护系统工作效率高，围岩出露后可以在很短的时间内完成全部初期支护工作，这样可以限制围岩收敛变形的发展。锚杆、钢筋网、钢拱架支护可在 TBM 掘进的同时全部完成；刀盘护盾后方可以及时喷射混凝土，必要时能够喷射钢纤维混凝土、纳米混凝土以增加喷混强度、缩短凝固时间。

（4）可以向护盾背后注入润滑剂，如膨润土浆液等，以减小护盾和收敛岩体之间的摩擦。因而 TBM 要预留相应的注浆点并配置泥浆泵等设备。

三、千枚岩

千枚岩遇到地下水后可能发生膨胀变形，且变形量较大，导致护盾和刀盘受到大的周边挤压而卡住。

（1）刀盘喷水量与喷水压力可调，需要减少时能够按照要求随时调整。

（2）其他配置要求与上述高地应力下软岩大变形相同。

四、高地温

（1）加强通风，隧洞施工通风以及 TBM 上的二次通风系统，在通风系统设计和通风计算时，充分考虑高地温导致的洞内可能达到的最高环境温度。

（2）加大刀盘喷水，刀盘喷水的压力和喷水量设计能力，要求不仅满足正常情况下的喷水降尘降温之需，还要有一定的储备，建议喷水量增大一倍以上。

（3）围岩出露后及时喷水降温，TBM 供水系统需在护盾后部设置接口。

（4）根据预报岩温，应配备空气冷却系统。

五、强制排水

岭北 TBM 施工段为上坡施工，但坡度仅 1/2500，该坡度条件下施工废水无法实现自流，仍需采取强制排水措施。

（1）TBM 上配置双套排水系统且流量和排水管直径不同，针对不同的涌水量分别启用。当涌水量较小时，仅启用小流量排水系统，其排水管直径也较小，这样可以有效避免管路内泥沙沉积；当涌水量增大、小流量系统无法及时排水时，启用大流量排水系统，其排水管直径较大，排水效率高。

（2）隧洞内也要合理配置排水泵和排水管路。

本课题研究，对下一步工作提出了具体建议。包括工程施工招标、TBM 设备采购、TBM 设计制造、TBM 施工等方面工作提出了具体建议。

第五章　秦岭特长隧洞施工通风研究

本专题是针对秦岭特长隧洞施工面临的前所未有的通风难题开展的重大科技研究项目。受省引汉济渭办委托，中铁第一勘察设计院集团有限公司、西南交通大学于 2010 年 5 月完成了《陕西省引汉济渭秦岭特长隧洞施工通风方案研究阶段成果》。同年 6 月 4 日，省水利厅副厅长、引汉济渭办主任洪小康主持召开评审会，会议讨论认为，该研究成果内容全面，技术路线合理，提出的进出口钻爆发施工段采用独头压入式柔性风管通风方案合理，岭脊 TBM 施工段采用有辅助坑道施工通风方案合理，并建议岭脊段两座辅助坑道的设计方案需进一步优化，同时尽快开展物理模型实验，为下阶段施工通风设计提供依据。

这项研究的主要成果包括设计条件、施工通风现状调研分析、施工通风控制基准、施工通风现场试验、施工通风设备选型研究、施工通风方式研究、钻爆法施工通风方案、TBM 施工法通风方案、数值模拟研究、方案分析及施工通风方案实现 10 个方面。其最终研究成果主要体现在方案分析及施工通风方案实现一章。

第一节　钻爆法施工通风方案

钻爆法施工段共计 13 个掌子面，其中最长的通风区段为 7 号斜井工区及出口工区，通风长度约为 6.5 千米，最短的通风区段长度为 1.9 千米。

通风区段 1~2 千米的有 1 个掌子面，3~4 千米的有 1 个掌子面，4~5 千米的有 6 个掌子面，5~6 千米的有 2 个掌子面，6~7 千米的有 3 个掌子面。据前述分析，4 千米以下的工区段落，建议采用普通软质风管独头压入式通风。其他段落建议采用优质软质风管，严格控制风管漏风系数和强度，采用独头压入式通风。

从计算结果可知：0 号和 1 号斜井工区由于斜井断面小，风管直径小，每个斜井均担负两个方向的施工，而各工区的施工距离长，因此，风机功率过大。建议抬高 0 号和 1 号斜井的开挖高度 90 厘米，以便配备合适的风管，减小轴流风机的功率。对于 7 号斜井，同样由于施工距离长，因此，建议抬高斜井开挖高度 80 厘米，以便布置大直径风管，减小风机功率。

另外，以上两个斜井的四个施工工区也可考虑在斜井内采用硬质风管（钢风管），在正洞内采用大直径软质风管的独头压入式实施方案。

第二节　TBM 施工通风方案研究

TBM 施工段针对有无竖井、斜井等共拟定了纵向接力（有风仓、无风仓、接力一次、接力两次）；钢风管＋柔性风管；玻璃钢风管＋柔性风管；风道＋柔性风管；风道＋柔性风管接力；混合式通风；两竖井独头通风及两斜井独头通风共计 10 种方案，并对进一步筛选的 9 个方案做了进一步说明，如图 10-5-1~图 10-5-9 所示。

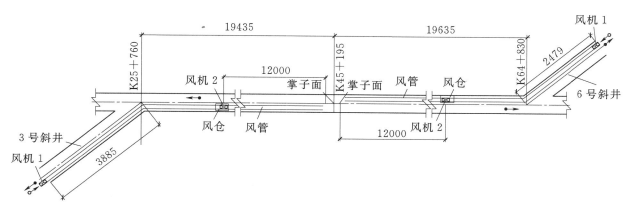

图 10-5-1 纵向通风一次接力（单位：毫米）

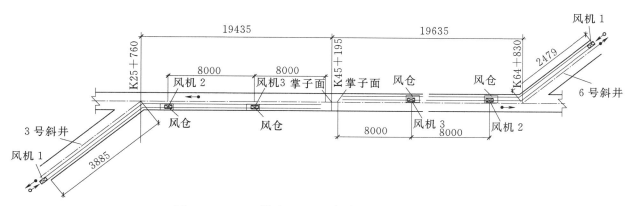

图 10-5-2 纵向通风两次接力（单位：毫米）

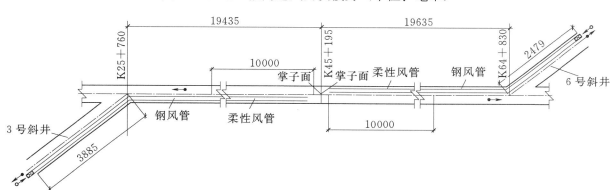

图 10-5-3 钢风管＋柔性风管（单位：毫米）

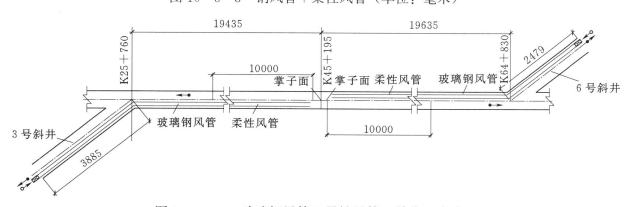

图 10-5-4 玻璃钢风管＋柔性风管（单位：毫米）

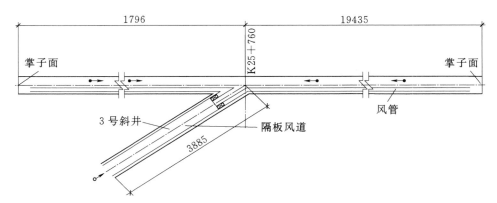

图 10-5-5 斜井隔板＋主隧洞风管压入式（单位：毫米）

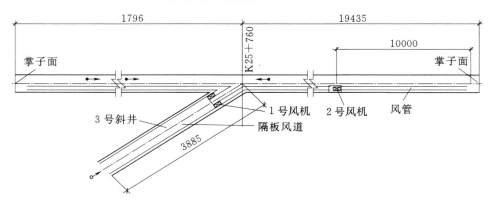

图 10-5-6 斜井隔板＋主隧洞风管压入式（单位：毫米）

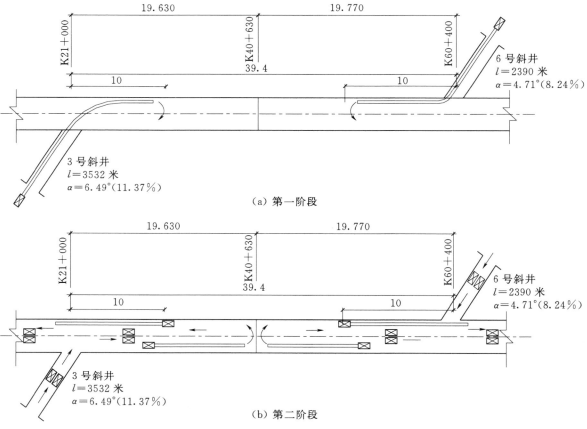

（a）第一阶段

（b）第二阶段

图 10-5-7 混合式通风（单位：千米）

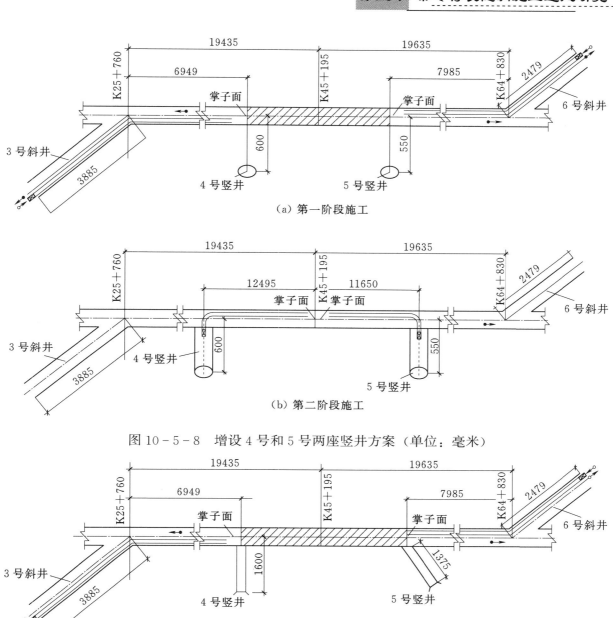

图 10-5-8 增设 4 号和 5 号两座竖井方案（单位：毫米）

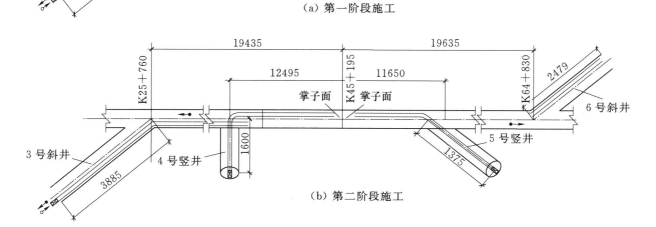

图 10-5-9 增设 4 号和 5 号两座斜井方案（单位：毫米）

（一）方案一：柔性风管设风仓纵向一次接力

（1）优点：①无需增加竖井或斜井解决长距离施工通风问题。②掘进机配套软质风管施工，施工工艺及技术成熟。

（2）缺点：①多台风机需联合启动，控制复杂。②洞内风机功率大，需设立独立供配电系统。③由于风量累计损失，1号风机风量及风压过大。④洞内噪声大，环境差。

（3）存在问题：①此种通风模式尚未有工程实例，存在风险。②需进行现场实测，确定风机的布置及具体参数。③风机的开启需现场逐步摸索协调。

（二）方案二：柔性风管设风仓纵向两次接力

该方案与方案一相比具有以下特点：

（1）优点：①风机功率略有降低。②风管内压力较低，减弱了气锤效应。③减小了各风管的管内压力，各风机功率降低。

（2）缺点：①多台风机需联合启动，控制更复杂。②洞内增加了两套供配电系统。③洞内噪声大，环境差。

（三）方案三：钢风管＋柔性风管独头送风方案

（1）优点：①无需增加竖井或斜井解决长距离施工通风问题。②风机功率相对较低，后期电费较低。③风流组织简单可靠，受环境影响小，通风效果有保证。④系统控制简单，可靠。⑤噪声小，洞内环境相对较高。

（2）缺点：①目前，钢风管应用于隧洞施工的工程实例较少，实施效果依赖于施工质量和现场组织管理。②隧洞施工中，未有一流钢风管的施工工艺研究，施工工艺不成熟。③重量大，运输安装不便。④材料自身价格较高。

（3）存在问题。①此种通风模式尚未工程实例，存在风险。②20世纪六七十年代的隧洞施工采取的钢风管通风在实施中，存在漏风率过大、环境较差的问题，现阶段研究中，经咨询认为现有工艺可解决漏风问题。

（四）方案四：玻璃钢风管＋柔性风管独头送风方案

（1）优点：①无需增加竖井或斜井解决长距离施工通风问题。②风机功率相对较低，后期电费较低。③风流组织简单可靠，受环境影响小，通风效果有保证。④系统控制简单可靠。⑤噪声小，洞内环境相对较高。⑥重量轻，运输安装方便。⑦建筑行业应用普遍，技术成熟。⑧可现场制作，操作性强。

（2）缺点：①目前，玻璃钢风管应用于隧洞施工的工程实例较少，实施效果依赖于施工质量和现场组织管理。②材料自身价格较高。

（3）存在问题：①此种通风模式尚未有工程实例，存在风险。②现有材料价格偏高。

（五）方案五：风道＋柔性风管方案

（1）优点：①无需增加竖井或斜井解决长距离施工通风问题。②风流组织简单可靠，受环境影响小，通风效果有保证。③系统控制简单，可靠。④噪声小，洞内环境相对较高。⑤软风管段实施性强，技术成熟。

（2）缺点：①风机功率相对较高，后期电费较高。②风机风压大、功率高，需串联风机。③风管中压力大，漏风偏高。

（3）存在问题：①此种通风模式尚未有工程实例，存在风险。②现有已实施的风道项目，其风道段漏风率偏高。

（六）方案六：风道＋柔性风管设风仓一次接力方案

（1）优点：①风管中压力小，漏风偏低。②风机功率相对较偏低，节能。

（2）缺点：①系统稍复杂。②噪声大，洞内环境相对较差。

（七）方案七：混合式通风方案

（1）优点。①无需增加竖井或斜井解决长距离施工通风问题。②风机功率相对小，后期电费较低。③软风管实施性强，技术成熟。

（2）缺点：①风流组织复杂，受洞内环境影响大。②系统控制复杂。③噪声大，洞内环境差。

（3）存在问题：此种通风模式尚未有工程实例，存在风险。

（八）方案八：增设 4 号、5 号两座竖井方案

（1）优点：①技术成熟、系统可靠，实施性强，风险低。②风机功率相对小，后期电费低。

（2）缺点：需增设竖井，土建费用增加。

（九）方案九：增设 4 号、5 号两座斜井方案

（1）优点：①技术成熟、系统可靠，实施性强，风险低。②风机功率相对小，后期电费低。

（2）缺点：需增设斜井，土建费用增加。

（3）存在问题：①斜井采用有轨运输方案，坡度大，实施困难。②若考虑利用斜井出渣，则施工通风的电费及通风工程的投资与之比较所占比重小。

经对各方案进行投资、使用电费、优缺点、存在问题等进行分析比对，各方案的实施费用差别不大。

第三节　基本结论与建议

《陕西省引汉济渭秦岭特长隧洞施工通风方案研究阶段成果》经评审并修改完善后形成的结论如下。

一、基本结论

（1）钻爆法施工区段，4千米以下的工区段落建议采用普通软质风管独头压入式通风；其他段落建议采用优质软质风管，严格控制风管漏风系数和强度，采用独头压入式通风。

（2）由于计算风机功率过大，建议抬高0号和1号斜井的开挖高度90厘米，7号斜井的开挖高度80厘米，以便配备合适的风管，减小轴流风机的功率。

（3）0号和1号斜井也可考虑在斜井内采用硬质风管（钢风管），在正洞内采用大直径软质风管的独头压入式实施方案。

（4）TBM法施工区段，各方案的实施费用差别不大。风机功率最小，实施费用最低的为混合式通风方案。但该方案风流组织复杂，受控因素多，通风效果保证率低。虽然斜井方案实施费用最大，但方案分析中未考虑利用斜井进行有轨出渣，经初步估算，若利用4号和5号斜井进行有轨出渣，可节省皮带材料及约10千米有轨运输折合费用约1.1亿元。

（5）建议对斜井方案进一步研究，若大坡度斜井建井可行，则建议采用斜井方案。否则，建议采用软风管纵向接力两次方案。

二、存在问题

（1）24千米的隧洞独头施工技术为世界性难题，实施风险较大。

（2）通过资料调研及分析，隧洞施工通风的风管设备对通风方案的影响非常大，目前的资料调研均来源于厂家和咨询，若参数偏差则对方案影响较大。

（3）风道式通风虽然通风断面大，但目前暂没有找到合适的材料及成熟工艺，若解决材料及工艺问题，则应对该方案做进一步的深入研究。

（4）部分通风方式虽然风机功率小，但由于是新拟订方案，通风效果没有经过现场验证。

（5）钢及玻璃钢管道虽然具有漏风率小的特点，但多用于建筑、水利、天然气管道等，未在隧洞施工中验证。

（6）目前仅是数值模拟分析，实际效果尚缺少物理模型验证。

（7）虽然是否取消竖井和斜井对隧道施工通风有较大影响，但从隧洞的出渣、实施风险、总体布局上此影响不大。

（8）钻爆法施工斜井段，采用无轨运输时，有部分斜井段由于出渣车辆的废气排放，CO

浓度超过了规范要求，但从 May 氏曲线分析，不影响人员的健康。

三、后续研究建议

（1）建议对大坡度、长距离斜井的实施方案做进一步的研究论证。

（2）尽快对有价值的方案进行物理模型试验，以确保工程应用中的实施效果。

（3）对竖井及斜井方案应从整个工程的全局考虑，尤其是斜井方案。

（4）方案实施中应严格控制风管、风机等设备的相关参数和安装质量，加强组织管理。

（5）建议引进素质一流的专业队伍进行通风工程的施工。

第十一篇
建设管理相关专题研究

开展建设与运行管理体制研究是项目建设与可行性研究工作阶段的重要任务，是项目建设与可行性研究报告获得国家相关部委批准的必要条件，更是工程建设与运行管理中需要解决的重大课题。在这些方面先后完成了建设与运行管理体制、筹融资机制、水权置换关键技术研究等多项专题。

第一章　管理体制研究

管理体制包括建设与运行管理体制机制研究两个方面，省引汉济渭办先后开展了三项研究：一是委托水利部发展研究中心与北京德瑞华诚咨询有限公司开展了《引汉济渭工程水价调整、资金筹措、管理体制与运行机制研究》；二是委托北京中水京华水利水电工程科技咨询有限公司开展了《国内外跨流域调水工程经验与技术总结及其对引汉济渭工程的启示》专题研究；三是由省引汉济渭办主任洪小康、常务副主任蒋建军、副总工程师张克强等带队考察了辽宁大伙房调水工程、四川锦屏水利水电工程、甘肃景泰调水工程，根据形成的专题调研报告，引汉济渭办形成了《引汉济渭工程管理体制与运行机制建设实施方案》。

第一节　建设管理体制总体思路

一、引汉济渭工程特征分析

引汉济渭工程为关中、陕北发展和水生态环境建设提供水源保障，具有显著的公益性特征；水资源紧缺型的形势和各地区各行业的竞争性使用，决定了其经营性特征；工程规模大、构成复杂、建设周期长，特别是主体工程、输配水工程建设需要投资多，实施过程中需要不断加强政府层面的组织协调工作；工程涉及的利益相关者众多，包括调水区、受水区各级政府、间接受益的陕北能源化工基地、所有用水户、金融机构、管理部门以及项目实施单位等，确保工程建设与运行顺利实施，必须协调好各方利益关系；受南水北调中线工程调水制约，多年平均调水量由 10 亿立方米达到 15 亿立方米，需要政府在更大区域对水资源实行统管统配，尤其是在枯水年，调水严重不足时，需要对关中地区的地下水实行联合调度，更需要政府层面对水资源实行统一管理；影响工程效益发挥的因素众多，包括受水区产业结构、经济发展速度、居民可支配收入、水市场发育水平以及建设工期、工程费用、初始水量、投资规模及资金筹措方式、运营成本控制等因素，将对整个调水工程效益的发挥产生深远影响。

二、引汉济渭工程管理体制与运行机制建设影响因素分析

工程的公益性特征决定了管理单位的性质；管理单位的性质决定了工程管理单位的收入来源和运作模式，需要按照事业单位的运作模式设计其管理体制和运行机制；工程投资以政府投资为主，以受水区为获得水权的投资和市场融资为辅，投资主体多元化决定了工程管理单位的组织架构；除了工程以及工程管理单位的性质、投资结构外，项目所处的市场环境，包括关联行业、市场条件、政策法规、经济社会发展等因素，也将对项目的管理体制和运行机制产生重要影响。

三、总体安排

通过上述两方面的分析，专题研究对管理体制与运行机制建设做出了如下总体安排。

(一) 建设目标

适应引汉济渭工程规模大、涉及范围广、利益主体多等特点，借鉴同类调水工程建设与运行管理经验，引汉济渭工程应以"水资源合理开发、优化配置、高效利用和保障经济社会可持续发展"为目标，以水资源统一管理为前提，按照社会主义市场经济的基本要求，实行政府宏观调控、准市场运作和用水户参与的管理体制。在此基础上，建立"政府主导、建管一体、准市场运作与现代企业制度管理"为核心的建设与运行管理机构。

（二）基本原则

一是政府主导。省政府作为投资主体，应对项目建设、运营涉及的相关利益主体进行协调管理，出台相应的政策对项目进行扶持；按照兼顾公平、效率、效益原则，协调调水区和受水区利益关系；制定合理的水价政策，主导水资源优化配置，推动节水型社会建设，开展水污染防治和水生态环境保护。二是建管一体。为实现引汉济渭工程管理关系明晰、顺畅、直接、精简、高效，应按照建管一体的模式设立项目法人。目前省政府已成立了引汉济渭工程协调领导小组，并由其下设的办公室代表政府负责工程建设管理。三是准市场运作。受水资源交换规律限制，水资源开发利用不能完全自由竞争，水价受用户承受能力和国家调控双重制约，水市场不是完全意义上的市场，所以引汉济渭工程需要在政府主导的基础上，按照准市场的规则运作。就是按照补偿成本、合理收益、优质优价、公平负担并兼顾用户承受能力的原则制定水价。在此基础上，为实现工程的良性循环和可持续发展，最大限度地按照现代企业制度实行准市场化运作。四是各利益相关者参与。引汉济渭工程涉及调水区、受水区、投资方以及各方面用水户利益，需要争取各利益相关方的积极参与和密切配合，将其意愿最大限度地反映到决策与管理中去。这将有利于形成"利益共享、风险共担"的机制，调动各方积极性，以达到协调有效和整体最优的目标。用水户参与主要体现在参与投资、参与管理、参与监督和协调。在投资分摊中，受水区可根据需要水量确定各自的出资额度，并据此拥有相应份额用水权。

（三）总体构架

引汉济渭工程建设管理体制与运行机制建设的总体构架：一是进一步充实协调领导小组，加强对工程建设的组织领导，协调各方关系，加快工程建设；二是加强领导小组办公室自身建设，按照"老人老政策，新人新政策"的原则，落实调入人员编制和工资待遇；三是按照建管一体的原则，在项目建议书获得国家批复以后组建引汉济渭工程建设管理局和引汉济渭供水总公司，与现有引汉济渭工程协调领导小组办公室，实行三块牌子一套人马的管理体制，同时组建引汉济渭工程供水总公司董事会和监事会；四是根据工程建设进程，适时建设包括黄金峡枢纽、黄三隧洞、三河口水利枢纽、秦岭隧洞、出口段管理和输配水工程管理机构。

第二节 建设管理体制实施方案

一、建立和完善权威高效的协调领导机构

（1）加强和充实陕西省引汉济渭工程协调领导小组。为了保证引汉济渭工程的顺利实施，省政府已经组建了"陕西省引汉济渭工程协调领导小组"。根据目前的运行情况，建议省政府进一步充实加强这一决策与协调机构，在成员单位中增加信息、广电、扶贫等部门和受水区设区市政府（包括宝鸡、榆林、延安市）分管领导为协调领导小组成员，以加强水资源配置、输配水工程建设和筹融资方面的协调工作。同时建议在工程所在地和受水区市、县政府办公室或相关部门设立配合引汉济渭工程建设的专门机构。

（2）在引汉济渭工程协调领导小组下设办公室，具体负责协调领导小组和管理委员会的日常工作，代表政府对调水工程履行政府职责。其主要职责是：贯彻执行省委、省政府和协调领导小组、管理委员会的决策；研究提出引汉济渭工程建设与运行的有关政策和管理办法；代表政府实施对引汉济渭工程建设与运行的行政管理；协调引汉济渭工程建设和运行中的重大问题；协调、落实和监督主体工程建设资金的筹措、管理和使用；负责主体工程投资总量及年度投资计划的实施监控；负责协调征地拆迁和移民安置工作；负责组织编制引汉济渭工程年度调水计划；参与协调各地实施节水治污及生态环境保护等工作；协调、指导、监督和检查引汉济渭工程其他各项工作；具体承办主体工程阶段性验收及竣工验收、单项（单位）工程验收的组织协调工作。

二、组建引汉济渭工程建设管理局

（1）在"陕西省引汉济渭工程协调领导小组"下设办公室的基础上，在项目建议书批复后按照省编办〔2009〕22号文件精神，组建具有行政管理职能的"陕西省引汉济渭工程建设管理局"，工程建成运行以后，更名为"陕西省引汉济渭工程管理局"。这两个机构分别在建设与运行过程中，履行项目法人职责，具体负责引汉济渭工程的建设与运行管理。

（2）引汉济渭办和引汉济渭工程建设（管理）局主要职能：一是贯彻执行国家和省委、省政府关于水利建设与改革的方针政策和法律法规；二是负责制定引汉济渭工程供水发展规划、前期工作、工程移民、工程建设与运行管理，充分发挥工程效益；三是负责并监督指导受水区输配水工程建设与运行管理；四是配合省级有关部门制定供水水价方案并组织实施；五是负责制定并组织实施供水方案，协调受水区各方面用水关系；六是负责制定受水区节水规划，推广节水技术，提高用水效率；七是负责制定工程防汛与特大干旱应急预案，建立应急机制，落实应急措施；八是负责管理工程的各类永久设施，确保国家资产保值增值；九是负责工程建设与运行管理的科学技术研究，推动科技进步和技术创新；十是负责承办省委、省政府交办的其他工作。

（3）引汉济渭工程建设（管理）局内设机构：目前引汉济渭办已经设有综合处、规划计划处、工程建设管理处、移民与环保处、财务审计处。适应工程建设与运行管理需要，建议在此基础上进一步完善内设机构，增设单项工程管理机构。

三、按照准市场运作的要求建立法人治理结构

（1）组建陕西省引汉济渭供水总公司。为适应工程建成后的市场化运作和经营性要求，按照与引汉济渭办、管理局一套人马、三块牌子、合署办公的模式组建引汉济渭供水总公司，按照公司运作机制开展经营活动。省政府作为投资主体对公司实行控股，受水区市县和其他投资机构参股，参股各方组成董事会对公司实施管理。公司运行期间的主要职责是：通过市场化运作和企业经营实现工程目标，实现资产保值增值和偿还贷款，实现自身的良性运行和可持续发展。主要业务涉及从水源取水，并通过干线输水，向受水区配水售水，以及调水水质与生态环境保护、工程管理维护等。

引汉济渭供水总公司下设两个分公司：一是调水公司，负责引汉济渭工程建设和运营管理；二是输配水公司，负责输配水干线工程建设与运营管理。同时由受水区市、县负责各自输配水工程建设与运营管理。

（2）组建陕西省引汉济渭供水总公司董事会。按照现代企业制度和引汉济渭工程实际，董事会成员由省政府代表、调水区和受水区地方政府代表、企业投资者、用水户代表以及具有一定资格的相关人士构成。董事长原则上由省政府指派，副董事长根据资本金构成和工作需要设置。董事会依据《中华人民共和国公司法》和公司章程履行职责。

（3）组建陕西省引汉济渭供水总公司监事会。引汉济渭工程在成立董事会的同时成立监事会。监事会有股东代表、职工代表及其他具备资格的相关人员组成。监事会依据《中华人民共和国公司法》和公司章程履行职责。

（4）引汉济渭供水总公司内设机构。调水工程建成后，按照"建管一体"的要求，项目法人的原工程建设管理职能转变为工程运行管理职能，围绕工程运行与经营的目标要求，按照现代企业制度，根据需要调整内部结构、职能和人员配置，以适应运行管理、水资源配置和公司化运营的需要，同时分流部分人员组建下属的黄金峡水利枢纽、三河口水利枢纽和周至出口站等管理机构。

四、工程管理机构人员编制

按照国务院《水利产业政策》《关于加强公益性水利工程建设管理的若干意见》、水利部《关于贯彻落实〈国务院批转国家计委、财政部、水利部、建设部关于加强公益性水利工程建设管理的若干意见的通知〉的实施意见》《水利工程设计概（估）算编制规定》（水总〔2002〕116号文件）中关于"建设单位定员标准"等有关规章，考虑引汉济渭工程特点，遵循精简、高效、合理的原则定岗定员。

根据有关规定测算，引汉济渭办、引汉济渭工程建设（管理）局、引汉济渭供水总公司，建设期人员编制为145人，并按照保持原有身份不变的情况下，在水利系统内部进行调整，

进入运行以后行政编制减少为 58 人（缩编的人员分流到下属单位），黄金峡管理站人员编制 232 人（其中管理人员 15 人，生产人员 217 人），三河口管理站人员编制 246 人（其中管理人员 16 人，生产人员 230 人）、周至管理站人员编制 93 人（其中管理人员 17 人，生产人员 76 人）。运行期管理机构总计需编制 629 人，其中管理人员 106 人，生产人员 523 人。

管理机构的管理设施，包括监测设施、通信信息系统、办公住宿用房、车辆船只配备和管理经费来源按国家有关规定的标准建设或配置。

第三节 建设管理体制运作模式

一、建设期运作模式

引汉济渭工程建设实行政府主导下的市场运作方式，即在政府宏观调控下，严格实行以项目法人责任制为核心，同时包括招标投标制、建设监理制和合同管理制在内的"四制"。

（1）政府主导。引汉济渭工程在全省经济社会发展和水生态环境建设中的地位作用，以及其公益性和基础性特点，决定了政府在工程建设中必须发挥主导作用，特别是政府的投资主体作用，其中包括国家、陕西省以及受水区地方政府不同比例与不同方式的投资。同时要制订有关工程建设的政策及管理办法，协调工程建设中的重大问题，落实和监督工程建设资金的筹集、使用和管理，监督检查主体工程建设质量，保证其安全、优质和高效，确保调水工程建设的顺利进行。

（2）实现项目法人责任制、招标投标制、建设监理制和合同管理制。

1）项目法人责任制。由引汉济渭工程建设管理局和引汉济渭供水总公司共同承担法人责任，对项目的资金筹措、建设实施、生产经营、债务偿还以及资产的保值增值，实行全过程负责。具体包括：负责组建工程现场的建设管理机构；负责落实工程建设计划和资金；负责对工程质量、进度、资金等进行管理、检查和监督；负责协调工程建设项目的外部关系以及相关各方的利益关系；负责工程的建设管理和移民安置；负责工程建设期生态和水环境保护等。

2）招标投标制。招标投标制是项目法人选择合适的承包商时运用的市场机制，对于保证工程质量、提高工程建设效益起着重要的作用。在整个工程建设过程中，要严格按照《中华人民共和国招标投标法》《水利工程建设项目招标投标管理规定》等有关法律规定，坚持"科学、公开、公平、公正、廉洁、择优"的原则，保证招标工作行为规范，程序严密；按照"事前报告、事中监督、事后备案"的原则，加强招标投标工作的监督管理。

3）建设监理制。建设监理制是项目法人保障项目实施和合同履行时运用的监督管理机制，对于控制工程投资、进度和质量具有重要作用。引汉济渭工程建设要严格按照《水利工程建设监理规定》等有关规定，全面实行建设监理制，实行监理招标，择优选择监理单位，推行工程造价管理，对工程建设实施全过程监理。项目建设质量实行法人负责、监理单位控制、施工单位保证和政府监督相结合的质量管理体制。

4）合同管理制。在水利工程建设项目中实行合同管理制是实现建设管理制度化、规范化、法制化的关键。引汉济渭工程建设过程中，要严格按照《中华人民共和国合同法》和水利部《关于切实加强水利基础设施建设管理工作的通知》等有关规定，对工程规划、可行性研究、勘测设计、施工、设备材料采购、工程建设监理以及移民征地等环节全面实行合同管理。

二、运营期运作模式

引汉济渭工程建成后，自水源工程取水经干线输水至配水节点，并向受水区各市（区、县）配水。节点以上干线输水及向受水区配水的运营管理由引汉济渭工程项目法人负责。节点以下至终端用户的输配水应尽可能地利用受水区已有的配水管网，在配水管网无法满足需要的情况下再补充建设相应的配套输水工程；同时，在此基础上对受水区现有水资源配置格局进行调整，以形成调入水源与当地水源有机联系的统一供水网络，其运营管理按照属地管理原则由受水区各市、县水务（集团）公司或供水公司负责。

引汉济渭工程运行期应实行"国家控股、授权营运、统一调度、公司运作"的方式。国家控股，即由国家提供主要建设资金，是主要出资者，由政府主导调水工程公司的经营管理方向。授权运营，即政府将一系列权力授予相应的项目法人，使之成为独立的市场主体，自主经营，自我发展。统一调度，保证外调水与当地各种水资源实现统一调配、统一管理，实现区域水资源的优化配置。公司运作，就是按照现代企业制度的要求，按照市场经济规律，自主经营，自我发展，努力追求效益的最大化。

为保证水资源统一调度的实现，需要加强以下几个方面的工作：一是出台水资源统一调度管理办法。二是制定专项法规。除现有法律法规外，尚需针对引汉济渭工程的特点和实际情况，制定《引汉济渭工程运行管理办法》，据此为引汉济渭工程的运行管理提供制度保障。三是加强水行政执法。按照有关法律法规对水事纠纷进行调解和裁决，对调水水质进行及时有效的保护，保障供水工程、人员以及与供水有关活动的安全，保证供水系统的正常运行。四是实行同水同价。统一外调水、当地水的水价，实现区域内同水同价，保证调来的水能销售出去，以利于调水工程效益的发挥。

第四节　建设管理与运行机制实施方案

为确保实现引汉济渭工程建设与运行的预期目标，需要针对工程建设阶段和运行阶段的不同情况，分别建立运行机制。

一、工程建设阶段运行机制

包括协商协调、资金筹措、建设实施、建设监理、建设督查等运行机制。

（1）建立强有力的协商协调机制。引汉济渭工程涉及范围很广，利益相关者众多，同时还有征地移民、环境保护、水污染防治等诸多方面工作。为了处理好不同受水地区之间的利益冲突以及工程建设中各项工作之间的关系，促进引汉济渭工程建设工作的顺利实施，需要建立政府协调机制，进而充分发挥政府的协调作用，将各种矛盾化解在萌芽状态。

（2）建立来源稳定的工程建设投融资机制。引汉济渭工程建设，在积极争取财政性投资的同时，还需要通过水权和产权制度改革，理顺各利益主体的关系，进一步拓宽投融资渠道，吸引社会各方面的资金，建立起多元化的引汉济渭工程建设投融资机制。一是加快建立政府投入保障机制。一方面争取中央、省财政性投资；另一方面通过提高水资源费征收标准来筹集水利建设资金，建立引汉济渭工程建设专项资金，为工程建设提供稳定可靠的投入来源。二是建立多元化投入机制。主要是通过对引汉济渭工程调水水权进行市场化配置，由受水区出资购买水权；同时组建经营性法人作为融资平台，向银行进行借贷融资。

（3）严格按照相关法规建立和完善工程建设实施机制。按照"公开、公平、公正"的原则，把阳光操作贯穿于工程建设管理全过程，全面推行项目法人责任制、工程招投标制、资金报账制、工程监理制、预决算审计制和项目公示制，严把工程质量关，增强项目和资金管理的透明度。

（4）不断强化工程建设监督管理机制。项目法人在制定工程建设方案时，应同时制定工程质量、生产安全等监督管理方案，包括执行集体决策、建设项目责任制、公开选择中介机构制度、招标文件规范编制制度、公开招标制度、项目建设控制制度、工程审计制度、政务公开制度、不准干预和插手建设工程制度等措施，进而实现工程建设的规范化。

（5）充分发挥专业机构作用，强化工程建设督查机制。为确保引汉济渭工程建设快速高效推进，在充分发挥专业机构作用的同时，建议纪检监察部门成立专门督查机构，采取扎实有效措施，确保工程质量、生产、资金、干部"四个安全"。重点是加强定期督查通报制度、施工规范管理制度、质量监管制度，一旦发现问题，随时随地限期整改。

二、工程运营阶段运行机制

为了加强对引汉济渭工程的管理和养护，提高管理效率，合理利用调水，确保工程国有资产的保值增值，促进工程良性运行，需要建立以下体制机制。

（1）建立完善宏观调控机制。在组建工程管理局的基础上，重点建立水资源统一管理机制并采取相关政策措施，为引汉济渭调入水量配置和当地水联合调度创造条件；同时要建立生态保障机制，由省政府制定出台专项政策法规，使调水区利益得到相应补偿，为保证区域经济协调发展、构建和谐陕西创造条件。

（2）在引汉济渭工程受益范围建立水资源统一管理机制。为保证调入水量和更大区域水资源的合理配置和有效置换，需要建立与之相适应的水资源统一管理机制和制度体系，并进而实现全省水资源统一管理、优化配置和高效利用。

（3）建立科学完善的水价调整机制。重点是加快受水区以至全省水价改革进程，以形成能够与受水区缺水形势相适应，并满足引汉济渭工程良性运行需要的水价形成机制。

（4）建立严格的水量水质监督机制。要充分利用公众监督、舆论监督和社团等方面的监督力量，从微观到宏观，从局部到全局，对引汉济渭供用水情况进行事前、事中和事后的全过程监督，形成多渠道、全方位、一体化的监督网络体系，把有效的监督延伸到引汉济渭供水管理的各个相关领域和环节之中，及时发现供水期间各种不恰当的行政行为和可能出现的问题。

（5）建立水污染应急处理机制。在工程投入运营以前，编制科学可行的突发性水污染应急预案，建立快速、灵敏、高效的突发性水污染应对机制。建立技术、物资和人员保障系统，落实重大事件报告、处理制度，形成有效的应急救援机制。落实供水安全风险管理工作责任制，加强对应急管理工作的评价和考核。

（6）不断加强工程单位内部管理机制。组建引汉济渭工程管理局和供水总公司的同时，要加大内部改革力度，建立包括效率机制、激励机制、竞争机制、市场机制在内的内部管理机制。

（7）建立规范的工程管理和养护机制。根据引汉济渭工程运营需要，研究制定《水利工程维修养护管理办法》《水利工程维修养护标准》《水利工程维修养护质量管理规定》《水利工程维修养护责任与追究办法》《水利工程维修养护工作考核验收管理办法》《水利工程管理考核办法》《水利工程维修养护合同文本（示范）》《水利工程及维修养护技术资料管理办法》等规章制度，实现工程管理和维修养护的规范化、制度化运作。

（8）不断强化资产经营管理机制。监管单位应密切关注引汉济渭工程国有资产的保值增值。管理单位应建立健全严密的监督机制和运行管理机制，管好用好现有水利资产，通过这些资产的管理和创造的收益，促进引汉济渭工程的健康持续发展。

（9）建立工程运行补偿机制。引汉济渭工程既承担有生态供水等公益性任务，又有城镇生活生产供水、发电等经营性功能，要科学确定其公益型部分，明确各级财政补贴的份额和自收自支的范围、用途、人员、标准，同时建立健全管理单位的养老保险、失业保险、医疗保险、住房公积金等制度。

（10）建立公众参与机制。包括建立信访制度、举报制度和质询制度在内的公众参与管理制度，以及公众参与的信息交流机制，使所有利益各方可以进行有效地协商、对话与决策，提高公众参与的积极性。

第二章 工程建设筹融资方案

《陕西省引汉济渭工程建设资金筹措实施方案》由省引汉济渭办委托西安理工大学编制完成。引汉济渭工程可行性研究阶段静态建设资金 168.74 亿元，按项目可行性研究报告贷款能力测算推荐的设计方案资本金为 115.42 亿元（占静态总投资的 68.4%），在供水水价 1.5 元每立方米时，最大贷款能力 72.64 亿元（含建设期融资利息 19.32 亿元）。其中 115.426 亿元的资本金需要通过申请中央财政补助、省财政专项、省级水利建设基金、水资源费可用于引汉济渭工程的专项基金、重大水利工程建设基金、省级预算内基本建设基金和受水区政府投入在内的地方财政资金以及法人（或自然人）投资等筹集的方式筹集完成。

第一节 资本金结构及筹措方案

资本金主要由中央财政补助、省财政专项、省级水利建设基金、水资源费可用于引汉济渭工程的专项基金、重大水利工程建设基金、省级预算内基本建设基金和受水区政府投入在内的地方财政资金以及法人（或自然人）投资等构成。

一、中央财政补助资金

引汉济渭工程作为一项跨流域、跨地区引水到水资源短缺地区的水源工程，符合国家水利产业政策和西部大开发的政策规定，理应得到中央财政的支持。

根据国内类似的大型调水工程国家补助资金比例，新疆引额济乌调水工程中央财政补助 34 亿元，占总投资的比例为 40.5%，占资本金的 53.97%；青海引大济湟调水工程中央补助资金 6.9 亿元，占总投资的比例为 52%，占资本金的 66.35%。上述西部两个引水工程项目中央补助资金占总投资比例平均为 46%，占资本金比例平均为 60%。

辽宁大伙房调水工程中央补助资金 12 亿元，占总投资的比例为 22.4%，占资本金的比例为 32%；吉林引松供水工程中央补助资金 29.2 亿元，占总投资的比例为 22.1%，占资本金的比例为 32.3%；胶东调水工程中央补助资金 7 亿元，占总投资的比例为 24.2%，占资本金的比例为 32%。上述非西部省份中央补助资金占总投资比例平均为 22.9%，占资本金比例平均

32.1%；全部调水供水项目中央补助资金占总投资比例平均为 32.24%，占资本金比例平均为 43.32%。

从以上类似调水（供水）项目中央财政补助的投资比例来看，对西部省份的政策倾斜是非常明显的，引汉济渭工程地处西部，又恰逢国家对水利工程大力支持的宏观有利环境，因此，积极努力争取，是可以得到国家财政大力支持的。

引汉济渭工程中央财政补助资金拟按 4 个方案考虑：第一个方案是按西部两个项目的平均比例计算，即申请中央财政补助占总投资的 46% 时为 86 亿元，按占资本金的 60% 计算时为 69 亿元，取小值为 69 亿元。第二个方案参照新疆引额济乌调水工程的补助资金占资本金比例关系计算，相应中央补助资金为 62 亿元。第三个方案按五个项目中央补助资金占资本金加权平均值 39.92% 计算，中央财政补助资金为 46 亿元。第四个方案按第二方案国内类似项目与西部供水项目资本金的比例均值计算，申请中央补助资金为 56 亿元。

二、水资源费可用于引汉济渭工程的专项基金

依据陕西省物价局、财政厅、水利厅以陕价证发〔2012〕30 号文发布的《关于调整自来水水资源费征收标准的通知》，为了推进陕西省城市水价改革，促进节约用水，保护和合理利用水资源，根据省政府 2010 年第 10 次和 2011 年第 20 次常务会议精神，适当调整关中、陕北地区自来水水资源费征收标准。自来水水资源费征收标准由每立方米 0.30 元调整为 0.72 元；供居民生活用水的水资源费征收标准随居民生活用水价格调整时再作调整，目前仍按每立方米 0.30 元执行。这样，水资源费调整增加的差额就可用于引汉济渭工程的专项基金。

2010 年，全省工业及生活用水销售量约为 20.8 亿立方米，2011 年，全省工业及生活用水销售量约为 21.2 亿立方米。若采用 2010 年销售水量，剔除陕南的汉中、安康、商洛后的销售水量大约为 16.92 亿立方米，不计生活用水后的销售水量约为 8.41 亿立方米。按此计算，年均新增水资源费为 3.5 亿元，若加上生活水量后年均新增水资源费为 7.1 亿元。

因该费用为引汉济渭工程专项资本金而设立，考虑到各地水价调整有一个逐步达到的过程，按 2012 年 3.5 亿元，2013 年 4.5 亿元，到 2014 年，全部收足资金为 7 亿元计算。由于该工程中水源工程总投资 188.06 亿元，受水区输配水工程总投资 192.16 亿元，其资金投入比例接近 1∶1，但考虑到水源工程先行开工建设，且资金强度要求较大，而受水区输配水工程 2014 年才开始施工建设，所以对该水资源费专项基金做出如下使用安排：2012 年和 2013 年所征该项费用分别按 3.5 亿元、4.5 亿元计，全部用于水源工程；到 2014 年引汉济渭受水区输配水工程开始施工后，4 亿元用于水源工程，剩余 3 亿元用于受水区输配水工程计算。这样从 2012—2017 年每年收取额分别为 3.5 亿元、4.5 亿元、4.0 亿元、4.0 亿元、4.0 亿元、4.0 亿元计算，共计 24 亿元。

三、省级重大水利工程建设基金

按财政部、国家发改委、水利部 2009 年 12 月印发的《国家重大水利工程建设基金征收使用管理暂行办法》规定，南水北调和三峡工程非直接受益省份筹集的重大水利基金，留给所在省份用于本地重大水利工程建设。重大水利基金在除西藏自治区以外的全国范围内筹集，按照各省（自治区、直辖市）扣除国家扶贫开发工作重点县农业排灌用电后的全部销售电量和规定征收标准计征。各省（自治区、直辖市）全部销售电量包括省级电网企业销售给电力用户的电量、省级电网企业扣除合理线损后的趸售电量（即实际销售给转供单位的电量）、省级电网企业销售给子公司的电量和对境外销售电量、企业自备电厂自发自用电量、地方独立电网销售电量（不含省级电网企业销售给地方独立电网企业的电量，下同）。跨省（自治区、直辖市）电力交易，计入受电省份销售电量。山西、内蒙古、辽宁、吉林、黑龙江、福建、广西、海南、四川、贵州、云南、陕西、甘肃、青海、宁夏、新疆等 16 个南水北调和三峡工程非直接受益省（自治区、直辖市）（以下简称 16 个省份）电网企业代征的重大水利基金，由当地省级财政部门负责征收，并全额上缴省级国库。16 个省份缴入省级国库的重大水利基金，纳入省级财政预算管理，专项用于本地重大水利工程建设。收取标准陕西省为每千瓦时电 4 厘。

陕西省 2010 年全省用电量大约为 570 亿千瓦时，扣除手续费后年均收取额度约为 2 亿元，引汉济渭工程作为陕西省重大水利项目，年计划按 1 亿元列支，共计使用额度为 6 亿元。

四、省级水利建设基金

按财政部财综〔2011〕2 号文发布的水利建设基金筹集和使用管理办法，水利建设基金是用于水利建设的专项资金，地方水利建设基金主要用于地方水利工程建设。地方水利建设基金的来源：①从地方收取的政府性基金和行政事业性收费收入中提取 3%。应提取水利建设基金的地方政府性基金和行政事业性收费项目包括：车辆通行费、城市基础设施配套费、征地管理费，以及省（自治区、直辖市）人民政府确定的政府性基金和行政事业性收费项目；②经财政部批准，各省（自治区、直辖市）向企事业单位和个体经营者征收的水利建设基金；③地方人民政府按规定从中央对地方成品油价格和税费改革转移支付资金中足额安排资金，划入水利建设基金。

目前，省级水利建设基金投资每年的投入总额为 1 亿元，2011 年审议通过的《加快水利改革发展决定的实施意见》中指出，要加大水利建设基金的投入力度，该项基金在每年 1 亿元的基础上逐步提高，由于该项基金适用的水利项目较多，引汉济渭工程拟定按年均 0.5 亿元申请使用，共计 3.0 亿元。

五、省财政专项资金

省委、省政府高度重视引汉济渭工程建设，强调在加快水利发展方面突出加快骨干水源工程建设，"十二五"期间要坚定不移地推进引汉济渭等水资源开发工程建设，加大水利工程省级财政的投入力度。在引汉济渭工程建设期间，省级财政资金每年落实 5 亿元的建设资金是有保障的。在工程 6 年的建设期，省级财政资金拟申请总额为 30 亿元。

六、省级预算内基本建设资金

在 2011 年 8 月《陕西省人民政府专项问题会议纪要》（即《关于引汉济渭工程建设有关问题的会议纪要》）中明确提出，每年从省级预算内基本建设资金中安排 2 亿元用于引汉济渭工程建设。在工程 6 年的建设期内，工程共可申请总额为 12 亿元的省级预算内基本建设资金。

七、受水区政府投入

引汉济渭工程是从陕西南部汉江流域调水至渭河流域的关中地区，主要用于缓解关中地区水资源供需矛盾，促进陕西省内水资源优化配置，改善渭河流域生态环境，促进关中地区经济社会可持续发展。同时，该工程在陕北能源化工基地建设方面也能够发挥重要作用，使陕北成为陕西经济快速发展的重要贡献区。陕北地区煤气资源丰富，但降雨稀少，生态脆弱，水资源贫乏，已成为能源化工基地建设的关键制约因素。引汉济渭工程在破解关中地区水资源危机的同时，也可以成为陕北地区用水的"中转站"，通过水权置换，陕北能源化工基地可以加大从黄河的取水量，从而间接从中受益。

引汉济渭工程直接受水区为关中地区 5 个重点城市（西安市、咸阳市、渭南市、宝鸡市和杨凌区）、12 个县（区、市）和 6 个工业园区。间接受水区为陕北的榆林和延安两市。

八、法人（或自然人）投资构成

法人投资是指国有企业、集体企业、私营企业、跨地区部门横向联合的企业、企业集团、跨国公司及其国外的子公司、金融和产业组织的混合企业、金融组织及其海外分支机构等的投资总称。企业法人作为独立的投资主体，其投资的动机、目的就是为了实现预期的经济效益。个人投资是指居民个人将手中闲散的资金用于购买股票、债券等有价证券获得一定的股权和债券并获得预期的回报，随着经济的发展，个人投资方式也不断地增多。

第二节 债 务 融 资

引汉济渭工程建成后能够产生售水收入和售电收入，具有稳定的现金流，因此建议工程建设资金债务融资模式主要采用项目融资贷款。另外陕西省水务集团在 2011 年与国家开发银行陕西分行、中国农业发展银行陕西省分行、中国农业银行陕西省分行、中国建设银行陕西省分行、中信银行西安分行、浦发银行西安分行等 6 家金融机构签订了授信金融合作意向书，累计签约金额 600 亿元，用于引汉济渭工程、渭河综合整治、泾河东庄水库工程等项目在内的四个重点水利建设项目。

授信额度根据引汉济渭水源工程资金筹措方案，总额度应为 72 亿元。在工程开工后，项目法人可根据已达成的总授信额度，分批使用贷款，与银行签订贷款合同。贷款使用年限根据国家西部大开发相关政策为 25 年，其中宽限期 7 年，即从首笔贷款开始的 7 年建设期内只偿还利息，不还本。

按水利部水利水电规划设计总院水总〔2012〕33 号文和陕西省有关部门意见并综合考虑受水区水价承受能力及还贷要求，在推荐供水水价为每立方米 1.5 元、水电站发电上网电价为每度 0.30 元时，确定的项目资本金为 115.42 亿元，占静态总投资的 68.45％；贷款额度为 53.32 亿元，建设期利息为 19.32 亿元，工程总投资为 188.06 亿元。

第三节　建设资金需求及实施计划

一、资金需求计划

依据水利部水利水电规划设计总院水总〔2012〕33 号文《关于报送陕西省引汉济渭工程可行性研究报告审查意见的报告》，按 2011 年第二季度价格水平，核定工程静态总投资为 168.74 亿元，总投资 188.06 亿元，其中工程部分投资 125.83 亿元，建设征地移民补偿投资 38.13 亿元，水土保持投资 2.33 亿元，环境保护工程投资 2.44 亿元，建设期融资利息 19.32 亿元，见表 11-2-1 和表 11-2-2。

表 11-2-1　　　　　　　　　工 程 估 算 总 投 资　　　　　　　　单位：万元

序号	项　　　目	建安工程费	设备购置费	独立费用	合计
I	工程部分投资				
一	建筑工程	724415			724415
二	机电设备及安装工程	14905	74405		89310
三	金属结构设备及安装工程	14468	23825		38293
四	临时工程	124087	172		124259
五	独立费用			136204	136204
	基本费用（以上五部分合计）	877875	98402	136204	1112481
六	基本预备费			116765	116765
	静态总投资	877875	98402	252969	1229246
	建设期融资利息			193216	193216

续表

序号	项　目	建安工程费	设备购置费	独立费用	合计
六	总投资	877875	98402	446185	1422462
Ⅱ	移民环境投资				
一	水库移民征地补偿投资			381319	381319
二	水土保持工程			23291	23291
三	环境保护工程			24408	24408
四	大黄公路	29100			29100
	工程投资总计				
Ⅲ	静态总投资	906975	98402	681987	1687364
	工程总投资	906975	98402	875203	1880580

表 11-2-2　　　　　工程项目投资汇总表　　　　单位：万元

序号	工程或费用名称	合计	黄金峡水利枢纽	秦岭输水隧洞黄三段	三河口水利枢纽	秦岭输水隧洞越岭段
Ⅰ	工程部分投资					
一	建筑工程	724415	116729	52013	124324	431349
二	机电设备及安装工程	89309	50370	890	36826	1223
三	金属结构设备及安装工程	38293	27926	382	9985	
四	临时工程	124261	22571	10582	20333	70775
	独立费用	136203	36238	9908	32607	57450
	一~五部分投资合计	1112481	253834	73775	224075	560797
	基本预备费	116765	27922	8115	24648	56080
五	静态总投资	1229247	281756	81891	248723	616877
	价差预备费（$p=0\%$）	0				
	建设期融资利息	193216	38656	4914	69096	80550
	总投资	1422463	320412	86805	317819	697427
Ⅱ	移民环境等投资					
一	水库移民征地补偿投资	381319	155275	509	217574	7961
二	水土保持工程	23291	5501	396	7042	10352
三	环境保护工程	24409	10237	1362	7391	5419
四	工程管理道路（大黄公路）	29100	29100			
	工程投资总计					
Ⅲ	静态总投资	1687365	481869	84157	480730	640609
	工程总投资	1880581	520525	89071	549826	721159

各分项工程投资分别为：黄金峡水利枢纽工程静态总投资为 28.18 亿元；秦岭隧洞黄三段静态总投资 8.19 亿元；三河口水利枢纽静态总投资 24.87 亿元；秦岭隧洞越岭段静态总投资 61.69 亿元；大黄公路投资 2.91 亿元；移民环境工程静态总投资 42.90 亿元。

二、资金筹措推荐方案可行性分析

推荐方案资本金总额为 142 亿元，大于水利部水利水电规划设计总院审定的在最大贷款能力测算情况下的最少资本金 115.4 亿元，由于工程目前还在初步设计阶段中，其工程总投资还有一定的不确定性，比设计计算的最小资本金大对防范工程风险是有利的。

推荐方案申请的中央补助资金 54 亿元，占总投资的 28.7%，小于同处西部地区的新疆引额济乌调水工程 40.5% 和青海省引大入湟 52.0% 的实际中央补助资金比例，从陕西所处西部靠中和经济略好于其他西部省区的实际情况分析也是合理的，但这个比例明显高于辽宁大伙房调水工程 22.4%、吉林引松供水工程 22.1% 以及胶东调水工程 24.2% 的实际补助比例，申请压力不大，申请成功的可能性高，因此也是合适的。

从省级财政、基金筹措来看，每年 7 亿元的省级财政投入基本可以保证，引汉济渭专项水资源费已经正式发文执行了，省级重大水利工程建设基金符合国家政策规定，省级水利建设基金所用比例较小，不会妨碍其他水利建设项目，直接受水区和间接受水区筹资比例相对也不高，实施起来相对难度也不大，作为补充预案，在发生某项资金筹措困难的状况下，可以吸纳部分法人或者个人的资金，用于两座收益情况良好的电站工程。

从债务资金来说需要融资贷款的总金额 46.06 亿元，小于经水利部水利水电规划设计总院审定的 72.66 亿元的贷款额，按时还贷的可能性有所提高，还贷压力进一步降低。

综上所述，推荐的方案六作为引汉济渭水源工程的资金筹措方案是合理可行的。

第四节 结 论 及 建 议

通过系统论证分析，这项专题研究对引汉济渭工程资金筹措形成以下意见结论：

（1）引汉济渭工程建设资金筹措实施方案的编制，是基于项目建议书审查通过，项目可行性研究报告评估通过，省委、省政府的高度重视和广大民众的高度关注；为了确保工程顺利推进，科学编排资金使用计划，有效防范资金投入风险，最大地发挥资金效益，编制引汉济渭工程建设资金筹措实施方案是非常必要的。

（2）国内外水利工程投融资政策及相关工程经验说明，对综合性水利工程建设，国家及地方政府应承担主要投资责任，同时要明确投资主体与事权划分，要广开筹融资渠道，融资方式及结构多样化。引汉济渭工程建设有着促进国家经济发展。陕西省政府高度重视、西部大开发优惠政策支持等多种优势条件，资金的筹措应该是多元资金结构形式。

（3）引汉济渭工程是一项具有公益性质的大型调水工程，这是由工程的战略地位和国计民生的作用、政府主导的工程特点和供水水价核定的利润水平决定的，引汉济渭工程作为公益性为主的水利基础设施，其工程性质为资金的筹措及方案确定奠定了基础和前提条件。

（4）引汉济渭工程筹融资模式为"建设资本金＋融资贷款"。其资本金结构是：建设资本金由中央财政补贴、陕西省政府资金、法人（自然人）投入三部分组成。其中，陕西省政府资金由省财政专项资金、引汉济渭专项水资源费、重大水利工程建设基金、省级水利建设基金、省级预算内基本建设基金、受水区（直接、间接）政府投入组成。

（5）引汉济渭工程的资金筹措，是基于初始水权价格为每立方米 1.2 元和原水水价为每立方米 1.5 元的基础上进行的。其初始水权价格和原水水价均是充分依据相关工程资料和计算分析办法，经过详细、合理的计算与分析得到的。

（6）引汉济渭工程的直接受水区为关中地区的西安、宝鸡、咸阳、渭南等 4 个重要城市，杨凌区和 12 个县城和 6 个工业园区，间接受水区为陕北的延安、榆林两市。依据"谁投资，谁受益"原则，受水区参与投资形成"利益共享，风险共担"机制。在国家相关政策支持及相关工程取水水权价格基础上确定直接受水区按照配水水量分担资金投入 12.96 亿元，间接受水区按照水权置换同价原则分担资金投入 8.4 亿元，共计 21.36 亿元。

引汉济渭工程水源工程建设工期从 2012 年开始到 2017 年建设完成，共 6 年；受水区输配水工程 2014 年开始施工，到 2030 年全部建设完成，建设工期共 17 年。按以上计算，受水区政府投入（包括直接受水区和间接受水区）共计 21.36 亿元，则平均每年可向工程投入 1 亿多元。考虑到 2014 年引汉济渭输水及配水工程的开工建设需求、其他资本金来源的构成和额度以及资本金应占总投资的比例，建议受水区投入资金的筹措和使用可按如下安排实施：2012 年和 2013 年按直接受水区每年投资 1 亿元、间接受水区每年投资 0.5 亿元计算，共计 3 亿元（其中直接受水区 2 亿元，间接受水区 1 亿元）用于水源工程建设；2014 年开始，直接受水区和间接受水区剩余应投入的资金（直接受水区 10.96 亿元，间接受水区 7.4 亿元），按受水区输配水工程的建设工期（17 年）每年平均投入，且全部用于受水区输配水工程的建设。

（7）引汉济渭工程由水源工程和受水区输配水工程组成，计划总投资 380.22 亿元，其中水源工程共投资 188.06 亿元。充分利用国家相关政策，借鉴相关工程经验，按照不同的资金来源及结构进行多种组合方式分析，确定此项目资金筹措主要工程建设资本金总额 142 亿元，占总投资的 75.5％，其中中央财政补助金 54 亿元，占总投资的 28.7％，省政府资金 78 亿元，占总投资的 41.5％，法人（自然人）投入 10 亿元，占总投资的 5.3％；工程融资贷款基于供水水价每立方米 1.5 元，借助陕西水务集团与六家金融机构 600 亿的投放额度和项目直接融资贷款两个平台，分别从商业银行和开发银行贷款总额 46.06 亿元，占总投资的 24.5%。

（8）经过充分地分析与论证，引汉济渭工程资金筹措实施方案有以下两种可作为实施方案的方案形式：一是其资本金中各项资金比例合适，且该方案的可操作性较高的推荐方案；二是中央财政补助资金占资本金额度比例达到 60% 的理想条件时，所得的理想方案。

（9）资本金总额 142 亿元，占总投资的 75.5%，申请国家补助资金系根据全国已建五项供水工程的平均投资比例分析拟定，申请中央补助资金为 54 亿元，低于西部新疆和青海的中央补助资金比例，高于东部省份中央补助资金的注资比例，相对适中，在国家向西部政策支持力度加大的背景下，申请到该比例的中央补助资金合乎情理；省级财政资金额度为 78 亿元，占总投资的 41.5%；法人或自然人筹资额拟定 10 亿元，占总投资的 5.3%。相比其他方案，该方案实施的可行性高，所以本报告将本方案作为资本金筹措方案的推荐方案。

（10）引汉济渭工程作为新中国成立以来陕西最大的一项水利工程，在项目建设中肯定会遇到一定困难和风险，项目资金筹措影响较大的因素包括国家政策层面、施工工期、建材价格上涨及银行利率变化等。其中：国家政策对水利工程支持程度不会有大的变化，在中央补助金没有实现预期的情况下，通过增加省级财政资金来化解风险；工程工期，由于此项目体系庞大复杂，许多子项堪称全国乃至亚洲世界第一，秦岭独特的地质地貌难免遭遇设计方案变更或延误工期，工期每延后一年需增加 10 亿元左右投入，其风险的化解通过争取中央与省级财政资金和吸纳社会法人投入，受水区投资来完成；原材料价格上涨亦是较大风险之一，由于世界经济发展的不稳定性，我国推动经济引擎的重大工程建设，国家会适时增加，因而造成建筑材料价格波动，此项风险化解可通过建立物资储备基地、大宗采购等手段尽力化解；银行利率上调风险不大，但利率波动会一直存在，作为应对措施是优先使用资本金，尽可能扩大资本金额度。

（11）引汉济渭工程建设资金组成由三部分组成：国家及省地政府补助资金、银行贷款、社会法人（自然人）投入。按照比值不同的组合比例，给出了工程分年度资金筹措方案，作为项目实施单位可能出现的不同工况，及时比对各种方案适用条件，在按照推荐方案既定开展工作时，注意适时调整工作方针，以实现工程建设资金筹措的科学有效。

建议：引汉济渭工程资金筹措实施方案是在目前已有的研究成果基础上，紧密结合工程实际情况完成，具体操作过程中建议做好以下几点：

1）成立独立企业法人机构。考虑资金筹措对引汉济渭工程建设的重要性，目前作为筹融资主体的引汉济渭办应成立相应的法人机构，两块牌子一套人马兼顾工程的政府与企业法人职能。

2）建立专业委员会。考虑工程的复杂性及资金筹措的艰巨性，目前作为筹融资主体的引汉济渭办应成立相应的专业技术委员会及咨询委员会，尤其是筹融资领导小组（或委员会），具体事务挂靠规划计划处，专门负责安排相关研究及专题专项咨询服务，以利于工程顺利推进和适时调整方案，确保工程资金充足与科学有效。

3）建立反馈监控机制。密切注意相关风险因素变化及资金筹措使用情况，优先安排使用中央补助金，再是省地政府资金，债务性资金作为有效补充和调整结构尽可能少用，以实现有效投资控制。

4）积极争取政府及社会各界关注支持。加大与国家发改委、水利部及省发改委、财政厅的沟通与联系，加强与金融机制的互信合作，建立工作汇报与检查指导的良性互动机制，取得相关领导的关心支持，民众的自觉关注参与，形成良好的建设环境。

5）加强与设计、施工、监理单位的良好合作。保证优化设计，强化施工组织管理，合理安排建设工期，深入前期准备工作，以最大限度控制和节约工程投资，强化内审监督，确保资金安全和有效使用。

6）实行动态管理。依据工程投资变化情况及时调整资金组合构成，并细化各部分资金来源的变化量值，建立预测研判制度，及时科学给出工作预案，确保工程建设资金的充裕及合理安排。

7）重视工程文化建设。用先进的理念、科学的机制、严格的制度、灵活的方式、创新的模式支持资金筹措方案的执行，合理配置资金资源，确保资金高效发挥作用。

第三章　水权置换研究

引汉济渭工程建设将通过"以下补上"的方式为陕北能源化工基地建设置换从黄河干流的取水指标，实现这一目标，首先需要与黄河水利委员会达成共识，同时要解决水权置换的关键技术问题。为此，省引汉济渭办于2012年2月委托黄河水利科学研究院开展了《陕西省引汉济渭水权置换关键技术研究》。

引汉济渭调水为水权置换提供了物质基础。引汉济渭工程将9.30亿立方米（2020水平年）优质水资源调入严重缺水的渭河中下游关中地区，无论用于河道内外，还是用于生活生产生态环境，都将产生重要的作用与效益。同时，也为水权置换提供了基本的物质基础与水源条件。

第一节 水权置换方案构建

引汉济渭工程直接供水范围为宝鸡、咸阳、西安和渭南 4 个重点城市，杨凌示范区和渭河沿岸的眉县、周至、武功、兴平、户县、泾阳、三原、高陵、长安、阎良、临潼、华县和华阴等 13 个县（市、区），间接受益范围可扩展到陕北能源化工基地。

一、方案构建

2020 水平年有引汉济渭工程方案下，增加入黄水量 2.87 亿立方米；2030 水平年有引汉济渭工程方案下，增加入黄水量 5.66 亿立方米。根据研究，入渭水量由配置各行业水量回归水和替代傍河地下水水源地增加的入渭水量两部分组成，2020 水平年增加的入渭水量为 4.83 亿立方米，2030 水平年增加的入渭水量为 6.34 亿立方米。增加入渭水量计量点分散在渭河干流沿线，增加的渭河入黄水量的计量点为华县断面和北洛河状头断面。从理论上来说，增加的入渭水量应大于增加的入黄水量，但由于水权置换的前提条件是渭河入黄水量的增加，故水权置换方案的构建应以增加的入黄水量为基础，在此基础上进行设置。

二、2020 水平年方案

2020 水平年引汉济渭工程入渭河水量为 10 亿立方米时，考虑秦岭隧洞损失后，有效调入水量为 9.30 亿立方米。在 2020 水平年调入水量条件下，各方案的具体含义如下。

（一）方案 Ⅰ：直接入渭方案

考虑关中直接供水区和陕北榆林间接供水区的需求，按照引汉济渭工程直接入黄水量 2 亿立方米考虑直接向陕北进行水量置换。水权置换的计量控制点为黄池沟入渭分水口和榆林大泉供水工程取水口。分水口以下河道的沿程蒸发、渗漏损失和保证率、丰枯同频影响等不再考虑，由直接供水区各用户的达标排放水量进行补偿。

（二）方案 Ⅱ：间接入渭方案

2020 水平年引汉济渭工程调入净水量 9.30 亿立方米，全部配置给直接供水区各用户，其回归水补给和替代傍河地下水水源地，增加渭河河道水量。在考虑河道蒸发、渗漏损失量、供水保证率差异、丰枯同频影响等各种影响因素下，为保证"引汉济渭工程水权置换"的安全，参照《黄河水权转让管理实施办法》的操作模式，在灌区节水量的基础上，考虑 1.2 的折减系数后作为可转让水量。据此，间接入渭方案在 2020 年增加入黄水量的基础上，分别按照 1.0、1.1、1.2 的折减系数确定可置换水量分别为 2.87 亿立方米、2.61 亿立方米、2.39 亿立方米。间接入渭方案入黄河水量计量控制点为华县站和榆林大泉供水工程取水口。

三、2030 水平年方案

2030 水平年引汉济渭工程调入渭河水量为 15 亿立方米时，考虑秦岭隧洞损失后，有效调入水量为 13.50 亿立方米。在 2020 水平年调入水量条件下，各方案的具体含义如下。

（一）方案Ⅰ：直接入渭方案

考虑关中直接供水区和陕北榆林间接供水区的需求，按照引汉济渭工程直接入黄水量 3.5 亿立方米考虑直接向陕北进行水量置换。水权置换的计量控制点为黄池沟入渭分水口和榆林大泉供水工程取水口。分水口以下河道的沿程蒸发、渗漏损失和保证率、丰枯同频影响等不再考虑，由直接供水区各用户的达标排放水量进行补偿。

（二）方案Ⅱ：间接入渭方案

2030 水平年引汉济渭工程调入净水量 13.50 亿立方米，全部配置给直接供水区各用户，其回归水补给和替代傍河地下水水源地，增加渭河河道水量，在考虑河道蒸发、渗漏损失量、供水保证率差异、丰枯同频影响等各种影响因素下，为保证"引汉济渭工程水权置换"的安全，参照《黄河水权转让管理实施办法》的操作模式，在灌区节水量的基础上，考虑 1.2 的折减系数后作为可转让水量。据此，间接入渭方案在 2030 水平年增加入黄水量的基础上，分别按照 1.0、1.1、1.2 的折减系数确定可置换水量分别为 5.66 亿立方米、5.15 亿立方米、4.72 亿立方米。间接入渭方案入黄河水量计量控制点为华县站和榆林大泉供水工程取水口。

第二节　水权置换管理制度

一、基本原则

结合陕西省水资源管理、渭河及黄河水资源管理与调度实际，引汉济渭工程水权置换应遵循下列四项原则。

（1）水权明晰与统一调度的原则。

（2）总量控制与供需平衡的原则。

（3）政府监管和市场调节相结合原则。

（4）有偿置换和经济补偿相结合原则。

二、引汉济渭工程水权置换管理权限的界定

由于引汉济渭工程水权置换的置换水量为黄河干流水资源，根据水利部水政资〔1994〕197 号《关于授予黄河水利委员会取水许可管理权限的通知》和《黄河取水许可管理实施细则》〔2009〕规定，黄委会在水利部授权范围内，负责黄河流域取水许可制度的组织实施和监督管理，并明确规定黄河干流托克托（头道拐水文站基本断面）以下到入海口（含河口区）

区间取水黄委会实行全额管理。据此，引汉济渭水权置换指标的审批权由黄河水利委员会行使，代表国家行使该部分水权置换的管理机关也应当为黄河水利委员会。依据《黄河"八七"分水方案》确定给各省（自治区、直辖市）水量分配的指标规定，当引汉济渭工程水权置换指标由黄河水利委员会批转陕西省政府后，陕西省可供水量将有所调整，可供水量的调整需要陕西省政府水行政主管部门报请黄河水利委员会审批解决。因此，黄河水利委员会应当是引汉济渭工程水权指标置换黄河水权指标的管理机关。然而，从水权置换关系来讲，黄河水利委员会与陕西省人民政府的关系则是引汉济渭工程水指标与黄河水指标置换的主体关系。

三、引汉济渭工程水权置换实施程序

（1）提出申请：水权置换申请由陕西省水行政主管部门以陕西省人民政府的名义向黄河水利委员会提出。

（2）受理申请：黄河水利委员会对陕西省人民政府提出的水权置换申请应当在 10 日内做出受理与否的决定。

（3）申请办理取水许可：陕西省人民政府水行政主管部门依据批准的可置换黄河取水增量指标向黄河水利委员会申请办理在陕北的取水许可证书。

四、引汉济渭工程水权置换费用管理

陕西省人民政府应当依据《陕西省引汉济渭工程分水方案》制定《陕西省引汉济渭工程初始水权使用费征收管理办法》规范以下各项内容：

（1）初始水权使用费征收管理原则。

（2）引汉济渭初始水权使用费收缴主体。

（3）引汉济渭初始水权使用费的征收量。

（4）征收主体的收取费比例。

（5）初始水权费的收支预算。

（6）初始水权收取资金支出。

（7）设置收取初始水权保证金账户。

（8）引汉济渭工程初始水权征收办法。

五、引汉济渭工程水权置换规划制度

为了指导引汉济渭工程水权置换的有序进行，从宏观上把握水权置换的总体布局和阶段性安排，需要有引汉济渭工程水权置换总体规划为管理决策提供支持。

引汉济渭工程水权置换总体规划，由引汉济渭工程管理机构组织编制，报陕西省水利厅初审后，报黄河水利委员会审批后实施。

引汉济渭工程水权置换的总体规划应包括以下内容：①配水区水资源开发利用现状及用

水合理性分析，配水区包括引汉济渭工程直接供水区及陕北地区榆林间接供水区。②规划水平年配水区需水预测和供需平衡分析。③经批准的陕西省黄河取水许可总量控制指标细化方案。④引汉济渭调入水量在渭河流域的水资源配置方案。⑤调入水量后不同保证率来水下，入黄水量变化及可置换水量分析。⑥提出水权置换方案。⑦提出可置换水量的地区分布、受让水权建设项目的总体布局及分阶段实施安排意见。

六、组织实施与监督管理制度

陕西省水行政主管部门既是引汉济渭工程水权置换的参与者，又是引汉济渭工程水权置换的组织实施机构。水权置换申请经黄河水利委员会审查批准，取得黄河水权增量指标后，陕西省水行政主管部门应当制定陕西省水权置换实施方案。

（1）陕西省水行政主管部门应向黄河水利委员会提出在陕北的引黄取水许可申请，黄河取水许可应当按照水利部《取水许可监督管理办法》和国家计委、水利部《黄河水量调度管理办法》的有关规定执行。

（2）引黄取水许可申请经黄河水利委员会批准后，陕西省水行政主管部门方可在陕北组织兴建黄河取水工程或者设施。黄河取水工程或者设施应当由陕西省人民政府水行政主管部门公开招标建设。

（3）陕西省水行政主管部门对陕北兴建的黄河取水工程或者工程设施验收合格后，陕西省水行政主管部门组织各用水单位正式签订取水用水协议。

（4）陕西省水行政主管部门与各用水户签取水用水协议后，各个用水户方可申请办理取水许可证或调整取水许可水量指标的手续。在水权置换有效期内，陕西省水行政主管部门不得擅自改变各单位的用水指标。

七、水权置换的监督管理

黄河水利委员会水资源管理部门和陕西省水行政主管部门应高度重视引汉济渭水权置换工作，加强领导，明确责任，及时总结水权置换工作的经验，正确引导水权置换工作，并做好组织实施和监督管理。陕西省水行政主管部门要认真组织有关技术文件的编制、初审和报批，并研究制订引汉济渭工程水权置换管理办法和实施细则。

黄河水利委员会组织并监督引汉济渭工程调入水量、渭河入黄水量、置换水量的监测，督促水权置换资金的到位，监督资金的使用情况。黄河水利委员会每年应当会同陕西省水行政主管部门对水权置换项目的实施情况进行监督检查。

（1）调入水量的监测管理。引汉济渭工程调水进入渭河一级支流黑河黄池沟水量是最关键的数据，应设专用水文站，由黄河水利委员会水文部门和陕西省水文部门共同实施监测管理。

（2）渭河流域地下水动态的监测管理。由黄河水利委员会和陕西省水文部门监督监测年度地下水开采量，分析超采量。

（3）分摊渭河河道损失与生态用水的确定及监测管理。由黄河水利委员会水文部门监督监测黑河黄池沟站、泾河张家山站、渭河咸阳站和华县站水沙资料，分析确定调入水量应分摊渭河河道损失与生态水的数量及年、月过程。

（4）渭河下泄水量的监测管理。依托渭河水量调度的主要控制断面——北道、杨家坪、雨落坪、华县等站点，根据修订后的渭河水量调度方案，确保各主要控制断面的最小流量指标，监测各断面年、月流量资料，确定引汉济渭工程可置换水量。

（5）主要取水口的监测管理。在黄河干支流的取水口全部设监测站，严格控制取水口的取用水量，以体现水权交易的公平性。

（6）引汉济渭工程水权置换取水许可的监督管理。黄河水利委员会黄河上中游管理局按照取水许可管理有关规定实施监督管理，地方各级水行政主管部门协助监督管理。

黄河水利委员会对出现下列情况之一的，可依据《中华人民共和国水法》和有关黄河监管的法规、规章暂停或取消该水权置换申请项目：①水权置换申请获得批准后未签订水权置换协议或两年内水权置换工程未开工建设的。②水权置换建设工程未通过验收或工程未投入使用而受让方擅自取水的。③引汉济渭工程调入水量连续半年下降。对于已经生效的水权置换，取用水户违反取水许可管理的规定，按照国务院《取水许可制度实施办法》和水利部《取水许可监督管理办法》的规定，给予警告、罚款直至吊销取水许可证的处罚。

因不执行调度指令或监督管理不善，造成所辖黄河干流河段出现断流的，五年内暂停陕西省有关取水许可申请的受理和审批工作。

黄河水利委员会对出现下列情形之一的，一年内暂停陕西省有关黄河取水许可申请的受理和审批工作：①陕西省实际引黄耗水量连续两年超过年度分水指标或未达到同期规划节水目标的。②不严格执行黄河水量调度指令，陕西省入境断面流量达到调度控制指标，而出境断面下泄流量连续十天比控制指标小 10% 及其以上的。

越权审批或未经批准擅自进行黄河水权置换的，该水权置换项目无效，在年度用水计划中不予分配用水指标，并在一年内暂停有关陕西省黄河取水许可申请的受理和审批工作。

第三节　水权置换实施方案

（1）规划 2020 年水权置换实施方案。2020 年水权置换拟建设项目截至目前有 24 项，其中位于榆神工业区 19 项，位于榆横工业区 5 项，总需水量每年共 22100 万立方米。

2020 水平年水权置换水量 2.21 亿立方米可以满足 2020 年区域经济发展的需求，因此，上述工业项目用水都可以通过水权置换的方式获得。具体工业项目应由当地政府根据实际招商引资情况确定。

（2）规划 2030 年水权置换实施方案。2030 水平年水权置换拟建设项目截止到目前有 3 项，全部位于榆横工业区，其中榆横工业园区 3 项，需水量为 8250 万立方米每年，其他工业园区年需水量为每年 16850 万立方米，总需水量共 25100 万立方米每年。

2030 水平年置换水量 4.72 亿立方米，扣掉 2020 年已占用水量 2.21 亿立方米，2030 水平年可用置换水量为 2.51 亿立方米，能够满足 2030 水平年区域经济发展的需求，因此，上述所列工业项目用水都可以通过水权置换的方式获得。具体工业项目应由当地政府根据实际招商引资情况确定。

榆林市资源富集，经济发展势头强劲，是国家及陕西省重要的能源基地和煤化工基地。工业的发展对水资源需求较大，水资源短缺是地区工业经济发展的主要制约因素，在榆林地区实施水权转换是解决地区工业发展用水的主要途径。

第四节 结 论 与 建 议

历时近两年的研究，《陕西省引汉济渭工程水权置换关键技术研究》项目以维护黄河流域和陕西省现有水权秩序、维护河流健康的条件下，重点解决水权置换问题，为引汉济渭工程融资方案研究提供技术基础；构建引汉济渭工程水权置换管理制度体系，为水资源管理调度提供决策技术支持，严格完成了本项目的目标要求。主要结论如下。

一、构建服务于水权置换关键问题的技术体系

面对陕西省引汉济渭工程水权置换关键技术问题，构建了综合集成模型：Modflow 地下水模型、Mike－Basin 配置模拟模型、直接供水区水资源配置模型以及水资源投入产出模型。基于研究区现状用水、规划水平年需水预测、供需平衡分析，有无引汉济渭调入水量、直接入渭、间接入渭方案的构建进行了可置换水量研究。

规划 2020 水平年有引汉济渭工程增加入黄径流量 2.87 亿立方米，2030 水平年有引汉济渭增加入黄径流量 5.66 亿立方米。增加的渭河入黄水量的计量点为华县断面和北洛河状头断面。

2020 水平年和 2030 水平年通过引汉济渭工程调入水量分别可减少地下水开采量 3.78 亿立方米、2.49 亿立方米；2020 水平年无引汉济渭工程条件下通过管理限采取措施减少地下水开采量 7.03 亿立方米，2030 水平年通过管理限采取措施减少地下水开采量 5.48 亿立方米。

有引汉济渭工程条件下，间接入渭方案研究区 2020 水平年和 2030 水平年配置回归水分别增加入渭水量 2.76 亿立方米、2.61 亿立方米，替代傍河地下水增加入渭水量分别为 1.75 亿立方米、3.42 亿立方米，总计增加入渭水量分别为 4.51 亿立方米、6.03 亿立方米。增加入渭水量计量点分散在渭河干流沿线。

以增加的入黄水量为基础构建了水权置换方案，按照直接入渭方案（方案Ⅰ）和间接入渭方案（方案Ⅱ）进行了方案构建。间接入渭方案为保证置换方案可靠性，分别按1∶1、1∶1.1、1∶1.2 置换比例构建三个方案进行对比分析。2020 水平年直接入渭方案置换水量为 2.0 亿立方米，间接入渭三个方案置换水量分别为 2.87 亿立方米、2.61 亿立方米、2.39 亿立方米；2030 水平年直接入渭方案置换水量为 3.5 亿立方米，间接入渭三个方案置换水量分别为 5.66 亿立方米、5.15 亿立方米、4.72 亿立方米。

在 2020 水平年调入水量和直接供水区水资源配置情况下，当可置换水量分别为 4.631 亿立方米时，调入水量对渭河干流增加水量和需要黄河干流补偿水量两者大体持平，直接入渭、间接入渭（3 种方案）下均不需由黄河干流补充水量；在 2030 水平年调入水量和直接供水区水资源配置情况下，当可置换水量为 5.596 亿立方米时，调入水量对渭河干流增加水量和需要黄河干流补偿水量两者大体持平，直接入渭、1∶1.1、1∶1.2 间接入渭方案下不需由黄河干流补充水量，1∶1 间接入渭方案下需由黄河干流补充 0.063 亿立方米。

二、构建服务于水权置换关键问题的管理体系

选取了引汉济渭工程调入水量、置换水量、增加的入渭水量、增加的入黄水量、区域地下水位动态变化、减少的地下水开采量、因傍河地下水开采量减少而减少的河川径流量袭夺量、最小入黄流量、对国内生产总值（GDP）的贡献值、水权置换费用、水权置换价格、经济上的可接受性、管理上的可操作性和水权置换水量的折减系数等主要研究指标，对引汉济渭工程水权置换方案进行了比选，建议采用间接入渭 1∶1.2 的置换方案。

综合考虑我国土地出让年限、引汉济渭工程经营年限、取水许可证有效期限、受让方产业结构、我国现行法律法规以及工程实例等，确定引汉济渭工程水权置换期限原则上不超过50 年。

构建了两种方法对引汉济渭水权置换价格进行分析计算，其一是基于区域经济社会发展的水权置换价格计算，综合考虑了受水区水资源稀缺程度、经济发展水平、产业结构、政策体制等影响因素，构建水权置换价格理论模型，经计算得到引汉济渭工程水权置换价格：西安、宝鸡、咸阳、渭南、杨凌、榆林分别为 0.48 元每立方米、0.29 元每立方米、0.32 元每立方米、0.2 元每立方米、0.51 元每立方米、0.68 元每立方米。其二是基于引汉济渭工程的水权置换价格计算，在分析测算引汉济渭工程水权置换费用构成的基础上，采用水量分摊＋

效益修正的方法，计算了引汉济渭工程水权置换价格。经计算，2020 年直接入渭方案的水权置换价格为每立方米 0.31～1.25 元之间，间接入渭方案的水权置换价格为 0.24～1.02 元之间；2030 年，直接入渭方案的水权置换价格为每立方米 0.2～0.81 元之间，间接入渭方案的水权置换价格为 0.15～0.63 元之间。

从水权置换的原则、水权置换主体的确定、管理权限、实施程序、费用管理、规划制度、技术审查制度、组织实施与监督管理制度、后评估制度等方面，详细制定了引汉济渭关系水权置换的管理制度体系，用以协调流域水资源管理部门及省级水行政主管部门、省级水行政管理部门及地市级水行政主管部门之间的关系，达到有效管理的目的，确定了引汉济渭工程水权置换的主体：陕西省政府水行政主管部门与关中地区引汉济渭受益的各个市级政府（宝鸡、杨凌、西安、咸阳、渭南）的水行政主管部门为引汉济渭工程水权管理关系的直接主体，而陕西省政府水行政主管部门与榆林市水行政主管部门则是引汉济渭工程水权管理关系的间接主体。根据水权置换的主体的界定，明确了引汉济渭工程水权置换的管理权限，提出了引汉济渭工程水权置换费用的管理，包括费用征收管理原则、征收管理主体及费用管理程序及方法。

根据渭河入黄水量管理需求，在详细分析渭河水量调度情况的基础上，对有引汉济渭工程工程时渭河最小入黄水量进行了调整，2020 年，引汉济渭工程调入水量后华县断面最小入黄流量提高到 12 立方米每秒；2030 年，引汉济渭工程调入水量后华县断面最小入黄流量提高到 15 立方米每秒。

三、构建服务于水权置换关键问题的监测体系

引汉济渭工程调入水量后，通过控制断面、排污口、水源地开采等明晰华县断面在已有下泄流量监测的同时，布设一个水质监测点；研究区以县级不少于 1 个流量监测点、1 个水质监测点，市、区、示范区不少于 2 个流量监测点、2 个水质监测点的原则，共布设不少于 57 个流量监测点，不少于 57 个水质监测点进行引汉济渭分配流量监测点的布设；傍河水源地按布设地下水长观井不少于 1 眼的原则，共布设不少于 24 眼长观井；榆林大泉取水口布设 1 个取水监测点；依托研究区内现有水文站（渭河干流林家村、咸阳、临潼、华县水文站，泾河张家山、北洛河状头水文站）进行水量调度系统监测。

四、主要建议

陕西省引汉济渭工程是一项跨流域向黄河调水工程，将引汉济渭工程部分水量向陕北置换，已突破了以往流域内同一区域的水权转让问题。随着黄河流域各省（自治区）经济社会的发展，也不排除其他省（自治区、直辖市）有类似跨区域的调水和水权置换情况。本研究对引汉济渭工程水权置换的关键技术问题进行了初步研究，但要全面推进引汉济渭水权置换

工作的实施，还要根据国家新时期的治水方针以及黄河水资源管理实践发展的要求，着眼于黄河水资源管理的大局，统筹兼顾。为适应黄河流域水资源管理工作的形势发展需要，提出以下建议。

（1）引汉济渭工程水权置换能够实施的决定性因素是渭河入黄水量的增加，通过对相关断面渭河入黄水量的监测，得出渭河入黄增泄水量，将渭河入黄增泄水量置换于陕北地区。目前在引汉济渭工程还没有完工的情况下，没有办法通过对相关断面的监测来获得入黄增泄水量，则暂通过计算来获取可置换水量的参考数据，当正式实施水权置换时，仍需以渭河入黄增泄水量的监测值为依据来进行置换。因此，在水权置换实施时，需要加强监测站网的布设，提高渭河入黄水量监测的精确性。

（2）完善的引汉济渭工程水权置换管理制度体系是保障引汉济渭工程水权置换顺利实施的关键，由于是跨区域的水权置换，直接涉及陕西省初始水权的明晰及细化、可置换水量的监管、水权置换程序的设定等一系列问题，情况更加复杂，其管理制度的制定也更加的复杂。因此，为了进一步加强管理制度体系的可行性，需要在水权置换实施的过程中，针对存在的问题进行进一步的深入研究，开展水权置换制度构建方面的创新研究，进一步完善引汉济渭工程水权置换管理制度体系。

第十二篇
征迁与移民安置

征地迁建与移民安置是引汉济渭工程建设最基本的前提条件。特别是黄金峡与三河口两座水利枢纽是引汉济渭工程的两大水源调蓄工程，也是征地、迁建与移民安置的重点区域。整个前期工作早期，省水利厅、移民办和引汉济渭办就开始了移民安置、土地占用与征迁的各项准备工作；省引汉济渭办成立以后，立即组织专业队伍，由王寿茂带队奔赴现场开展工作，历时10个月连续奋战，相继完成了实物调查与移民确认。此后，省引汉济渭办又组织省水电设计院相继编制了移民安置规划大纲、移民安置规划与移民安置试点等项工作。经移民安置规划确定：引汉济渭工程规划水平年生产安置人口共计9142人，搬迁安置人口9612人，征地4412.73公顷，拆迁房屋615796平方米，迁建集镇4个，迁建文物古迹11处，改建等级公路98.04千米、桥梁11座，改建10千伏等级以上输电线路115.32千米，改建各类通信线路546.37千米。另外还需对淹没及蓄水影响的6个中小型企业与8座水电站给予相应补偿。

第一章　实物调查与移民确认

实物调查与移民确认从2007年11月正式开始，省引汉济渭办在移民安置范围的3个县、15个乡镇、60个行政村的配合下，历时10个月完成了工作任务。

第一节　调　查　方　法

对迁移人口确认与移民房屋和附属建筑物等移民个人所有的各项实物量以户为基本单元逐户调查，分户登记造册。其中人口调查均落实到人，房屋逐幢丈量，附属建筑物逐项登记；土地调查以 1/5000 地形图为基础，现场分小组勾绘，并与当地政府土地局现有成果相衔接；耕地、林地林木及零星树木的调查在土地勘测定界和林地专项调查成果的基础上，现场利用测量仪器等工具进行全面的调查；专项设施现场逐项调查其名称、权属、规模、等级以及淹没影响数量等，经地方征地各相关专业部门核对无误后予以登记。

在实物调查过程中，对人口、房屋及附属设施，零星林木、耕地等的调查，每户的调查表均由户主、县政府代表、乡政府代表、村民小组代表、设计代表、业主代表对该户的实物进行签字认可。

各类实物调查内容及方法以陕西省库区移民工作领导小组批复的《三河口水利枢纽工程水库淹没实物指标调查细则》为准。

第二节　调　查　过　程

一、三河口水利枢纽调查过程

2007 年 11 月 30 日，陕西省人民政府颁发陕政发〔2007〕65 号《陕西省人民政府关于禁止在三河口水库工程占地区和淹没影响区新增建设项目和迁入人口的通告》。

2007 年 11 月，省水电设计院编制完成陕西省引汉济渭工程《三河口水库淹没及工程占地实物指标调查细则》。11 月 23 日，陕西省库区移民工作领导小组办公室审查了此《调查细则》，并以陕移发〔2007〕77 号文件予以批复。

2007 年 12 月至 2008 年 5 月，省引汉济渭办会同省水电设计院与佛坪县人民政府、宁陕县人民政府、地方政府相关单位以及涉淹乡镇、村组组成联合调查组，对水库淹没影响区和工程占地区实物指标进行了全面详细调查。于 2008 年 10 月至 2009 年 5 月进行了三次张榜公示，对原始调查指标进行了校核和完善。2011 年 5—6 月，省引汉济渭办会同省水电设计院、监督评估单位和佛坪县、宁强县移民办对部分实物指标又进行了补充调查和复核，佛坪县人民政府、宁陕县人民政府对三河口水库淹没影响实物指标调查成果予以确认。

三河口水利枢纽工程建设征地范围涉及汉中市佛坪县的十亩地乡、大河坝乡、石墩河乡的 8 个行政村以及十亩地集镇、石墩河集镇镇政府所在地；涉及安康市宁陕县的筒车湾镇、

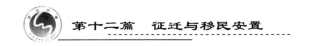

梅子乡的 9 个行政村以及梅子集镇镇政府所在地。

二、黄金峡水利枢纽调查过程

2008 年 6 月 27 日陕西省人民政府颁布了《关于禁止在黄金峡水利枢纽水库淹没区和枢纽工程坝区新增建设项目和迁入人口的通告》。

2008 年 4 月，省水电设计院编制完成陕西省引汉济渭工程《黄金峡水库淹没及工程占地实物指标调查细则》。同年 5 月 4 日，陕西省库区移民工作领导小组办公室审查了此《调查细则》，并于以陕移便函〔2008〕24 号予以批复。

2008 年 7 月 1 日至 2008 年 10 月，省引汉济渭办会同省水电设计院、地方政府及其有关职能部门以及水库淹没涉及的乡、村、组干部组成了联合调查组，对黄金峡水库淹没影响区和工程占地区进行了全面详细调查。于 2009 年 3—5 月进行了三次张榜公示，对原始调查指标进行了校核和完善。

2011 年 5—6 月，省引汉济渭办会同省水电设计院、监督评估单位和洋县移民办对实物指标又进行了补充调查和复核，洋县人民政府对黄金峡水库淹没及影响区实物指标调查成果予以确认。

黄金峡水利枢纽工程建设征地范围涉及汉中市洋县的桑溪乡、黄金峡镇、金水镇、槐树关镇、黄家营镇、龙亭镇、黄安镇、贯溪镇、洋洲镇、磨子桥镇共 10 个乡镇的 43 个行政村以及金水集镇镇政府所在地。

秦岭隧洞移民及征迁改建项目调查与两大枢纽工程区域的调查同时进行。

秦岭输水隧洞工程建设区涉及安康市宁陕县四亩地镇四亩地、凉水井、柴家关、柴家关 4 个村 8 个村民小组；涉及周至县王家河乡、陈河乡和楼观镇的十亩地村、黑虎村、团标村等；涉及佛坪县石墩河乡、陈家坝镇的回龙寺村和小郭家坝村。

大黄路工程建设区涉及汉中市佛坪县大河坝镇沙坪村等 4 个村 10 个村民小组；涉及汉中市洋县桑溪乡等 2 个乡镇金华村等 5 个村的 8 个村民小组。

整个工程淹没集镇 4 处，改建等级公路 98.04 千米，改建 10 千伏等级以上输电线路 115.32 千米，改建各类通信线路 546.37 千米。另有 6 个中小型工业企业、11 处文物古迹、淹没及蓄水影响中小型水电站 8 座等项目需要迁建或给予相应补偿。

第三节　调查成果确认

一、公示内容

公示内容为实物指标调查成果，包括淹没人口、房屋、附属建筑物、零星树木、土地面积等。①人口：包括户主、淹没人口数量，公示到人；②房屋：按照各类结构分别分户公示房屋的建筑面积；③附属设施：按照各类附属设施的数量进行分户公示；④零星树木：按林木种类进行分户公示；⑤土地面积：以村民小组为单位进行公示。

二、公示范围

对于农村个人财产、集体财产在村民小组范围内公示；对于农村土地，以村民委员会为单位，在涉及的村民小组范围内公示。

三、公示时间

2008年5月，三河口水库淹没实物调查结束之后，于2008年11月开始，至2009年6月底，进行了三次张榜公示。2011年6月，三河口水库淹没实物复核成果进行了三榜公示。

四、公示过程

三河口水库建设征地两次实物公示，每榜公示时间为7天。在每榜公示后，对公示内容有异议的，权属人在公示之日后的7天内提出书面复核申请。根据权属人提出的书面复核申请，经地方政府、业主单位和设计单位确认后，共同对复核内容进行核查与处理，处理结果在下一次公示榜之中予以完善。如此三榜结束。

五、实物成果确认

在实物调查过程中，人口、房屋及附属建筑物、零星树木的调查，每户的调查表均有户主、乡村代表、县人民政府、移民局代表、设计代表、业主代表签字认可。

对于农村土地以村民组为单位，在调查汇总完成后由涉及的村组、乡政府、县人民政府、移民局、设计单位、业主单位对实物签字认可。

整个实物公示、复核无误后，由佛坪县人民政府、宁陕县人民政府、陕西省引汉济渭办、陕西省水利电力勘测设计研究院共同盖章认可，并存档。

宁陕县人民政府以宁政函〔2011〕40号文件对三河口水库淹没影响和工程占地区宁陕县实物调查成果予以确认。佛坪县人民政府以佛政函〔2011〕21号文件对三河口水库淹没影响区及工程占地区佛坪县实物成果予以确认。

2015年1月，宁陕县人民政府在宁政函〔2015〕4号文件的基础对初步设计阶段实物复核及补充调查成果进行了补充确认。

六、水库淹没影响实物成果

三河口水利枢纽淹没影响涉及佛坪和宁陕两县5个乡17个村39个村民小组，其中佛坪县有十亩地乡、大河坝乡、石墩河乡的8个村24个村民小组；宁陕县有筒车湾镇、梅子乡的9个村15个村民小组。淹没佛坪县十亩地集镇和石墩河集镇，淹没宁陕县梅子集镇。

三河口水库淹没影响总人口3910人，其中：农村人口3109人，集镇人口801人（其中集镇农村 624 人，企事业单位 177 人）；淹没耕地 6833.74 亩，淹没影响林地 13425.78 亩，淹没影响农村房屋 345665.89 平方米，淹没集镇 3 处（十亩地乡、石墩河乡、梅子乡），农村小型企业 3 处，风景区项目 1 处，专项设施有石佛公路 19.5 千米，三陈路 11.4 千米，简大路 50.6 千米，铁索桥 25 座，以及水利设施及输电、通信线路等。

第二章 移民安置规划

移民安置以及实物调查完成后，根据《大中型水利水电工程征地移民补偿和移民安置条例》（国务院令第 471 号）对移民安置规划大纲编制的要求，在洋县、佛坪县、宁陕县人民政府及相关部门的参与下，开展了黄金峡水库和三河口水库建设征地移民安置规划大纲的编制工作。

通过收集资料和实地查勘、调查等程序，明确了移民安置任务，结合建设征地及拟选移民安置涉及区域自然资源、经济社会等实际情况，进行了移民环境容量分析以及移民安置方案拟订，经从技术经济、社会效益等方面认真分析比较，充分征求当地政府和移民部门以及移民个人意愿，2009 年 5 月编制完成了陕西省引汉济渭工程黄金峡水库和三河口水库的《引汉济渭工程建设征地移民安置规划大纲》，该规划大纲经征求三县人民政府意见后，上报审批。

2009 年 6 月 20—22 日，水利部水利水电规划设计总院会同陕西省库区移民工作领导小组办公室共同在西安市主持召开会议，对黄金峡水库和三河口水库《引汉济渭工程建设征地移民安置规划大纲》进行了审查，认为两个水库的移民安置规划大纲基本符合国家有关规定，修改完善后可作为开展建设征地移民安置规划设计工作的依据。

为了切实做好可行性研究阶段引汉济渭工程《引汉济渭工程建设征地移民安置规划大纲》和《引汉济渭工程建设征地移民安置规划》工作，又编制了《引汉济渭工程实物指标复核办法》和《引汉济渭工程移民意愿调查及安置点评估办法》，并于 2011 年 5—6 月，省引汉济渭办会同省水电设计院、监督评估单位和洋县、佛坪和宁陕县移民办，对黄金峡水库、三河口水库部分实物指标进行了补充调查和复核，并三次张榜公示，对项建阶段拟定的移民安置点进行了重新核查、评估，广泛征求了移民意愿，洋县、佛坪县和宁陕县人民政府对最终确定的淹没影响实物指标以及移民安置方案予以确认。在充分征求工程涉及市县意见的基础上，省水电设计院针对 2009 年移民安置规划大纲的审查意见和建议以及水利部水规总院江河咨询公司两次对可行性研究报告的咨询意见并结合三河口水库移民试点工作的具体情况，对 2009

年编制的黄金峡水库和三河口水库《引汉济渭工程建设征地移民安置规划大纲》和《引汉济渭工程建设征地移民安置规划报告》（初稿）进行了修改、补充和完善，编制完成了《引汉济渭工程建设征地移民安置规划大纲》和《引汉济渭工程建设征地移民安置规划报告》。

2011年8月，《引汉济渭工程建设征地移民安置规划大纲》经水规总院复审后，以水总环移〔2011〕735号文件上报水利部。2011年8月5日，水利部、陕西省人民政府以水规计〔2011〕461号文件批复了《引汉济渭工程建设征地移民安置规划大纲》。

2012年1月编制完成《陕西省引汉济渭工程可行性研究阶段建设征地移民安置规划设计报告》。2014年12月，水利部水利水电规划设计总院对《陕西省引汉济渭工程初步设计阶段建设征地移民安置规划报告》（送审稿）进行了技术评审并提出了审查意见。2015年2月，编制完成了《陕西省引汉济渭工程初步设计阶段建设征地移民安置规划报告》。

第一节 移民安置方案

引汉济渭工程规划水平年生产安置人口共计9142人，搬迁安置人口9612人。

黄金峡水库区规划水平年建设征地涉及生产安置人口5236人，其生产安置的方式是：规划通过土地流转的形式在本乡镇或相邻乡镇耕作半径之内调整耕地855人；通过本村重新分配土地3126人；出村本县调整土地生产安置1182人；73人通过自谋出路进行生产安置。

黄金峡水库规划水平年搬迁人口5001人，其中农村搬迁人口3236人（分散安置1335人，集中安置1569人，自谋出路332人）；集镇搬迁人口1765人，其中规划进集镇安置1040人，其他方式安置725人）。

三河口水库规划水平年生产安置人口3412人（宁陕1160人，佛县2252人）。其中1157人利用库周剩余耕地在本村后靠生产安置，1701人利用库外新增耕地出村本乡生产安置，554人利用库外新增耕地出乡本县生产安置。

三河口水库规划水平年需要搬迁安置人口4144人（宁陕1570人，佛坪2574人），其中农村搬迁人口2996人（分散安置688人，集中安置2308人），集镇搬迁人口1148人（规划进集镇安置950人，其他方式安置198人）。

秦岭输水隧洞规划水平年生产安置人口231人（佛坪17人，宁陕160人，周至54人），均利用各县所属村组剩余土地调整进行安置。

秦岭输水隧洞规划水平年搬迁安置人口317人（佛坪67人，宁陕204人，周至46人），在各自所属村组进行分散安置。

第 二 节　专 项 设 施 迁 建

专项设施迁建涉及淹没道路恢复建设、电力线路和通信线路改建。

一、淹没道路恢复建设

黄金峡水库淹没区道路恢复工程包括黄金峡水利枢纽、108 国道金水淹没段改线新建工程、金水镇新址对外交通新建工程、黄金峡水利枢纽洋县田坝—槐珠庙段淹没路段抬高改建工程、黄金峡水库区村道和码头恢复以及安置点对外交通工程等。

三河口水库淹没区道路恢复工程包括三陈路复建工程、筒大路复建工程、西汉高速佛坪连接线改线工程、三河口水库区村道以及安置点对外道路工程。

二、电力线路和通信线路改建

黄金峡水库区电力恢复工程有 35 千伏线路和 10 千伏线路的恢复与新建。三河口水库区电力恢复工程有 35 千伏线路和 10 千伏线路的恢复与新建。黄金峡水库和三河口水库区还需恢复移动、电信、联通、广电的通信线路。

第 三 节　库 周 交 通 恢 复

三河口水库道路恢复工程。三陈路复建工程：复建长度 14.06 千米，道路等级三级；筒大路复建工程：复建长度 26.373 千米，道路等级四级；西汉高速佛坪连接线改线工程：改线长度 16.8 千米，道路等级二级；库区村道复建工程：复建长度 19.52 千米，村道等级选用等级上农村公路标准，路基宽 4.5 米，路面宽 3.5 米。

黄金峡水库道路恢复工程。108 国道金水淹没段改线新建工程：改线新建长度 3.118 千米，道路等级三级；洋县磨黄路田坝—槐珠庙段淹没部分抬高改建工程：抬高改建 7.29 千米，道路等级三级；金水镇新址对外交通新建工程：新建长度 1.8 千米，道路等级三级；库区村道复建工程，复建长度 21.09 千米，村道等级选用等级上农村公路标准，路基宽 4.5 米，路面宽 3.5 米；码头恢复建设渡口 26 处。

第 四 节　防 护 工 程 建 设

防护工程汉江干流整治段河长 10.7 千米，设计堤线起点位于洋县小峡口，终点位于西汉高速公路桥。工程总体布置以构筑堤防为主线，充分利用已成堤防及天然岸坎、节点，加高培厚未达标堤防，新修部分堤防及护岸工程，修建穿堤涵闸，排涝泵站。干流共布置堤防工程 18.45 千米，其中新修堤防 13.11 千米，加高培厚堤防 5.34 千米；新修护岸工程 2.87 千米，新建穿堤闸涵 20 座，新建排涝泵站 4 座。

根据三河口水库塌岸预测成果，分布在汶水河右岸的黑虎垭（西汉高速公路旁侧观景台）段岸坡，水库蓄水后该段岸坡可能产生滑塌，塌岸最大宽度 69.78 米，长度约 500 米，塌岸方量约 13.26 万立方米。若发生塌岸，将对库岸边坡及西汉高速公路旁侧观景台产生破坏。根据目前地质及地形条件，为保证蓄水后库岸边坡安全，经研究决定对该段岸坡采取支护措施，并加强监测。

第五节　淹 没 集 镇 迁 建

三河口水库涉及的梅子、十亩地、石墩河等三个集镇均被完全淹没，没有修建工程避免淹没的条件，根据宁陕、佛坪两县人民政府意见，选择择址新建。经综合分析，基本确定梅子集镇迁建到瓦房村，十亩地集镇迁建到高家梁，石墩河集镇迁建到后坪。

根据《宁陕县三河口水库库区移民安置选址初步方案》（宁政字〔2008〕54 号），梅子乡乡址迁建到梅子乡瓦房村，瓦房村位于西汉高速公路佛坪、石泉县出口，距离佛坪县大河坝镇镇政府所在地约 1 千米。

根据《引汉济渭工程佛坪县三河口库区移民安置方案》（佛政字〔2008〕58 号），十亩地乡址迁建到高家梁，高家梁位于椒溪河水库回水末端尖灭点上游 2.1 千米处，是十亩地乡谭家河村村委会所在地。石墩河乡址迁建到石墩河乡回龙寺村的后坪，后坪位于蒲河水库回水末端尖灭点上游 1.5 千米处，是石墩河乡回龙寺村岗家营组所在地。

三河口水库集镇基础设施建设人口规模为 1588 人，迁建总投资为 6794.56 万元，其中新址点内基础设施建设费 3553.75 万元，新址征地及地上附着物补偿费 966.32 万元，新址周边水源、对外交通、防洪等建设费 2470.41 万元。新址点内基础设施建设费人均 22379 元（表12-2-1 和表 12-2-2）。

表 12-2-1　　　　规划进集镇搬迁安置人口计算表　　　　　　单位：人

各县名称	集镇名称	农村人口	新址人口	单位职工	小计	备注
佛坪县	十亩地集镇	411	41	48	500	
佛坪县	石墩河集镇	487	31	60	578	
宁陕县	梅子集镇	247	20	69	336	
小　计		1145	92	177	1414	

表 12-2-2　　　　　　　　　　　　　**主要经济技术指标表**

名　　称		数　　量	备　　注
规划总用地		261.14	17.41公顷
1	居住用地/亩	147.08	
	公共设施用地/亩	64.91	
	道路广场用地/亩	27.86	
	公共绿地/亩	10.73	
2	安置人口/人	1948	
3	安置户数/户	443	
4	人均占地/平方米每人	89.37	

黄金峡水库涉及的金水集镇高程分布约为 440～453 米，根据回水计算成果，金水集镇将全部被淹没，大部分基础设施将失去原有功能。征得建设征地区政府意见，迁建方式为附近择址新建，保留原建制。

洋县人民政府对金水镇新址选址十分重视，组织洋县城建局、县移民局会同金水镇人民政府对金水镇境内进行了现场踏勘调查，经沟通协商后初步选定了 2 处集镇新址，分别是曹湾迁建点与阎平梁安置点，比较后推荐曹湾作为集镇迁建新址。金水集镇新址拟建场地位于洋县金水集镇西南金水河左岸。北起金陵寺，南至曹家湾，西邻金水河。地势北高南低，地面起伏较大，高程为 453.50～489.10 米，相对高差约 35 米左右。

第六节　建设用地征占

引汉济渭工程建设征地总面积 4412.73 公顷，淹没区涉及人口 8931 人，拆迁房屋 615796 平方米，淹没集镇 4 个，等级公路 98 千米，桥梁 11 座，以及部分输电线路、通信线路、文物古迹等专业项目。

一、黄金峡水库

黄金峡水库涉淹洋县 10 个乡镇的 43 个行政村，淹没集镇 1 个（金水街）；淹没影响人口 4561 人；淹没耕地 326.66 公顷（含防护工程 23.73 公顷）；林地 466.36 公顷（含防护工程 1.33 公顷）；淹没影响房屋 253245.61 平方米；以及淹没影响的交通、水利、输电、通信线路等专项设施。

黄金峡水利枢纽工程占地共计 150.96 公顷，其中永久占地共计 36.42 公顷，施工临时用地 114.54 公顷。

二、三河口水库

三河口水库淹没影响涉及佛坪和宁陕两县 5 个乡 17 个村 39 个村民小组，淹没集镇 3 个，淹没影响人口 3910 人；淹没耕地 455.58 公顷，林地 895.05 公顷，各类房屋共计 345665.89 平方米，以及淹没影响的交通、水利、输电、通信线路等专项设施。

三河口水库工程总占地 138.65 公顷，其中永久占地 39.43 公顷，施工临时占地 99.22 公顷。

三、秦岭输水隧洞

秦岭输水隧洞黄三段工程占地共计 43.73 公顷，其中永久占地 1.68 公顷，施工临时占地 42.05 公顷；越岭段工程占地共计 132.67 公顷，其中永久占地 36.43 公顷，施工临时占地 96.23 公顷，影响人口 310 人。

四、其他工程

其他工程（大河坝至黄金峡道路）占地共计 54.46 公顷，其中永久占地 27.80 公顷，施工临时占地 26.67 公顷，影响人口 150 人。

第七节 移民投资估算

投资估算以调查的实物指标、移民安置方案以及专项设施改建规划为基础，按 2011 年二季度价格水平年进行编制。

编制原则：凡国家和地方政府有规定的，按规定执行，无规定的参照本流域已建、在建水利水电工程补偿标准或根据库区实际情况拟定标准。当地方政府规定和国家规定相冲突时，以国家规定为准。

专项设施一般按原标准、原规模（等级）恢复改建，在恢复原有功能的同时适当考虑今后发展余地。凡因迁建而扩大规模、提高标准和等级的项目，其额外增加的投资不予考虑。

陕西省引汉济渭工程总搬迁人口为 9612 人，总投资估算为 381318.97 万元。

第三章 移民安置试点

为了摸索积累移民安置工作经验，在《移民安置规划大纲》审批过程中省政府就对移民安置试点工作进行了安排部署。

第一节　移民安置试点准备

2010年1月21日上午，省引汉济渭工程协调领导小组组长、省委常委、副省长洪峰主持召开引汉济渭工程协调领导小组第三次全体成员会议，会议专题研究引汉济渭工程建设有关问题，要求陕西省引汉济渭工程协调领导小组办公室要根据移民规划，安排足够资金，规范操作、透明办事、专款专用，确保搬得出、早搬出。省住房建设厅、省农业厅等省级有关部门在重点镇建设、新农村建设、扶贫开发项目等方面向移民搬迁资金尽量捆绑使用；地方政府要牢固树立"晚搬不如早搬、慢搬不如快搬"的观念，高度认识移民工作无小事，努力使群众"搬得出、稳得住、能致富"，使其真正成为重大工程建设的受益者；移民新村要做到科学规划、规模合理、功能完善，尽量集中安置等。

为贯彻省政府关于加快引汉济渭工程前期工作的精神，省引汉济渭办委托省水电设计院编制了《陕西省引汉济渭工程三河口水库建设征地移民安置试点工程初步设计报告》。

《陕西省引汉济渭工程三河口水库移民安置试点工程初步设计报告》确定移民安置试点淹没处理范围为552米高程以下，涉及汉中市的佛坪县和安康市的宁陕县共2个乡，4个村，9个村民小组，207户800人的农村移民搬迁安置，以及佛坪县大河坝镇五四村安置点和宁陕县梅子集镇迁建安置点、海棠园村集中安置点共3个安置点的基础设施建设等控制性项目。

三河口水库工程552米高程以下移民补偿的总投资概算为26465.89万元，其中：农村部分补偿费为17776.58万元，集镇迁建补偿补助费2429.46万元，小型工业企业处理110.56万元，专业项目补偿费1294.59万元，库底清理费86.24万元，其他费用2808.02万元，预备费1960.44万元。总投资中，佛坪县投资为11985.10万元，宁陕县投资为10686.53万元。

2010年3月1—3日，省引汉济渭办召开引汉济渭工程征地拆迁和移民安置工作座谈会，会议听取了三河口水库移民安置试点规划设计、补偿标准和三个移民安置试点规划设计汇报，讨论了移民安置实施资金、临时用地复垦等管暂行理办法和三河口水库552米高程以下移民安置工作。此后，省移民办分别下发了《关于引汉济渭工程三河口水库移民安置试点工作的实施意见》（陕移发〔2010〕22号文）和关于印发由省水电设计院编制的《三河口水库移民安置试点实施各类项目补偿（补助）临控标准的通知》（陕移发〔2010〕26号文），对三河口水库移民安置试点工程提出了具体指导意见。

为了依法规范引汉济渭工程移民安置工作，省引汉济渭办会同省移民办共同拟定了《陕西省引汉济渭工程建设征地移民安置实施管理办法》（草案），并经多次讨论修改完善，形成了比较成熟的送审稿。

第二节 移民安置试点动员

2010 年 7 月 7 日，由省委常委、副省长洪峰在西安主持召开了引汉济渭工程三河口水库移民安置试点工作动员大会，省引汉济渭办与安康、汉中两市政府签订了移民安置试点工作协议。这次会议标志着引汉济渭工程移民安置试点工作正式开始实施。先后召开了引汉济渭工程征地拆迁和移民安置准备工作座谈会、移民安置试点临时控制补偿标准论证会，省移民办分别下发了《关于引汉济渭工程三河口水库移民安置试点工作的实施意见》（陕移发〔2010〕22 号）和《关于印发〈三河口水库移民安置试点实施各类项目补偿（补助）临控标准〉的通知》（陕移发〔2010〕26 号），对三河口水库移民安置试点工作提出了具体指导意见，确定了佛坪县大河坝镇五四村及宁陕县梅子镇为移民工作试点区域。委托省水电设计院完成了《引汉济渭工程三河口水库建设征地移民安置试点工程初步设计报告》、《佛坪县大河坝镇五四村安置点基础设施建设初步设计报告》和《宁陕县梅子集镇迁建安置点基础设施建设初步设计报告》，并由省库区移民办于 2010 年 9 月 25 日以陕移发〔2010〕76 号文件予以批复。移民安置试点工作经过几年坚持不懈努力，到 2013 年 6 月底，移民安置基础设施建设全部完成，通过了省移民办主持的试点工作验收，移民安置试点涉及的 800 人具备入住条件，部分移民已经搬入新家。

在试点的基础上，三河口水库 552 米高程以上 350 人的移民安置任务已经下达相关市县，石墩河、十亩地两个集镇迁建与三河口水库电力、通信线路迁建的初步设计完成报审，5 个移民集中安置点初步设计通过技术审查。与此同时，黄金峡水库枢纽区 200 人的移民安置准备工作启动实施。

第三节 试点动员会讲话

为了确保移民安置试点工作顺利推进，常务副省长、引汉济渭工程协调领导看小组组长洪峰在试点动员大会上做了重要讲话。洪峰在讲话中强调：与会同志要充分认识引汉济渭工程对全省经济社会发展的战略意义；要增强做好工程建设移民工作的责任感和使命感；加强领导，落实责任，全力做好移民安置工作，为工程建设创造良好的先决条件。

在具体工作上，一要坚持市、县政府负责制。移民工作实行地方政府分级负责责任制。各级政府是责任主体、工作主体和实施主体，主要领导是第一责任人，分管领导是主要责任人。引汉济渭工程移民工作实行"省级领导、市级包干、县为基础、业主管理、移民监督"

的管理体制，要严格按照职责划分，一级抓一级，逐级落实责任，层层明确任务，把移民工作纳入年度工作考核。相关市、县要加强移民管理机构建设，加强力量，落实责任，压实担子，为移民工作提供组织保障。市、县政府领导要深入实地调研，及时发现和解决移民工作中出现的各类问题，妥善加以解决，确保移民工作顺利实施。

二要加强部门协作，建立政策倾斜、资金捆绑的协同工作机制。水库移民工作涉及面广、关联性强。各级、各有关部门要强化大局意识、责任意识和服务意识，各司其职，各负其责，密切协作，合力推进引汉济渭工程移民工作。积极建立政策倾斜、资金捆绑的协同工作机制，省发展改革委要把库区和移民安置区基础设施建设纳入相关规划，在建设项目、投资安排等方面加大支持力度。扶贫、住房城乡建设、教育、卫生、交通运输、电力等有关部门和企事业单位，要在扶贫开发、重点镇建设、新农村建设、文教卫生、交通道路、电力、通信项目等方面向移民新村倾斜，使各类惠民、惠农资金和移民搬迁资金捆绑使用，共同帮扶推进，实现移民新村规划科学、功能完善。各市、县要与有关厅局加强项目衔接汇报，积极争取支持。引汉济渭办要当好协调员，做好与各厅局、市县的协调联系工作，及时向领导小组提出计划，促进各项工作落实。

三要充分调动移民群众的积极性。解决水库移民问题，要坚持国家帮扶与自力更生相结合的原则。各级政府要把库区移民工作摆到与工程建设同等重要位置，处理好为群众谋长远利益和给库区群众带来眼前困难的关系，处理好库区移民与迁入地居民以及淹没线上留置农民的关系。要认真调查研究，广泛听取群众意见，加强与相关部门的配合，就移民群众最关心、最直接、最需要解决的重大问题，及时进行专题研究并提出处理意见。要充分利用现有政策和体制条件解决库区移民的实际问题，把工作的立足点放在用足、用活政策上。在争取国家大力支持的基础上，细致做好移民和接安区群众的思想政治工作，倡导顾全大局、团结协作、艰苦创业精神，调动和发挥广大移民群众建设家园的积极性和创造性。要加强移民安置区基层组织建设，提高党组织的凝聚力和战斗力，发挥广大党员的先锋模范作用，带领移民群众为开创美好新生活做出不懈努力。

四要切实维护好社会稳定。要高度重视和切实维护社会稳定工作，把不出现群体性事件作为工作的一个基本要求，作为检验政策落实与否的一个重要标志。充分考虑影响库区社会稳定的各种因素，妥善处理各种矛盾和问题。注意改进工作方法，关心移民疾苦，倾听移民呼声，引导移民以合理的方式表达利益诉求，切实做好移民信访工作，努力把矛盾化解在萌芽状态，把问题解决在基层。同时，要建立健全突发事件应急处理机制，落实应急预案，落实工作措施。严肃处理在移民安置工作中的违法乱纪和腐败行为，确保库区安定和社会稳定。

五要创造良好的工程建设外部环境。建设一流工程，需要一流的外部环境作保障。引汉济渭工程建设要实行封闭式运行，西安、汉中、安康三市及工程沿线各级政府，要从全省大局和长远利益出发，对工程建设给予充分的理解、支持和配合，特别要规范工地行业执法行为，推行定期多部门联合执法，及时协调解决行政区域内工程建设环境方面的问题，创造无障碍施工的良好环境。领导小组各成员单位要形成合力，在项目审批、资金筹措、用地计划、林业指标、环评报告等方面优先给予保障支持。省引汉济渭办要加强与相关部门及市、县政府的联系，提前沟通需要配合的事项。省引汉济渭办已经建立了工程建设外部环境保障联席会议机制，定期向地方政府通报工程建设情况，协调解决工程建设中存在的问题，这一做法很好，希望在各级、各有关部门的支持配合下形成长效机制，为工程顺利实施营造良好的外部环境。

在讲话的最后，洪峰再一次指出：引汉济渭工程是事关我省发展大局的一项重大基础设施项目，我们要把这次移民安置试点作为良好开端，把库区移民工作这件实事和大事办实办好，为引汉济渭工程又好又快建设提供基础保障，让省委、省政府放心，让人民群众满意，为建好引汉济渭工程、促进全省经济社会可持续发展作出新的更大的贡献！

第四节　移民安置试点验收

2013年12月4—5日，省移民办在安康市宁陕县主持召开了引汉济渭工程三河口水库552米高程以下移民搬迁安置阶段验收会议。会议成立了验收委员会和专家组。验收委员会成员和专家组成员翻阅了相关资料、实地查勘了移民新村，深入移民户进行了调查、听取了地方政府、项目法人、技术设计、监督评估等单位的汇报，进行了认真讨论，认为移民安置工作达到《引汉济渭工程三河口水库建设征地移民安置试点工程初步设计报告》要求，一致同意通过阶段验收。

会上，针对三河口水库移民安置工作的实际情况，省移民办王浩副主任指出：一要充分总结试点工作经验。引汉济渭试点移民工作从启动到今天，历时5年之久，期间经历了种种困难，克服了重重阻碍，通过我们创造性的工作，探索取得了阶段性成果，今天的成绩来之不易，需要我们认真总结和提炼，以便在全面推进引汉济渭移民安置工作中发扬光大。二要查缺补漏完善移民安置工作相关手续。引汉济渭移民试点，因为带有摸索性质，一些工作还不到位，相关手续不够完善，通过这次验收，对以前的工作进行认真梳理，按照相关建设程序，进一步完善手续。尽快处理遗留问题，特别是梅子集镇扩容的相关手续一定要限时完善到位。三要再接再厉开展好引汉济渭工程移民安置工作。试点工作涉及移民只是引汉济渭工程全部移民9000余人的一小部分，未来的移民工作任重道远。按照明年2014年6月底完成导截流移民阶段验收的目标任务，形势严峻，时间紧迫，各级各部门务必再鼓干劲、再添压力、再加措施、提早部署，明确任务和责任、倒排工期，以只争朝夕的使命感和责任感完成各项任务，保证三河口水库如期截流。

移民安置试点验收以后，前期工作阶段的移民安置工作不断加快，并取得重要进展。

佛坪县先后实施集镇迁建 2 个，建设集中安置点 1 个。其中石墩河集镇规划安置 234 户 824 人，十亩地集镇规划安置 223 户 815 人。马家沟安置点规划安置 95 户 334 人。

宁陕县先后开工建设集中安置点 4 个。其中寇家湾安置点规划安置 72 户 252 人，干田梁安置点规划安置 47 户 164 人，许家城安置点规划安置 19 户 66 人，油坊坳安置点规划安置 20 户 77 人。

洋县先后开工建设集中安置点 5 个。其中草坝安置点规划安置 87 户 296 人，万春安置点规划安置 60 户 207 人，磨子桥安置点规划安置 61 户 196 人，柳树庙安置点规划安置移民 31 户 103 人，五郎庙安置点规划安置移民 29 户 101 人。

第五节　移民安置试点制度

根基移民安置试点经验，引汉济渭办与省移民办共同制定了一系列管理制度。

（1）2010 年 3 月 24 日，省引汉济渭办以陕引汉办发〔2010〕18 号文引发了《陕西省引汉济渭工程建设征地移民安置资金管理暂行办法》。

（2）2010 年 3 月 24 日，省引汉济渭办以陕引汉办发〔2010〕19 号文引发了《陕西省引汉济渭工程临时用地复垦管理办法》。

（3）2010 年 2 月 24 日，省移民办以陕移发〔2010〕22 号文，引发了《陕西省引汉济渭工程建设征地和移民安置实施管理暂行办法》。

（4）2011 年 2 月 24 日，省引汉济渭办以引汉济渭发〔2011〕33 号文，引发了《关于建立引汉济渭工程移民安置工作专题协调会议制度的通知》。

（5）此后省引汉济渭办还相继引发了《陕西引汉济渭工程前期工作设计文件提交管理办法》《陕西引汉济渭工程永久界桩埋设及管理暂行办法》《陕西省引汉济渭工程建设档案管理办法》《引汉济渭工程移民安置项目建设管理办法》《陕西引汉济渭工程征地移民设计变更管理办法》等 5 个管理办法。

这些规章制度为后续的移民安置工作提供了重要的制度保障。

第十三篇
环境影响评价

《中华人民共和国环境保护法》《中华人民共和国环境影响评价法》等相关法律规定，建设工程项目必须进行环境影响评价。根据上述法律法规要求，在引汉济渭工程前期工作早期，省引汉济渭办就全面安排落实了各项环境影响评价工作。2008年1月，省引汉济渭办委托长江规划设计研究院完成了《引汉济渭工程对汉江干流河道内外用水影响评价研究报告》；在此基础上，从2009年1月开始，以长江水资源保护研究所为环评单位，联合陕西省环境监测总站、长江水产研究所、长安大学等单位，开展了大量监测、调查和专题研究工作，于2011年8月完成了《引汉济渭工程环境影响评价报告书》的编制工作，并经水利部水规总院预审后，根据预审意见于2012年5月形成了报国家环保部的报审稿。此后，经国家环保部两次组织专家咨询评估，省引汉济渭办以引汉济渭字〔2013〕41号文件，向环保部报送了《关于上报陕西省引汉济渭工程环境影响报告书的请示》。

在《引汉济渭工程环境影响评价报告》编制、审查、咨询、审批过程中，省引汉济渭办根据环保部门提出的新要求，又相继完成了支撑环境影响报告审批的5项专题环评报告。一是根据环保部要求，委托国家林业总局西北林业调查规划设计院于2010年5月编制完成了《引汉济渭工程对陕西秦岭自然保护区影响评价报告》。同年5月24日，省林业厅组织专家对评价报告进行了评审并报国家林业总局。2011年1月5日，国家林业总局以办护字〔2011〕2号复函同意评价报告，同意陕西省实施引汉济渭工程。二是根据水利部水规总院预审意见，委托黄河水产研究所对汉江上游西乡段水产种质资源保护区的影响进行了专题论证，经国家农业部审查后，同意了专题报告的基本结论。三是委托陕西省地矿局地质调查中心完成了《引汉济渭工程秦岭输水隧洞地下水环境影响评价专题报告》，并通过了咨询、评估和审批。四是根据国家环保部要求，于2010年8月由省引汉济渭办、陕西汉江投资开发公司、中广核汉江水电开发有限公司联合委托北京水电勘测设计研究院编制完成了《汉江干流上游（陕西段）水电开发环境影响回顾性研究报告》。以后又按照2011年10月9日环保部会议意见，由编制单位对这一专题报告进行了补充和完善工作。五是由环评单位于2012年5月完成了环境影响评价公众参与信息公示。

至此，引汉济渭工程环境影响评价报告审批的5项支撑性专题环评报告全部完成了编制、审查、咨询与在国家相关部委的审批工作，以此为前置条件，国家环保部于2013年12月20日正式批复了引汉济渭工程环境影响评价报告。

引汉济渭工程环境影响评价的全部工作历时6年。这项工作不仅历时长，而且涉及地域广，牵扯部门多，工作量十分艰巨繁重，加之2010年7月13日财新网——《新世纪周刊》刊登的《陕西湖北肢解汉江，滚滚清水或成死水》一文的影响，以及国家相关部委的联合调查、澄清情况等过程的延宕，引汉济渭工程的环境影响评价经历了十分艰难的工作过程。

第一章　环境影响评价报告

引汉济渭工程环境影响评价经历了对汉江干流河道内外用水影响评价、环境现状联合检测、环境影响评价报告编制与审查、咨询、完善以及审批等工作过程。

第一节　环境评价范围及其现状

引汉济渭调水枢纽工程评价范围包括黄金峡水利枢纽、三河口水利枢纽以及黄金峡水库坝下至汉江入长江口；输水工程沿线评价范围包括秦岭隧洞黄三段和越岭段；受水区评价范围为陕西省关中地区。仅就调水工程而言，需要进行环境影响评价的地域跨长江、黄河两大流域，涉及秦岭腹地的汉中朱鹮、天华山、周至3个国家级自然保护区和汉江西乡段国家级水产种质资源保护区，以及陕西省周至黑河湿地自然保护区。涉及地区的生态环境保护不仅极为重要，而且敏感度极高，因此国家相关部门对这一地域工程建设的环境影响评价的要求也很高很严。

环境影响评价工作一开始，省引汉济渭办就委托相关单位联合开展了工程涉及范围环境质量现状的检测。根据 2008—2011 年联合监测资料，汉江干流黄金峡断面现状水质达到《地表水环境质量标准》Ⅱ类水质标准，三河口水库 5 个监测断面各期水质均达到《地表水环境质量标准》Ⅱ类水质标准，黑河及其支流王家河达到《地表水环境质量标准》Ⅲ类标准；渭河干流水质以Ⅴ类水质为主，为重度污染，其支流总体水质为中度污染；评价的水源区基本属农村地区，经济结构以农林行业为主，没有较大工矿企业，环境空气质量良好；评价区多数地段人迹较少，没有较大的工业企业噪声源，道路车流量小，声环境质量状况良好；受水区目前存在的主要环境问题是水资源短缺，供需矛盾突出；污染严重，水环境恶化；地下水超采，出现漏斗和地面沉降。

第二节 预测评价主要结论

预测评价的主要结论包括两个大类：一是水文情势影响分析结论；二是生态环境影响预测评价结论。

一、水文情势影响分析

2025 年和 2030 年黄金峡水利枢纽多年平均调出水量 5.591 亿立方米和 9.66 亿立方米，三河口水利枢纽多年平均调出水量 4.495 亿立方米和 5.49 亿立方米。2025 年、2030 年石泉、安康、白河等断面多年平均径流量分别减少约 10 亿立方米和 15 亿立方米。不同典型年调水后与现状相比黄金峡、三河口、子午河河口以下下泄流量变化值差别较大，下泄流量总体有所减小，个别月份由于水库调蓄作用，下泄流量略有增加。

黄金峡水库和三河口建成运行后，水库拦蓄及水库运行调度方式使库内水位在各水文期将明显抬高。流速变缓，水流挟沙力降低，库区河道产生泥沙淤积。坝下河段受引汉济渭调水和水库调度影响，水位和天然河道相比略有变化。下游的汉江干流输沙量较工程前将有所减小，且沙量减小比例大于流量的减小比例。

工程实施后对汉江中下游用水影响。引汉济渭工程调水后虽然对汉江中下游有一定的影响，但多年平均供水量仅减少 0.37 亿立方米，占供水量的 0.2%，长系列模拟供水过程中，受影响的时段共 10 个，占总时段数的 0.7%，因此，对汉江中下游影响程度有限。

引汉济渭工程调水后，南水北调中线一期工程多年平均调水量减少 0.9 亿立方米，占总调水量的 1.0%，长系列模拟供水过程中，中线一期工程受影响的时段共 74 个，占总时段数的 4.9%。由于北调水只是受水区的水源之一，在北调水供水少量不足时，可由当地其他水源调剂，因此对中线一期工程受水区的影响有限。

二、生态环境影响预测评价结论

共列举了以下 10 个方面。

（1）对陆生生态的影响。工程淹没和永久占地为不可逆影响。工程临时占地区域的植被多样性较差，生产力也较低，因此，临时占地对植物资源的影响较小，且施工结束后通过植被恢复与绿化可以得到一定恢复。工程不存在对国家重点保护植物的影响。

（2）对水生生物的影响。黄金峡水库、三河口水库蓄水后，水流速度变缓，水生维管束植物生物量增加，适合定居性鱼类繁殖，其资源数量将上升。由于河段已建梯级电站的阻隔影响，评价区鲖鱼、青鱼、草鱼等上溯通道受阻，上述鱼类的产卵活动已经减少，黄金峡水利枢纽的兴建对其上溯和产卵活动影响较小。由于工程影响河段贝氏哲罗鲑和秦岭细鳞鲑踪迹难觅，因此工程的建设对其影响有限。汉江干流洋县至渭门的黄金峡江段存在部分产漂流性卵鱼类的产卵场，黄金峡水利枢纽工程的建设会使产卵场消失，这些鱼类将在各支流及干流上游寻找新产卵场所。水库形成后，产黏性卵的鱼类产卵场将扩大。

（3）对朱鹮国家级自然保护区的影响。水库蓄水，该河段底栖动物将维持稳定并有上升趋势，适应冷水性生活的种类将增加，而生物多样性也随之下降，将会影响到朱鹮觅食地的食物组成和分布。大坝和防洪设施建设，改变了洪泛区湿地的水文情势和水循环方式，引起洪泛区湿地生态环境功能退化，会使鸟类和哺乳动物的数量发生变化。工程建设引起汉江干流水文特性、水质的变化，朱鹮游荡期觅食地也将随之发生变化。

（4）对汉江西乡段国家级水产种质资源保护区的影响。大坝阻隔，使原有连续的河流生态系统被分隔成不连续的生境单元，造成了河流生态系统及保护区的完整性破碎化，使得保护区整体功能完整性受到破坏，对鱼类造成最直接的不利影响是阻隔了洄游通道。洄游通道的阻隔，使保护区内部分鱼类无法到上游进行产卵繁殖，在河流上游产卵的鱼类的幼鱼活动能力较差，下行通过大坝时，很容易被吸入水轮机而受到伤害。上述各因素导致保护区鱼类的种群结构改变。

（5）对秦岭自然保护区的影响。秦岭隧洞越岭段 4 号支洞施工虽然不同程度地改变了局部景观面貌，但对天华山自然保护区自然生态系统功能影响甚微；森林资源损失很小，对栖息于森林中的动植物物种影响不大；大熊猫中心活动区域远离施工区域，不会影响到大熊猫的正常栖息。但是工程施工与人为干扰活动直接或间接地对一些动物物种栖息和季节性迁移产生不同程度的驱赶与阻隔作用。

5 号支洞施工对保护区金丝猴的栖息无直接影响，噪声惊扰、施工废水排放、人为干扰等其他因素可能对其产生一定的间接影响，其程度很小，影响是暂时的，加强施工期管理，可以消减工程对保护区金丝猴种群的影响。

7号支洞施工不同程度地改变了局部景观面貌，不会对湿地森林生态系统造成影响，总体上对野生动植物物种影响较轻。在施工期间，工程扰动会破坏细鳞鲑的栖息环境，导致其暂时离开该区域，但这种影响是暂时的、临时性的。

（6）移民安置环境影响。本工程移民安置的人口共有9145人，采取后靠安置、本乡镇和本县区分散插组安置和集中安置，安置区移民人数增加，日常生活垃圾和污水产生量均大幅增加，如不规划进行生活垃圾和生活污水处理，会出现新的生态破坏和环境污染，施工期间如不注重水土保持措施，必将造成局部水土流失加重。

移民宅基地以及基础设施占地、安置点建设活动中的开挖、弃渣等对植被有一定影响，但不会导致物种的减少，也不存在对珍稀、濒危植物的影响。移民安置活动对各种鼠类、蛇类的栖息环境造成一定的干扰，迫使该区域动物迁往他处。

（7）施工环境影响预测。施工排水对下游水体悬浮物浓度影响有限，但秦岭输水隧洞施工高峰期产生的生产废水量约为每天145立方米，直接排放会对下游水体水质产生一定影响。由于各工区地表水体现状水质均为Ⅱ类，均需禁排，施工区生产废水和生活污水主要考虑处理后回用。生活废污水不会对汉江和子午河水质造成影响。

声环境影响预测。根据现场查勘情况，黄金峡水利枢纽和三河口水利枢纽施工区噪声对环境敏感点没有影响。秦岭隧洞支洞施工昼间、夜间均不能满足Ⅰ类声环境功能区要求，需采取环境保护措施予以减缓不利影响。

（8）环境空气影响预测。工程施工队空气环境影响甚微，但施工中的交通运输产生的悬浮颗粒物及交通运输扬尘可能对靠近交通道路的居民带来一定影响，另有越岭段1号支洞、6号支洞、7号支洞运渣道路两侧50米以内有4处环境敏感点，交通运输粉尘会对其产生一定影响。

（9）固体废物影响预测。黄金峡水利枢纽施工期生产生活垃圾量2610吨。三河口水利枢纽工程施工期共产生活垃圾量3894吨。秦岭隧洞黄三段工程生活垃圾总量1215吨。越岭段工程生活垃圾总量4320吨。生活垃圾如任意堆放，不仅污染空气，而且在一定气候条件下，造成蚊蝇孳生、鼠类大量繁殖，加大各种疾病的传播机会，在人口密集的施工区导致疾病流行，影响施工人员身体健康。

建筑垃圾主要是临时工程拆除和地面清理产生的砖瓦、混凝土块、弃土等。这些建筑垃圾的来源主要是场平、道路铺设和其他施工现场。建筑垃圾除部分回收利用外，其他如不妥善处置，会对周围环境产生环境污染。

（10）人群健康影响分析。黄金峡水利枢纽施工高峰人数约1800人，三河口水利枢纽施工高峰人数约2500人，秦岭隧洞黄三段施工高峰人数约900人，秦岭隧洞越岭段施工高峰人数约 4320 人。外来人员大量涌入及频繁的流动性造成工程区人口高度密集，加之施工区居住条件简陋，卫生条件较差，若不加强环境卫生、食品卫生管理，有可能造成痢疾、病毒性肝炎等肠道传染病流行；施工人员来自不同地区，可能会带来其居住地的病原体，相互感染。如不加强预防检疫，可能导致疾病流行。

第三节 环境保护对策

一、环境保护对策措施

水环境保护。为确保黄金峡水库、三河口水库能长期满足引汉济渭工程引水的功能要求，必须采取一定的水源地保护措施，主要包括隔离防护、划定水库水源地保护区、污染源综合整治等。同时要加强汉江中下游工业污染物和城市污水、农业面源污染的治理，使污水达标排放。实施污染物排放总量控制，保护改善下游河段水质。

二、生态修复与保护

生态修复与保护包括以下 5 个方面：

（1）陆生动植物保护措施。施工开挖前应保存永久占地和临时占地的熟化土，为植被恢复提供良好的土壤。严格控制施工林木砍伐数量，不准砍伐原始保护林及生态功能保护林，对工程开挖破坏林木进行占补平衡。施工临时占地结束后及时清理场地，恢复土层并平整绿化，尽可能地增加野生动物的栖息地。在黄金峡水库和三河口水库库周进行湿地生态恢复；工程建设期应进行生态影响的监测或调查。

合理安排施工方式和时间，减免对野生动物栖息的干扰。施工期间加强取土场、弃土场保护，减少水体污染，最大限度保护动物生境。秦岭隧洞越岭段在 4 号和 5 号支洞洞口采用护栏设施，防止野生动物误入施工区，产生伤害。施工永久道路应设置珍稀野生动物通道。在施工单位及施工人员中加强"野生动物保护法"的宣传教育，制定严禁猎杀捕食野生动物的制度。

（2）水生生物保护措施。根据鱼类调查情况，对主要经济鱼类青鱼、草鱼、鲢鱼、鳙鱼等应进行增殖放流。为防止鱼类进入渠道，需要在引水口建设拦鱼设施。对产漂流性卵鱼类如鲢鱼、鳙鱼、草鱼等，产黏性卵鱼类如鲤鱼、鲫鱼、鲂鱼等应进行繁殖保护。为恢复河流连通性，在黄金峡水库建鱼道，在黄金峡枢纽建设鱼类增殖站一座。限制渔船数量和渔具，取缔电鱼、炸鱼、毒鱼等。维持下游河段生态流量。

（3）生态敏感区保护措施。在各保护区工程建设涉及区域增加或扩建监督监测站点和检查站，完善保护区保护网络体系，严格控制工程建设人员进入保护区的核心区和缓冲区，加大宣传力度，明确工程建设人员自然保护责任，提高工程建设人员的自然保护意识，科学制定工程施工方案，加大工程环保设施建设，尽量减小环境污染，恢复和重建保护区森林及湿地植被，重建朱鹮游荡期觅食地，有效降低工程建设的负面影响。

（4）移民安置环保环境。为保护引汉济渭工程水源地水质，黄金峡库区，三河口库区内的农村集中安置点需全面规划生活污水、生活垃圾集中统一处理系统。迁建集镇施工期做好施工废污水的处理回用，避免对周边水环境造成污染。大力建设基本农田，改造中、低产田，提高土地的利用率，因地制宜发展第二、第三产业，增加移民收入。

（5）施工环境保护措施。施工生活污水及生产废水均需处理后回用。施工应选用低噪声机械设备和工艺，对振动大的机械设备使用减振机座或减振垫，从根本上降低噪声源强度。对部分受噪声影响的居民可考虑修建隔声屏、临时拆迁等措施解决。为防止空气污染，应尽量采取湿法作业、降尘控制与绿化防治等措施。施工区的生活垃圾纳入洋县、佛坪等城区生活垃圾填埋场进行处理，委托当地环卫部门进行定期清运。对隧洞开挖可能产生的有毒有害废弃物矿石等按照国家有关有毒有害物的处置规定进行处置。

三、环境保护投资估算

按 2011 年第二季度价格水平估算，引汉济渭工程环境保护静态投资为 24408.2 万元（不包括三陈路及筒大路环保投资），其中黄金峡枢纽工程环境保护投资 10237.36 万元，三河口枢纽工程环境保护投资 7390.50 万元，秦岭隧洞工程环境保护投资 6780.33 万元。

四、评价结论

引汉济渭工程实施后，将有效缓解关中水资源短缺状况，改善渭河由于水量偏少导致的水环境功能下降，生态恶化趋势，遏制区域地下水超采地质危害，从而改善渭河中下游日益恶化的生态环境，促进关中乃至陕西省国民经济社会可持续发展，营造和谐社会。

工程建设对环境的主要不利影响包括：工程占地对土地资源的影响，工程建设涉及陕西汉中朱鹮国家级自然保护区、陕西天华山国家级自然保护区、陕西周至国家级自然保护区、陕西黑河湿地省级自然保护区的实验区，工程施工对保护区野生动植物产生一定影响。除耕地资源损失为不可逆影响外，其他不利影响均可采取措施予以减免或消除。

最终结论：引汉济渭工程建设不存在重大环境制约因素。

第二章　环境影响报告批复

《引汉济渭工程环境影响专题报告》经各级环保部门审查、咨询、评估和不断的修改完善

后，2013年12月20日国家环保部正式批复了引汉济渭工程环境影响评价报告。

第一节 批 复 基 本 结 论

环保部批复意见认为，引汉济渭工程符合全国水资源综合规划（2010—2030年）、长江流域综合规划（2012—2030年）、汉江上游干流梯级开发规划报告、汉江上游干流水电开发环境影响回顾性评价报告及审查意见要求。国家发改委出具了《关于陕西省引汉济渭工程项目建议书的批复》（发改农经〔2011〕1559号），水利部以《关于报送陕西省引汉济渭工程环境影响报告书预审意见的函》（水资源函〔2012〕358号）提出预审意见、以《关于陕西省引汉济渭工程水土保持方案的批复》（水保函〔2012〕128号）提出审查意见。黄金峡水库回水涉及陕西汉中朱鹮国家级自然保护区实验区、汉江西乡段国家级种质资源保护区实验区，秦岭输水隧洞下穿陕西天华山、周至国家级自然保护区和陕西周至黑河湿地省级自然保护区，均已取得相关部门许可意见。工程建设不存在重大环境制约因素，但对水环境、水生生态、陆生生态等会产生一定的不利影响，因此，必须增加工程环保任务，全面落实生态保护及污染防治措施。综合考虑各方面因素，原则同意报告书提出的各项环境保护措施。

第二节 环 境 保 护 要 求

批复要求引汉济渭工程建设与运行管理过程中应重点做好以下七项工作。

一、做好水资源保护工作

本着"先节水后供水、先环保后用水"原则，进一步核减工业及居民生活用水水量，节省出的水资源量应优先用于增加汉江河道生态用水。严格控制取水总量，加强节水措施，提高水资源利用效率和效益。制定工程蓄水和运行调度环保方案，提出满足生态和环境要求的流量下泄过程线，确保下泄生态环境用水，水库蓄水和运行期间，黄金峡水利枢纽分别采用底孔和生态泄水闸泄放不少于38立方米每秒生态流量，三河口水利枢纽分别采用直径800毫米旁通管、引水渠和运行期生态放水管泄放不少于2.71立方米每秒生态流量。建立生态流量在线监测系统，进行实时监控。

二、加强水污染防治工作

制定水库清理环境保护方案，规范库底清理环境标准和蓄水环境保护要求，做好蓄水初期水质保护。建设单位应尽快编制引汉济渭工程饮用水源保护区划分方案，提请地方政府审定饮用水源保护区，并依照有关法规进行水源保护。加强库区水质保护，配合地方政府有关部门制定并严格落实库区及上游水资源保护规划。商请地方政府落实受水区现有污染物消减计划，制定并落实 2020 年后的污染物消减计划，做好工业、农业面源、生活污染防治，加强渭河流域生态基流保障与湿地建设，完善污染防治政策措施。

三、落实水库水温分层取水工程措施

三河口水库部分季节存在下泄低温水影响，下阶段需深入开展叠梁门分层取水专项设计研究，落实分层取水设施工程建设，并与主体工程同步建成。运行期对库区及坝下游水温开展全面系统的监测工作。

四、蓄水前完成各项鱼类保护措施建设

依法承担电站建设和运行造成对鱼类影响的责任，采取修建鱼道、过坝、建设鱼类增殖站、增设人工鱼巢、鱼类栖息地保护等补救措施，电站及泵站引水进水口设置拦鱼设置，蓄水前完成各项鱼类保护措施建设。开展鱼类回游行为与水力学条件调查，进行必要的实验生态学研究和物理模型实验，优化鱼道设计方案，完成专项设计报告并进行专题审查，制订运行期监测计划，开展鱼道运行效果监测与评估。工程截流前应在电站管理区建设预留增殖放流站，形成运行管理和技术能力，进行野生亲本捕捞、运输、驯养。近期每年放流扁鲀。尽快开展远期放流鱼类增殖技术研究，远期放养。开展鱼类栖息地保护工作。商请并配合地方相关部门将黄金峡水库库尾以上 249 千米天然河段、左岸支流沮水 124 千米河段、右岸支流漾家河 72.3 千米河段作为鱼类栖息地进行保护。

依据陕西省人民政府承诺，汉江干流黄金峡梯级库尾以上 249 千米天然河段、黄金峡库尾上游汉江左岸支流沮水、漾家河等作为鱼类栖息地进行保护，不再修建水电工程或其他拦河工程，并对已建工程尽快采取措施恢复河道连通。

五、做好陆生生态保护和景观设计工作

严格控制施工活动范围，落实水土保持工程和植物措施，重点对渣场、料场、临时施工占地区、施工道路及其影响区和枢纽建筑物占地区进行水土流失防治。渣场应做到先挡后弃，工程弃渣应运至规定的弃渣场，不得向汉江干流、支流弃渣。收集和存放施工区表土，施工结束后及时用于施工迹地的回填等生态修复工作中，植被恢复优先选择当地适生植物，将受三河口水库淹没影响的 7 株古树移栽至业主营地，对占用基本农田实施环境保护方案。

六、加强施工期环境管理，落实水质保护、生活垃圾处理和扬尘、噪声污染防治措施

水库枢纽施工废水、生活污水经处理后循环利用或回用，不得外排。生活垃圾统一收集后委托当地环卫部门定期清运。做好施工区附近和施工道路沿线居民的噪声和废气、扬尘污

染防治，加强施工道路降尘工作，选用低噪声设备，超标声环境敏感点采取设置声屏障等措施。合理安排施工时间，特别是工程爆破时间。

七、做好移民安置环境保护

水库淹没和工程占地需搬迁安置 9612 人、生产安置 9142 人，需结合当地自然条件和土地资源条件，合理选择移民安置区及生产方式。移民安置点选址应远离拟划定的水源保护区，并充分考虑当地地质条件和次生地质灾害影响，避免二次移民发生。做好移民安置区水土流失防治、水环境保护、生态保护及垃圾处置等工作，确保不对黄金峡和三河口水库及输水系统水质造成污染。开展移民专项环评，重点做好安置区土地环境适宜性评价、集中安置点以及专项设施的环评和环境保护设计工作，落实迁建、复建工程环保措施。

工程施工及运行过程中，应建立畅通的公众参与平台，及时解决公众提出的环境问题，满足公众合理的环境保护要求。

第三节　落实三同时制度

批复要求，引汉济渭工程建设必须执行环境保护设施与主体工程同时设计、同时施工、同时投入使用的环境保护"三同时"制度。

（1）落实建设单位内部环境管理部门、人员和管理制度，进一步明确有关方面环境保护责任。根据批复的环保措施重新核定环保投资概算。落实环保设计合同，同步进行环境保护初步设计、招标设计和技术施工设计。开展环境保护工程招标，将环保措施纳入施工承包合同中。落实施工期工程环境监理，并定期向环保部门报送环境监理报告。

（2）工程蓄水前，应开展水库清库工作并完成蓄水阶段环保验收，验收合格后方可蓄水。水库清理环境保护方案、生态泄水设施、生态流量在线监测系统、分层取水措施、鱼道、鱼类增殖放流站、人工鱼巢、鱼类栖息地保护、水源保护区划定及水源保护规划、枢纽施工阶段环保措施等作为阶段环境保护验收主要内容。工程建成后，必须按规定程序申请竣工环境保护验收。经验收合格后，项目方能正式投入使用。

（3）若工程或环保措施发生重大变更必须重新报批环境影响报告书。工程自批复之日起 5 年内未开工建设，本批复文件自动失效，建设单位需重新报审环评文件。项目建成竣工环保验收运行 3～5 年时，应开展环境影响后评价工作。

（4）按规定接受各级环境保护行政主管部门的监督检查。我部委托西北环境保护督查中心及陕西省环境保护厅，分别组织开展该项目的"三同时"监督检查和日常监督管理工作。

第三章 专题环境影响评价

在《引汉济渭工程环境影响评价报告》编制、审查、咨询、审批过程中，省引汉济渭办根据环保部门提出的新要求，相继完成了支撑环境影响报告审批的《汉江上游干流水电开发环境影响进行回顾性评价》《引汉济渭工程对陕西秦岭自然保护区影响评价报告》《汉江上游西乡段水产种质资源保护区影响评价》《引汉济渭工程秦岭输水隧洞地下水环境影响评价专题报告》与环境影响评价公众参与信息公示等 5 项专题评价或相关工作。

第一节 汉江上游环境影响回顾性评价

引汉济渭工程项目环境影响评价工作过程中，国家环保部针对汉江干流开发缺乏规划环评的问题，提出在引汉济渭工程项目环评批复前，陕西省政府应该对汉江上游干流水电开发环境影响进行回顾性评价。根据这一要求，在省政府组织协调下，2010 年 8 月由省引汉济渭办、陕西汉江投资开发公司、中广核汉江水电开发有限公司联合委托北京水电勘测设计研究院编制完成了《汉江干流上游（陕西段）水电开发环境影响回顾性研究报告》。以后又按照 2011 年 10 月 9 日环保部有关会议意见，由编制单位进行了补充和完善工作。省引汉济渭办向国家环保部正式报送了《关于报审汉江上游干流水电开发环境影响回顾性评价研究报告的请示》，2012 年 12 月 25 日，环保部在北京主持召开《汉江上游干流水电开发环境影响回顾性评价研究报告》（以下简称《研究报告》）专家论证会，基本肯定了这一研究成果。

汉江为长江中游一级支流，发源于陕西省宁强县米仓山西端的嶓冢山，流域面积 15.9 万平方千米，流经陕西、湖北两省，干流全长 1577 千米，总落差 1964 米，多年平均径流量 566 亿立方米。丹江口水库库尾以上汉江上游流域面积 6.04 万平方千米，干流全长 730 千米，其中陕西 699 千米，湖北 31 千米。

1990 年陕西省人民政府《关于同意〈汉江上游干流梯级开发规划报告〉审查意见的批复》，批复了《汉江上游干流梯级开发规划报告》。1993 年 10 月，长江水利委员会编制完成《汉江夹河以下干流河段综合利用规划报告》。根据以上规划成果，汉江干流丹江口水库库尾以上河段自上而下共规划布置黄金峡、石泉、喜河、安康、旬阳、蜀河、白河、孤山 8 个梯级，其中黄金峡梯级为陕西省引汉济渭项目水源工程。从 1975—2010 年，规划梯级中石泉、安康、喜河和蜀河 4 个电站已先后建成发电。目前，黄金峡、旬阳、白河和孤山 4 个梯级电站正在开展前期筹建准备工作。研究河段有主要一级支流44条，共规划梯级电站259座。目前除15条支流未规划或建设水电站外，其余支流均已建成或在建电站，已建、在建电站共计128座，占规划梯级电站总数的49.4%。为从整体上研究汉江上游干流水电开发环境影响，协调梯级开发与环境保护的关系，统筹和强化流域环境保护措施，促进流域可持续发展，及时组织开展水电开发环境影响回顾性研究是必要和适时的。

《研究报告》采用资料收集、调查监测、遥感识别、综合分析等相结合的方法，核查了已建梯级电站生态保护措施落实情况，关注了区域性和累积性环境问题，分析评价了实施梯级开发对水环境、区域生态和经济社会的影响，并提出了进一步的环境保护对策和生态补救措施，《研究报告》内容全面，结论总体可信。研究成果对研究长江上游干流梯级开发与生态环境保护关系、优化水电开发方案、完善流域生态环境保护对策措施等具有十分重要的意义，对其他流域开展环境影响回顾性评价研究工作也有一定借鉴作用和参考价值。

（1）汉江上游干流梯级水电开发，对促进当地社会经济发展有重要作用，但对流域及规划河段水环境（水文情势、水温和水质）、水生生态、陆生生态和社会环境等方面产生了不同程度影响。

1）水环境影响。现有已建梯级电站蓄水后，河流水文情势较天然状态发生改变。通过梯级电站调蓄，河道水位抬高、流速降低，下泄泥沙减少，径流年内分配趋向均化。受梯级电站发电运行影响，河流日内流量、水位变幅增大，部分时段存在下游河道脱水现象。规划河段主要干支流现状水质总体满足水功能要求，引汉济渭工程调水和后续梯级水电开发对规划河段水质影响较小。

2）水生生态环境影响。梯级电站开发后，大坝阻隔、水文情势改变对水生生态影响最为严重。目前，汉江上游鱼类种群和资源量呈明显下降趋势，鱼类组成也由适流水生境鱼类逐步转变为适缓流和静水生境鱼类，圆筒吻鮈和齐口裂腹鱼等喜流水生境长江特有鱼类在近年调查中已难有发现。后续规划水电梯级建设，将进一步缩小评价河段流水生境，加剧对部分鱼类的不利影响。已建梯级电站造成了部分产漂流性卵重要经济鱼类和保护鱼类产卵场的消失或萎缩，较大产卵场数量由安康水电站建成前的11处减为6处，且产卵场规模也已缩小，其中4处位于蜀河坝下至丹江口河段。白河和孤山水电站的建设将进一步缩小汉江上游现有产漂流性卵鱼类产卵场的数量和规模。

3）陆生生态环境影响。汉江上游梯级电站工程施工、水库淹没和移民安置将对流域内植被及植物资源造成影响，但未改变区域生态系统结构和稳定性。工程施工期和水库蓄水造成栖息地面积一定程度减少，对陆生动物产生一定不利影响。黄金峡梯级回水涉及陕西汉中朱鹮国家级自然保护区实验区，初步分析对其结构功能、保护对象和生态系统的完整性没有明显影响。

4）社会环境影响。汉江上游梯级电站开发对促进地方经济增长，改善库周城镇基础设施发挥积极作用。已建梯级电站涉及搬迁安置人口 6.9 万人，其中安康水电站搬迁人口占 82%。移民安置后生活质量和安置区生态环境受到影响，随着时间推移，移民安置造成的不利影响逐渐减小。安康水电站建成后，形成省级风景名胜区，促进了地方景观旅游资源开发。

（2）环境保护措施落实情况。已建成的安康水电站安装一台小机组，引用流量 82 立方米每秒，在改善航运条件的同时，对于下泄生态流量、防止河道断流是有利的，但存在部分时段停机不泄流，下游河道脱水现象。对比各已建梯级电站环评批复要求，安康水电站未开展环境影响后评价工作，蜀河水电站未建设过鱼设施及鱼类增殖站，喜河水电站和蜀河水电站投产运行至今均未开展环境保护竣工验收工作。

（3）根据"在做好生态保护的前提下积极开展水电"要求，已建电站运行和后续梯级建设过程中应重点做好以下工作。

1）制定黄金峡、旬阳、白河、孤山后续梯级电站水库蓄水和运行调度环保方案，确保下泄生态环境用水。后续梯级电站项目环评阶段，应根据下游河道生态用水需求，深入开展下泄生态流量研究，并建设单独生态流量泄放设施及在线监控系统，与主体工程同时设计、同时施工、同时投入使用。已建梯级应根据枢纽布置情况，研究生态流量泄放对策措施，补建生态流量泄放设施及在线监控系统。安康水电站应优化运行调度方案，充分发挥小机组泄放生态流量功能，确保下游河道生态流量。尽快开展梯级生态联合调度研究，在鱼类繁殖季节加大下泄生态流量，形成人造洪峰，刺激鱼类产卵。开展减缓安康水电站低温水影响对策措施研究，采取必要补救措施减缓下泄低温水影响。长期进行安康水电站坝前和下泄水温及影响观测。

2）保证研究河段鱼类通道的连通性，依法承担电站建设和运行造成对鱼类影响的责任，采取鱼道、升鱼机、鱼类增殖放流、鱼类栖息地保护等补救措施。喜河、蜀河水电站补建鱼道，石泉、安康水电站应结合枢纽布置，研究采取鱼道、升鱼机等不同过鱼方式的适宜性，落实过鱼设施规划及建设。后续梯级电站应设置鱼道作为过鱼设施。研究河段各电站建设单位均应承担鱼类增殖放流任务，统筹本单位所承担电站鱼类增殖放流站布局。加快中长期放流鱼类人工繁殖及增殖放流技术研究。

依据安康市人民政府的承诺，黄洋河和月河需作为汉江鱼类栖息地保护河流，不再进行水电开发。商请并配合地方政府将汉江干流黄金峡梯级库尾以上 249 千米天然河段（占规划河段 34%）、支流沮水、漾家河、大双河、将军河也作为鱼类栖息地进行保护，禁止进行水电开发或其他拦河工程，地方环保部门不再对上述河流后续水电工程或拦河工程进行环评审批。对黄洋河下游已建的龙头山水电站采取措施恢复河道连通性。

3）落实陆生生态保护和生态补偿措施。加强施工期环境管理，减缓对野生动物、自然植被的影响。深入开展黄金峡水库淹没陕西汉中朱鹮国家级自然保护区的影响研究，落实生态补偿及修复措施。

4）研究建立流域梯级生态环境保护管理机构，统一开展生态环境保护、环境监测工作。长期进行生态跟踪监测，为流域环境保护提供技术支持。构建流域环境监测体系，跟踪观测流域重要珍稀保护鱼类"三场"、重要物种栖息环境和分布变化，动态观测水温恢复、过鱼、增殖放流、生态调度、生态修复措施实施效果。适时启动流域环境影响跟踪评价和梯级电站环境影响后评价工作，进一步完善生态环境保护对策措施。

5）依据《建设项目环境保护管理条例》的"三同时"管理制度，喜河和蜀河水电站目前一直违法运行。需尽快完成安康水电站环境影响后评价，喜河水电站环境保护竣工验收，蜀河水电站鱼类增殖放流站、鱼道建设和环境保护竣工验收工作。

第二节　秦岭隧洞地下水环境影响评价

秦岭输水隧洞地下水环境影响评价专题是引汉济渭工程项目环评咨询过程中，紧急增加完成的支撑性专题。本专题共分为总论、项目区概况及工程分析、地下水环境现状调查、地下水环境影响预测评价、地下水环境保护措施及投资估算、结论及建议等6个部分，重点是评价任务、影响因素分析与地下水环境保护措施等。

一、评价任务

秦岭输水隧洞南起黄金峡枢纽坝后泵站出水池，北至黑河右岸周至县马召乡黄池沟，线路全长98.299千米。工程建设场地为线状，且位于基岩山区，场地区没有统一的含水层位，水文地质单元比较狭窄，但涉及的水文地质单元较多，根据《秦岭隧洞工程地质勘察报告》的计算比较，秦岭隧洞影响宽度在强富水区仅为1200米，秦岭输水隧洞岭南段为二级评价区，采用比拟法评价，确定调查评价范围为建设场地两侧各2000米。秦岭输水隧洞岭北段通过黑河金盆水库水源地准保护区，为一级评价区，采用数值法评价，确定评价范围黑河金盆水库坝址以上流域。项目施工期间评价的重点为施工期形成的废水对地下水体的污染状况及施工过程中可能造成地表水资源漏失，对当地居民饮用水源的影响和对生态环境用水的影响。建设项目运行期评价工作的重点主要为地表水资源漏失，对当地居民饮用水源的影响和对生态环境用水的影响。

二、地下水环境影响因素分析

包括水位与水质两个方面。

（1）水位影响因素分析。评价区地下水类型主要以基岩裂隙水和碳酸盐岩类岩溶水为主，基岩裂隙水依据储水裂隙成因分为构造裂隙水、风化裂隙水及原生层理裂隙水。天然状态下，影响地下水水位因素为大气降水入渗补给量。隧洞开挖过程中由于隧洞埋深、岩性、岩体风化破碎程度、节理裂隙发育程度、构造及受构造影响程度等因素的差异，会造成隧洞不同程度的涌水，工程排泄地下水，进而影响地下水水位。

（2）水质影响因素分析。施工期污（废）水包括生活污水和生产废水两部分。施工区生活污水主要含固体悬浮物和有机物，生活污水量不大，通过一体化污水净化装置处理后对地下水环境影响不大。施工期生产废水包括砂石料冲洗、混凝土系统废水（拌和、预制及养护）、施工机械冲洗水、隧洞施工排水等。生产废水主要含泥沙及少量石油类，通过就地沉淀、隔油后循环利用，不直接排放，对地下水环境影响较小。各施工区废渣场中废渣不含有毒有害和放射性物质，其淋滤液也不会对水质造成污染，对地下水水质影响小。

三、地下水环境保护措施

引汉济渭主体工程多位于地表以下，工程对地下水环境的影响主要是工程前期施工对地下水动力场的影响、污水的排放对地下水的影响和弃渣的堆放淋滤对地下水的影响3个方面，其中以对地下水动力场的影响最为明显。

（1）地下水污染防治措施。根据本报告书提出的施工期施工废水处理措施，可以达到施工期污水排放不会对地下水造成污染的防治目的。因此，严格按照本报告书提出的地下水污染防治措施施工，不会造成地下水污染，不需要采取另行措施。但需加强污水排放处理监管措施，定期对水质予以监测化验，以免造成地下水体或地表水体的污染。全线共建立地下水质及排水水质监测点18点。监测频次：施工期每月监测一次，运行期每季度监测一次。

（2）地下水位下降防治措施。隧洞地处的秦岭为降水量较大的地区，地下水特别是地表水较为丰富。隧洞凿进过程中势必会在构造破碎带、节理裂隙发育部位和隧洞埋深较浅部位有涌水、突水现象，使洞顶地下水或地表水向隧洞内渗漏，对地下水或地表水造成一定影响。

（3）施工中采取的防治措施。以堵水原则，实施洞内堵水和施工缝及变形缝止水措施。施工方案应严格贯彻"以堵为主，控制排放"的要求，为限制Ⅰ级富水区段地下水过度排放，采用局部径向注浆的堵水措施，辅助坑道堵水率按70%考虑，正洞由于受结构水压的影响，需设泄水孔，允许适当排水，堵水率按60%考虑。

（4）回填灌浆及固结灌浆。回填灌浆。灌浆孔布置：拱部120°范围内，每排2或3个孔，排距3米，梅花形布置。钻孔直径：终孔直径采用50毫米，孔深进入岩石10厘米。灌浆压力：应根据衬砌厚度和配筋情况确定：对混凝土衬砌可采用 0.2～0.3 兆帕；对钢筋混凝土可采用 0.3～0.5 兆帕。现场应根据实验参数进行调整。

固结灌浆。固结灌浆范围主要为Ⅳ类、Ⅴ类围岩断层及破碎带，全断面布设。灌浆孔布置：全断面每环设 7 个灌浆孔，排距 3 米，梅花形布置。其中拱部 120°范围内，固结灌浆孔结合回填灌浆孔设置。钻孔直径：钻孔直径采用 50 毫米，孔深 4 米。灌浆压力：设计值 0.7 兆帕，应根据现场试验进行参数进行调整。

（5）需要进一步采取的措施。根据预测，秦岭输水隧洞岭北段涌水比较严重，对地下水径流有一定的影响，主要原因是由于断裂构造引起的，按照主体工程设计中防水方案施工，基本可以达到防止地下水漏失造成地下水位下降，影响地表植被和生态环境的目的。由于岭北段断裂构造比较密集，且断裂构造角度较大，基本上可以达到 70°～80°，即使按照防水方案施工，有可能不能达到预期的目的，需要配合地面浅部的防水措施，如北沟和大小干峪等，需要从地面施工注浆孔，堵塞裂隙裂缝，防止浅层地下水下渗或地表水通过裂隙裂缝的下渗。

施工期在隧洞周围、断裂带、地表出露泉点、沟流等处设监测点，对排水变化情况和顶部村庄周围水田及植被进行监督性监测，加强对隧洞顶部村庄生活饮用水源的监测。

预计断裂沟通浅层地下水或地表水造成隧洞漏水、涌水地段约 2 处，分别为北沟和大小干峪流域，需要进行地表施工钻孔注浆防治水措施。地下水位监测点布设秦岭南段 5 点，北段 3 点。

（6）管理措施。组织实施地下水环境监理与监测工作；落实制定工程招、投标文件及合同文件中相关环境保护条款，保证环境影响报告书和环境保护设计中环境保护措施纳入工程施工文件；加强施工期生态保护和污染防治管理工作。制定施工期生态保护和污染防治管理规定，提出控制施工污染源排放的具体措施和要求，提出施工期水质保护和生态景观保护的具体要求，根据工程施工进度，提出施工期生态环境保护措施和环保设施建设的实施进度和要求。

第三节　自然保护区保护措施

引汉济渭工程建设有可能影响到陕西汉中朱鹮国家级自然保护区、陕西天华山国家级自然保护区、陕西周至国家级自然保护区 3 个保护区内的国家重点保护野生动植物及其栖息地，依照《中华人民共和国野生动物保护法》和《中华人民共和国野生植物保护条例》等法律法规的相关规定，环境保护部环境影响评价司致函国家林业局野生动植物保护与自然保护区管理司《关于征求陕西省引汉济渭工程涉及陕西朱鹮等 3 个国家级自然保护区有关问题意见的函》（环评函〔2012〕59号），就该工程对野生动植物及其栖息地的影响评价征求意见。为此，省引汉济渭办立即开展并编制完成了《引汉济渭工程对陕西秦岭3个自然保护区影响评价报告》。同时，通过省林业厅向国家林业总局报送了《关于上报陕西引汉济渭工程涉及3个国家级自然保护区有关事宜的请示》（陕林字〔2010〕886号文），2011年1月4日国家林业局研究后予以函复："引汉济渭工程是从汉江上游调水到渭河流域，对解决关中城市缺水、避免生态环境恶化、促进区域经济与社会发展具有重要意义，我局对此积极支持，同意按照国家相关法规编制该工程有关涉及陕西朱鹮、天华山和周至3个国家级自然保护区的材料，并办理相应的审批手续。请有关单位按照国家林业局公告2006年第6号第二十四项'在林业系统国家级自然保护区建立机构和修筑设施审批'的有关要求，提供相关材料，按程序上报。我局将依法受理、审批该项行政许可。"

此后，《引汉济渭工程对陕西秦岭3个自然保护区影响评价报告》相继经过了专家评审、林业部审定、函报国家环保部的工作过程，为项目环评通过审查提供了重要支撑。

一、专家组评审意见

2012年12月13日，国家林业局野生动植物保护与自然保护区管理司在北京组织召开了《陕西省引汉济渭工程对野生动植物及其栖息地影响专题论证会》，国家林业局调查规划设计院、中国科学院动物所、中国科学院植物所、中国林科院、北京师范大学、陕西省动物研究所、陕西师范大学、国家林业局林产工业规划设计院等单位的专家参加了会议。

与会专家认真审阅了《引汉济渭工程对陕西秦岭3个自然保护区影响评价报告》（以下简称《生态影响报告书》）中有关工程建设对野生动植物及其栖息地影响评价的内容，听取了省引汉济渭办关于项目背景和意义、规划设计和对野生动植物的保护措施等情况汇报以及编制单位关于建设项目区域野生动植物分布状况、项目的影响预测评估等情况汇报，并请陕西省林业厅及陕西汉中朱鹮国家级自然保护区管理局、陕西天华山国家级自然保护区管理局、陕西周至国家级自然保护区管理局介绍了项目建设地点的基本情况及单位对项目的意见等。在此基础上，与会专家经认真讨论，形成如下论证意见。

（1）引汉济渭工程所在的秦岭地区是我国生物多样性重点地区，分布有包括大熊猫、金丝猴、朱鹮、羚牛、红豆杉等珍稀濒危野生动植物，具有十分重要的生态意义、科研价值和国际影响。因此，引汉济渭工程建设要科学分析评估引汉济渭工程可能对该区域野生动植物种群及其栖息地的潜在影响，并有针对性地采取一系列切实可行的有效措施来消除、缓减或弥补不利影响，确保不利影响控制在最低程度或自然调节能力范围之内。

（2）引汉济渭工程的建设地点包括陕西汉中朱鹮国家级自然保护区，陕西天华山国家级自然保护区和陕西周至国家级自然保护区的实验区，可能对野生动植物及其栖息地造成多方面的影响，主要包括：一是工程建成后陕西汉中朱鹮国家级自然保护区实验区中部分汉江河道湿地将被淹没，造成朱鹮觅食、栖息地减少；二是施工永久性占地区域内生存的野生动植物将受到侵害；三是施工期间人为活动、噪声污染、渣土运输等将对野生动植物及其栖息地产生影响。《生态影响报告书》对以上各方面的影响进行了分析，并针对这些影响提出了合理的减轻、弥补措施，如人工重建朱鹮觅食、栖息地以弥补工程带来的损失、明确规范施工行为、加强监测力度、对施工区域珍稀濒危野生植物进行迁地保护等。但《生态影响报告书》也存在一些欠缺，须采取相应措施或办法进行弥补和完善，并在环境影响评价工作中得到采纳且在实际工作中得到落实，工程建设中及完成后对区域内野生动植物的各种潜在不利影响，能够降低到最低程度或缓解到自然调节能力之内，能够在维护该区域野生动植物安全和可持续发展的情况下，为当地经济社会发展发挥积极作用。

（3）建引汉济渭工程需穿越陕西汉中朱鹮等3个国家级自然保护区，按照国家有关法律法规，施工单位在这3个保护区开工建设前，须向国家林业局申请在保护区开工建设行政许可，经批准后方可正式实施。

二、国家林业局给环保部环境影响评价司的复函

2012年12月20日，国家林业局以（护动函〔2012〕104号）文函复环保部环境影响评价司。

复函称：收到你司《关于征求陕西省引汉济渭工程涉及陕西朱鹮等3个国家级自然保护区有关问题意见的函》（环评函〔2012〕59号）后，我司于2012年12月13日组织专家对《引汉济渭工程对陕西秦岭3个自然保护区影响评价报告》中有关该工程对野生动植物及其栖息地的影响及应对措施可行性，进行了专题评审。

本次专题评审会在认真审阅了《引汉济渭工程对陕西秦岭3个自然保护区影响评价报告》和听取了有关单位情况介绍后，以科学发展观为指导，从统筹当地经济社会发展和野生动植物保护的协调、可持续发展出发，研究分析了工程可能对该区域内包括大熊猫、金丝猴、朱鹮、羚牛、红豆杉等珍稀濒危物种在内的野生动植物及其栖息地的潜在影响，提出了扩大施工前本底调查范围、加强施工期及工程完成后的监测力度、高度重视落实对朱鹮等涉禽栖息地的补偿、科学设计施工时段、加强对施工人员的宣传教育和监督管理等一系列消除或缓减不利影响的应对措施，并原则同意，在上述建议得到采纳且在实际工作中得到落实、相关经费到位的情况下，工程建设中及完成后对区域内野生动植物的各种潜在不利影响，能够降到最低程度或缓减到自然调节能力之内，该工程能够在维护该区域野生动植物种安全和可持续发展的情况下，为当地经济社会发展发挥积极作用，应当予以支持。现将专家意见一并转发你司，请你司在环评工作中予以吸收、采纳。特此函复。

第四节　国家级水产种质资源保护措施

在项目环评阶段，省水产渔业管理机构对引汉济渭工程建设是否会造成汉江西乡段国家级水产种质资源保护区造成不利影响提出质疑。为了保证项目环评工作顺利推进，省引汉济渭办启动了引汉济渭工程对汉江西乡段国家级水产种质资源保护区影响措施的专题研究，并于2012年初向国家农业部报送了《关于落实陕西省引汉济渭工程对汉江西乡段国家级水产种质资源保护区影响措施的报告》，国家农业部渔业局研究审查后，于2012年2月13日以（农渔资环便〔2012〕19号文）批复，原则同意专题评估报告提出的基本结论和渔业资源与生态补偿措施，具体意见如下。

引汉济渭工程对汉江西乡段国家级水产种质资源保护区鱼类资源恢复保护措施经费9613.8万元纳入项目环保投资。

报告的主要内容和结论纳入环评报告。环评审查通过后，你办应按照承诺和我局的函复意见，细化补偿方案及措施，补偿方案报我局备案。相关保护措施与建设项目的主体工程要按同时设计、同时施工、同时投入使用的原则落实。陕西省渔业局负责监督该项目补偿措施和方案的实施。

另外还有一项支撑性工作，就是在环保部批复工程项目环境影响评价报告以前，省引汉济渭办配合环评单位于2012年5月完成了环境影响评价公众参与信息公示。

以上5项支撑性专题研究报告的全面完成，为国家环保部批复引汉济渭工程环境影响评价报告创造了必需的前提条件。

第十四篇
水土保持方案

　　编制水土保持方案是引汉济渭工程可行性研究报告审批前置的支撑性专题研究之一。引汉济渭工程处在秦岭腹地，既是国家南水北调工程和陕西南水北调的重要水源地，也是国家级的生态保护区，在引汉济渭工程建设过程中，确保不造成新的水土流失，必须在前期工作中编制切实可行的实施方案。这既是国家相关法律的严格规定，也是引汉济渭工程可行性研究报告审批的必要条件。

　　根据上述要求，省引汉济渭办于2008年8月委托省水电勘测设计研究院开展了引汉济渭工程可行性研究阶段水土保持方案的编制工作。接受任务后，省水电勘测设计研究院组成项目组，对工程现场及周围地区生态环境、水土流失状况和水土保持现状进行了详细勘查，在充分分析工程有关资料的基础上，结合项目建设区的地形地貌和生态环境状况，确定了引汉济渭工程的水土流失防治责任范围、调查工作内容、水土流失预测内容、水土流失分区和分区防治措施布局，于2011年7月编制完成了《陕西省引汉济渭工程水土保持方案报告书（送审稿）》（以下简称《水保方案》）。2011年8月19—20日，水利部水利水电规划设计总院在西安召开会议，对《水保方案》进行了审查。后经省水电勘测设计研究院修改完善，于2012年2月形成了《水保方案》（报批稿）。2012年5月8日，水利部以水保函〔2012〕128号文件批复同意了《水保方案》。

第一章　水土保持方案编制背景

水土保持方案正式编制之前，项目组全面研究了方案编制的背景资料，对编制规范、项目区概况、主体工程水土保持分析评估结论、水土流失区防治责任范围及防治区等情况进行了全面的调查研究。

第一节　编　制　规　范

根据《开发建设项目水土保持技术规范》（GB 50433—2008）规定的编制深度原则，该项目水土保持方案深度与主体工程设计深度相适应。故确定水土保持方案的设计深度为可行性研究阶段。

依据以上技术规范，该项目为建设类项目，设计水平年为主体工程完工的当年或后一年。引汉济渭工程建设期为 2011 年 10 月至 2018 年 12 月，故本该项目水土保持设计水平年确定为工程完工的后一年，即 2019 年。

依据《关于划分国家级水土流失重点防治区公告》和陕西省人民政府《关于划分水土流失重点防治区的公告》，项目区属国家级水土流失重点预防保护区和陕西省水土流失重点治理区。项目区水土流失防治标准执行等级为一级。项目所在区域容许土壤流失量为每年每平方千米 500 吨，背景土壤侵蚀模数为每年每平方千米 600～2000 吨。项目区水土流失类型以水力侵蚀为主，局部兼有重力侵蚀，侵蚀强度为轻度。

第二节　项　目　区　概　况

引汉济渭工程涉及汉中市洋县、佛坪，安康市宁陕县和西安市的周至县，地跨秦岭岭南中低山区、秦岭岭脊高中山区、秦岭岭北中低山区 3 个大的地貌单元，跨越秦岭褶皱系和杨子准地台 2 个一级大地构造单元区，工程区地震基本烈度为 VI 度，主要河流有汉江、子午河、蒲河、黑河，地下水主要有第四系孔隙潜水、基岩裂隙水及可溶岩溶隙水 3 种类型。工程区跨北亚热带气候区、暖温带山地气候区和大陆季风气候区，跨暖温带落叶阔叶林和北亚热带常绿落阔叶混交林 2 个植被类型区。项目区林草覆盖率50%～94%。

第三节　水土保持分析评价结论

引汉济渭工程选址选线避开了全国水土保持监测网络中的水土保持监测站点、重点试验区，没有占用国家确定的水土保持长期定位观测站；工程建设占地范围内无军事禁区、自然保护区等敏感区域；工程所处南秦岭山区存在崩塌、滑坡、泥石流，主体工程在设计时进行了多方案比选，避开了地质灾害多发地段；本工程附属施工道路等，无大挖大填段，不存在高陡边坡未处理段。

工程主体选址选线及设计，基本做到了项目主体工程与水土保持、环境保护同时考虑。从水土保持角度，分析损坏水土保持设施面积、扰动土地面积、植被淹没面积、工程量和工程投资等指标，认为主体工程选（址）线合理，无限制工程建设的水土保持制约性因素，该项目的建设是可行的。

第四节　防治责任范围及防治分区

根据《开发建设项目水土保持技术规范》（GB 50433—2008）规定，水土保持方案必须确定项目建设单位水土流失防治责任范围。根据拟建引汉济渭工程总体布局及施工特点，确定本工程水土流失防治责任范围项目建设区和直接影响区。本工程水土流失防治责任范围总面积 4910.92 公顷，其中项目建设区面积 4757.20 公顷，直接影响区面积 153.72 公顷。

依据引汉济渭工程总体布局、施工扰动特点、建设时序、地貌特征、自然属性、水土流失影响及施工区划分进行分区。本工程水土流失防治区一级分区为黄金峡水利枢纽工程区、秦岭输水隧洞黄三段工程区、三河口水利枢纽工程区、秦岭输水隧洞越岭段工程区，二级分区划分为 9 个，分别为主体工程区、水库淹没防治区、工程永久生产生活防治区、交通道路防治区、施工生产生活区、取料场防治区、弃渣场防治区、输电线路防治区及移民安置及专项设施改建防治区。

第二章　建设范围水土流失预测

水土保持方案编制过程中水土流失预测包括预测范围、预测时段、预测内容等项工作。

第一节　预　测　范　围

根据引汉济渭各分部工程建设特点及工程总体布置，水土流失预测将引汉济渭工程划分为黄金峡水利枢纽工程、秦岭输水隧洞黄三段、三河口水利枢纽工程、秦岭输水隧洞越岭段 4 个分部工程分别进行预测，预测范围总计为 3077.87 公顷（不含黄金峡、三河口枢纽淹没原河道面积 1679.33 公顷），工程永久占地为 2705.62 公顷，临时占地为 372.25 公顷。

第二节　预　测　时　段

依据《开发建设项目水土保持技术规范》的相关规定将建设类项目预测时段分为施工准备期、施工期和自然恢复期 3 个时段。工程施工期（含施工准备期）是损坏原地貌植被、排放弃土石渣的集中时期，工程用地及影响范围内原地貌所具有的水土保持功能将迅速降低或丧失，为水土流失的发生发展提供了易冲蚀的松散堆积物，使水土流失急剧增加；而在自然恢复期，开挖扰动地表、占压土地和损坏林草植被的施工活动基本停止，因施工活动可能产生水土流失的各种因素在各项工程施工结束后逐渐消失，并且随着时间的推移地表自然修复功能日益得到发挥，生态环境将逐步得到恢复和改善，水土流失量逐渐减少直至达到新的稳定状态。具体预测时段是：黄金峡水利枢纽工程预测期限为 6.3 年。其中建设期（包括施工准备期）为 4.3 年；自然恢复期为 2 年。秦岭输水隧洞黄三段预测期限为 6.5 年。其中建设期（包括施工准备期）为 4.5 年；自然恢复期为 2 年。三河口水利枢纽工程预测期限为 7.5 年。其中建设期（包括施工准备期）为 5.5 年；自然恢复期为 2 年。秦岭输水隧洞越岭段预测期限为 8.5 年。其中建设期（包括施工准备期）为 6.5 年；自然恢复期为 2 年。

第三节　预　测　内　容

预测内容包括 5 个方面：扰动原地貌、损坏土地及植被情况预测；弃土石方、拆迁量、弃渣量预测；损坏水土保持设施预测；可能产生的水土流失总量的预测；可能产生的水土流失危害的预测。

根据以上预测内容，方案中最终确定的预测结论如下。

一、扰动原地貌、损坏土地和植被面积

将引汉济渭工程建设过程中的永久和临时用地全部计入损坏原地貌植被的面积，共计

3077.87 公顷，其中黄金峡水利枢纽工程为 1223.59 公顷，秦岭输水隧洞黄三段工程为 45.38 公顷，三河口水利枢纽工程为 1667.73 公顷，秦岭输水隧洞越岭段工程为 141.17 公顷。

二、损坏水土保持设施面积

根据《陕西省水土保持设施补偿费、水土流失防治费征收和使用管理办法》有关规定，应将项目征用地范围的耕地、林地计入水土保持设施面积。经统计引汉济渭工程损坏水土保持设施面积总计为 2501.04 公顷，其中：黄金峡水利枢纽工程损坏水土保持设施的面积为 892.40 公顷；秦岭输水隧洞黄三段工程损坏水土保持设施的面积为 40.65 公顷；三河口水利枢纽工程损坏水土保持设施的面积为 1440.24 公顷；秦岭输水隧洞越岭段工程损坏水土保持设施的面积为 127.75 公顷。

三、弃土、弃石、弃渣量预测

根据引汉济渭工程建设期土石方平衡分析，本工程挖方总量为 1377.62 万立方米，填方总量为 420.21 万立方米，外借方 289 万立方米，总弃方量为 1246.41 万立方米。其中：黄金峡水利枢纽工程挖方总量为 392.12 万立方米，填方总量为 191.70 万立方米，外借方 165.00 万立方米，总弃方量为 365.42 万立方米。秦岭输水隧洞黄三段工程开挖土石方总量为 109.67 万立方米，回填土石方总量 11.68 立方米，弃渣总量 97.99 万立方米。三河口水利枢纽工程挖方总量为 325.23 立方米，填方总量为 192.53 万立方米，外借方 124.00 万立方米，总弃方量为 256.70 万立方米。秦岭输水隧洞越岭段工程开挖土石方总量 550.60 万立方米，回填土石方总量 24.30 万立方米，弃渣总量 526.30 万立方米。

四、预测数据

引汉济渭工程水土流失预测范围总计为 3077.87 公顷（不含黄金峡、三河口枢纽淹没原河道面积 1679.33 公顷），工程永久占地为 2705.62 公顷，临时占地为 372.25 公顷；工程扰动原地貌、损坏土地和植被的面积总计为 3077.87 公顷；引汉济渭工程挖方总量为 1377.62 万立方米，填方总量为 420.20 万立方米，外借方 289.00 万立方米，总弃方量为 1246.42 万立方米；引汉济渭工程损坏水土保持设施面积总计为 2501.04 公顷；工程建设水土流失总量为 313044.72 吨，其中背景水土流失量为 34236.47 吨，新增水土流失量为 278808.25 吨。

第三章　防治目标及措施布局

最终形成的水保方案既确定了防治目标，也明确了措施布设与落实措施。

第一节 防 治 目 标

开发建设项目水土流失防治目标是水土保持设施验收、水土保持监测和水土保持监督执法的重要依据。本项目区属国家级水土流失重点预防保护区和陕西省水土流失重点治理区，根据中华人民共和国国家标准《开发建设项目水土流失防治标准》（GB 50434—2008），本工程属建设类项目水土流失防治标准为一级标准。根据一级标准的要求，结合本工程的特点和工程所在区域的自然环境状况，对本水土保持方案的计划和实施提出 6 项防治标准的具体指标，用以指导方案编制时的防治措施布局，同时作为工程水土保持验收的指标。

根据本方案的指导思想和编制原则，本工程水土保持方案最终实现的目标是：预防和治理工程建设过程中造成新的水土流失；把各项水土保持工程措施、土地整治和绿化工程与保护、改良和合理利用水土资源，提高土地生产力相结合，恢复当地区域生态环境。

本方案采用工程措施与植物措施相结合的方法，对建设期可能产生的水土流失和环境问题进行综合治理。到设计水平年，方案各项目标值为：扰动土地治理率为 95%，水土流失总治理度为 97%，水土流失控制比为 1.0，拦渣率为 95%，林草植被恢复率为 99%，林草覆盖率为 27%。

第二节 措 施 布 设

根据防治目标，水土保持方案确定的防治措施布设如下。

一、水土流失防治分区

本工程为点、线相结合的工程，依据本工程总体布局、施工扰动特点、建设时序、地貌特征、自然属性、水土流失影响及施工区划分进行分区。一级分区为黄金峡水利枢纽工程防治区、秦岭输水隧洞黄三段工程防治区、三河口水利枢纽防治区、秦岭输水隧洞越岭段工程防治区；二级分区共分 9 个区，分别为"主体工程防治区、水库淹没防治区、工程永久生产生活区、弃渣场防治区、取料场防治区、施工生产防治区、交通道路防治区、输电线路防治区、移民安置与专项工程改建区"。水土流失防治分区实施水土流失防治总面积为 3053.19公顷。

二、防治措施总体布局

根据水土流失预测结果和水土流失防治分区结果，结合主体工程已有水土保持功能的工程布局，按照与主体工程相衔接的原则，对不同区域新增水土流失部位进行对位治理。建立起工程防治措施、植物防治措施与临时防护措施相结合的综合防治措施体系，有效制止工程建设新增水土流失，恢复和改善工程建设区生态环境。

三、水土保持分区防治措施及典型设计

（1）黄金峡水利枢纽、三河口水利枢纽。在主体工程已实施的坝面砌护等具有水土保持功能措施基础上，为了进一步控制因工程建设而造成的水土流失，本方案拟采取在左、右坝肩岸坡坡面顶部设置浆砌石排水沟，根据坡面汇流面积及降雨量，初拟排水沟断面为矩形，尺寸为0.8米×0.8米，采用M7.5浆砌石砌筑，厚度0.3米；在坝肩裸露岩石表面实施坡面挂网喷混植草措施，既有效防止了水土流失，又美化了枢纽区的环境。经估算，需土方开挖3070立方米，M7.5浆砌石1410立方米，坡面挂网植草面积90200平方米。

（2）秦岭输水隧洞。主体工程分别对黄三段4个施工支洞口及越岭段10个支洞口采用浆砌石挡墙进行防护，满足水土保持要求，为了预防施工支洞上边坡坡面雨水冲刷洞口，产生水土流失，方案设计在各个施工支洞上边坡设置浆砌石排水沟，将支洞口上边坡雨水引至附近的沟道，设计排水沟断面为梯形，底宽0.3米，高0.3米，坡比1∶1，采用M7.5浆砌石砌筑，厚度为0.3米，共需修建排水沟800米。经估算，需土方开挖1160立方米，M7.5浆砌石880立方米。

工程永久生产生活区：按主体工程设计，工程建成后，按建管统一的原则，工程管理将成立引汉济渭工程管理局，下设大河坝管理分中心、三河口管理站、黄金峡管理站、岭北管理站，占地分别为5.27公顷、2.13公顷、0.78公顷、1.23公顷、0.73公顷。

施工前，应对管理区占地范围内的表土进行剥离，并用编织袋挡墙进行临时拦挡，施工结束后在管理站周围种植2排防护林带，栽植株行距为3米×3米，并对管理站建筑物周围进行绿化美化，可在主建筑前区建设花园绿地、孤植或对植绿化树种，树种选择广玉兰、雪松、侧柏等绿化效果好的品种，道路两侧栽植绿化行道树，株距为2米，其余空地种植草坪，将办公建筑物点缀得优美得体，绿化面积不小于管理站占地的1/3。经估算，工程永久生产生活防治区水土保持工程量为：表土收集34020立方米，编织袋装土1748立方米，地表覆土34020立方米，栽绿化乔木4415株，种植灌木14033株，种草3.53公顷。

（3）水土保持施工组织设计。①施工布置原则：施工总布置在有利于工程施工的前提下，应尽量不影响当地群众的正常生活；严格执行国家的土地政策，充分利用荒坡地，少占或不占用耕地布置生产、生活设施。②施工区规划：根据渣场场区布置原则、场区布置条件、渣场工程特点，建议利用主体工程布置的施工场地和用房。对于渣场规模较小，用量较少，砂石料加工系统、混凝土生产、拌和系统采用主体工程布设的设施。

（4）水土保持措施进度安排。水土保持方案坚持"三同时"的原则，坚持预防为主，防

治结合；施工场地区施工完毕后及时拆除并进行土地整治；水土保持工程完成后，必须加强管理，保证水土保持设施的正常运行；植物防治措施实施过程中，根据所选植物的生物学、生态学特性，适时进行育种、移栽和抚育。

第三节 实 施 管 理

水土保持方案实施管理包括机构组成与人员要求、水土保持监测制度、资金使用管理等。

一、机构组成及人员要求

为确保水土保持方案建设期间的顺利实施，陕西省引汉济渭工程建设项目法人应成立专门的水土保持管理机构，配备一定数量的高素质专职人员，具体负责水土保持方案的实施和组织管理。主要职责是落实"三同时"制度；完善组织管理体系，为方案的实施提供技术和组织保障；加强水土保持法律法规的宣传，教育、监督施工单位自觉遵守《水土保持法》的有关规定。

二、实施水土保持监测制度

建设单位应委托具有水土保持监测资质的单位承担水土保持监测工作，监测单位应配备必要的监测设备，监测人员必须具有监测上岗证，并根据水土保持监测实施方案，对项目实行动态监测，并及时将监测结果反馈给建设单位、设计单位和方案编制单位，及时编写监测季度报告和总结报告，依据动态监测报告定期向水土保持监督部门通报项目水保措施工程建设进度、防治效果等情况，接受水保部门的技术指导和监督检查。

三、资金使用管理制度

按照"谁开发、谁保护、谁造成水土流失谁负责治理"的原则，本方案的实施资金由陕西省引汉济渭工程建设项目法人负责筹措解决。根据《水土保持法》第二十七条规定，建设过程中发生水土流失的防治费用从建设投资中列支并与主体工程资金同时调拨的规定，将本方案的水土保持资金纳入到引汉济渭项目建设的投资估算中。费用参照水土保持方案实施计划逐年安排。要做到资金落实及时到位、保证投入、专款专用。建设单位无力或不便自行治理时应交给地方水行政主管部门负责治理，并接受生产单位和监督部门的监督检查，保证水土保持方案经费足额、有效地落实到具体项目上，确保工程保质保量按时完成。

四、工程建设检查监察制度

在实施水保工程质量管理方面，要进一步健全"建设单位负责，施工单位保证，监理单位控制，政府单位监督"的质量保证体系。建设单位应会同水土保持监督管理机构，充分利用地方监测站的技术优势，依照方案确定的监测内容，对工程进行全面监测，并把重点监测和经常性的检查结合起来，及时、准确地获取水土保持工程施工的进度、质量及相关信息，为保质保量地完成水保方案任务提供技术和制度保障。专项验收要求：在建设项目的土建工程完工后，主体工程竣工验收前，建设单位应当向行政验收主持单位申请水土保持设施行政验收。验收内容、程序等按《开发建设项目水土保持设施验收技术规程》（SL 387—2007）进行。

第四节 投 资 估 算

投资估算部分包括投资估算编制说明与社会经济效益分析等。

一、投资估算编制说明

本水土保持方案依据《水土保持法》等法律法规和技术规范对建设项目进行水土保持方面的设计。作为主体工程的重要组成部分，主要是对主体工程建设过程可能造成的水土流失进行防治，其设计主要包括黄金峡水利枢纽工程、三河口水利枢纽工程、秦岭输水隧洞黄三段和秦岭输水隧洞越岭段工程等的防治措施。水土流失防治措施体系由工程措施、植物措施和临时措施组成。其中主要是工程措施：土方开挖 247958.40 立方米、M7.5 浆砌石 372585.20 立方米、石方开挖 103875.12 立方米、砂砾石回填 48139.99 立方米、表土收集 75.76 万立方米、地表覆土 40.89 万立方米。植物措施：栽植乔木 12720 株、绿化乔木 35915 株、栽植灌木 1245944 株、种草 178.9 公顷。临时措施：编织袋装土 11826 立方米、土方开挖 5510 立方米。

依据水土保持方案设计深度为可行性研究阶段，确定本方案投资编制到估算深度。水土保持工程投资主要指标为：本方案水土保持措施总投资 23291.57 万元，其中工程措施投资 13260.58 万元、植物措施投资 1709.61 万元、临时措施投资 238.59 万元、独立费用 1547.01 万元、基本预备费 1005.34 万元、水土保持设施补偿费 1225.61 万元，移民安置及专项设施改建工程费 4304.83 万元。

二、社会和经济效益分析

本方案实施后，对本项目建设过程中损坏、占用的土地得以治理和利用；通过对临时占地的治理，最终将恢复原有使用功能。这些将对该地区的社会稳定，经济持续发展具有重要意义。同时也改善了当地的生存环境和生产条件，提高了环境抵御灾害的能力，对工程周边的农业、城镇的健康发展具有重要意义。

第四章 审查意见与批复

《水保方案》于 2011 年 8 月 19—20 日在西安通过水利部水规总院审查；于 2012 年水利部以（水保函〔2012〕128 号）文件批复同意。

第一节 审 查 意 见

《水保方案》经水利部水规总院审查，于 2012 年 2 月 29 日印发了关于引汉济渭工程水土保持方案报告书审查意见（水总环移〔2012〕161 号文），其主要结论如下。

一、主体工程水土保持评价

（1）基本同意主体工程方案比选及水土保持制约性因素分析结论。经分析，本项目建设不存在水土保持制约性因素。

（2）基本同意主体工程方案比选的水土保持评价结论。从扰动地表面积、损坏水土保持设施面积、土石方开挖量、新增水土流失量等角度分析，主体工程推荐的两个枢纽上坝址方案、坝后泵站方案、黄三段东线方案、越岭段右线布置方案为水土保持推荐方案。

（3）基本同意施工组织设计分析与评价。主体工程施工场地布置、土石方平衡、取料场选址、施工工艺及方法、施工时序安排基本符合水土保持要求。初步设计阶段应注重斜坡型料场的地质详察、分台开采及台阶边坡的稳定性处理。

（4）基本同意弃渣场规划与选址评价。鉴于本工程弃渣量较大，弃渣场数量较多，初步设计阶段应商有关专业，进一步优化土石方平衡及弃渣综合利用、优化弃渣堆置方案，以尽量减少戴母鸡沟、蒲家沟等沟道型渣场的弃渣量。

（5）基本同意本阶段确定的水土流失防治责任范围面积为 4910.92 公顷，其中项目建设区 4757.20 公顷，包括主体工程区、水库淹没区、工程永久生产生活区、交通道路区、施工生产生活区、取料场区、弃渣场区、输电线路区、移民安置区等工程永久性及临时征地；直接影响区 153.72 公顷，包括主体工程和临时工程可能影响区域。下阶段应根据主体工程设计及移民安置规划设计，复核防治责任范围及面积。

（6）基本同意水土流失预测时段、内容及方法。经预测，工程扰动原地貌、损坏土地和植被面积 3077.87 公顷，损坏水土保持设施面积 2501.04 公顷，预测时段内可能产生水土流失总量 31.30 万吨，其中新增水土流失量 27.88 万吨。根据预测结果，主体工程区、弃渣场区、交通道路和施工生产生活区为水土流失防治重点区域。

（7）基本同意本工程水土流失防治执行建设类项目一级标准及以此拟定的水土流失防治目标值。扰动土地整治率达到95％，水土流失总治理度达到97％，土壤流失控制比达到1.0，拦渣率达到95％，林草植被恢复率达到99％，林草覆盖率27％。

（8）水土流失防治分区和防治措施总体布局。基本同意水土流失防治分区采用二级划分，其中一级分区按工程建设组成划分为黄金峡水利枢纽工程区、秦岭输水隧洞黄三段工程区、三河口水利枢纽工程区、秦岭输水隧洞越岭段工程区，二级分区按照工程建设内容划分为主体工程区、工程永久生产生活区、交通道路区、弃渣场区、取料场区、施工生产生活区、输电线路区、水库淹没区、移民安置区。

基本同意水土流失防治措施体系及总体布局。

二、分区水土流失防治措施

（1）主体工程区。基本同意黄金峡枢纽区、三河口枢纽区采取排水、坝肩裸露岩石采用坡面挂网喷混植草措施；秦岭输水隧洞施工支洞边坡采取排水和浆砌石防护措施。初步设计阶段应进一步优化坝肩植物与工程相结合的措施，做混播灌草种的配置，优化枢纽工程管理范围内植物措施配置与设计。

（2）工程永久生产生活区。基本同意工程永久生产生活区采取表土剥离及临时拦挡、覆土、土地整治、栽植防护林带和乔灌草绿化美化措施。

（3）交通道路区。基本同意永久道路采取两侧栽植行道树、边坡草皮护坡措施，施工临时道路部分进行表土剥离及临时拦挡，施工期间采取临时排水措施、施工结束覆土后进行植被恢复措施。

（4）弃渣场区。基本同意弃渣场选址，以及相应确定的拦渣和防洪排水工程级别、设计标准及其计算方法；基本同意弃渣场及拦渣坝坝址工程地质条件分析结论。下阶段应对沟道型弃渣场做进一步的地质详察，做好稳定及防洪排水设计；基本同意渣场分级堆置方案及拦渣工程形式、渣墙典型设计、拦渣坝典型设计、拦渣堤典型设计、护坡工程、排水工程设计，初步设计阶段应在保证沟道基地排水和安全的前提下，尽可能降低坝高，优化坝型设计，完善原沟道基流和弃渣下渗水的排水方案，优化弃渣场设计；基本同意堆渣前对戴母鸡沟、党家沟、蒲家沟等位于非淹没区的弃渣场采取清理腐殖土层、临时防护措施，堆渣结束后覆土进行乔灌草绿化或复耕。

（5）取料场区。基本同意沙砾料场区采取凹坑回填、土地平整等措施；基本同意石料场采取分级开采、排水措施，对剥离表层土进行集中临时堆放并采取临时拦挡措施，开采结束后对取料平台作适当整理并覆土，进行植被恢复；鉴于土料场位于淹没线以下，基本同意开采期间布设土质排水沟措施。

（6）施工生产生活区。基本同意施工生产生活区采取表土剥离、截排水、临时防护措施，施工结束后采取土地整治、恢复原土地用途及植被。

（7）输电线路区。基本同意该区施工结束后采取土地整治、植被恢复措施或复耕。

（8）移民安置及专项设施改建区。基本同意移民安置及专项设施改建区的水土保持要求及初步措施。初步设计阶段应根据移民安置规划设计及建设内容，单独编制水土保持方案。

（9）下阶段应结合主体工程设计，复核水土保持措施布设，完善各分区植物措施配置，优化弃渣场防护措施，做好水土保持初步设计。

（10）基本同意水土保持施工组织设计内容。下阶段应根据工程实施计划复核水土保持施工进度安排，保证与主体工程施工相协调。

（11）基本同意水土保持监测时段、内容和方法。初设阶段应结合监测点布设和相应观测内容，进一步明确定位观测方法，统筹、优化监测设备配备，做好监测设计。

（12）基本同意水土保持投资估算编制依据和方法。经审定，本工程水土保持估算总投资为 23291.57 万元，其中工程措施 13260.58 万元，植物措施 1709.61 万元，临时工程 238.59 万元，独立费用 1547.01 万元（含水土保持监测费 327.59 万元），基本预备费 1005.34 万元，水土保持设施补偿费 1225.61 万元，移民安置及专项设施改建工程水土保持投资 4304.83 万元。

（13）基本同意水土保持效益分析内容和结论。按本方案实施，可恢复林草植被面积 221.98 公顷，项目区水土流失得以控制，生态环境得到改善。

第二节 批 复 意 见

2012 年水利部以（水保函〔2012〕128 号文）批复了《陕西省引汉济渭工程水土保持方案》，批复的主要意见如下。

基本同意主体工程水土保持评价，同意水土流失防治执行建设类项目一级标准，基本同意本阶段确定的水土流失防治责任范围为 4910.9 公顷，原则同意弃渣场和料场场地选取，基本同意水土流失防治分区和分区防治措施。鉴于项目区涉及国家级水土流失重点预防保护区，下阶段应进一步优化主体工程设计和施工组织，努力减少地表扰动和植被损坏，基本同意水土保持估算总投资为 23291.6 万元，其中水土保持补偿费 1225.6 万元。具体执行投资按国家发改委批准的投资规模确定，基本同意水土保持方案实施进度安排，基本同意水土保持监测时段、内容和方法，批复同时要求建设单位应重点做好以下工作：

　　按照批复的水土保持方案，做好水土保持初步设计、施工图设计等后续设计，加强施工组织和管理工作，切实落实水土保持"三同时"制度。严格按方案要求落实各项水土保持措施。各类施工活动要严格限定在用地范围内，严禁随意占压、扰动和破坏地表植被；做好表土的剥离和弃渣综合利用，施工过程中产生的弃渣要及时运至方案确定的弃渣场并进行防护；根据方案要求合理安排施工时序和水土保持措施实施进度，做好临时防护措施，严格控制施工期间可能造成的水土流失。切实做好水土保持监测工作，并按规定向水利部长江水利委员会、黄河水利委员会及陕西省水利厅提交监测实施方案、季度报告及总结报告。落实并做好水土保持监理工作，确保水土保持工程建设质量和进度。采购土、石、砂等建筑材料要选择符合规定的料场，明确水土流失防治责任，并向西安市、汉中市、安康市水行政主管部门备案。每年3月底前向水利部长江水利委员会、黄河水利委员会及陕西省水利厅报告上一年度水土保持方案实施情况，并接受水行政主管部门的监督检查。本项目的地点、规模发生重大变化，应及时补充或修改水土保持方案，报我部审批；水土保持方案实施过程中，水土保持措施需作出重大变更的，也须报我部批准。

第十五篇
工程现代化建设规划

为了配合实施全省水利现代化建设规划，并以"争当全省水利现代化的先行军"为目标，省引汉济渭办联合西安理工大学制定了《陕西省引汉济渭工程水利现代化规划及实施方案》（以下简称《现代化方案》）。《现代化方案》共15章，全面阐述了水利现代化概念、国内外水利现代化建设分析、引汉济渭工程建设现状和面临形势、现代化建设理念、工程规划及优化设计体系、建设与运行管理体系、移民安置及生态环境保护体系、工程科技与人才队伍建设体系、"绿色水源"与水文化建设体系、行业能力建设及形象提升体系、水利现代化实施计划、水利现代化评价标准、水利现代保障措施等内容。

第一章　现代化建设目标与主要任务

《现代化方案》对引汉济渭工程现代化提出了6个方面的目标与相应任务。

第一节　工程规划及优化设计

对工程整体规划进行优化，包括水资源配置规划、配水管网规划。同时安排相关专题和专项工作研究，重点完善水利信息化、移民安置、生态环境保护、水文化及水利风景区等专项报告。进一步修改完善筹融资方案，确定其最佳资金筹措方案。对黄金峡水利枢纽、三河口水利枢纽、秦岭输水隧洞、配水管网工程方案进行择优分析，选定最佳坝址、坝型、枢纽布置、配水路线。争取实现规划理念的先进性和科学性达到90％，规划设计优化合理程度达到90％的目标。

第二节 工程建设与运行管理

按照"政府主导、法人负责，建管一体、用户参与，效率优先、兼顾公平，生态补偿、保护环境"的要求，积极推行政府主导下的项目法人责任制，健全项目法人机构，建立与社会主义市场经济体制相适应的决策科学化、建设市场化、资金多元化、管理专业化、行为规范化的建设管理体制、运行机制和项目管理体系；应用现代信息技术和先进的施工技术装备，建设高水平、高效率引汉济渭工程。争取工程施工质量、施工进度及成本控制、先进施工设备及技术使用、水资源配置调度、工程建设管理信息化等方面的水平达到95％以上。

第三节 移民安置及生态保护

移民安置按照搬得出、稳得住、能致富的原则，建立移民安置区社会稳定的长效机制，实现工程移民"迁建速度快，建设标准高，社会大局稳，政企关系好，移民安居乐业，拉动效益显著"的目的；最大限度地保护和恢复自然资源，加强自然保护区及物种多样性的保护，使环境质量的改善与生活质量的提高相同步，让人民群众在良好的环境中生产和生活，最终实现经济效益、社会效益和环境效益和谐统一。

第四节 工程科技与人才队伍

结合引汉济渭工程自身的特点及水利科技现代化研究的必要性，开展引汉济渭工程关键技术的科技研究，加大科技成果推广力度，加快科技人才的培养和开发，造就一支强有力的水利科技队伍，建立健全可持续发展的支撑体系，营造良好的水利科技创新环境。争取科技成果推广应用率达到90％，人才结构达标率达到90％。

第五节 绿色水源及水文化

通过对引汉济渭工程沿线风景设施统一规划、分期建设，将引汉济渭工程打造成高品质的"绿色水源"工程，世界级水利文化和旅游休闲目的地，特色的水利文化和旅游休闲风景区，实现引汉济渭工程生态环境的提升线、水工程与山水动植物深度旅游线的水利现代化建设目标。

第六节 行业能力及形象建设

以科学发展观为指导，贯彻重在管理、以人为本的方针，孕育具有明显行业特点、行业传统、创新精神的核心竞争队伍，形成具有高度凝聚力、创新力、竞争力的组织形象，不断加强引汉济渭自身建设，提升引汉济渭工程效率，扩大引汉济渭工程的影响力、提高引汉济渭工程知名度。争取社会公众的认可及满意度达到90%，单位或机构（部门）运行效率达到95%。

第二章 工程现代化理念与设计

引汉济渭工程是陕西省落实国家发展战略和治水思路的重要举措，是破解陕西水资源瓶颈、实现跨越式发展的重要保障，是陕西水利发展的巅峰之作，更是一项工程技术上堪称世界级水平的调水工程。基于对引汉济渭工程地位与作用的认识，引汉济渭工程水利现代化的建设必须转变传统水利理念，树立现代"大"水利理念，以科学发展观为指引，践行以人为本、人水和谐的治水思路，承载水利事业伟大使命，贯彻落实民生水利、科技水利、数字水利、生态水利、资源水利、人文水利和可持续发展水利。

第一节 规范一流的建设管理体系

引汉济渭工程有着区别于一般水利工程的特点：①工程线长点多、范围广、规模大、构成复杂。②涉及的区域多，工程涉及七市几十个县，利益主体多元化，协调任务十分繁重。③施工组织管理复杂。在近百千米的输水战线上展开工程建设，要统筹安排好几十个单位工程建设的组织管理工作，其复杂程度是我们过去没有遇到过的。④技术要求高。秦岭输水隧洞、枢纽工程等都需要在工程建设中进行深入研究和创新。⑤工程周期长。根据引汉济渭工程建设规划，计划工程筹建期 1 年，施工总工期 6.5 年，工程任务繁重，工期紧，工程实施过程中面临通货膨胀的风险大。在建设管理方面，必须构建现代化的管理体制。

一、政府行政监管层面

组建陕西省引汉济渭工程建设委员会，作为工程建设高层次决策机构，决定工程建设的重大方针、政策、措施和其他重大问题。下设办公室作为建设委员会的办事机构，负责研究提出工程建设的有关政策和管理办法，起草有关法规草案；协调有关部门加强节水、治污和生态环境保护；对主体工程建设实施政府行政管理。工程沿线各市、县成立工程建设领导小组，下设办事机构，贯彻落实国家有关工程建设的法律、法规、政策、措施和决定；负责组织协调征地拆迁、移民安置等。

二、决策咨询及技术支持层面

在引汉济渭工程建设管理机构中，成立多个咨询、专家和专业委员会，对工程中遇到的重要、重大技术难题、问题以及资金筹措、移民安置、人力资源、信息化等各专业技术问题进行决策咨询和技术审查，同时负责指导并监督工程进展情况。

三、工程建设管理层面

实施项目法人责任制，成立项目法人贯彻落实监管层的决策决议，负责引汉济渭工程建设、移民和治污工程等管理工作，以及运营期工程维护运营工作，承担工程项目管理、勘测设计、监理、施工、咨询等建设业务单位的合同管理及相互之间协调和联系。

第二节　健康和谐的移民安置及生态保护体系

移民安置是工程建设的重要组成部分，要按照现代化要求从规划做起，抓好库区经济重建和发展计划，妥善安置好移民的生产和生活。引汉济渭工程水利现代化移民安置应包括以下几方面：①进一步复核实物调查指标；②科学编制移民安置规划；③积极开展安置方式多样性研究；④全面落实移民搬迁安置；⑤高度重视移民后期扶持；⑥加快建立移民信息管理系统；⑦进一步完善移民资金管理；⑧重视移民监督评估。

一、生态环境保护

包括自然环境、社会环境和生态环境。根据环境影响报告书建议及上级部门审查意见进行环境保护设计，具体落实环保措施，对工程建设各阶段的环境污染和生态破坏进行全防全控，最大限度地保护和恢复自然资源，特别是土地资源、水资源、森林资源；预防自然灾害的发生，主要是水土流失，洪水灾害，使不利影响在工程建设过程中得到减免或减轻，并安排对潜在的不利因子进行长期监测，避免不利的环境因子的发生和恶化，加强自然保护区及物种多样性的保护，使环境质量的改善与生活质量的提高相同步，让人民群众在良好的环境中生产和生活，最终使引汉济渭工程建设的经济效益、社会效益和环境效益和谐统一。

二、具体目标

库区的环境空气达到《环境空气质量标准》（GB 3095—2012）；生活饮用水质量符合《生活饮用水卫生标准》和《地下水质量标准》（GB 14848—93）Ⅲ类标准，施工区生活污水集中处理率达到90％以上；声环境达到《声环境质量标准》（GB 3096—2008）2类标准要求，建筑施工达到《建工施工场界环境噪声排放标准》（GB 12523—2011）中的规定要求，区域环境噪声平均值控制在55分贝以下，噪声达标区覆盖率达到90％；施工区垃圾无害化处理率达到100％；水土流失治理率达到90％以上；植被与生态恢复率达到100％。

第三节　创新务实的工程技术与人才队伍体系

一、工程技术方面

工程技术方面重点围绕规划设计、运行调度、运行管理、移民及生态保护等4个方面提升现代化水平。

（一）规划设计方面

工程建设存在大埋深、难分割的一段长达40千米的输水隧洞，通风距离成为重要问题，超过了国内外的工程先例，无法借鉴。另外，调水线路、泵站分级、泵站选型、泵站扬程也存在施工支洞较多、开掘困难、泵站单机容量小、设备使用率低等不足，为了优化设计，提高投资效益，降低工程风险，需要进行一系列的科学技术攻关，亟须开展这方面的科技研究，为工程建设提供有力的技术支撑，确保工程顺利实施，提高工程建设的技术水平。

（二）运行调度方面

黄金峡泵站、三河口泵站以及黑河水库联合运行，保障关中用水过程，是一个相当复杂的多参数、多约束、不确定求解问题。此外，15亿立方米汉江水翻越秦岭后，关中地区现状55亿立方米的供水系统格局将面临重大调整，水资源优化配置问题成了工程效益能否充分发挥的关键。对实现引汉济渭工程的经济运行、保障关中供水安全来说，引汉济渭工程与关中当地水源的联合调度与调节问题有很重要的意义，要解决这一问题必须以信息化科技为主要手段，在充分吸取国内外调水工程建设经验的基础上，完成引汉济渭工程的优化调度方案，让其充分发挥效益。

（三）运行管理方面

加强对引汉济渭工程的管理和养护，确保调水量在受水区内合理、公平和有偿地进行分配，合理利用调水，对受水区当地水资源和调入水资源实行严格的统一配置和统一管理，提高管理效率，确保工程国有资产的保值增值，促进工程良性运行，建设一流工程，亟须开展运行管理这一方面的科学技术研究，需要建立宏观调控、水权制度、水价、水量、水质监督、工程管理和养护、资产经营管理、工程运行补偿等在内的工程管理及运行机制。所以，进行引汉济渭工程水利科技研究迫在眉睫。

（四）移民及生态保护方面

引汉济渭工程是陕西省有史以来规模最大的境内跨流域调水工程，是省内南水北调三大项目中的标志性骨干工程。供水范围包括西安、宝鸡、咸阳、渭南等沿渭大中城市及杨凌区和12个县级城市、6个工业园区，工程移民涉及黄金峡水库、黄金峡泵站、三河口水利枢纽共9612人，数量庞大，涉及范围较广，安置任务重，而且工程引水线路还经过国家级自然保护区，生态系统保护的压力也比较大。因此，亟须水库移民及生态系统方面的研究，解决移民难题，使工程得以顺利进行及有效投入使用，移民的生产生活得以足够的保障，也为全面开工建设创造良好的外部条件。

二、人才队伍建设方面

人才队伍建设重点实现三大目标。

（1）2014—2015年：以调整人员职称、年龄结构为主。到2015年，初级职称、工程师、高级工程师、教授级高级工程师人员的比例达到2∶4∶3∶1；从高等院校研究生毕业生中选聘和引进8～12名人力资源管理、财务管理、法律及合同管理人员，引进水利工程管理专业研究生12～15名；2015年实现博士"零"突破。这一时期，人才引进重点在国内外有工程建设经验者，要求具备研究生以上学历。到2015年，人员年龄结构以35～45岁人员为主，比例应占到全员总数的70%以上。

（2）2015—2020年：注重高层次技术和管理人员的引进，造就3～5名国内一流的水利工程技术专家。这一阶段是整个引汉济渭工程的关键期，对于一些关键岗位和特殊技能人才，特别是工程建设项目急需的专业人才，要突破传统观念，重金聘用。通过工程建设的直接参与，配合内部培训和外部进修，造就一批知识面广、综合能力强、一专多能、既能做研究又能在工程建设中发挥巨大作用的乃至在全国水利行业著名的复合型高级技术专家。

（3）2020—2030年：这一阶段是引汉济渭全面实现水利现代化的时期，工程实现从建设向管理的转变，人力资源实现从建设人才到管理人才发展的转变，吸引高级管理人才加盟。在这一阶段，如何实现工程从建设到管理的转变就成为引汉济渭工程的重中之重。因此，培养自身的高级管理人才和引进高级管理人才就成为这一阶段人才战略的核心。

当前和今后一段时间，引汉济渭工程要紧紧围绕人才队伍建设规划的总体目标，以高层次人才培养为重点，抓住人才培养、引进和使用三大环节，破解人才短缺、人才引留难、人尽其才难等难题，实施高层次人才工程、高技能人才工程、青年人才工程、新领域人才工程、水文化人才工程、基层技术人才工程等六大人才工程。

第四节 "绿色水源"与水文化建设体系

绿色水源建设以促进流域经济社会稳定持续发展为原则。按照科学发展观，坚持以汉江流域干流及支流污染综合防治为重点，依靠科技进步，完善环境法制，强化监管制度，综合运用法律、经济、技术、宣传和必要的行政手段解决水源地保护问题。同时，坚持生态优先和人与自然和谐，在治理水土流失、美化环境、提高生态质量和环境品位的基础上，达到水源水质安全，同时保证流域水环境安全、景观协调，促进流域经济社会稳定持续发展。

特色水文化建设引汉济渭工程具有三大优势：①地域文化。秦岭是中国南北气候分界线，秦岭主峰及主要山体坐落于陕西西安的南面。秦岭为关中乃至陕西提供了天然的绿色屏障，巍峨的秦岭山，是三秦大地的父亲山，与渭河——陕西人民的母亲河，山与水遥相呼应。秦岭独特的花岗岩矗立于渭河的身边，正是山与水的交融，山与水的息息相依。②历史文化。汉中是汉王朝的发祥地，三国的历史遗迹也处处可见。武侯祠、武侯墓、古汉台、紫柏山、张良庙等都记载着三国的旧事：诸葛亮屯兵汉中，六出岐山，鞠躬尽瘁，后葬于勉县定军山。城固出生的西汉著名外交家张骞，是世界闻名的"丝绸之路"的开拓者，被誉为"走向世界第一人"。我国古代造纸术的鼻祖蔡伦封侯并长眠于洋县龙亭。在这里，还能找到"明修栈道，暗度陈仓"的石门栈道和褒斜栈道以及"萧何月下追韩信""诸葛亮唱空城计"等诸多典故的遗迹。③旅游休闲。作为中国南北方的分界线、长江黄河的分水岭，秦岭生物物种资源丰富，包括国家珍稀濒危的野生动物大熊猫、金丝猴、羚牛、朱鹮和黑鹳等。此外，秦岭生态景观特殊，已建成森林公园 30 个，是全国风景名胜区和森林公园中密度最大、等级最高、特色最明显的生态功能区。充分发挥这些优势，通过引汉济渭工程建设打造新的特色水文化。

一、高品质水利景区建设

（1）洋县生态资源富集。洋县位于汉中盆地东缘，北有巍峨秦岭，南有秀美巴山，汉江从盆地中穿流而过，具有优越的地理与气候特征。汉江是中国中部区域水质最好的大河，是引汉济渭工程的取水点。洋县地处秦岭、大巴山和汉水谷地，属亚热带向暖温带过渡地区。洋县地域跨越秦岭南坡与巴山北缘，汉江水生态、秦岭与巴山的山林生态为一体。境内植物品种繁多，有铁杉、冷杉、红豆杉、银杏、香樟等乔木树种72科152属321种。珍稀动物有朱鹮、大熊猫、羚牛、金丝猴、金钱豹、大鲵、细鳞鲑、白冠长尾雉、大白鹭、黑鹳、鬣羚、雕、狗熊、猕猴、岩羊、灵猫、水獭、锦鸡、红腹角雉等，是世界唯一的朱鹮生态保护区。独特的自然地理环境和独特的气候特征孕育了丰富的生态资源，本地区成为陕西乃至全国生态资源最富集的地区之一。

（2）佛坪森林资源丰富。佛坪自然保护区的森林旅游资源主要体现在四个方面：一是夏季凉爽湿润的气候资源；二是幽雅可人的森林环境；三是以大熊猫为主体的动物资源和丰富多彩的植物资源；四是飞瀑落潭、曲折潆洄的水色景观与山石景观。这些旅游资源交织在一起，相互映衬，相得益彰，形成保护区层次分明、类型多样的旅游资源体系。

（3）宁陕自然风光优美。宁陕以山为主，有九山半水半分田之说。而森林覆盖率又高达90％，其中有大片未经开发的原始森林，真是放眼群山满眼绿。群山虽缺奇少险，却真实、平和、自然、俊秀，可以说无处不景。经旅游资源普查，全县有可开发的景点73处，分属7个大类、17个亚类和78个类型，稍经开发就符合都市人回归自然、修身益智和休闲度假的需求。境内动植物种类繁多，野生珍贵动物多达18种，其中"四大国宝"的羚牛、大熊猫、金丝猴、朱鹮在境内都有集群分布。全县有植物资源136科、591属、1178种，真可谓人与自然和谐共处的"绿色天堂"。

（4）周至人文历史悠久。周至南依秦岭，北临渭水，以山重水复而得名。区内山水资源和动植物资源丰富。紧邻引汉济渭工程北出口的黄池沟的楼观台自古闻名，而坐拥"天下第一福地"这一稀有文化资源的周至县，在楼观展示区战略纲要中，有两条主线交叉呈现，一条是道文化传承弘扬，旨在打造世界道文化旅游体验目的地；另一条则是大力发展旅游观光农业，打造全国最佳的城乡统筹示范区、观光农业示范区。

二、水文化建设思路

依托上述地理条件，结合引汉济渭工程布局，拟建设黄金峡、三河口、黄池沟三大景区和引汉济渭工程博物馆。

（1）黄金峡景观区。黄金峡景观区主要以黄金峡水利枢纽和洋县朱鹮生态保护区为核心，景区以朱鹮湖到黄金峡库区一线为轴线的汉江两岸。主要景点包括：长青华阳风景区、朱鹮梨园风景区（在建）、朱鹮保护中心（扩建）、蔡伦墓祠景点、开明寺唐塔景点、智果寺藏经楼景点、青山观道教风景区。黄金峡景观区建设要以引汉济渭开建为契机，加大洋县段汉江水资源涵养保护力度，打造不但能阻止上游泥沙进入黄金峡水库，同时能为朱鹮提供最佳栖息湿地的生态休闲旅游目的地。景观区的规划目标是世界级的休闲旅游目的地和国家中央公园的"大南门"。

（2）三河口景观区。三河口景观区由三河口水库和佛坪、宁陕本身生态动植物旅游资源构成。引汉济渭工程建成后，三河口水库将是秦岭山系中最大、最高、生态最完美的高山湖泊，将成为全省最大的水利景观区。以三河口水库为中心，打造以"四大国宝"的羚牛、大熊猫、金丝猴、朱鹮保护区和以凉风垭生态植物保护区的动植物保护区、宁陕漂流及周至老县城等景点。

（3）黄池沟景观区。黄池沟景观区主要以展示引汉济渭工程现代水利理念为主，打造现代水利文化区，也是整个高质特色的水利文化和旅游休闲风景区体系规划中的重点。将主要建设：引汉济渭博物馆、引汉济渭培训中心、引汉济渭水文化展示浮雕等。

（4）引汉济渭博物馆。在工程建设的同时，应该提前着手构思、筹备建设引汉济渭博物馆，用其宣传工程文化和展现现代调水工程科技。在国外，特别是美国等发达国家，工程科技馆已成为工程竣工的必备设施，因为它不仅是对整个工程的经济、技术、社会等工作总结，也是后人参观和学习的重要途径和方式，尤其是给青少年和大中小学生进行水利科普教育和实习实践的平台。引汉济渭工程具有隧洞、高坝、岩土等多方面的技术和施工难题，通过现代影像和模型技术，将这些工程所含的技术和科学内涵展现给每一个参观的人，让他们了解水利工程建设，唤起对工程的热爱，对水资源的保护。同时，在引汉济渭工程科技馆内还可介绍工程沿线自然生态情况，包括号称"国家中央公园"的秦岭国家级生态功能保护区，唤起民众保护环境的积极性！博物馆要有明确的展品方案，要对博物馆的主题定位、功能分区、展陈形式进行提前规划，以满足展示引汉济渭工程建设过程中大量设备构件、结余材料等物质遗存和工程建设取得的科技创新、管理创新成果，引汉济渭精神及治水历史、文化等非物质遗存为目的。

第三章 现代化保障措施

保障措施包括观念、体制、资金、舆论、前期工作保障等方面。

第一节 理 念 保 障

观念上要坚持现代大水利理念，贯彻落实民生水利、生态水利、数字水利、资源水利、人文水利理念，打造高标准工程，发挥其促进经济发展、改善人民生活、保护生态与环境、旅游文化等多种功能和多重效益；要坚持民生水利思想，一方面通过调水服务于关中乃至陕北地区经济社会发展，还要解决好调水区水利基础设施体系建设，着力解决好直接关系当地人民群众生命安全、生活保障、生存发展、人居环境、合法权益等方面的水利问题，服务民生，造福民生，保障民生；要坚持科技水利、数字水利思想，重视工程建设的同时要特别重视使用现代化的手段和科学管理、科学配置水资源的观念转变；要基于水的经济属性，基于水资源更好地服务于现代社会经济的发展和广大人民更高的需水要求，做好水价制定和水费征收规划；工程建设要与生态环境建设同步规划、同步实施和同步发展，重视工程建设过程中的水土流失和生态修复、环境保护工作；要坚持以人为本、文化引领的理念，打造人文水利，在水利建设过程中，加强水文化挖掘、水利文化景区打造和行业形象素质提升。

第二节　体　制　保　障

体制保障上要建立科学的管理体制，可以使组织的各项业务活动顺利进行，可以减少矛盾与摩擦，避免不必要的无休止的协调，才能提高工程建设的效率。作为陕西省历史上最大的水利工程，引汉济渭工程具有建设复杂、质量要求高、涉及面广、建设时间长等特点，传统的工程建设单位（建设指挥部）为主体的工程管理体制和项目管理体系，已日益显示出其体制上的不足，已经不能适应引汉济渭工程水利现代化建设的需要。

第三节　资　金　保　障

资金保障是引汉济渭工程水利现代化建设的重要保障。筹措资金是工程建设管理不可或缺的组成部分，必须加强领导，采取切实有效的措施。引汉济渭工程应建立筹融资领导小组，抽调精干人员，研究国家投资政策，加强与发改委、水利部和财政部等部门的汇报联系，与金融机构建立长期互信合作关系，为筹融资工程奠定坚实的基础条件。工程建设中要尽量使用中央财政补助资金，把省级专项建设资金，省级财政资金作为项目实施的补充和调整。同时，工程建设中优化施工组织设计，精心组织施工，加强现场管理，加快工程进度，尽最大努力缩短工期，节约工程投资。加强财务管理，控制非生产性开支，杜绝一切铺张浪费行为。加强资金计划和管理，对建设资金封闭运行，专款专用。加强党风廉政建设，加强工程计量、核算及支付管理，坚持按程序、按原则办事，坚决杜绝资金管理上的不正之风，保证建设资金安全。加强内审和监督，确保资金使用正确，从而保障工程顺利建设。

第四节 舆 论 保 障

引汉济渭工程要做好宣传工作，需要全面贯彻落实党的十七届六中全会和 2011 年中央 1 号文件、中央水利工作会议精神，按照中宣部、中央外宣办等八部门文件要求，高举中国特色社会主义伟大旗帜，深入贯彻落实科学发展观，坚持团结稳定、正面宣传为主的方针，要在传达方针政策、引领思想意识、交流工作经验、反映民意、引导社会舆论、弘扬行业精神、凝聚各方力量等方面下工夫，不断提高引汉济渭工程新闻宣传工作水平，进一步提升行业人员形象素质，为加快引汉济渭工程现代化发展提供强有力的思想保证、精神动力和舆论支持。

第五节 前 期 保 障

引汉济渭工程水利现代化建设对前期规划计划工作提出了更高的要求，前期规划计划工作要具有前瞻性、完整性、现实性和科学性，这是引汉济渭工程现代化的根本保障。因此，要进一步加强前期规划计划工作，要立足当前，着眼长远，从战略的高度，超前谋划，统筹规划，科学确定工程发展的长远目标、建设任务、投资规模，有计划、有步骤、分阶段推进。

第十六篇
水文化建设

在推进引汉济渭工程前期工作过程中，省引汉济渭办根据工作需要组织开展了相关专题研究、宣传报道、文化体育和引汉济渭工程博物馆建设的可行性研究等工作。

第一章 摄 影 与 宣 传

为了争取社会各界关心支持引汉济渭工程前期工作和工程建设，省水利厅、省引汉济渭办、水利厅宣传处和相关单位做了很多工作，为促进工程前期工作与建设发挥了重要的促进作用。

第一节 工 程 摄 影

2010年，引汉济渭办以纪念中国共产党的90华诞、讴歌党的丰功伟绩、反应引汉济渭工程前期工作与工程建设成果，在"七一"前夕举办了以"爱党、爱国、敬山、爱水"为主题的摄影展览活动。这次摄影展参展作品的作者均为引汉济渭办、参建单位职工和省水利摄影学会会员。参展作品集中反映了工程水源区风光、参建单位风采、工程移民搬迁以及勘探实验工程建设成果。参评作品虽然是业余之作，但内容都是摄影者"爱党、爱国"情怀的自然流露，是"敬山、爱水"并奉献引汉济渭工程建设的真实写照，也是对人与自然和谐相处的殷切期盼。这些作品中有不少表现出了很高的水准，其中一些作品甚至称得上是山水风光摄影的上乘之作。

2015年，省引汉济渭工程建设有限公司编辑了《引汉济渭造福三秦》画册。画册收集了大量关于引汉济渭工程前期工作与工程建设的摄影作品与效果图，概要介绍了1993—2015年以来引汉济渭工程前期工作的重要节点，分"引汉济渭，迫在眉睫""引汉济渭工程概况""里程碑式的水利工程""科学论证、精心设计""艰苦鏖战、洞穿秦岭""先进技术、助推建设""依法移民、和谐搬迁""举全省之力、续治水辉煌""联通汉渭、惠及三秦"等篇章，向社会各界介绍了工程建设的必要性、紧迫性，介绍了省委、省政府领导以及相关部门的关心支持，介绍了工程技术人员与参建单位的辛勤工作于各项工作的重要进展。

2016年，由省引汉济渭办主任蒋建军、省水利厅宣传处处长王辛石共同策划，由蒋建军主编了《秦岭深处——2015引汉济渭影像》画册，并由中国摄影出版社出版发行。画册编辑出版的同时还在国家水利部机关举行了同一主题的摄影展。这一活动在全国水利界产生了很大影响，引汉济渭工程建设得到更多人的关心与支持。2016年3月2日，中国摄影家协会副主席、中国艺术研究院摄影艺术研究所所长、《中国摄影家》主编李树峰对此给予了高度评价，他在为画册所作的序言中写道："秦岭深处正在发生着历史性的重大变化，一水穿秦岭、千秋河渠功，有成千上万人正在从事着一项可歌可泣的伟大事业。""引汉济渭工程是陕西一项功在当代、利在千秋的宏伟工程"，"记录和表现这项工程的影像工作也是一项了不起的工程。在影像工程中，定格的是时间，流逝的是岁月，记录的是历史，珍藏的是画册。愿承载着三秦人再造辉煌梦想的引汉济渭工程，在辉煌壮丽而又艰难曲折的征程中，有更多伟大的创新和壮举。"

第二节　省政府门户网站访谈

应省政府门户网站约请，省引汉济渭办主任蒋建军、省引汉济渭工程建设有限公司副总经理董鹏，于2014年10月27日以"引汉济渭调水工程促进陕西经济社会可持续发展"为题，接受了省政府门户网站的在线访谈。这是第一次在向全省各界全面介绍引汉济渭工程的相关情况。通过与主持人的互动，蒋建军系统介绍了引汉济渭工程建设的必要性、紧迫性、工程概况及其重大意义。

蒋建军说，引汉济渭工程其主体可概括为"两库、两站、两电、一洞两段"。"两库"：一是坝高 68 米、总库容 2.29 亿立方米的汉江干流黄金峡水库；二是坝高 145 米、总库容 7.1 亿立方米的汉江支流子午河三河口水库。"两站""两电"指两座水库坝后抽水泵站和水力发电站。"一洞两段"指总长 98.3 千米的输水隧洞，共由两段组成。一段是由黄金峡水利枢纽至三河口水利枢纽段，简称"黄三段"；另一段是穿越秦岭主脊段，我们简称为"越岭段"。

工程的设计思想是：在汉江干流兴建黄金峡水库，然后通过抽水泵站提水 112.6 米，经过 16.5 千米的黄三隧洞，将水送入三河口水利枢纽调节闸，大部分水量经调节闸直接进入 81.8 千米的秦岭隧洞，输水至关中地区，富余水量由三河口泵站提水 93.16 米入三河口水库储存，视关中地区需求情况，经三河口水库调节和黄金峡水库来水合并送至关中地区，以满足受水区对水的最大需求，同时还将通过水权置换，以部分水量支持陕北特别是国家能源化工基地的建设用水。所以说，这项工程对全省、对西北发展而言，都是一项具有重大战略意义的宏伟工程，可以和四川的都江堰、广西的灵渠相媲美的千年工程、万年工程。

蒋建军进而谈到：对引汉济渭工程的认识，人们有一个不断深化的过程。它对统筹全省发展的意义，可以用四个词来概括，就是它的全局性、基础性、公益性和战略性。

从全局性讲，首先是解渴关中，使关中地区在较长时期的用水得到充分保障；其次是支撑陕北，通过"以下补上"，为陕北地区置换 5 亿～7 亿立方米从黄河干流的用水指标，支持陕北能源化工基地和城镇化建设；第三是带动陕南，在工程建设中，我们将配套实施交通道路、电力通信等基础设施建设和库区治理、水源区保护、旅游开发等项目，进一步促进陕南经济结构调整转型，密切陕南与关中经济联系，为陕南带来新的发展机遇。另外还有近一万人通过移民搬迁，使他们的生产生活条件得到显著改善，同时还可以有效减轻汉江上游地区的防洪压力。所以，引汉济渭工程对陕南地区发展也是极为重要的。

从基础性讲，首先是全省水资源优化配置的基础作用；其次是对促进全省经济社会发展的基础性作用；第三是对生态环境建设的基础作用。引汉济渭的生态效益是全局性的。

从战略性讲，第一是全局性、基础性决定了它的战略作用；第二是作用的长远性决定了它的战略作用；第三是巨大的规模效益决定了它的战略作用。莽莽秦岭一洞穿，汉水渭水大贯通，三大区域共发展。一项工程建设，三大区域受益，它的规模效益，多重效益，对实现"富裕陕西、和谐陕西、美丽陕西"的美好愿景，带动全省发展，促进全省三大区域均衡发展具有重大而深远的战略意义。第四是支撑国家发展重大布局的战略作用。主要有三个方面：一是对实施关天经济区发展规划的支撑；二是对陕北国家能源化工基地建设的支撑；三是对陕南水源区保护力度的加大。

从公益性讲，引汉济渭工程本身就是一项公益性工程。这主要表现：首先是保证关中地区人口的饮水安全的社会效益；其次补充黄河水量的社会效益；第三是对国家未来实施大西线调水工程技术探索上的社会效益。

作为引汉济渭工程建设的一名参与者，蒋建军深深感到这项工程的前期工作难度大、历时长、技术复杂，且社会影响面很大，工程之所以能走到今天，首先得益于党中央、国务院对陕西发展的关怀；得益于国家发改委、水利部等国家有关部委的大力支持；得益于省委、省政府领导的高度重视，亲力亲为；得益于省人大、省政协领导的多方呼吁；得益于省协调领导小组各成员单位以及工程所在地的"三市四县"党委政府的共同努力。在此，我们应该对支持这项工程建设的所有领导、相关部门、参建单位表示崇高的敬意！历史将牢记他们的付出和功绩。

参与访谈的引汉济渭工程建设有限公司副总经理董鹏全面介绍了工程建设面临的重大技术挑战及应对措施。董鹏谈到：引汉济渭工程被专家称为具有世界级技术难度的工程，解决这些难题我们以关键和重、难点技术的科研攻关为支撑，以国内外工程调研、理论分析、模型试验为基础，依托项目开展了多个关键技术研究工作。第一，运用先进技术提高勘测设计质量。在秦岭隧洞越岭方案选线上，采用了卫星定位技术进行无通视测量，确定最优隧洞线路方案。第二，加强新技术新工艺运用。在穿越秦岭主脊段，引进全断面硬岩隧洞掘进机（TBM），通过制定和加强 TBM 施工状态监测及故障诊断等措施，解决 TBM 长距离连续掘进 20 千米的世界级难题。第三，开展技术攻关。在长距离施工通风中，严格按照相关规范和标准，积极开展科研攻关，目前已实现了钻爆段无轨运输条件下独头施工通风 6.5 千米，还将研究解决 TBM 独头通风 15 千米的技术难题；秦岭隧洞越岭段最大埋深达 2000 米，水头达 1460 米。将通过外水压预测及对策研究，确定不同段落的应对方法，确保主体结构的安全、经济合理。对岩爆、软岩大变形、突涌水、高岩温、长距离反坡排水、长距离斜井施工等方面开展了系列科研攻关，以保障工程的顺利实施。黄金峡和三河口两个泵站总装机规模、单机流量规模等超过国内已建和在建工程实例，将开展泵型设计、制造等方面的专题研究，攻克技术难题，建设优良工程。

董鹏在访谈中还系统介绍了施工安全、质量保障、生态保护和工程建设涉及的 9612 人的移民安置等情况。

访谈最后，蒋建军介绍了如何实现省委、省政府引水进关中的具体目标：引汉济渭工程总工期 78 个月。总目标是 2020 年引 5 亿立方米水进关中；2025 年引水量达到 10 亿立方米；2030 年达到最终引水规模 30 亿立方米。所引水量还要通过输配水工程送到各供水区的接水口。实现这些阶段性目标，省政府已经批准了先期实施方案，列入了"十二五"发展规划，省人大也就此专门做了决议，要求举全省之力加快工程建设，并要求建设为历史性精品工程，建设为具有世界历史文化遗产性质的工程。

第二章 调查与相关技术研究

为了更好地服务于引汉济渭工程建设，在蒋建军主任的倡导并主持下，引汉济渭办专业技术人员结合各自专业与分管工作实际，坚持不懈开展了各项专题与调查研究工作，并在分别结集出版了《引汉济渭2014论文集》《引汉济渭2015论文集》。另有蒋建军撰写的《在水资源保护约束下陕南经济可持续发展途径的探讨》一文被评为2014年度全省水利系统领导干部优秀调研成果一等奖第一名。

第一节 2014年前研究成果

《引汉济渭2014论文集》共收录包括规划设计、建设管理、移民安置、财务审计、单位建设既其他等各类论文35篇。收录论文目录见表16-2-1。

表16-2-1　　　　　　　　　《引汉济渭2014论文集》部分论文

论 文 题 目	作 者
《在水资源保护硬约束条件下陕南发展讨论》	蒋建军
《对安康在汉江水资源保护中地位与发展创新的认识》	蒋建军
《深埋隧洞外水设计问题及方法探讨》	张克强
《跨流域调水工程建设资本金结构及筹措方式分析》	靳李平
《浅议调水工程的水资源管理问题》	张克强
《引汉济渭工程科学研究工作探析》	赵阿丽
《引汉济渭工程建设资金筹措分析》	杨 梅
《引汉济渭风景区建设展望》	刘 娇
《引汉济渭工程建设目标研究》	严伏朝
《引汉济渭前期准备工程建设组织与管理》	周安良
《引汉济渭工程先期通水条件分析》	田 伟
《引汉济渭工程建设与管理体制机制研究》	李绍文、孙欣
《浅析施工监理机构人员配置》	王民社
《科技交流对引汉济渭工程建设的作用》	杨 宁
《水利工程第三方检测存在问题及对策探讨》	吴浩力
《引汉济渭工程移民工作问题与对策探析》	王寿茂
《引汉济渭工程移民安置管理及工作思路研究》	靳李平
《水库移民安置方式有关问题探讨》	王红兵

论 文 题 目	作 者
《对移民安置前期工作的认识》	陈军礼
《水库移民社会稳定风险评估理论初探》	张 建
《引汉济渭工程移民安置方式多样化》	江 涛
《引汉济渭工程征地拆迁问题研究》	李 连
《浅析如何做好引汉济渭工程财务管理工作》	葛 雁
《引汉济渭工程移民安置资金使用与监管的探讨》	江 萍
《如何做好引汉济渭工程建设投资预算管理》	曹 鹏
《加强水利建设资金安全管理》	李惠茹
《充分发挥工会组织职能牢固树立为民务实作风》	田晓钟
《探析汉江源头》	李永镯
《浅谈如何做好引汉济渭工程公文处理工作》	孙 欣
《技术性事业单位岗位职能设置聘用相关问题研究》	彭向平
《浅议档案人员的职业素质》	贺艳花
《浅谈如何用心做好办公室工作》	蒙 磊
《党的十八大后办公室工作的新思考》	龚裕凌
《浅谈强化行政事业单位固定资产管理》	任娟妮

第二节 2015 年 研 究 成 果

《引汉济渭 2015 论文集》共收录包括规划设计、建设管理、移民安置、财务审计、单位建设及其他等各类论文 30 篇。收录论文目录见表 16-2-2。

表 16-2-2　　　　　　　《引汉济渭 2015 论文集》部分论文

论 文 题 目	作 者
《关中古代水利成就及现代传承》	蒋建军
《水工隧洞发展现状与前瞻》	张克强
《引汉济渭工程实施两部制水价制度的思考》	王寿茂
《跨流域调水工程的博弈分析》	严伏朝
《引汉济渭工程后续水源问题的几点认识与思考》	李绍文
《引汉济渭工程后续水源初步构想及可能调水量》	李绍文
《引汉济渭工程供水价格初探》	葛 雁
《引汉济渭工程效益分析》	田 伟
《隧洞围岩参数反演与地质判释快速动态设计研究》	赵阿丽
《建设工程设计阶段价值管理研究》	杨 梅
《引汉济渭工程运行与调度研究》	杨 宁

续表

论 文 题 目	作 者
《水利工程景观设计中的水文化研究——"引汉济渭"调水工程为例》	刘　娇
《我国水利风景区的发展与存在问题思考》	蒙　磊
《浅谈引嘉入汉对陕西水资源优化配置的意义》	龚裕凌
《谈水利工程建设单位的技术管理》	张克强
《对水利工程施工监理工作的一些思考》	周安良
《浅析引汉济渭勘探实验洞岩爆现象》	曹　鹏
《浅谈建设单位对工程现场签证的管理》	吴浩力
《引汉济渭工程移民安置试点工作与实践》	靳李平
《关于对水库移民发展权的认识》	王红兵
《建设征地移民安置规划编制工作问题研究》	陈军礼
《水库移民后期生产发展思路》	张　建
《浅谈引汉济渭工程征地拆迁工作中的集体土地征收问题》	李　连
《浅谈水利水电工程建设移民安置工作规范化管理》	彭向平
《会计监督若干问题思考》	江　萍
《基础工作对竣工财务决算编制的影响》	李永镯
《机关公文写作中应把握的几个重点环节》	田晓钟
《浅谈加强引汉济渭机关文化建设的重要性》	孙　欣
《浅谈加强电子档案管理做好电子档案利用》	贺艳花

第三节　2016 年研究成果

《引汉济渭 2016 论文集》共收录包括规划设计、建设管理、移民安置、财务审计、单位建设及其他等各类论文 28 篇。收录论文目录见表 16-2-3。

表 16-2-3　　　　　　　《引汉济渭 2016 论文集》部分论文

论 文 题 目	作 者
《秦岭北麓水生态治理规划的几点思考》	蒋建军
《国水汉江》	蒋建军
《引汉济渭工程的文化思考》	蒋建军
《郑国渠与中国灌溉文明起源》	蒋建军
《对调水工程生态损益分析和生态考核的思考》	张克强
《探析规划管理体系与水利规划编制》	严伏朝
《基于后续水源保障的引汉济渭工程建设与管理的复杂性与对策探析》	李绍文
《引汉济渭工程合理水价形成机制探析》	葛　雁
《浅谈水利工程项目立项前置条件法律法规依据》	赵阿丽
《谈水利水电工程勘察设计费计算过程中常见问题》	杨　梅

续表

论 文 题 目	作 者
《引汉济渭工程秦岭输水隧洞地下水环境影响分析》	刘姣
《基于后续水源保障的引汉济渭工程建设管理体制与机制初步研究》	孙 欣 彭向萍
《浅谈对水生态治理的认识》	张 建
《秦岭北麓生态环境保护》	李 连
《秦岭北麓生态环境保护问题的研究》	蒙 磊
《水利建设项目质量管理应注意的一些问题》	周安良
《基于层次分析法的水工隧洞施工安全评价》	吴浩力
《浅谈碾压混凝土大坝温控防裂与施工质量控制系统研究》	杨 宁
《浅谈移民安置实施管理》	王红兵
《移民安置监督评估工作探讨》	陈军礼
《引汉济渭工程水库移民经济风险问题的探讨》	江 滔
《浅谈事业单位预算资金管理》	江 萍
《水利施工单位财务风险识别及防范对策》	曹 鹏
《浅谈会计职业道德现状与对策》	李永镯
《读书六忌》	田晓钟
《浅析网络舆情与政府管理》	龚裕凌
《加强涉密档案的管理工作刻不容缓》	贺艳花
《浅谈如何做好水利工程技术档案的管理及资料收集》	任娟妮

第三章　引汉济渭博物馆建设研究

引汉济渭工程作为陕西水利建设的巅峰之作，作为面临诸多世界级重大技术挑战的水利工程，一些专家学者和相关领导要求把引汉济渭工程建设为历史性精品工程，建设为具有世界历史文化遗产性质的工程。为适应这些要求，省引汉济渭办拟在适当时间建设陕西省引汉济渭工程博物馆，并在 2010 年委托西安建筑科技大学开展了可行性研究工作；同时在引汉济渭办内部安排专人拟定了"引汉济渭工程博物馆陈列内容收集大纲"。

第一节　博物馆可行性研究

由西安建筑科技大学编制的《陕西省引汉济渭工程博物馆可行性研究报告》共分为 15章：总论、项目建设背景和必要性、项目前景分析与运营模式研判、布展方案设计、项目总体规划、馆址选择和建设条件、消防及劳动安全卫生、节能环保方案策略、项目运营组织机构与人力资源配置、项目管理及实施进度安排、投资估算与资金来源、项目财务评价、项目国民经济评价、项目社会效益评价、结论与建议。

可行性研究报告编制完成以后，省引汉济渭办聘请西安碑林博物馆赵力光馆长（教授）、中国水利水电科学研究院周祖昊（高级工程师）、陕西省建筑设计研究院李敬军（一级建筑师）、省水利厅张骅（编审、高工）、省水利厅杨耕读（政法处原处长、副巡视员）为专家组成员，于2010年10月29日对可行性研究报告进行了审查。此后，编制单位对可行性研究报告做了进一步修改完善。

可行性研究报告的最终结论认为：引汉济渭工程博物馆建设是引汉济渭工程历史地位的需要，是全面反映陕西水利发展史的需要，是记录引汉济渭工程建设全过程的需要，是科学研究的需要，它的建设具有十分重要的历史意义和经济、社会、教育、可行性研究等价值。

第二节 陈列内容收集大纲

2010年，省引汉济渭办杨耕读拟定了《引汉济渭调水工程博物馆陈列内容收集大纲》。征集内容以陕西水利发展历史为主线，以引汉济渭工程为重点，以全面反映省委、省政府加强水利建设的历史功绩，进而全面展示陕西水利建设成就及其对经济、社会发展和改善生态环境的巨大贡献，揭示水利与经济、社会发展和生态环境建设的内在关系，同时形成重要的水利人文景观和重要的爱国主义、科技教育基地。收集内容同既要考虑"陕西省引汉济渭调水工程博物馆"的需要，也要考虑加挂"陕西省水利博物馆"的需要。

一、收集内容设定目标与原则

总体目标是集博物馆、模型馆、档案馆、数据馆为一体，为引汉济渭工程以至全省水利建设与管理提供服务，同时起到存史资政的作用。给予上述目标，资料收集要充分考虑其资料性、文献性、历史性、技术性、社会性、观赏性与研究性。收集内容的设定和分类如下。

（1）陕西水利发展概况（也可视为引汉济渭工程博物馆的序言部分）。通过对水利发展历史的简要回顾，揭示引汉济渭调水工程的历史地位与巨大作用。

（2）引汉济渭工程本身陈列内容的收集范围。按工程建设过程分：应包括从引汉济渭工程提出、前期准备、建设实施、竣工验收等各个阶段形成的，具有史料价值的或依相关规定需要保存的文字、图表、声像等不同形式的历史记录和能反映工程建设地质、环境、人文、设备等重要实物。从工程参与各相关方面分：应包括国务院及相关部门、省委省政府及相关部门、引汉济渭办公室（业主单位）、勘测设计、工程施工、工程监理、质量管理等单位形成的文书资料和技术资料。其中技术资料应包括：在规划、勘测、设计、科研、施工、监理等活动中形成的，以相关规定应当保存的文字、图纸、图表、音像、计算和重要设备（包括施工设备、工程安装的机电设备、构件等）附带的各类资料（生产单位、合格证、使用说明书、验收记录等）。

前期工作和准备工程建设阶段应收集的重点内容：引汉济渭工程前期准备（建设背景资料），有代表性的全省水利规划，渭河综合治理规划，引汉济渭工程规划（图、表、文字），引汉济渭工程项目建议书，可行性研究报告，各分部工程专项设计文件包括环境影响评价、水土保持方案和移民工作等资料。

工程全面开工建设阶段：从开工奠基、动员、实施，做全过程全面记录。包括准备工程建设情况；要有重大节点记录、重大工程进展情况、重要事件和重要人物。

工程建设的重大技术成果包括总体规划、地质勘测、工程设计、施工组织、重大技术突破。最终的技术成果、实物和模型。

引汉济渭工程的三大（经济、社会、生态）效益。

（3）引汉济渭工程大事记（包括文字大事记与影像大事记）。

（4）各级领导有关引汉济渭工程建设的重要活动。国务院以及水利部、发改委、财政部和其他部门的审批文件；与之相关的领导活动图片、文字；省委、省人大、省政府、省政协领导与之相关的活动。水利系统和有关部门领导与之相关的重大活动。

（5）英模人物事迹资料。

（6）正式建馆时拟制作工程模型和纪录片素材资料。

（7）领导指明要求收集的内容。

（8）博物馆结尾内容：总结、启示、展望。

二、收集大纲对做好陈列内容收集工作的建议

一是这项工作需要同加强工程档案管理工作一并来做；二是陈列内容收集与档案管理要贯穿工程建设全过程；三是陈列内容收集与档案管理工作要进一步明确参建单位责任；四是博物馆陈列内容收集和档案管理工作要实行专人负责、形成制度，每年进行一次收集内容包括相关的文字、影视资料的交接、保管、存储工作，为博物馆建设做好充分的前期准备工作。

引汉济渭是一项具有里程碑意义的工程，必将载入陕西经济社会发展史册，并永久造福三秦大地。从工程管理、保存历史、科学研究、启迪后人考虑，这项工程应该留下一份完整的历史记录。

第四章　引汉济渭工程立法调研

为了依法推进引汉济渭工程（包括输配水工程）建设，同时为依法保护工程设施安全运行和水源地以及水质安全提供法制保障，根据省人大《关于引汉济渭工程建设的决议》精神，由省人大农工委办公室主任王决胜、省引汉济渭办主任带队，曾先后组织相关人员赴内蒙古、辽宁、国家南水北调水源地丹江口水库调研工程建设管理与立法情况，在此基础上省引汉济渭办起草了《陕西省引汉济渭工程条例》，并在征求相关市县意见后进行了修改完善。

第一节　立法拟解决问题

根据引汉济渭工程建设与运行管理实际，借鉴国内同类工程立法实践，《陕西省引汉济渭工程建设管理条例》拟规范以下十大事项：一是贯彻落实省人大常委会专题决议，依法保障工程建设持续顺利推进；二是明确各级各部门建设管理责任，依法建立科学高效的建设与运行管理体制；三是依法保障全省水资源优化配置和引汉济渭调水的高效利用；四是依法保障工程建设和工程设施安全；五是依法规范水源地保护和调水水质保护；六是依法规范引汉济渭工程调水水价和受水区水价制度；七是依法规范水资源配置过程中的资本金筹措问题；八是依法界定工程设施保护范围和保护范围内的禁止事项；九是明确相关市县、部门保障工程建设与运行的行政责任；十是明确工程保护、水源地与水质保护的法律责任与监管责任。

第二节　立法草案主要内容

拟定的《陕西省引汉济渭工程条例》共分 7 章 53 条。第一章为总则，设定了立法宗旨、立法原则、适用范围和法律责任等条款。第二章为工程建设，拟定了领导责任、主管部门责任和相关部门分工、工程所在地政府责任，以及从事引汉济渭工程建设应当遵循的法律法规。第三章是水量调配，依法要求引汉济渭工程所调水量优先满足直接受水区需要。直接受水区水量分配实行按规划与有偿使用相结合的原则配置，受水区市、县政府应筹集相应资金认购所需水量，规划调水水量富余时可由政府专管协调机构负责在各市、县（区）、开发区用水户之间有偿转让；第四章是水源保护，规定引汉济渭工程（包括后续建设的水源工程）水源保护由当地各级人民政府负责实施，由省环境保护和水行政主管部门负责监督管理。水源保护区的划定由省环境保护行政主管部门商水行政主管部门划定。规定引汉济渭调水水质应当不低于国家规定的地表水环境质量二类水质标准。第四章是工程管理，法律草案提出，省水行政主管部门与调水协调机构、调水机构应当严格按照国家和省批准的规划设计方案及技术规范组织工程建设管理。需要新建、改建、扩建的，应当依法履行相关审批手续。引汉济渭调水工程沿线市、县人民政府及相关部门应当在土地征占、移民安置、环境保障等方面配合引汉济渭法人做好工程建设与运行管理工作。立法草案还规定了引汉济渭调水工程的管理范围以及管理范围内禁止的事项。第五章是监督保障，分别对引汉济渭工程的安全保卫、水政监察、水质保护、水源保障以及相应的应急预案及实施做出了具体规定。第六章是法律责任。第七章是附则。

2014年，《陕西省引汉济渭工程条例》已经列入省水利厅立法计划。

第五章　重　要　文　献

在引汉济渭工程前期工作阶段，很多领导干部对引汉济渭工程给予了高度关注，组织撰写了一些带有文献性质的重要文章。

第一节　引汉济渭工程将成为巅峰之作

2013年，陕西省原任省长程安东编著的《长河回望——一事一说陕西60年》这一重要文献性著作中，录入了"引汉济渭工程将成为陕西水利发展的巅峰之作"一文。这篇文章是程安东亲自修改审定的。文章以2011年省委、省政府举行引汉济渭工程建设动员大会为契机，回顾了陕西水利发展历史，分析了渭河流域水资源形势，总结了引汉济渭工程前期研究过程，同时以多年任职陕西省省长的战略性眼光，充分肯定了引汉济渭工程在陕西经济社会发展中的重要地位。

作为一项重大水利工程，引汉济渭对于全省发展具有重大的现实意义和长远的战略意义。不仅能够使渭河流域每年增加15亿立方米的水量，为关中创新发展、优化生态环境提供可靠的供水保障；而且可以通过增加渭河下泄水量从黄河干流置换取水指标，有效缓解陕北地区持续发展的水资源需求；同时也有利于我省汉江流域的产业结构调整和生态环境保护，促进

陕南加快循环经济发展步伐。

在文章的最后,程安东期望全省把思想统一到省委、省政府的决策上来,把行动统一到引汉济渭工程建设的部署上来,以实际行动树立陕西水利发展史上新的丰碑。

第二节 汉水入渭惠千秋

《汉水入渭惠千秋》一文是省引汉济渭办主任蒋建军 2015 年应《中国水利》杂志之约撰写并发表的一篇文章。

文章开篇就讲到:2015 年 5 月 7 日,《陕西日报》报道:"陕西省引汉济渭工程获得国家水利部批复""国家决定拨付 26 亿元资金支持引汉济渭工程建设"。一时间,这条消息迅速在陕西省门户网站、陕西省水利网站、三秦都市报、西安晚报、华商报等多家媒体转载。这不啻在干旱的三秦大地响起的雷声,轰隆隆从远处而来,到身边一声炸响,让人又惊又喜。

文章还讲到:这不由使人想起,2011 年 7 月 21 日,国家发改委以发改农经〔2011〕1559 号文件批复引汉济渭工程项目建议书,曾在常务副省长岗位上兼任第一任引汉济渭工程协调领导小组组长、时任省长不久的赵正永,在十余天后的一次千人领导干部大会上非常动情的一句话:这是我履职省长 3 个月来听到的最振奋人心的消息。

在后面的文章中,蒋建军以"干渴之困""解渴之水哪里来""关键的历史时刻""领跑世界破难题"为小标题,描述了引汉济渭工程建设的紧迫性、省委省政府在推进前期工作的重大决策,以及实施引汉济渭工程面临的重大技术挑战。文章最后,记叙了 2015 年 6 月 1 日,省委书记赵正永视察引汉济渭工程的情况。此刻,引汉济渭调水主体工程可以全面开工了,关中供水骨干管网也要尽快开工建设,供水工程的最后一公里和后续水源问题也该提上议事日程了;同时要以引汉济渭工程为依托,用习近平总书记要求的系统思维,把关中乃至全省的山、水、林、田、湖、湿地作为一个整体深入研究,做好规划,以尽早实现水兴三秦、水润三秦、水美三秦。

第三节 引汉济渭建设碑记

2012 年,引汉济渭工程在省委、省政府的领导下,前期工作正在加快推进,渭河综合整治全面铺开。在这一形势下,省水利厅组织拟定了"渭河综合整治碑记",同时要求省引汉济渭办拟定"引汉济渭建设碑记"。根据这一要求,省引汉济渭办指定杨耕读拟定了碑记初稿,后经蒋建军审定后，向省水利厅报送了《引汉济渭建设碑记》送审稿，全文如下：

　　引汉济渭乃引汉江水以济渭河之水。渭河润关中，曾成就了周秦汉唐伟业，奠定了西安千年古都的历史辉煌。周人逐水而耕，定都镐京洛邑；秦修郑国渠，遂以富强，首创统一大业；汉以河渭挽天下，铸就大汉基业；唐引沣水进京邑，成就大唐盛世。渭河凭借历史功绩成就了其母亲河的美誉。

　　然渭河水资源终究有限，流域内有三年一小旱、十年一大旱之说，每半个世纪有一数年相连的特大干旱。百多年来的三次特大干旱曾举世震惊。1876—1879 年（光绪初年），四年连旱，继以疫疠，惨绝人寰。1927—1929 年（民国年间），三年连旱，赤地千里，饿殍遍野，全省人口十之去三。1994—1995 年，再次大旱，全省库塘蓄水十余其一，多数河流无水可引，数万泵站机井无水可抽，新中国凭借前所未有的水利支撑和社会动员能力，保持了社会稳定和人民乐业，但农业、工业和群众生活出现严重水荒，经济发展受到水资源供给不足的严重制约。旱情最严重时，西安市日供水不足需求一半，政府紧急动员消防车运水和加大瓶装水供给应急，同时紧急建设了石头河、黑河水库向西安市的供水工程。

　　进入新世纪以来，随着现代化建设步伐加快，渭河及其支流的水利建设水平不断提升，以其占不足全省两成的水量，灌溉了全省七成灌溉面积，成就了全省近七成生产总值，满足了全省六成人口饮水需求。但此时，渭河已不堪重负，地下水也严重超采，地面沉降，地裂加剧，千年雁塔倾斜，西安市区基础设施面临巨大地质隐患，有识之士发出抢救西安的强烈呼吁！一时间，整个渭河流域乃至全省发展受困于水，大片农田缺水灌溉，工业项目难以实施，城镇化建设难以为继，人居环境改善无水支撑，渭河生命健康亦遇到巨大威胁。缺水已成为全省现代化建设居首的制约因素。

　　如何解水之困？历届省委、省政府领导寝食难安，忧心如焚，紧急行动，掀起了一轮又一轮水利建设高潮，相继建设了围绕关中城市供水的诸多工程，也谋划着更大手笔的兴水之举。水利专家跋山涉水，多方勘察，西线调水、引洮济渭、小江调水等诸多方案提上日程，最终人们的目光锁定秦岭之南的汉江，引汉济渭成为近期的最优选择。

　　莽莽秦岭分南北，沉沉一线佑关中。秦岭作为世界十大重要山脉之一，以其"猿猱欲度愁攀援"之势，阻隔了人们的肆意索取，成就了其雄伟壮丽、优美生态、丰富资源，孕育了滔滔汉江。天佑中华！天佑关中！源自秦岭南麓的汉江，凭借丰富水量，相继成为国家南水北调中线工程和我省南水北调工程水源地。引汉济渭调水经省委、省政府决策之后，得到国家相关部委大力支持，先后进入国务院批准的《渭河流域重点治理规划》《关—天经济区发展规划》和国家"十二五"水利改革发展规划。与此同时，前期工作、准备工程建设也在加紧推进。2004 年 12 月 31 日，省政府决定每年安排专项资金正式开始引汉济渭工程前期工作；

2007年4月29日，省政府决定启动实施准备工程建设和水库工程移民安置试点；同年12月，省政府与水利部联合召开项目建议书咨询会议，确定了工程建设的基本任务；2008年8月11日，省政府决定组建引汉济渭工程协调领导小组办公室和引汉济渭工程建设公司；2009年2月12日，引汉济渭工程协调领导小组会议就项目前期工作、准备工程建设、工程所需资金、建设环境保障、工程移民安置、工程建设机构逐项工作进行安排部署；2010年，省委书记赵乐际两次听取汇报，要求加快实施引汉济渭工程建设；2011年7月20日，赵正永省长、祝列克副省长现场检查引汉济渭工程，明确提出引汉济渭工程是一项基础性、全局性、公益性和战略性水利项目，要求加快完成开工建设的各项准备工作；2011年12月8日，省委、省政府在秦岭北麓黄池沟，隆重举行引汉济渭工程建设动员大会和引汉济渭秦岭隧洞出口试验段开工典礼，省委赵乐际书记出席大会，省委常委、常务副省长娄勤俭主持大会，副省长祝列克对引汉济渭工程建设进行动员部署，省长赵正永、水利部长陈雷作建设动员讲话，受省委书记赵乐际委托，省长赵正永宣布引汉济渭前期准备工程全线开工。

引汉济渭工程采取一次立项，调水目标分期达到的方式建设。先期实现年调水5亿立方米的目标，2030年逐步达到年调水15亿立方米的最终规模。这一壮举将实现全省水资源优化配置，为关中创新发展和优化生态环境提供水资源保障；为陕北发展置换从黄河干流的取水指标；同时也将为陕南调整产业结构、提供人口与资源转移空间、保护生态环境、加快循环发展创造有利条件。

引汉济渭工程计划投资188亿元，主要建设三大工程：汉江干流黄金峡水利枢纽，最大坝高68米，总库容2.29亿立方米；水电装机135兆瓦；抽水泵站装机129.5兆瓦，近、远期设计流量为52立方米每秒和70立方米每秒，抽水扬程114.60米。三河口水利枢纽，最大坝高145米，总库容7.10亿立方米；水电装机45兆瓦；抽水泵站总装机27兆瓦，近、远期设计流量分别为12立方米每秒和18立方米每秒，抽水扬程72.65米。秦岭输水隧洞，连接黄金峡水库和三河口水库段长16.52千米；连接三河口水库穿秦岭至关中供水管网段长81.78千米。

引汉济渭工程是陕西省有史以来投资规模最大、引水量最大、受益面积最大、效益功能最多的水资源配置、城乡供水和水生态环境整治工程，也是工程技术上面临世界级难题的水利工程。人类将第一次从底部横穿秦岭；隧洞长度世界第二，亚洲第一；高扬程大流量抽水泵站国内第一；三河口水利枢纽碾压混凝土拱坝世界第一。引汉济渭工程将刷新多项水利工程建设的世界纪录，具有重要的科学技术价值。

一水穿秦岭，千秋河渠功；两库蓄汉水，万年润关中。引汉济渭超越郑白，将再造陕西水利发展的历史丰碑。时值全省上下加快建设经济强、科技强、文化强、生态美、百姓富的西部强省之际，陕西水利人将发扬勇于负责、敢于担当、攻坚克难、顽强拼搏精神，把引汉济渭工程建设为造福三秦的精品工程。

汉水渭水天下水，两水汇一水；南兴北兴关中兴，三秦共同兴。

谨此记之，以励当代。

第十七篇
资金管理

引汉济渭工程从 1984 年提出初步设想，1993 年开始具体查勘，到 2014 年工程项目的可行性研究报告获得国家发改委批复，再到相继完成工程项目初步设计、输配水工程规划，历时三十多年。期间，每一项前期研究成果、前期工作成果以及准备工程建设、专项迁建、土地征用与移民安置试点等，都需要相应的资金投入。为了保证上述工作顺利推进，省委、省政府以及省级财政、计划、水利等部门领导为筹措前期工作经费付出了坚持不懈的巨大努力。据统计，从 2003 年 12 月省政府正式启动引汉济渭工程前期工作，到 2014 年 9 月引汉济渭工程可行性研究报告获得国家正式批复，这一时段引汉济渭工程前期工作累计投入前期工作经费 27.307 亿元，为引汉济渭工程前期工作的快速完成提供了重要的资金保障。

第一章 资 金 来 源

引汉济渭工程建设资金来源包括中央财政拨款、省级财政拨款、其他资金等方面。在 27.307 亿元的前期经费投入中，其中省财政性资金 27.047 亿元，其他资金 0.22 亿元，中央预算内基建资金 400 万元。按照资金投入的时间顺序和内容分类，引汉济渭工程资金来源可以分为早期投入资金、项目建议书阶段投入资金、可行性研究报告阶段投入资金、其他资金投入四大部分。

第一节 早期投入资金

早期投入资金是指在省委、省政府支持下，省水利厅以省级财政资金安排的有关引汉济渭工程早期研究的工作经费。这一阶段投入的资金包括工程前期考察调研、方案研究、工程查勘、规划编制等工作经费。按照竣工决算编制规程规定，这部分费用在投入当期已经核销，不再构成引汉济渭工程成本。

（1）1993年，省水利厅委托省水利学会开展省内南水北调工程查勘，所需经费经分管水利工作的王双锡副省长与分管发改委工作的刘春茂副省长协商，由省财政安排基本建设资金10万元，专门用于这项工作。这次查勘提出了"引嘉济渭"等7条调水线路，为引汉济渭工程建设提供了早期思路。这是引汉济渭工程前期研究获得的第一笔资金。

（2）1997年2月，省水利厅安排资金，组织开展省内南水北调工程考察，考察组提交的《陕西省两江联合调水工程初步方案意见》，对引嘉陵江干流和汉江干流集中调水的"引嘉入汉、引汉济渭"方案进行了研究论证，为引汉济渭工程建设奠定了基础。

（3）2002年5月，省水利厅安排资金，编制完成《陕西省南水北调总体规划》，该规划选取了引乾济石、引红济石、引汉济渭三条调水线路，形成了省内南水北调工程规划的基本框架。

（4）2002年12月，省水利厅安排资金，编制完成《陕西省引汉济渭调水工程规划》报告，由此开始，省水利厅着手安排正式启动引汉济渭工程前期工作。

第二节 项目建议书阶段投入资金

2003年12月，省水利厅以《关于省内南水北调工程前期工作有关问题的请示》（陕水字〔2003〕96号），向省政府建议尽快启动引汉济渭一期工程项目建议书阶段工作；并请示由水利厅直接负责组织项目建议书和可行性研究报告编制工作。"请示"获批后，根据省政府分工，项目建议书编制工作由省水利厅负责组织，工作经费由水利厅直接下达给承担单位。

（1）2003年12月，省水利厅举行引汉济渭一期工程项目建议书招标会，确定了项目建议书编制承担单位。自此引汉济渭工程项目建议书编制工作全面铺开。

（2）2004年12月，陈德铭省长主持召开省政府第30次常务会议，决定自2005年起，每年安排2800万元用于重大水利建设项目前期工作。

（3）自 2004 年 12 月起至 2010 年 6 月，省政府每年安排一定数量的省级财政资金，用于引汉济渭工程项目建议书编制工作。投入资金的时间及金额详见表 17-1-1。

表 17-1-1　　　　　　　　省水利厅投入项目建议书阶段资金统计表

序号	文件下达时间/（年-月-日）	文　　号	金额/万元
1	2004-12-17	陕水规计发〔2004〕120 号	500
2	2005-12-06	陕水规计发〔2005〕290 号	600
3	2005-12-09	陕水规计发〔2005〕300 号	500
4	2006-09-25	陕水规计发〔2006〕145 号	500
5	2006-10-17	陕水规计发〔2006〕153 号	200
6	2006-12-28	陕水规计发〔2006〕213 号	100
7	2007-10-31	陕水规计发〔2007〕262 号	100
8	2007-11-09	陕水规计发〔2007〕271 号	170
9	2008-01-24	陕水规计发〔2008〕9 号	842
10	2008-04-15	陕水规计发〔2008〕112 号	100
11	2008-06-25	陕水规计发〔2008〕181 号	1000
12	2008-08-25	陕水规计发〔2008〕240 号	500
13	2008-10-10	陕水规计发〔2008〕377 号	58
14	2008-12-17	陕水规计发〔2008〕667 号	1460
15	2009-09-16	陕水规计发〔2008〕348 号	1000
16	2009-09-21	陕水规计发〔2009〕270 号	1100
17	2009-10-12	陕水规计发〔2009〕354 号	400
18	2010-06-21	陕水规计发〔2010〕283 号	1000
	合　　计		10130

综上，省财政累计投入引汉济渭项目建议书编制工作资金 1.013 亿元，并全部由省水利厅直接安排给项目承担单位。

第三节　可行性研究报告阶段投入资金

2007 年 4 月 29 日，时任省长袁纯清同志在佛坪县主持召开引汉济渭工程启动实施会议，研究确定了以下事项：一是按照实质性启动的要求制定好引汉济渭工程实施方案；二是多渠道筹集工程建设资金；三是年内启动"四通一平"施工准备工程建设；四是成立以常务副省长赵正永、副省长张伟和省政协副主席王寿森牵头、省级有关部门和相关市县政府负责人为成员的省引汉济渭工程协调领导小组。6 月 12 日，常务副省长赵正永主持召开领导小组第一次全体成员会议，确定先行启动实施引汉济渭施工道路、施工供电、勘探试验工程，总投资 3 亿元左右。会议同时要求省水利厅作为责任单位，年内要完成 7000 万元以上投资任务，并尽快组建领导小组办公室，迅速开展工作。

（1）2007年6月15日上午，省水利厅在西安人民大厦召开陕西省关中灌区世行贷款项目表彰大会，总结工程建设经验，表彰先进工作者。同时组建成立由谭策吾厅长任主任，田万全副厅长任副主任的省引汉济渭协调领导小组办公室，并宣布将"陕西省关中灌区改造工程世行贷款项目办公室"全体人员转入省引汉济渭办工作。6月15日下午，省水利厅副厅长、引汉济渭办副主任田万全同志在省世行贷款项目办公室主持召开引汉济渭第一次会议，成立综合、技术、工程3个工作组，安排部署了资金落实、现场查勘、施工招标等工作，动员全体人员牺牲休息日，立即投入引汉济渭工程建设之中。

（2）2007年7月3日，鉴于引汉济渭工程建设管理机构未经省编办正式批复，省水利厅以《关于刻制和启用省引汉济渭工程协调领导小组办公室印章的请示》（陕水字〔2007〕38号），请求省政府特事特办，在单位未正式成立的情况下批准刻制印章，用于银行开户、启动招标、合同签订等工作。7月5日，经张伟副省长请示赵正永常务副省长，批示省公安厅准予刻制印章。

（3）2007年7月6日，完成印章刻制工作，7月12日完成银行账户开设工作，7月16日经与省财政厅、水利厅协商确定了项目资金到位和拨付程序，7月20日完成财务建账工作。

（4）2007年7月26日，引汉济渭工程实质启动第一笔资金800万元前期费到账；9月17日，第二笔4000万元财政专项资金到账；10月10日，第三笔3000万元水利建设基金到账，截至2007年12月底，累计到账资金7800万元。经计算，截至2007年12月31日，省引汉济渭办完成总投资8120万元，超额完成省政府确定的年内7000万投资目标任务。

（5）2008年1月起至2013年7月，省财政投入引汉济渭可行性研究阶段前期工作费和施工准备工程资金25.134亿元，全部由省引汉济渭办拨付项目承担单位。以下按省水利厅投入资金的时间顺序和项目投资计划分别统计，见表17-1-2和表17-1-3。

表17-1-2　　　　　　　　按照省水利厅投入资金的时间顺序统计

序号	文件下达时间/（年-月-日）	文　号	金额/万元
1	2008-04-14	陕水财发〔2008〕30号	8040
2	2008-10-10	陕水财发〔2008〕91号	7880
3	2008-12-22	陕水财发〔2008〕136号	5000
4	2009-05-18	陕水财发〔2009〕43号	8900
5	2009-06-29	陕水财发〔2009〕56号	20000
6	2009-10-10	陕水财发〔2009〕88号	1120
7	2009-10-30	陕水财发〔2009〕124号	20000
8	2010-07-02	陕水财发〔2010〕59号	10000

续表

序号	文件下达时间/(年-月-日)	文　号	金额/万元
9	2010 - 07 - 16	陕水财发〔2010〕69 号	20000
10	2010 - 08 - 23	陕水财发〔2010〕78 号	20000
11	2011 - 04 - 29	陕水规计发〔2011〕390 号	20000
12	2011 - 08 - 12	陕水财发〔2011〕59 号	30000
13	2011 - 12 - 21	陕水财发〔2011〕113 号	30000
14	2012 - 07 - 23	陕水财发〔2012〕42 号	400
15	2012 - 07 - 23	陕水财发〔2012〕43 号	20000
16	2012 - 09 - 04	陕水财发〔2012〕53 号	20000
17	2013 - 03 - 27	陕水财发〔2013〕23 号	10000
	合　　计		251340

表 17-1-3　　　　　　按省水利厅批准的项目投资计划统计　　　　单位：万元

序号	项　目　名　称	金额
1	前期工作经费（可行性研究报告阶段）	15320
2	宁陕四亩地至麻房子道路工程	5220
3	周至 108 国道至小王涧道路工程	5220
4	三河口水库勘探试验洞及施工供电工程	2700
5	秦岭隧洞岭南供电工程	2070
6	秦岭隧洞岭北供电工程	1710
7	大河坝至黄金峡交通道路工程	29100
8	大河坝管理基地工程	1500
9	秦岭隧洞出口勘探试验洞工程	5989
10	西汉高速公路佛坪连接线永久改造工程	20000
11	秦岭隧洞 1 号勘探试验洞工程	6075
12	秦岭隧洞 2 号勘探试验洞工程	7228
13	秦岭隧洞 3 号勘探试验洞工程	15407
14	秦岭隧洞 6 号勘探试验洞工程	10515
15	秦岭隧洞 7 号勘探试验洞工程	6886
16	施工期信息化系统（一期）工程	700
17	三河口水库移民安置试点工程	26000
18	秦岭隧洞 1 号试验洞主洞延伸段	7500
19	秦岭隧洞 2 号试验洞主洞延伸段	9200
20	秦岭隧洞 3 号试验洞主洞延伸段	9300

序号	项 目 名 称	金额
21	秦岭隧洞 6 号试验洞主洞延伸段	11500
22	秦岭隧洞 3 号主洞 TBM 设备	10000
23	秦岭隧洞 6 号主洞 TBM 设备	10000
24	椒溪河勘探试验洞工程	4000
25	秦岭隧洞 0 号勘探试验洞工程	3000
26	秦岭隧洞 0-1 号勘探试验洞工程	3000
27	三河口水利枢纽	30000
	合　　计	259140

（6）2007 年 2 月 14 日，省水利厅以陕水规计发〔2007〕60 号文件，拨付省水电设计院项目可行性研究费 200 万元；同年 4 月 25 日，以陕水规计发〔2007〕98 号文件，拨付省水电设计院项目可行性研究费 200 万元，共计拨给省水电设计院可行性研究工作经费 400 万元。该两笔资金由省水利厅直接拨至省水电设计院账户。

综上，中央、省财政累计投入引汉济渭可行性研究报告和施工准备工程建设资金 25.954 亿元。

第四节　其　他　资　金

引汉济渭工程建设期间，省水利厅安排引汉济渭办部门预算经费 1201.4 万元，同时省引汉济渭办开展银行理财和代扣代缴营业税金工作，创收 2200.7 万元，这些资金都用于引汉济渭工程建设，其他资金累计投入 3402.1 万元。

（1）2011 年至 2014 年年底，省财政通过部门预算安排省引汉济渭办单位运转经费 1201.4 万元，其中 2011 年 160.7 万元，2012 年 304 万元，2013 年 338.7 万元，2014 年 398 万元。

（2）2008 年 11 月至 2013 年 7 月，省引汉济渭办在确保资金安全和及时足额支付各类工程款项的前提下，与银行签订《协定存款协议》，提高存款利率 3.3 倍，实现存款利息收入 2112.8 万元。

（3）2009 年 2 月至 2013 年 7 月，省引汉济渭办为宁陕县、佛坪县、洋县地方税务局代扣所属区域施工企业营业税金，依法收取代扣税金手续费 87.9 万元。

自 2003 年 12 月省水利厅全面启动项目建议书编制工作，至 2014 年 9 月可行性研究报告获得批复，中央、省财政累计投入引汉济渭工程项建、可行性研究阶段资金 27.307 亿元，其中：中央预算内基建资金 400 万元，省级财政资金 27.047 亿元，其他资金 0.22 亿元。

第二章 资 金 使 用

省引汉济渭办按照财政部《基本建设财务管理规定》和省发改委、水利厅批准的前期工作内容、工程概算、建设进度等控制和使用引汉济渭工程建设资金；并以经办人审查、业务部门审核、领导核准签字的程序支付资金。引汉济渭工程建设资金使用范围包括：引汉济渭工程前期工作发生的项目建设、可行性研究费、准备工程建安费、征地补偿和移民安置费、待摊投资等方面。

第一节 项目建设阶段资金使用

引汉济渭工程项目建议书阶段使用资金 1.013 亿元，按省水利厅文件确定的建设内容分析计算，用于项目建设勘察设计资金 8212 万元、调水规模、融资方案和监管体制等专题研究 1838 万元，取水量调查 80 万元。项目承担单位分别为：

（1）陕西省水利电力勘测设计研究院，承担项目建议书阶段勘测设计和相关专题研究工作，使用资金 8125 万元。

（2）铁道第一勘察设计院，承担项目建议书阶段秦岭隧洞勘测设计和相关专题研究工作，使用资金 1187 万元。

（3）陕西省水利水电工程咨询中心，承担引汉济渭工程调水规模、融资及管理模式研究、项建咨询和规划编修等工作，使用资金 598 万元。

（4）江河水电咨询中心、防汛抗旱办、水资办等单位开展调水规模论证咨询、取用水测量调查工作，汉中、安康市水利局配合编制移民安置方案等，使用资金 220 万元。

2011 年 7 月，国家发改委印发《关于陕西省引汉济渭工程项目建议书的批复》（发改农经〔2011〕1559 号）文件，正式批复引汉济渭工程项目建议书。

第二节 可行性研究阶段资金使用

引汉济渭可行性研究报告和施工准备工程累计使用资金 25.762 亿元，其中用于可行性研究勘测设计和专题研究 2.043 亿元，准备工程建安投资及征地拆迁 16.085 亿元，库区移民安置 2.562 亿元，待摊投资 3.814 亿元，其他 1.258 亿元。

（1）可行性研究阶段勘测设计、专题研究等使用资金 2.043 亿元。其中陕西省水利电力勘测设计研究勘测设计使用资金 1.083 亿元，铁道第一勘察设计院勘测设计使用资金 4258 万元，专题研究使用资金 5344 万元。

需要说明的是引汉济渭工程受水区输配水工程规划咨询等费用包括在上述省水电设计院使用资金总额之中。

（2）准备工程土建和征地拆迁工程使用资金 16.085 亿元。其中建筑安装工程使用资金 15.295 亿元，征地拆迁使用资金 7909 万元（表 17-2-1）。

表 17-2-1　　　　　　　准备工程土建和征地拆迁使用资金统计表　　　单位：万元

序号	项 目 名 称	土建工程	征地拆迁	合计
1	宁陕四亩地至麻房子道路工程	4611	612	5223
2	周至 108 国道至小王涧道路工程	5224	176	5400
3	三河口水库勘探试验洞及施工供电工程	2075	29	2104
4	秦岭隧洞岭南供电工程	1751	11	1762
5	秦岭隧洞岭北供电工程	1297	5	1302
6	大河坝至黄金峡交通道路工程	28006	1526	29532
7	大河坝管理基地工程	1536	398	1934
8	秦岭隧洞出口勘探试验洞工程	7608	1322	8930
9	西汉高速公路佛坪连接线永久改造工程	25000		25000
10	秦岭隧洞 1 号勘探试验洞工程	3854	837	4691
11	秦岭隧洞 2 号勘探试验洞工程	4834	205	5039
12	秦岭隧洞 3 号勘探试验洞工程	10178	310	10488
13	秦岭隧洞 6 号勘探试验洞工程	7404	256	7660
14	秦岭隧洞 7 号勘探试验洞工程	3217	330	3548
15	施工期信息化系统（一期）工程	446		446
16	秦岭隧洞 1 号试验洞主洞延伸段	5146		5146
17	秦岭隧洞 2 号试验洞主洞延伸段	6213	809	7022
18	秦岭隧洞 3 号试验洞主洞延伸段	8390	626	9016
19	秦岭隧洞 6 号试验洞主洞延伸段	9210	457	9667
20	秦岭隧洞 6 号主洞 TBM 设备	8107		8107
21	椒溪河勘探试验洞工程	3518		3518
22	秦岭隧洞 0 号勘探试验洞工程	3594		3594
23	秦岭隧洞 0-1 号勘探试验洞工程	1726		1726
	合　　计	152945	7909	160854

（3）三河口、黄金峡水利枢纽移民安置工程使用资金 2.562 亿元。三河口移民安置工程使用资金 2.452 亿元，其中安康市使用 309.5 万元，宁陕县 1.009 亿元，汉中市 168.3 万元，佛坪县 1.394 亿元；黄金峡移民安置工程使用资金 1101 万元，其中汉中市使用 115 万元，洋县使用 986 万元。

（4）待摊投资支出 3.814 亿元，其中勘测设计和科研试验 2.773 亿元，建设单位管理费 5648.4 万元，工程监理 1849.4 万元，工程保险 1103.2 万元，招标代理 479.6 万元，办机关和现场部历年办公用房租金、律师代理费和审计中介费等 1329.4 万元。

（5）其他项目使用资金 1.258 亿元，其中拨给引汉济渭公司注册资金 1 亿元；西安引汉济渭基地建设借用 1000 万元；省引汉济渭办购置办公设备等固定资产 290 万元；2011 年至 2014 年使用部门经费及代扣税金手续费 1291.4 万元。

第三节　资　产　移　交

2013 年 6 月，省水利厅《关于转发〈陕西省人民政府关于同意成立省引汉济渭工程建设有限公司的批复〉的通知》（陕水发〔2013〕16 号），要求省引汉济渭办按照文件精神，对已投入工程建设的资金清产核资、并进行审计后投入引汉济渭公司。按照文件要求，省引汉济渭办以 2014 年 3 月 31 日为基准日，组织开展了清产核资和审计工作，并以《关于引汉济渭工程资产移交有关情况的通知》，将引汉济渭工程资产移交给引汉济渭公司。

（1）2014 年 4 月 12 日，省引汉济渭办成立清产核资工作机构，以 2014 年 3 月 31 日为基准日，组织开展清产核资工作。

（2）2014 年 10 月 22 日，《清产核资专项审计报告》出案，审计确认基准日资金来源总额为 26.481 亿元，资金占用总额为 26.481 亿元。

（3）2014 年 11 月 4 日，依据《关于引汉济渭工程资产移交有关情况的通知》（引汉济渭发〔2014〕51 号），省引汉济渭办向引汉济渭公司移交资金占用总额 26.132 亿元、资金来源总额 26.132 亿元。移交后，省引汉济渭办账面结存基建拨款 0.333 亿元，历年利息收入 0.211 亿元，债权资金 0.012 亿元，银行结存货币资金 0.532 亿元。

2014 年 9 月，国家发改委印发《关于陕西省引汉济渭工程可行性研究报告的批复》（发改农经〔2014〕2210 号）文件，正式批复引汉济渭工程可行性研究报告。

截至 2014 年 9 月，中、省财政累计投入项建、可行性研究和施工准备工程建设资金 27.307 亿元，累计使用 26.775 亿元，账面结存货币资金 0.532 亿元。省引汉济渭办账面结存货币资金用于引汉济渭工程后续项目建设。

第三章 资 金 监 管

引汉济渭工程启动实施以来，省委、省政府十分重视建设资金的监督管理，要求省级各部门、市县政府和省引汉济渭办分工合作，相互配合，各司其职，各尽其责，不断加强资金监督管理工作，努力提升监管效用和威慑力，实现监管手段相互交融、监管内容全覆盖，形成齐抓共管的监督管理格局。

第一节 监管内容与依据

引汉济渭工程资金监管内容主要是：国家法律法规和规章制度执行情况；工程项目申报、审批、实施和验收情况；项目资金计划、预算执行情况；财务管理和内部控制制度建设及执行情况；资金拨付和使用情况；资金使用效益和绩效情况；以前年度审计、检查发现问题的整改情况；其他内容。

实施资金监督的依据是国家财经法规制度和省引汉济渭办内部管理制度两大类。

（1）国家财经法规制度：国家财经法规制度是指各级政府部门颁布的、具有普遍指导意义的法规及制度、办法等，是引汉济渭工程建设管理必须遵守的基础性约束、原则性规定。如财政部《基本建设财务管理规定》《国有建设单位会计制度》《建设工程价款结算暂行办法》和水利部《水利基本建设资金管理办法》《基本建设项目竣工财务决算编制规程》《陕西省水利专项资金管理暂行办法》等一系列基本建设资金使用管理制度办法等。

贯彻执行国家财经法规制度是组织实施引汉济渭工程财务和资金管理的前提，但国家财经法规制度对所有基本建设项目资金管理具有普遍约束作用，概括性较强。为了做好引汉济渭工程资金管理工作，结合项目特点，还需制定针对性和实用性较强的引汉济渭办内部管理制度。

（2）内部管理制度：引汉济渭办内部管理制度是国家财经法规制度的补充和延伸。根据国家法规制度，结合引汉济渭工程特点，制定具体、详尽、操作性强的引汉济渭办内部管理制度是保证国家财经法规得以全面贯彻执行的基础，也是引汉济渭工程财务和资金内部管理的重要手段，见表17-3-1。

表 17 - 3 - 1　　　　　**引汉济渭工程财务和资金内部管理制度统计表**

序号	办 法 及 制 度 名 称
1	省引汉济渭办财务支付审批程序的规定
2	省引汉济渭办合同签订和价款结算程序的规定
3	引汉济渭工程财务管理暂行办法
4	引汉济渭工程资金管理暂行办法
5	引汉济渭工程建设征地移民安置资金管理暂行办法
6	引汉济渭工程建设征地移民安置资金会计核算办法
7	省引汉济渭办差旅费管理实施细则
8	省引汉济渭办财产物资管理办法
9	省引汉济渭办财务审计工作责任制度
10	省引汉济渭办会计基础工作规范化实施细则
11	省引汉济渭办会计电算化管理制度
12	省引汉济渭办财务和资金内控制度
13	省引汉济渭办公务卡管理使用办法

第二节　监　督　方　式

引汉济渭工程资金监督方式分为内部资金监督和外部资金监督。

一、内部资金监督

引汉济渭工程内部资金监督是指省引汉济渭办组织实施的经常性资金监督。多年来，省引汉济渭办主要采取前期控制、经常性自查、重点检查和内部审计相结合的方法实施内部资金监督：一是事前严把招标关，加强资金监督。每次进行招标，都委托专业造价咨询单位，详细编制招标项目造价书，科学确定招标控制价，实行无标底招标，从严控制项目建设成本，节约工程建设资金。二是开展经常性内部自查、重点检查，加强资金监督。省引汉济渭办坚持执行资金专账核算、专户储存，专款专用原则，经常性开展内部自查，进行会计监督，规范资金管理。同时，每年组织多次重点检查，追踪检查施工企业资金流向，防止挤占、挪用，检查县级征地移民资金使用管理情况，保证征迁资金规范使用。开展经常性自查和重点检查、及时发现并纠正存在问题是保证资金管理不出披露的基础，也是规范资金使用和管理的重要手段。三是开展内部审计，加强资金监督。针对征地移民资金量大，管理复杂的实际，开展征地移民资金内部审计，加强资金监督。四是严控结算关，加强事后资金监管。项目价款结算是规范资金使用管理的关键环节，省引汉济渭办按照财政部、建设部《建设工程价款结算暂行办法》和《省引汉济渭办合同签订和价款结算程序的规定》办理每期工程价款结算工作，同时针对完工工程结算，专门委托造价工程师事务所进行完工造价审核，通过加强日常结算和完工结算审核，保证工程价款结算的合法性、真实性和准确性，实现内部监督目标。

二、外部资金监督

外部资金监督是指各级审计机关、财政部门和上级单位对引汉济渭工程建设组织实施的资金监督。多年来，各单位各部门从完善制度、建立机制、规范管理等方面入手，以追踪资金流向为主线，以"四查"（查项目实施情况、查资金文件、查收支凭证、查资金运用情况）为重点，把资金监督检查贯穿于工程建设全过程，共同维护项目资金专款专用和资金使用的合理、合法性。各单位各部门实施外部监督的时间、执行主体、监督内容详见表 17-3-2。

表 17-3-2   引汉济渭工程外部资金监督情况统计表

序号	监督类型	实施单位	时间/（年-月）	审计内容
1	审计	审计署西安特派办	2010-07	项建、工程用地审计
2			2013-11	水利系统结余资金审计
3			2015-03	政府债务、收支延伸审计
4			2015-05	促增长、保民生延伸审计
5			2016-08	重大政策落实审计
6		陕西省审计厅	2010-04	项目跟踪审计
7			2011-08	项目跟踪审计
8			2012-06	项目跟踪审计
9			2013-04	项目跟踪审计
10			2016-03	2015年预算执行审计
11			2016-06	项目跟踪审计
12		陕西省水利厅	2008-03	省水利厅内部审计
13			2013-07	省水利厅内部审计
14			2015-09	省水利厅内部审计
15	稽查	水利部	2015-10	引汉济渭工程稽查
16		陕西省水利厅	2012-09	引汉济渭工程稽查
17			2014-08	引汉济渭工程稽查
18	专项检查	陕西省财政厅	2009-09	财政投资评审
19			2012-04	财务、资金检查
20		陕西省水利厅	2011-09	财务、资金检查
21			2012-07	财务、资金检查
22			2014-07	财务、资金检查
23			2014-08	小金库治理工作检查
24			2015-06	涉农资金检查
25		陕西省水利建设管理局	2011-11	项目建设综合检查
26			2013-01	项目建设综合检查

第三节　存在问题及整改落实情况

每次审计、稽查和检查工作结束后，省引汉济渭办和各参建单位针对存在的问题，不遮掩、不回避，举一反三、系统梳理，议定整改措施，落实整改责任，全力促进监督成果的转化应用，积极发挥资金监督促进建设管理工作的职能作用。多年来，各类审计、稽查和检查指出的主要问题及整改情况如下。

（1）招投标方面：一是未采用无标底招投标；二是委托不符合资质规定的招标代理公司代理招标。

整改情况：一是规范了招投标方式，施工招标不再采用有标底招标，在全省范围率先实行无标底招标；二是择优选择招标代理公司。通过公开竞标，建立了由7家招标代理机构组成的引汉济渭工程招标代理库，入库的招标代理公司全部具有甲级资质。

（2）施工管理方面：一是大黄路Ⅰ标施工企业擅自调整C20喷射混凝土配合比，使用的C20喷射混凝土配合比报告不符合国家标准要求；二是大黄路Ⅰ标段和Ⅱ标段、2号勘探洞试验室检测员无从业资格证书；三是1号试验洞工程技术资料记录不符合规定；四是宁陕四亩地至麻房子道路部分路基边沟施工与工程设计不符。

整改情况：一是规范了大黄路Ⅰ标C20喷射混凝土配合比报告记录工作。由于该项目试验员工作疏忽、配合比填写不正确是造成这个问题的原因。经复查，工程实际使用的石子粒径为0.15～15毫米，符合国家要求。监理部已对试验员进行了调离工作岗位和扣发当月奖金的处罚；二是相关单位充实调整了试验室检测人员，调整后的大黄路Ⅰ标段和Ⅱ标段、2号勘探洞试验室检测员全部具有从业资格证书；三是针对工程技术资料记录不符合规定问题，监理部要求施工企业重新按试验实际数据记录压实度试验资料和水泥试验报告温度记录资料，切实认真做好工程技术资料记录工作；四是针对宁陕四亩地至麻房子道路部分路基边沟施工与工程设计不符问题，责令施工单位对不符合要求部分进行返工，并按设计标准重新进行了验收，对施工企业和监理单位进行了处罚。

（3）监理工作方面：一是部分监理公司未按合同协议要求配足监理人员；二是个别监理单位擅自合并大黄路Ⅱ标段和Ⅲ标段项目监理部、总监办；三是2号试验洞监理部、3号试验洞监理部未按投标文件规定配置地质监理工程师。

整改情况：一是依据监理公司投标文件，要求其配足符合条件的监理人员。各监理公司迅速落实，监理人员到岗人数全部达到合同要求，满足了现场监理需要；二是针对监理公司合并项目监理部和总监办问题，各监理单位已按规定进行了整改，各标段均有独立的监理机构，独立的总监办，并配备了监理设施；三是 2 号试验洞监理部、3 号试验洞监理部已按要求，及时配备了地质监理工程师，新配备人员都具有地质监理工程师任职资格。

（4）工程资料管理方面：一是未及时收集保管部分工程资料；二是保管的部分工程档案资料不规范完整；三是在建工程变更资料申报审批不及时。

整改情况：由于已完工程尚未办理竣工验收，施工、监理单位还未将工程资料缴存档案室，所以出现工程结算资料管理不规范、归集不完整的现象。经整改，大部分资料已经收集、归档，部分资料施工现场在用，已登记造册，用完归还。对于"在建工程变更资料申报审批不及时"的问题，由于引汉济渭工程点多面广，地质条件复杂，施工环境较差，交通不便，为了不影响施工进度，经研究确定采取"设计、监理、施工与业主四方现场会审"的方法审批设计变更，加快了工程设计变更的审批速度，提高了工作效率。

（5）财务和资金管理方面：一是出借项目建设资金；二是少缴印花税。

整改情况：一是出借项目资金，经复查，资金借款人全部是工程施工的中标单位，借款控制金额均经过相关部门测算，不存在资金风险。产生借款的原因是新增建设项目已经实施完成，但相关结算手续未办理暂不能结算，为防止中标单位因资金紧张拖欠民工工资，影响后续项目建设而采取的临时措施。已将所借款项全部从相关企业的后续工程进度款中扣回。二是关于少缴的印花税，已按规定足额缴纳。

（6）移民安置资金使用中存在的问题。一是现金支付拆迁补偿费，发放手续不规范；二是移民资金管理和使用不规范，其中佛坪县引汉济渭办无依据向县财政局非税收入专户划转城山梁基地耕地占用税 80 万元，洋县移民办公室出借资金 144 万元；三是佛坪县、宁陕县滞留移民安置资金；四是佛坪县交通局佛坪连接线永久改线工程施工、监理单位擅自更换现场管理人员及监理人员。

整改情况：一是关于现金支付征迁补偿费，发放手续不规范问题，周至县引汉济渭办、宁陕县移民局建立了征迁资金兑付制度，现金结算起点 1000 元以上的支出，全部通过银行转账兑付给农户，并补齐了花名册，完善了征迁补偿费发放手续。二是关于移民资金管理使用不规范问题，佛坪县引汉济渭办已追回城山梁资金，待完善相关手续后再行缴纳耕地占用税；洋县移民办公室规范了相关票据，补签了征迁合同，健全了县级报账制的操作程序，收回了出借资金。三是关于佛坪县、宁陕县滞留移民安置资金问题。针对该问题，省引汉济渭办督促佛坪、宁陕两县加快移民安置点基础设施建设、加快制定资金补偿办法，减少资金滞留。两县移民征迁工作进度加快，并制定了资金补偿办法，滞留资金已拨付到户；四是佛坪连接线永久改线工程施工、监理单位擅自更换现场管理人员及监理人员问题。针对该问题，佛坪县交通局已要求相关单位，按照招投标文件规定，配齐了工程现场管理人员及监理人员，满足了工程现场管理需要。

第十八篇
前期工作组织领导

引汉济渭工程从提出初步设想到完成前期工作，进而全面开工建设，历时 30 多年。期间，前期工作的每一步进展，既凝结了水利专家学者、勘测设计单位和水利部、发改委、财政部、环保部、国土资源部等相关部门以及工程所在地西安、汉中、安康三市和周至、洋县、佛坪、宁陕四县党委政府领导的辛勤汗水，更是省委、省政府领导亲力亲为、坚持不懈抓落实的结果。

第一章　前期工作重大决策

陕西省南水北调的初步设想提出于 1984 年。此后，陕西省水利厅组织水利电力勘测设计单位的专家进行了多年深入研究。

第一节　查勘与规划编制重大决策

1993 年，省水利厅委托省水利学会依据拟定的工作大纲，组织水利专家历时 7 个月，开展了省内南水北调工程查勘，并拟定了 7 条调水线路：即引嘉陵江济渭河、引褒河济石头河水库、引胥水河济黑河、引子午河济黑河、引旬河济涝河、引乾祐河济石砭峪水库、引金钱河济灞河。1994 年，省水利厅刘枢机厅长主持党组会讨论省内南水北调工程查勘报告，认为查勘报告提出的调水工程是解决关中缺水问题的重大举措，且技术上可行，经济上合理，推荐近期实施引红济石工程，以解决西安、咸阳的城市用水问题，将引嘉济渭、引胥济黑列为远景项目，实现年调水 20 亿立方米的目标。同年 4 月 28 日，省水利厅向省计划委员会报送了查勘成果。

1997 年 2 月，省水利厅组成南水北调考察组，完成了《陕西省两江联合调水工程初步方案意见》，并根据省政府《关于加快汉江梯级开发带动陕南经济发展的决定》（陕政发〔1997〕9 号）文件精神，对引嘉入汉进行了更深入的查勘和规划研究，由省水电设计院于 1997 年 5 月提交了《陕西省引嘉入汉调水工程初步规划报告》。此后根据水利厅的工作安排，经多方案比较研究，2002 年 12 月，水利厅咨询中心组织编制完成了《陕西省引汉济渭调水工程规划》。

2003 年 1 月 21 日，陕西省代省长贾治邦作《政府工作报告》时明确提出："坚持以兴水治旱为中心，抓好骨干水源工程建设，……着手进行'引汉济渭'项目的前期工作。"这是引汉济渭工程第一次成为省政府的重要决策。

2003 年 6 月 3—5 日，陕西省省长贾治邦、副省长王寿森带领省级有关部门负责同志和工程技术人员赴宝鸡市、汉中市，实地考察省内南水北调"引红济石""引汉济渭"工程规划选址，并在汉中市召开南水北调考察汇报座谈会。贾治邦在座谈会上的讲话中指出：建设引汉济渭调水工程事关我省经济社会发展大局，是荫及子孙后代的大事、好事，要进一步加快省内南水北调工程的前期工作进度。座谈会建议尽快成立省南水北调工程领导小组，统一负责规划的组织协调工作。会议责成省水利厅尽快启动引汉济渭调水工程前期工作。

2003 年 8 月 13 日，省水利厅以陕水字〔2003〕62 号文向省政府上报关于引汉济渭工程前期工作总体安排意见和 2003 年工作计划的请示。请示报告汇报了水利厅贯彻落实贾治邦省长 6 月 5 日在汉中市召开省内南水北调座谈会精神和《省内南水北调工程总体规划》和《引汉济渭调水工程规划》完善修改情况，以及因与西汉高速公路交叉而组织专家对三河口水库规划方案调整的研究成果和水利厅的建议，提出引汉济渭调水工程前期工作由水利厅负责。同时建议省政府向国务院专题报告，请求国务院在批准国家南水北调工程中线时预留我省调水量；并利用各种机会争取国家领导人对我省引汉济渭工程给予理解和支持；建议省计委积极做好国家发改委的工作，尽最大努力保证陕西省的用水权，并为引汉济渭工程立项创造条件。

第二节 项目建议书编制组织领导

2003 年 11 月 20 日，受水利厅副厅长、引汉济渭前期工作领导小组组长王保安委托，省水利厅总工、引汉济渭前期工作领导小组副组长田万全主持召开引汉济渭前期工作领导小组第一次会议，专题研究引汉济渭工程项目建议书招标问题，确定本次引汉济渭项目建议书招标的范围为三河口水库和秦岭隧洞，并分为两个标段，按照总价承包、费用一次包干的计价方式进行招标，2003年12月29日上午开标，投标的6个单位中，陕西省水利水电勘测设计院、铁道部第一设计院中标。

2004年2月6日，省政府决定成立以陈德铭常务副省长为组长、王寿森副省长为副组长，省政府办公厅、省水利厅、省计委、省财政厅、省国土资源厅、省交通厅、省环保局和安康市、汉中市主要负责同志为成员的省内南水北调工程筹备领导小组，并以陕政办函〔2004〕16号文印发关于成立省内南水北调工程筹备领导小组的通知。

2004年7月19日，陕西省政府以陕政字〔2004〕61号文向国务院报送关于南水北调中线工程中考虑陕西用水问题的请示，恳请国务院考虑陕西省作为国家南水北调中线工程的水源区和调出区，水源保护任务十分艰巨，需付出巨大代价，而关中地区缺水十分严重，近期无法从其他途径解决，从汉江调水条件优越、较为现实的实际，在批复国家南水北调中线工程时，近期能给我省留出20亿立方米水量调入渭河，在远期三峡工程向丹江口水库补水后，再适当增加入渭水量，以支持陕西省经济社会可持续发展和改善生态环境。

2004年12月31日，陈德铭省长主持召开2004年省政府第30次常务会议，决定在省水利厅内设负责引汉济渭工程前期工作的专门工作班子，并决定从2005年起，每年多渠道安排2800万元用于重大水利建设项目前期工作。

2005年8月，省委、省政府在制定"十一五"发展规划时，省委书记李建国、分管副省长王寿森亲自组织开展了全省水资源开发利用调研活动，形成的调研报告认为，"在粮食、能源与水资源三大战略资源中，我省能源资源丰富，粮食基本自给，而水资源短缺的矛盾十分突出，已成为当前和今后一个时期制约我省经济社会发展的重要因素"，提出了"五水齐抓""两引八库"的水利发展思路，其中的"两引"是指引红济石和引汉济渭。

2005年12月16日，国务院以国函〔2005〕99号文批准的《渭河流域重点治理规划》，明确将我省陕南地区汉江上游水量调入渭河流域关中地区的大型跨流域调水工程作为渭河治理的重要措施，要求加快做好项目前期工作，为建设引汉济渭工程提供了规划上的依据，后来国务院批准的《关中—天水经济区建设规划》要求加快建设引汉济渭工程。

第三节　实质性启动后组织领导

2007年4月29日，省政府决定实质性启动引汉济渭工程前期工作，此后，省政府或其协调领导小组每年都要召开会议，专题研究引汉济渭工程前期工作和大力推进准备工程建设、移民安置等事项，既加快了前期工作，又推进了准备工程、勘探试验工程建设和移民安置工作，为工程全面开工建设赢得了时间。

4月29日，袁纯清省长主持召开会议，专题研究引汉济渭调水工程建设问题。省委常委、常务副省长赵正永，副省长张伟，省政协副主席王寿森及省发改委、财政厅、水利厅、国土资源厅、交通厅、林业厅、环保局和西安市、汉中市负责同志参加会议。与会人员察看了引汉济渭调水工程现场，听取了省水利厅关于引汉济渭调水工程情况汇报，讨论了工程启动实施问题。会议确定：一是按照实质性启动的要求制定好引汉济渭工程实施方案；二是多渠道筹集工程建设资金；三是年内启动准备工程建设；四是成立省引汉济渭工程协调领导小组及其工作机构，由省政府常务副省长赵正永、副省长张伟和省政协副主席王寿森牵头，省级有关部门和相关市（区）政府主要负责同志为成员，负责工程建设管理中重大问题的决策和协调。同时责成省水利厅抽调精干力量组建专门的工作机构，负责工程的建设管理。

6月12日，省政府引汉济渭工程协调领导小组正式成立，赵正永副省长任协调领导小组组长、张伟副省长任副组长，省政协王寿森副主席任顾问。同时由赵正永副省长主持召开省引汉济渭工程协调领导小组第一次全体成员会议。会议确定：按照既定方案抓紧推进引汉济渭工程；加快启动单项工程项目审批和有关配套手续的完善工作；原则同意水利厅提出的先行启动实施施工道路、施工供电、勘探试验工程的意见，并要求年内完成7000万元以上的投资任务；加强引汉济渭工程建设的组织机构建设，实行一套人马、两块牌子，既是引汉济渭工程协调领导小组办公室，又是负责工程建设管理和社会化筹融资等工作的法人；提早做好移民安置工作。

6月15日，省水利厅组建省引汉济渭工程协调领导小组办公室，谭策吾厅长任主任，田万全副厅长任副主任，将关中九大灌区更新改造世行项目办公室全体工作人员转入省引汉济渭办，并与从厅直系统抽调的同志组成综合、工程、技术、移民四个工作组。当日，田万全同志主持召开引汉济渭前期工作班子全体人员会议，传达省政府有关会议精神，细化和明确了年度工作目标，就近期工作和道路、电力等辅助工程建设进行了全面安排部署。

9月12日，省长袁纯清带领水利厅主要负责同志赴水利部汇报工作。水利部陈雷部长召开会议听取了袁纯清省长和谭策吾厅长关于引汉济渭工程和农村饮水工作有关情况的汇报。陈雷部长表示大力支持陕西建设引汉济渭工程。他说，在近期考虑引汉济渭工程是现实可行的，特别是汉江上游在陕西，这些年陕西为保护汉江水质、为南水北调中线做出了贡献，陕西合理利用汉江水资源解决区域性缺水问题也是非常必要的；同时他要求水利部有关司局和水规总院在相关规划中明确引汉济渭工程、协助陕西做好调水量论证和方案优化工作，表示项目建议书上报水利部后将尽快安排审查、将抓紧安排上会研究后向国家发改委报送审查意见。

9月28日上午，省委书记赵乐际带领省委办公厅、发改委、水利厅、农发办和汉中市委、市政府主要领导，冒雨检查引汉济渭准备工程建设情况，在听取水利厅田万全副厅长的工作汇报后表示：引汉济渭工程是缓解我省水资源严重短缺局面的战略性水利项目，要集中力量做好各项准备工作，加快工程建设步伐。赵乐际书记特别强调，在设计中要留足河道生态用水，制定有针对性的生态环境保护措施；在工程建设中要搞好植被恢复和绿化工作，努力把施工对环境的影响降到最低程度，把工程干好，共同为振兴陕西的水利事业、实现省委提出的西部强省目标而奋斗。

11月23日，水利部陈雷部长视察三河口水库坝址，现场听取了水利厅副厅长、引汉济渭办副主任田万全关于工程有关情况汇报，详细询问了有关工程技术方案、监管体制、水价形成和运营机制等情况，强调汉江上游在陕西，陕西为保护汉江水质和南水北调中线工程建设做出了贡献，建设省内调水引汉济渭工程、合理利用汉江水资源解决区域性缺水问题是必要的，在前期工作中要坚持科学规划、统筹考虑，兼顾上下游和左右岸，协调好生产、生活、生态用水，把工作进一步做细做实。

12月16—17日，水利部与陕西省人民政府在西安联合召开引汉济渭工程项目建议书论证咨询会议，会后形成的专家组咨询意见认为：提交会议咨询的项目建议书在工程建设的必要性、受水区用水需求、调水工程布局、可调水量分析以及工程建设条件等方面做了大量的分析研究工作；应进一步研究区域和各行业水资源配置方案，合理确定当地可利用水量，深入论证需调水量；进一步研究满足工程正常运行的建设管理体制运营机制，提出相应的政策建议和措施。专家咨询组建议引汉济渭工程按最终规模立项、分步实施的方式建设。水利部副部长矫勇和陕西省副省长张伟出席会议并讲话。省政协王寿森副主席陪同矫勇副部长查勘了工程现场。

2008年8月11日上午，由袁纯清省长主持召开省政府召开第23次常务会议，原则审议通过了《引汉济渭工程基本情况及建设资金筹措方案》。会议指出：引汉济渭工程是事关全省经济社会发展全局的命脉工程，各级政府和各有关部门要坚决按照省委、省政府的部署，统一思想认识，加大工作力度，切实把这件功在当代、利在千秋的大事办好。会议还决定了六大事项：一是按照"一次规划、统筹配水"的原则。这项决定是对最初将三河口水利枢纽、秦岭隧洞与黄金峡水利枢纽、黄三隧洞为分两期立项建设方案的重大调整。要求省水利厅进一步论证完善规划，确保年调水15.5亿立方米的总体规划顺利通过国家审批。二是确定工程资本金按60亿元筹集，其中争取中央补助28.5亿元；省级水利专项资金安排31.5亿元。三是按照一套人马、两块牌子的模式，抓紧组建引汉济渭工程协调领导小组办公室和引汉济渭工程建设公司，同时明确其法人地位。会议决定此事由洪峰、姚引良副省长负责。四是责成省水利厅加强与引汉济渭工程受益区市（区）政府协调，落实调水水量配置方案，报省引汉济渭协调领导小组审定。五是加快组建省水务集团；六是责成省水利厅就开征水资源使用权费问题进行调研论证，提出具体意见并经省政府法制办复核后，报省政府研究。此事有姚引良副省长负责。省水利厅谭策吾厅长、田万全副厅长参加会议并汇报了相关情况。

2009 年 2 月 12 日下午，省引汉济渭工程协调领导小组组长、副省长洪峰主持召开省政府第 27 次专题会议，研究引汉济渭工程建设有关问题。省引汉济渭工程协调领导小组副组长、副省长姚引良及各成员单位负责同志参加会议。会议肯定了 2008 年引汉济渭工程的前期工作与准备工程建设，审定了 2009 年工作计划，并原则同意据此执行。会议同时确定了 8 项具体事项：一是省水利厅、省发改委等有关部门要加强与国家有关部委的沟通联系，全力以赴推进项目建议书的报批工作，必要时由省政府出面协调，确保项目建议书年内通过审批。二是全力加快移民搬迁、准备工程和试验段工程建设等工作进度。三是省财政厅并商省发改委落实工程 2009 年所需资金来源，保证不因资金问题导致工程停工待料。四是工程所在地市县地方政府尽快确定移民搬迁方案并上报审查，并加强领导机构、配备得力人员、落实工作责任，全力保证工程建设。五是考虑下一步移民安置后续扶持问题，增加省农业厅、住建厅为协调领导小组成员单位，从新农村建设、农业综合开发和扶贫等方面，使移民得到更好的安置与扶持。六是因引汉济渭工程建设需要永久改线的西汉高速公路佛坪连接线工程由省交通厅作为主体建设；省电力公司统筹规划，尽早安排工程建设的输电网络，保证配电网络的通电负荷。七是由省水利厅主动与大唐陕西发电有限公司联系沟通，就黄金峡大坝建设拿出具体合作开发意见，必要是由省政府出面协调。八是由省水利厅尽快拿出引汉济渭工程建设机构方案，并与省编办沟通论证。省水利厅厅长谭策吾、副厅长王保安、田万全和总工孙平安参加会议并汇报了相关情况。

2010 年 1 月 21 日上午，省引汉济渭工程协调领导小组组长、副省长洪峰主持召开会议，专题研究引汉济渭工程建设有关问题。协调领导小组副组长、副省长姚引良及各成员单位负责人参加会议，省引汉济渭办常务副主任蒋建军向会议汇报了 2009 年工作和 2010 年工作计划。会议认为：2009 年引汉济渭工程前期工作取得了一系列突破性进展。会议要求各成员单位进一步加强协作，以古秦人修建郑国渠的执着精神大干快上，全力推动引汉济渭这一惠及全省、造福后代的重大工程建设。会议确定了 7 项工作：一是 2010 年引汉济渭工程的首要任务是项目建议书通过国家审批，省发改委、国土资源厅、环保厅和林业厅等部门要全力做好配合工作。二是 2010 年引汉济渭工程前期工作与准备工程、勘探试验工程安排资金 8 亿元。

三是省水利厅按照省政府有关会议要求，要积极推进和深化水利投融资及管理体制改革，搭建融资平台，加快引汉济渭等大型骨干水源工程建设。四是要求西安、汉中、安康三市和工程沿线各县政府从全省大局和长远利益出发，加强建设环境保障工作，为工程建设创造无障碍的良好环境。五是移民、施工道路建设和用电问题是前期工作的重点，相关部门要按计划积极推进。六是黄金峡枢纽建设问题关系到引汉济渭工程建设的总体安排，省引汉济渭办要加大再与大唐陕西发电有限公司的沟通联系，研究建设方案，报省政府确定。七是省引汉济渭办要配合相关部门探索、研究、建立一套与工程建设相适应的监管体制，确保工程建设不出任何问题。

2010年12月28日，省引汉济渭工程协调领导小组组长、副省长姚引良主持召开协调领导小组第四次会议，会议确定了引汉济渭工程的总体目标：引汉济渭工年最终调水规模15亿立方米，按照"一次总体规划、相继安排实施、分布增加供水"的原则先期开工建设秦岭隧洞和三河口水库，2020年前实现年自流调水5亿立方米，2025年实现调水10亿立方米，2030年实现调水15亿立方米。会议同时安排了先期工程建设时间和2011年投资，并要求省发改委、水利厅要继续加强与国家发改委、水利部联系，加强与湖北省有关方面的协调工作，争取国家早审批、早立项。

2011年7月20日，赵正永省长、祝列克副省长率领省级有关部门和相关市县负责同志，考察了引汉济渭工程三河口水库坝址和秦岭2号、3号勘探试验洞工程，同时召开专题会议，研究引汉济渭工程建设有关问题。会议认为引汉济渭工程是一项基础性、全局性、公益性、战略性水利工程，要求加快完成全面开工的各项准备，抓紧做好库区移民安置工作，加快推进重点工程建设，加快实施大佛公路改线。会议要求省级有关部门认真落实工程建设资金。国家发改委批准的引汉济渭工程总投资为146亿元，其中50%计由地方筹资73亿元，除已经投入22亿元外，从今年起引汉济渭工程资金投入每年按8亿元落实，其中，省财政厅、发改委从省级水利建设基金中安排2亿元，从重大水利工程建设基金中安排3亿元，从省财政专项安排1亿元，从省级预算内基本建设资金安排2亿元，剩余部分由省水务集团公司贷款解决。省水利厅王锋厅长、洪小康副厅长和省引汉济渭办常务副主任蒋建军、副主任杜小洲参加了这次会议。

2011年9月13日上午，省长赵正永主持召开第17次政府常务会议，听取了省水利厅副厅长管黎宏关于引汉济渭工程建设管理体制有关问题的汇报。会议确定：一是同意成立陕西省引汉济渭工程建设总公司，与省引汉济渭工程协调领导小组办公室合署办公，总公司由省国资委监管，业务由省水利厅管理。二是为加快引汉济渭工程建设步伐，省政府将专门研究具体支持政策，责成省水利厅抓紧准备。

2012年1月13日，省引汉济渭工程协调领导小组组长、副省长祝列克主持召开会议专题研究引汉济渭工程建设有关问题。省引汉济渭工程协调领导小组副组长、省政府副秘书长胡小平、省水利厅厅长王锋及协调领导小组成员单位负责同志参加会议。会议认为：2011年协调领导小组各成员单位抢抓机遇，积极配合、攻坚克难，前期工作跨出了具有里程碑意义的一步，对实现工程近期建设目标具有决定性意义。会议确定：2012年主要任务是加紧做好各项前期工作，全面铺开主体工程建设。为此，会议要求省级有关部门要合理推进工程建设，加快形成合理的筹融资机制和现场管理体系，加强工程建设环境保障及移民工作。会议建议今年全国两会期间，省政府主要领导拜会国家发改委、水利部、环保部等相关部门领导，汇报引汉济渭工程等重大水利工程建设情况，争取更大支持。

2011年12月8日，引汉济渭工程建设动员大会在西安市周至县黄池沟口黑河之滨隆重举行。随着赵正永省长宣布"引汉济渭工程建设准备工作全面开工"的一声号令，标志着我省有史以来投资规模最大、供水量最大、建设难度最大、受益范围最广、效益功能最多的战略性水资源配置工程——引汉济渭工程建设准备工作进入全面施工阶段。省委书记、省人大常委会主任赵乐际，长江水利委员会主任蔡其华，黄河水利委员会主任陈小江，省委副书记王侠，省委常委、西安市委书记孙清云，省军区司令员郭景洲，省人大常委会副主任罗振江，省政协副主席张生朝，西安市市长陈宝根出席动员大会。水利部部长陈雷、省长赵正永分别讲话。省委常委、常务副省长娄勤俭主持建设动员大会。副省长祝列克对引汉济渭工程建设相关工作进行安排部署。水利部总工程师汪洪、总规划师兼规计司司长周学文，水利部有关司局、长江水利委员会和黄河水利委员会有关部门领导，省重大水利工程建设领导小组成员单位和省直有关部门的主要负责同志；各市和杨凌示范区水利（水务）局主要负责同志；洋县、佛坪、宁陕、周至县委或县政府主要负责同志，县政府分管负责同志及水利局主要负责同志；设计单位、监理单位、施工单位、新闻单位，周至县的干部群众代表共1000多人参加建设动员大会。

2014年2月14日，正值元宵节之际，引汉济渭工程的中枢调蓄工程——三河口水利枢纽在佛坪县工程现场举行。上午10时30分，省委书记、省人大常委会主任赵正永下达开工令，省委副书记省长娄勤俭作动员讲话，省委常委、常务副省长江泽林主持动员会，副省长祝列克安排部署建设任务，要求2017年年底前实现初期蓄水并向西安输水，2018年年初完成建设任务。娄勤俭指出，引汉济渭工程是统筹全省三大区域、联通南北两大水系的基础性、全局性、公益性和战略性水利工程，对解决关中陕北缺水问题，促进我省经济社会可持续发展具有重要意义。各有关方面要确保工程建设顺利推进，为实现富裕陕西、和谐陕西、美丽陕西的目标提供有力支撑。娄勤俭强调，一要严格执行设计和质量标准，搞好技术攻关，把好施工程序、材料准入、工程验收等关口，建设现代化一流工程；二要科学规划，妥善细致做好移民搬迁安置工作，确保群众搬得出、稳得住、能致富；三要将绿色生态理念贯穿始终，强化水源保护和污染防治，切实做到"一池清水入库，一泓净水北调"；四要加强资金管理，合理控制建设成本，用好每笔资金，努力建设阳光工程、廉洁工程。

第二章　陕西省人大、政协对前期工作支持

引汉济渭工程前期工作推进过程中，省人大、省政协领导多次深入前期工作现场视察指导，对前期工作给予了很大支持，并多方奔走呼吁国家尽快批准工程立项。省人大做出专项决议，从立法层面支持工程建设，对推动工程前期工作发挥重要作用。

第一节　陕西省人大与政协视察

2010年4月27日，省人大常委会副主任刘维隆带领人大财经委员会主任委员刘忠良、副主任委员黄怀宝、省人大常委会预算工作委员会副主任任永革视察引汉济渭前期准备工程建设现场。刘维隆副主任强调：省级有关部门要齐心协力，采取有力措施，加快前期工作，使这项惠及全省、造福子孙的战略性水资源配置工程尽快开工。他表示省人大将积极为引汉济渭工程建设鼓劲加油，全力推进这项工程尽快开工建设。他要求全体工程建设者以古秦人修建郑国渠的执着和敬业精神，承接重任，砥砺奋进，为全省人民交一份满意答卷、为后人留下一项世界遗产性的工程。

2010年9月20日，省政协副主席张伟率领省政协常委视察团视察引汉济渭准备工程建设。省政协秘书长田杰、省政府副秘书长胡小平、省水利厅副厅长田万全、省政协副秘书长薛耀林、省引汉济渭办常务副主任蒋建军及宁陕县委、县政府有关领导陪同视察。视察团认为，引汉济渭工程是一项造福三秦百姓，具有基础性、全局性、公益性和战略性的水利工程，并表示将以提案专题报告的方式继续呼吁国家相关部委给予更大支持，争取项目尽快立项，同时就工程建设、水权置换、管理体制、水价政策、筹融资机制、移民安置、受水区水资源配置等方面工作提出了重要建议。

2011年4月26—27日，省人大常委会副主任吴前进带领人大农工委主任张延寿、主任刘晓利等人，赴引汉济渭工程现场调研。吴前进指出，引汉济渭工程必将成为陕西水利发展史上的一座丰碑，为整个经济社会和生态环境建设可持续发展提供强有力支撑。他表示，省人

大常委会和全省各级人大代表将对引汉济渭工程予以全力支持，省人大常委会有关部门将加快调研工作的步伐，就引汉济渭工程建设管理体制、运行机制、水量分配、水价调整、筹资融资等事项提出意见，尽快形成一个加快引汉济渭工程建设的决议草案提交常委会审议；同时，将根据引汉济渭工程的特点，通过立法规范水资源配置、工程运行管理、输水工程和水源安全保护等活动，为建设好引汉济渭工程创造良好法制环境。

2012年2月21—22日，全国政协委员、省政协主席马中平带领驻陕全国政协委员、省政协副主席张生朝、李晓东、李冬玉、李进权，省政协秘书长姚增战等视察引汉济渭工程，了解工程进展情况和需要帮助解决的问题。委员们表示，在全国政协十一届五次会议上，将就加快推进引汉济渭工程建设积极建言献策，力促项目尽快立项；同时希望有关单位坚持高标准、严要求、高质量，把引汉济渭工程建成水资源配置的精品工程、样板工程，建成经得起历史和自然考验，人民群众满意的民生工程、德政工程。

第二节　省人大专项决议与立法调研

2012年8月8—9日，省人大常委会副主任吴前进带领省人大部分全国人大代表和省人大代表和省人大常委、农工委主任张延寿，省人大常委农工委办公室主任王决胜等，在水利厅党组成员、巡视员，引汉济渭办主任洪小康，引汉济渭办常务副主任蒋建军、副主任杜小洲等陪同下，深入引汉济渭工程建设现场调研，为即将召开的省十一届人大常委会第三十一次会议听取和审议省政府关于引汉济渭工程建设情况报告和做出专题决议进行前期工作。吴前进指出，省人大常委会将做出加快引汉济渭工程建设的专项决议，以立法的形式保障工程建设，并在适当时间启动工程保护条例的立法工作，对水资源配置、工程运行管理和水源区安全保护等依法进行规范。

2012年9月25—27日，省十一届人大常委会第三十一次会议听取了祝列克副省长关于引汉济渭工程建设情况的报告，审议通过了《关于引汉济渭工程建设的决议》。常委会认为，引汉济渭工程是一项具有全局性、基础性、公益性、战略性的水利项目，对实现全省水资源优化配置，统筹解决关中、陕北发展用水问题，促进陕南发展循环经济，综合治理渭河水生态环境，推动我省实现区域协调和可持续发展，具有重要意义。决议要求各级政府要充分认识引汉济渭工程的艰巨性，并摆在全省基础设施建设的突出位置，坚持不懈地建设好、管理好这项事关全省长远发展的水利工程；要积极动员一切力量，从人才、资金、政策等方面给工程建设提供有力保障；要切实加强舆论宣传，凝聚各方力量，努力形成全省上下共同关心、积极支持引汉济渭工程建设的社会氛围，全力保障工程建设顺利进行。

为了依法推进引汉济渭工程（包括输配水工程）建设，同时为依法保护工程设施安全运行和水源地以及水质安全提供法制保障，根据省人大《关于引汉济渭工程建设的决议》精神，由省人大农工委办公室主任王决胜、省引汉济渭办主任蒋建军带队，曾先后组织相关人员赴内蒙古、辽宁、国家南水北调水源地丹江口水库调研工程建设管理与立法情况，在此基础上省引汉济渭办起草了《陕西省引汉济渭工程条例》，并在征求相关市县意见后进行了修改完善。

第三节　省人大、政协议案提案办理

引汉济渭工程前期工作实质性启动以来，一些省人大代表、政协委员多次提出相关议案或提案，对工程建设给予了很多关注。

2010年，省人大代表上官亚强在省十一届人大第三次会议上提出了《关于加快"引汉济渭"规划实施的建议》，并被列为第553号议案。对这项议案省引汉济渭办规划计划处进行了认真办理，形成的书面材料答复后，上官亚强代表复函表示"非常满意"。

2011年，省人大代表段成鹏在省十一届人大第四次会议上提出了《关于讲西乡县子午等三镇纳入"引汉济渭"工程项目扶持区的建议》，并被列为515号议案。这项议案由省引汉济渭办与移民环保处具体承办，形成的书面答复意见经段成鹏同意后，于当年3月22日以陕水复函〔2011〕16号正式回复段成鹏代表和其他6位委员。

2012年，省人大代表柯明贤在省人大十一届第五次会议上提出了《关于提高三河口水库移民安置实施各类项目补偿补助标准的建议》，并被列为431号议案；省政协委员张先德在政协会议上提出了《关于建立"引汉济渭"工程生态补偿机制的提案》。这两项议案、提案分别由省引汉济渭办移民与环保处和规划计划处具体办理，分别以陕水复函〔2012〕3号、4号文向柯明贤代表和张先德委员做了答复。

第三章　前期工作组织实施

引汉济渭工程前期工作的实施，省水利厅组织相关单位进行了长达二十多年的持续探索，并相继完成了初步研究、方案比选、工程规划等阶段工作，这一时期，引汉济渭工程相继列入由国务院批准的《渭河流域近期重点治理规划》和《关—天经济区发展规划》，为工程的前期工作深入开展提供了规划上依据。引汉济渭工程前期工作实质性启动以后，省政府2007年

4月29日召开的第59次专题会议决定成立引汉济渭工程协调领导小组，工作机构主要由水利厅抽调精干力量组建，并立即开展具体工作。在此基础上，省机构编制委员会于2009年12月10日正式批复设立引汉济渭工程协调领导小组办公室，履行项目前期工作和准备工程建设的法人职能。2012年12月19日经省政府同意成立了省引汉济渭工程建设有限公司，作为引汉济渭工程建设法人，负责引汉济渭工程建设及运营管理。

第一节 引汉济渭工程协调领导小组

以时间为序，相继有省委常委、常务副省长赵正永，省委常委、副省长洪峰，副省长姚引良，副省长祝列克担任引汉济渭工程协调领导小组组长。

相继有副省长张伟、省政协副主席王寿森、副省长姚引良、省政府副秘书长胡小平、省水利厅厅长王锋任协调领导小组副组长。

省引汉济渭工程协调领导小组成员单位有省政府办公厅、省水利厅、发改委、财政厅、国土资源厅、环保厅、住建厅、交通厅、农业厅、林业厅、引汉济渭办、省电力公司、省地方电力公司和西安市、安康市、汉中市以及周至县、宁陕县、洋县、佛坪县人民政府。各成员单位负责同志为协调领导小组组成人员。

省政府办公厅相继有李明远副秘书长、省政府办公厅徐春华副巡视员、史俊通副秘书长为协调领导小组成员。

省水利厅相继有谭策吾厅长、田万全副厅长、洪小康副厅长为协调领导小组成员。

省发改委有权永生总工程师（副主任）为协调领导小组成员。

省财政厅相继有上官吉庆副厅长、苏新泉副厅长为协调领导小组成员。

省国土资源厅相继有喻建宏工程师、燕崇楼副厅长为协调领导小组成员。

省交通厅有胡保存副厅长为协调领导小组成员。

省林业厅有陈玉忠副厅长为协调领导小组成员。

省农业厅有郭志成副厅长为协调领导小组成员。

省环保厅相继有王新荣副厅长、李孝廉副厅长为协调领导小组成员。

省住建厅张孝成工程师、张文亮副厅长为协调领导小组成员。

省地方电力公司刘斌副总经理、李永莱副总经理为协调领导小组成员。

省引汉济渭办有蒋建军常务副主任、主任为协调领导小组成员。

西安市相继有朱智生副市长、乔高社市长助理、张宁副市长为协调领导小组成员。

安康市相继有薛建兴、邹顺生副市长为协调领导小组成员。

汉中市相继有刘玉明常务副市长、杨达才副市长、常务副市长魏建锋常务副市长为协调领导小组成员。

宁陕县相继有陈伦宝县长、邹成燕县长为协调领导小组成员。

周至县相继有张印寿县长、王碧辉县长为协调领导小组成员。

佛坪县相继有杨光远书记、刘德力县长为协调领导小组成员。

洋县有胡瑞安县长为协调领导小组成员。

第二节　工程协调领导小组办公室

2007年4月29日，袁纯清省长主持召开省政府专题问题会议，决定实质性启动引汉济渭工程前期工作，同时决定成立引汉济渭工程协调领导小组，其工作机构主要由水利厅抽调精干力量组建，并立即开展工作。会后，省水利厅立即决定以关中灌区改造工程领导小组指挥部（省关中灌区改造工程利用世界银行贷款办公室）原班人马为主，同时抽调厅机构和直属单位部分骨干组成引汉济渭工程协调领导小组下设的临时工作机构，代行项目法人职责，具体由水利厅副厅长田万全负责，雷彦斌为负责人助理，下设4个小组，分别由靳李平任综合组组长，张克强任技术组组长，周安良任工程组组长，王寿茂任移民组组长，全面接手了引汉济渭工程各项前期工作的组织实施。

2009年12月10日，陕西省机构编制委员会以陕编发〔2009〕22文件正式批复成立省引汉济渭工程协调领导小组办公室。这一文件根据省政府常务会议及省政府专项问题会议纪要精神，遵循"整体开发、统一管理"和"精干、高效"的原则，就省引汉济渭工程机构问题批复如下：

一是撤销关中灌区改造工程领导小组工程指挥部（省关中灌区改造工程利用世界银行贷款办公室），组建陕西省引汉济渭工程协调领导小组办公室，事业性质。待国家正式批复引汉济渭工程项目后，改设为陕西省引汉济渭工程建设局，工程项目建设完成后，改设为陕西省引汉济渭工程管理局，为省水利厅管理的副厅级事业单位。

二是省引汉济渭工程协调领导小组办公室是领导小组的办事机构，同时在引汉济渭工程建设局正式设立前，履行引汉济渭工程建设项目法人职责，其主要职责是：①协调联系引汉济渭工程协调领导小组各成员单位，认真贯彻落实协调领导小组的各项决定；②贯彻执行中省水利工程建设与管理的各项方针、政策和法规，负责工程规划设计和立项前期工作；③贯彻国家有关固定资产投资管理的政策，研究提出和落实工程建设项目的投融资方案，组织编报工程建设投资计划及年度计划，并组织实施；④贯彻执行项目法人责任制、建设监理制、招投标制和合同管理制等管理制度，负责工程建设质量、进度和安全管理；⑤组织研究工程建设的有关重大问题，向协调领导小组提出意见和建议；⑥协助、指导地方政府和有关部门做好移民安置和环境保护等工作；⑦组织制订、上报在建工程度汛计划，负责工程的度汛安全；⑧完成协调领导小组交办的日常工作任务。

三是内设机构。省编委核定内设机构5个，即：综合处、规划计划处、工程建设管理处、移民与环保处、财务审计处。

四是经费形式。引汉济渭工程正式立项前，办公室经费实行全额拨款，工程建设期间，原在职人员经费实行全额拨款，新进人员经费从建设管理费中列支。

五是人员编制及领导职数。核定人员编制45名，其中：从关中灌区改造工程领导小组工程指挥部（省关中灌区改造工程利用世界银行贷款办公室）划入25名；其余20名编制从省水利厅系统其他事业单位调人带编解决，待人员确定后，另文核发。核定办公室主任1名（由省水利厅厅长兼任，不占编制），常务副主任和副主任各1名（副厅级），总工程师1名（副厅级）。2名副主任和总工程师职数，在省引汉济渭工程建设局（管理局）设立后，调整为省引汉济渭工程建设局（管理局）领导职数。处级领导职数13名。此后，省政府正式任命省水利厅厅长谭策吾任主任，省水利厅副厅长田万全任常务副主任。

2009年10月10日上午，水利厅厅长、省引汉济渭办主任谭策吾在引汉济渭办全体职工大会上宣布省江河局局长蒋建军任引汉济渭工程协调领导小组办公室副主任。谭策吾厅长指出，田万全副厅长在准备工程开工条件不具备、人员极其紧张、面临重重困难的条件下，克难攻坚，团结拼搏，带领引汉济渭办同志做了大量工作，取得了显著成绩，为主体工程早日开工打下了坚实基础，希望大家一定要学习田万全同志严谨的工作作风，在蒋建军副主任的带领下，继续发扬艰苦奋斗、积极进取的精神，把又好又快地建设引汉济渭工程作为体现自己人生价值的最佳平台，全身心地投入工作。

2010年6月1日上午，引汉济渭办举行干部任职宣布大会。水利厅管黎宏副厅长宣读省委组织部任命决定：任命洪小康为省引汉济渭工程协调领导小组办公室主任，蒋建军为省引汉济渭工程协调领导小组办公室常务副主任。洪小康和蒋建军同志做了表态发言，水利厅王锋厅长就进一步做好下阶段工作提出了五点要求：一要继续全力以赴推进项目建议书审批进程，确定专人，加强与有关方面的沟通联系，抓紧补充完善有关工作，力争工程项目建议书早日通过立项审批；二要切实抓好在建工程的建设管理工作，广泛深入地开展好劳动竞赛，按照工程建设的总体任务要求，抓质量、抓进度，抓规范管理，抓科技含量，抓人才培养，确保工程建设按期优质完成；三要不断强化安全生产意识和管理，今年以来极端天气状况频次明显增多，而引汉济渭工程现场多在山区，加上当前正值汛期，容易遭受自然灾害的侵袭，因此务必要引起思想上的高度重视，层层落实安全生产责任制，加强监督检查，确保施工安全；四要认真落实年度目标责任书的各项任务，安排和谋划好各项重点工作，加强督查落实，确保各项工作有序推进；五要着眼长远抓好自身建设，管好用好资金，积极推进管理基地筹建工作，进一步加快机构设置和人员编制工作进度，要着眼于高素质人才的培养锻炼，通过这几年工程建设的实践锻炼，培养出一批人才、锤炼出一批干部、研究出一批成果。

2010年1月7日，省水利厅以陕水任发〔2010〕1号文任命张克强同志为引汉济渭办主任助理、副总工程师，王寿茂同志为引汉济渭办主任助理、综合处处长，靳李平同志为引汉济渭办副总工程师、移民与环保处处长，严伏朝为引汉济渭办规划计划处处长，周安良同志为引汉济渭办工程建设管理处处长，曹明同志为引汉济渭办综合处副处长，李绍文同志为引汉济渭办综合处副处长，田伟同志为引汉济渭办规划计划处副处长，李丰纪同志为引汉济渭办工程建设管理处副处长，刘宏超同志为引汉济渭办移民与环保处副处长，李永辉、葛雁同志为引汉济渭办财务审计处副处长。

第三节　三市四县协调机构

省引汉济渭工程协调领导小组成立后，工程所在地的三市四县也相继组建了为工程建设提供保障服务工作的协调领导小组办公室。

西安市引汉济渭工程协调领导小组由朱智生副市长任组长，市政府副秘书长冯慧武、市发改委主任王学东、市水利局局长杨立任办公室副主任，杨立兼任办公室主任。

安康市引汉济渭工程协调领导小组由薛建兴副市长任组长，市政府副秘书长冉立新任副组长，市水利局副局长陈晓虎兼任办公室主任。

汉中市引汉济渭工程协调领导小组由常务副市长杨达才任组长，副市长郑宗林、市长助理兼发改委主任李宝玉、市政府副秘书长马大勇任副组长，市水利局局长王基刚任办公室主任。

宁陕县引汉济渭工程协调领导小组由邹成燕县长任组长，县委副书记郭珉、县委常委纪委书记邝贤君、县委常委副县长唐新成任副组长，副县长吴大芒任办公室主任，县移民办主任杨志琼负责办公室日常工作。

周至县引汉济渭工程协调领导小组办公室由县长王碧辉任组长，副县长王建任副组长，水务局长袁增荣任办公室主任，水务局副局长吴兴怀、防汛办副主任周海强任办公室副主任。

洋县引汉济渭工程协调领导小组由县长胡瑞安任组长，县委副书记杜家才、常务副县长张辉、副县长曹志安任副组长，水利局长冯长青任办公室主任，水利局副局长移民办主任汪平负责日常工作。

佛坪县引汉济渭工程协调领导小组由县委杨光远书记任组长，县委副书记县长刘德李力、县委副书记吴崇林、县委常委常务副县长邹恩贵、县常委副县长韩明君、副县长郭海华任副组长，县水利局局长庞靖峰任办公室主任，县移民办主任负责日常工作。

第四节 规章制度建设

随着引汉济渭工程前期工作的不断深入开展，特别是移民安置与勘探试验、准备工程建设的全面铺开，各项管理工作任务日渐繁重，适应这一迫切要求，省引汉济渭办国家和陕西省关于水利工程前期工作与建设管理的相关法规，相继制定了一系列规章制度。

其中综合管理方面的规章制度9个：①陕西省引汉济渭办办公自动化系统管理及操作细则；②陕西省引汉济渭办保密制度；③陕西省引汉济渭办公文处理实施办法；④陕西省引汉济渭办机关文书档案管理办法；⑤陕西省引汉济渭工程协调领导小组办公室车辆管理办法；⑥陕西省引汉济渭工程协调领导小组办公室处置引汉济渭工程建设突发事件应急预案；⑦陕西省引汉济渭工程协调领导小组办公室外聘人员管理办法；⑧陕西省引汉济渭工程协调领导小组办公室目标责任考核办法；⑨陕西省引汉济渭工程协调领导小组办公室职工考勤请休假管理办法。

技术管理方面的规章制度两个：①陕西省引汉济渭工程技术工作制度；②陕西省引汉济渭前期准备工程设计变更管理办法。

财务审计方面的规章制度3个：①陕西省引汉济渭工程建设征地移民安置资金会计核算；②陕西省引汉济渭工程协调领导小组办公室关于财务支付审批程序的规定；③陕西省引汉济渭工程协调领导小组办公室差旅费和施工现场津贴管理实施细则。

移民环保方面的规章制度3个：①陕西省引汉济渭工程临时用地复垦管理办法；②陕西省引汉济渭工程建设征地和移民安置实施管理暂行办法；③陕西省引汉济渭工程建设征地移民安置资金管理暂行办法。

工程建设管理方面的规章制度6个：①陕西省引汉济渭前期准备工程施工、监理单位考核办法；②陕西省引汉济渭前期工程安全生产管理办法；③陕西省引汉济渭前期工程施工期环境管理办法；④陕西省引汉济渭前期准备工程实施管理办法；⑤陕西省引汉济渭前期准备工程验收管理办法；⑥陕西省引汉济渭前期准备工程施工合同费用变化申报审批程序（暂行）。

第五节　引汉济渭工程建设有限公司

2012年12月19日，陕西省人民政府以陕政函〔2012〕227号文件同意成立省引汉济渭工程建设有限公司。文件明确规定，省引汉济渭工程建设有限公司，为具有独立法人资格的国有独资企业，省国资委负责资产监管，省水利厅负责业务管理。

省引汉济渭工程建设有限公司主要职能为：负责引汉济渭工程建设及运营管理，依法享有授权范围内国有资产收益权、重大事项决策权和资产处置权；负责引汉济渭调水工程和输配水骨干工程的建设和管理，负责移民安置、环境保护等工作；研究提出和落实工程建设项目投融资方案，组织编报并实施工程建设投资计划；承担省政府委托的其他工作。

省引汉济渭工程建设有限公司初期注册资本金8亿元，同时对已投入工程建设的资金，按规定清产核资并进行审计后投入公司。

文件要求省引汉济渭工程建设有限公司要按照《中华人民共和国公司法》和现代企业制度逐步建立法人治理结构，在工程建设期暂实行总经理负责制，总经理为公司法定代表人，并请抓紧制定省引汉济渭工程建设有限公司章程并办理工商登记，尽快启动实质性运作。

第六节　省引汉济渭办与公司工作交接

2013年5月20日，引汉济渭工程建设有限公司成立。7月3日，水利厅王峰厅长主持召开厅长办公会，要求"加紧工作交接，千万不要也不能影响整体工作进度"。

7月18日，省引汉济渭办向公司发出《关于做好引汉济渭工程有关工作移交的通知》的〔2013〕63号文，就工程建设管理工作资料进行了全面移交。

6月18日，省水利厅党组成员、巡视员、引汉济渭办主任洪小康主持召开会议，研究引汉济渭有限公司成立后的有关工作，会议决定：①由引汉济渭办向各施工监理单位发文明确项目法人；②由省引汉济渭公司发文明确自身内部机构和大河坝、黄池沟两个分公司职能；③撤销引汉济渭办岭南、岭北现场工作部。

7月22日，省水利厅党组成员、巡视员、引汉济渭办主任洪小康主持召开会议，专题研究工作移交相关事宜。会议决定：①省引汉济渭办成立工作移交协调机构，由主任助理王寿茂为总协调人；公司明确由党委书记雷彦斌为总协调人。②下发文件，明确将前期设计、专题研究等合同甲方由引汉济渭办变更为引汉济渭公司，由引汉济渭公司联系乙方进行工作衔接。③移交工作完成后，由引汉济渭公司妥善解决工程建设中的各类问题，并按照 7 月 3 日省水利厅厅长办公会议纪要要求，就有关情况向省水利厅和其他上级单位汇报时抄送省引汉济渭办。④工作移交期间，请引汉济渭公司高度重视当前的防汛工作，建立有效的责任体系，把质量安全和生产安全作为头等大事来抓。会议同时明确西郊基地建设工作交由公司推进。

大事记

1984—2006 年

1984 年 8 月，针对关中各大灌区灌溉供水严重不足的问题，时任省水利电力土木建筑勘测设计院规划队长王德让，提出了《引嘉陵江水源给宝鸡峡调水》的设想，初步拟定了从凤县引水的小方案调水和从略阳县引水的大方案调水的两条线路，并做了初步比较研究。这一研究成果获省科协、省人事厅自然科学四等奖。这是陕西省最早见诸文字的南水北调设想。

1986 年，省水电设计院水利专家席思贤在《解决陕西省严重缺水地区供需矛盾的对策》一文中，提出了与王德让基本相同的设想。

1991 年 7—10 月，省水利厅组织编制《陕西关中灌区综合开发规划》《关中地区水资源供需现状发展预测和供水对策》对省内南水北调工程做了进一步的前期研究。

1992 年，在黄河水利委员会设计院规划处工作的学者魏剑宏撰写了《南水北调设想——嘉、汉入渭以济陕甘诸省》的文章。他的最终目标是济黄河，但济黄河要通过渭河来实现，其调水思路与陕西省水利专家的设想基本一致。

1993 年，在省政府领导支持下，省水利学会依据水利厅的要求和工作大纲，组织水利专家历时 7 个月，开展了省内南水北调工程查勘，最终拟定了 7 条调水线路：即引嘉陵江济渭河、引褒河济石头河水库、引胥水河济黑河、引子午河济黑河、引旬河济涝河、引乾祐河济石砭峪水库、引金钱河济灞河。

1994 年，省水利厅刘枢机厅长主持党组会讨论省内南水北调工程查勘报告，认为查勘报告提出的调水工程是解决关中缺水问题的重大举措，且技术上可行，经济上合理，推荐近期实施引红济石工程，以解决西安、咸阳的城市用水问题，将引嘉济渭、引胥济黑列为远景项目，实现年调水 20 亿立方米的目标。同年 4 月 28 日，省水利厅向省计划委员会报送了查勘成果。

1997 年 2 月，省水利厅南水北调考察组提交了《陕西省两江联合调水工程初步方案意见》。与此同时，根据省政府《关于加快汉江梯级开发带动陕南经济发展的决定》（陕政发〔1997〕9 号）文件精神，对引嘉入汉进行了查勘和规划研究，由省水电设计院于 1997 年 5 月提交了《陕西省引嘉入汉调水工程初步规划报告》。

2001 年 12 月 27 日，省水利厅以陕水计发〔2001〕448 号文向水利部上报关于对南水北调中线方案有关审查会议的意见，意见中明确要求今后召开有关中线调水工程技术论证和审查等会议时通知我省参加，同时提出调汉江水入渭河是解决关中缺水问题、保持陕西经济社会稳定发展和保护生态环境必不可少的途径之一。

2002 年 1 月，水利部征求有关省市对南水北调工程规划意见，我省以陕政函〔2002〕32 号文向水利部提出了从汉江流域调水的要求。6 月水利部召开南水北调中线一期工程项目建议书审查会时，我省计委、水利厅以陕计农经〔2002〕801 号文再一次向国家计委、水利部重申了为我省预留水量的请求。

2002 年 5 月，经过对多项调水线路组合方案的论证与比较研究，省水利厅选取了由东（引乾济石）、西（引红济石）、中（引汉济渭）3 条调水线路，基本形成了省内南水北调工程的基本框架，并编制完成了《陕西省南水北调总体规划》。

2002 年 11 月 12 日，省水利厅向省政府上报关于国家南水北调中线方案规划和实施有关问题的建议。一是建议省政府成立"国家南水北调中线方案规划和实施陕西协调领导小组"，协调解决南水北调规划中涉及我省的重大原则问题。二是建议省政府抽调有关方面的专家，由省政府研究室牵头，就国家南水北调中涉及我省的问题进行研究，如：调水后给陕西的补偿机制问题；给陕西国民经济和社会发展留足水量的问题；把陕西引汉济渭列入国家南水北调总体规划的问题；水污染防治和水土保持投入机制问题，工业布局和经济结构调整问题等。在调查研究的基础上，写出专题报告，报请国务院研究解决。三是抓好我省南水北调——引汉济渭的规划论证工作，并力争列入国家南水北调项目中去，和国家南水北调中线项目一同实施，解决我省关中地区水资源严重短缺的局面。

2002 年 12 月，水利厅咨询中心组织编制完成了《陕西省引汉济渭调水工程规划》。

2003 年 1 月 21 日，时任陕西省代省长的贾治邦作《政府工作报告》时明确提出："坚持以兴水治旱为中心，抓好骨干水源工程建设……，着手进行'引汉济渭'项目的前期工作。"

2003 年 6 月 3—5 日，时任陕西省省长贾治邦、副省长王寿森带领省级有关部门负责同志

和工程技术人员赴宝鸡市、汉中市，实地考察省内南水北调"引红济石""引汉济渭"工程规划选址，并在汉中市召开南水北调考察汇报座谈会。会议要求：尽快成立省南水北调工程领导小组，统一负责规划的组织协调和骨干工程布局；会议责成省水利厅尽快启动引汉济渭调水工程的前期工作。

2003年6月26日，省计委召开由省水利厅、交通厅、西汉高速公司及设计等单位参加的专题会议，研究引汉济渭调水工程三河口水库与西汉高速公路布线矛盾问题，会议要求水利厅和交通厅分别研究提出避让方案报省计委。

2003年7月9日，省水利厅向省政府专题报告，请求就引汉济渭调水工程三河口水库与西汉高速公路建设相关事项进行协调。专题报告认为：①引汉济渭调水工程是我省一项大型基础设施建设项目，是解决关中地区严重缺水的唯一途径；②其一期工程中的三河口水库既是一、二期工程的主要调节设施，又是自流调水的水源，对降低调水成本，提高供水保证率有着十分重要的作用；③为了避让西汉高速公路建设，将迫使三河口水库由三条支流分别建库来代替规划的三河口水库，这样将减少一期工程自流调水量1.7亿立方米，增加二期工程抽水220米扬程水量1.7亿立方米，增加年抽水电费0.51亿元，增加工程投资23亿元。由于上述原因，将使引汉济渭工程的可行性、合理性和经济性大打折扣，立项的可能性显著降低。考虑到三河口水库选址的水文、地形、地质和利用价值等条件的不可替代性，恳请省计委协调，争取西汉高速公路作出局部调整，保留三河口水库建库条件，力争引汉济渭调水工程顺利立项，开工建设。

2003年8月13日，省水利厅以陕水字〔2003〕62号文向省政府上报关于引汉济渭工程前期工作总体安排意见和2003年工作计划的请示。请示报告汇报了水利厅贯彻落实贾治邦省长6月5日在汉中市召开省内南水北调座谈会精神和《省内南水北调工程总体规划》和《引汉济渭调水工程规划》完善修改情况，以及因与西汉高速公路交叉而组织专家对三河口水库规划方案调整的研究成果和我厅的建议，提出了引汉济渭调水工程前期工作由水利厅负责，并建议省政府向国务院专题报告，请求国务院在批准南水北调工程中线时留出我省调水量，并利用各种机会争取国家领导人对我省引汉济渭工程给予理解和支持。同时建议省计委积极做好国家发改委的工作，水利厅将组织专门力量，尽最大努力，做好水利部、调水局和有关流域机构的工作，力争水权，并为立项创造条件。

2003年11月20日，受省水利厅副厅长、引汉济渭前期工作领导小组组长王保安同志委托，厅总工、引汉济渭前期工作领导小组副组长田万全主持召开引汉济渭前期工作领导小组第一次会议。会议专题研究了引汉济渭工程项目建议书招标的有关问题，确定本次引汉济渭项目建议书招标的范围为三河口水库和秦岭隧洞，按其工程类型，分为两个标段，招标合同采取总价承包、费用一次包干的计价方式。

2003年12月1日，省水利厅以陕水字〔2003〕96号文向省政府报送关于省内南水北调工程前期工作有关问题的请示。一是为确保引汉济渭工程"十一五"期间开工，缓解关中地区水资源紧缺局面，前期工作的时间已经显得十分紧张，建议尽快启动引汉济渭一期工程项目建议书阶段的工作。二是计划由省水利厅直接负责组织引汉济渭项目建议书和可行性研究编制工作，待国家正式立项后，由业主负责初步设计及以后阶段的前期工作，落实责任，限期完成。三是建议成立由陈德铭副省长任组长，王寿森副省长任副组长，计委、财政厅、水利厅、国土资源厅、交通厅、环保局、安康市政府负责同志为成员的省内南水北调工程筹备领导小组，领导小组办公室设在省水利厅。

2003年12月3日，省水利厅以陕水字〔2003〕97号文向省政府报送了关于引汉济渭调水工程三河口水库与西汉高速公路交叉问题的紧急请示，恳请省政府出面协调，使西汉高速与三河口水库交叉问题能够得到妥善解决，实现水利建设和高速公路建设的协调发展。

2003年12月29日上午，引汉济渭一期工程项建招标开标会正式举行。中水北方公司、辽宁省水电设计院、甘肃省水电设计院、陕西省水利水电勘测设计院、国电西北勘测设计研究院、铁道部第一设计院等参与了三河口水库、秦岭隧洞标段投标。厅招标领导小组成员、监察室、招标办负责同志参加会议。领导小组组长王保安副厅长出席会议并讲话。

2004年2月5日，陈德铭副省长和贾湘副秘书长在听取省水利厅、交通厅对引汉济渭调水工程三河口水库与西汉高速公路交叉情况的汇报后，指示省发改委组织进行方案研究并提出协调意见。

2004年2月6日，省政府决定成立以陈德铭常务副省长为组长、王寿森副省长为副组长，省政府办公厅、省水利厅、省计委、省财政厅、省国土资源厅、省交通厅、省环保局和安康市、汉中市主要负责同志为成员的省内南水北调工程筹备领导小组，并以陕政办函〔2004〕16号文印发关于成立省内南水北调工程筹备领导小组的通知。

2004年2月13—16日，省计委组织召开引汉济渭调水工程三河口水库与西汉高速公路交叉协调论证会。会议认为，通过对三河口水库坝址及西汉高速公路路线调整的可能性进行深入分析研究，引汉济渭调水工程、西汉高速公路同是两项重要的基础设施项目，均关系到我省经济社会发展总体战略的实施，其建设是十分必要和紧迫的，鉴于引汉济渭三河口水库与西汉高速公路路线局部干扰，解决其矛盾和干扰问题的基本原则应是以最小代价取得最大社会及经济综合效益，进行公路或水库工程方案的局部合理调整是十分必要的。会议主要结论及建议：一是三河口水库的地理位置、坝址条件、库盆条件、水资源条件具有唯一性和不可恢复性，三河口水库的特征水位和其他工作参数的确定，受到进入黑河水库正常蓄水位高程、

所需调节库容、黄金峡抽水扬程、输水隧洞的水力条件等方面的制约，调整的余地很小。二是公路局部改线方案是一个切实可行的方案，虽然要增加工程投资，但改线规模是局部的。三是建议公路部门根据初步确定的水库最高水位640米（已考虑库尾水位抬高影响）进行改线段公路优化设计，并考虑水库蓄水后对公路工程的影响，确保工程安全。四是公路运营对水质影响等水源保护问题应由水库工程设计时统一考虑。五是建议公路改线设计时，适当考虑环境美化，与将来水库建成后的区域环境相协调。六是公路改线方案取消了三河口互通式立交，其功能由大河坝互通式立交统筹考虑。2月19日，省发改委主任办公会对专家论证结论进行了研究并取得了"保水改路"的意见，省交通厅对该意见表示同意，原公路设计专家认为公路局部改线方案基本可行。

2004年7月19日，陕西省政府以陕政字〔2004〕61号文向国务院报送关于南水北调中线工程中考虑陕西用水问题的请示，恳请国务院考虑我省作为国家南水北调中线工程的水源区和调出区，水源保护任务十分艰巨，需付出巨大代价，而关中地区缺水十分严重，近期无法从其他途径解决，从汉江调水条件优越、较为现实的实际，在批复国家南水北调中线工程时，近期能给我省留出20亿立方米水量调入渭河，在远期三峡工程向丹江口水库补水后，再适当增加入渭水量，以支持我省经济社会可持续发展和生态环境的改善。

2004年7月28日，省水利厅以陕水字〔2004〕48号文向长江水利委员会报送关于陕西省南水北调工程有关问题的请示，恳请长江水利委员会在汉江流域水资源配置中充分考虑我省关中地区严重缺水情况，为我省省内南水北调工程预留水量20亿立方米，以解决关中地区严重缺水的燃眉之急。

2004年12月31日，陈德铭省长主持召开2004年省政府第三十次常务会议，决定在省水利厅内设负责引汉济渭工程前期工作的专门工作班子，并决定从2005年起，每年多渠道安排2800万元用于重大水利建设项目前期工作。

2005年8月，省委、省政府在制定"十一五"发展规划时，省委书记李建国、分管副省长亲自组织开展了全省水资源开发利用调研活动，形成的调研报告认为，"在粮食、能源与水资源三大战略资源中，我省能源资源丰富，粮食基本自给，而水资源短缺的矛盾十分突出，已成为当前和今后一个时期制约我省经济社会发展的重要因素"，提出了"五水齐抓""两引八库"的水利发展思路，其中的"两引"是指引红济石和引汉济渭。

2005年12月16日，国务院以国函〔2005〕99号文批准的《渭河流域重点治理规划》，明确将我省陕南地区汉江上游水量调入渭河流域关中地区的大型跨流域调水工程作为渭河治理的重要措施，要求加快做好项目前期工作，为建设引汉济渭工程提供了规划上的依据，后来国务院批准的《关中—天水经济区建设规划》要求加快建设引汉济渭工程。

2007 年

1月22日,省发改委、水利厅联合以陕发改农经〔2007〕42号文向国家发改委、水利部报送关于上报陕西省引汉济渭调水一期工程项目建议书的请示。工程规划分两期实施,一期工程建设三河口水库和秦岭输水隧洞,实现从汉江支流子午河自流调水5亿立方米,施工总工期47个月,动态总投资为64.4亿元;二期工程建设汉江干流黄金峡水利水电枢纽、抽水泵站以及黄金峡至三河口水库输水工程。

4月29日,袁纯清省长主持召开会议,专题研究引汉济渭调水工程建设问题。省委常委、常务副省长赵正永,副省长张伟,省政协副主席王寿森及省发改委、财政厅、水利厅、国土资源厅、交通厅、林业厅、环保局和西安市、汉中市相关负责同志参加了会议。与会同志察看了引汉济渭调水工程现场,听取了省水利厅关于引汉济渭调水工程有关情况的汇报,讨论了工程启动实施问题,研究确定了有关事项。会议确定:一是按照实质性启动的要求制定好引汉济渭工程实施方案;二是多渠道筹集工程建设资金;三是年内启动准备工程建设;四是成立省引汉济渭工程协调领导小组及其工作机构,由省政府常务副省长赵正永、副省长张伟和省政协副主席王寿森牵头,省级有关部门和相关市(区)政府主要负责同志为成员,负责工程建设管理中重大问题的决策和协调。同时责成省水利厅抽调精干力量组建专门的工作机构,负责工程的建设管理。

6月12日,省政府决定成立引汉济渭工程协调领导小组,赵正永副省长任协调领导小组组长、张伟副省长任副组长,省政协王寿森副主席任顾问。同时由赵正永副省长主持召开省引汉济渭工程协调领导小组第一次全体成员会议。会议确定:按照既定方案抓紧推进引汉济渭工程;加快启动单项工程项目审批和有关配套手续的完善工作;原则同意水利厅提出的先行启动实施施工道路、施工供电、勘探试验工程的意见,并要求年内完成7000万元以上的投资任务;加强引汉济渭工程建设的组织机构建设,实行一套人马、两块牌子,既是引汉济渭工程协调领导小组办公室,又是负责工程建设管理和社会化筹融资等工作的法人;提早做好移民安置工作。

6月15日,省水利厅组建省引汉济渭工程协调领导小组办公室,谭策吾厅长任主任,田万全副厅长任副主任,将关中九大灌区更新改造世行项目办公室全体工作人员转入省引汉济渭办,并与从厅直系统抽调的同志组成综合、工程、技术、移民四个工作组。当日,田万全同志主持召开引汉济渭前期工作班子全体人员会议,传达省政府有关会议精神,细化和明确了年度工作目标,就近期工作和道路、电力等辅助工程建设进行了全面安排部署。

7月25日，省政府办公厅徐春华副巡视员召集省发改委、水利厅、国土资源厅、林业厅、环保局等部门负责同志审查了引汉济渭前期准备工程征地拆迁补偿标准，并安排后续相关工作。同日，省发改委以陕发改农经〔2007〕937号文批复了三河口水库勘探试验洞项目。27日省水利厅以陕水建发〔2007〕74号文件批复了三河口勘探试验洞工程招标实施方案。

8月7日，省水利厅组建了以谭策吾厅长为组长、田万全副厅长为副组长的引汉济渭工程招标投标工作领导小组。

8月7日，经省政府同意，省政府办公厅下发了《引汉济渭前期准备工程涉及宁陕、佛坪、周至三县临时用地补偿有关问题的意见》。

8月7日，省发改委以陕发改农经〔2007〕1048号文批复岭南供电工程可行性研究报告；8—9日，省水利厅主持召开引汉济渭准备工程岭北供电工程、周至108国道至小王涧段道路工程初步设计审查会议，形成了专家组意见。同时，省水利厅以陕水建发〔2007〕83号文件批复了岭南供电工程招标实施方案，省引汉济渭办与陕西省地方电力集团公司和陕西省电力发展建设公司，签订了三河口勘探试验洞供电工程委托建设管理协议书。

8月24日，张伟副省长带领省水利厅主要负责同志赴国家防总、水利部汇报工作。水利部陈雷部长召开专门会议听取了张伟副省长和谭策吾厅长关于我省今年暴雨灾害和引汉济渭工程工作汇报。引汉济渭工程得到了水利部的关注和支持。

9月11—15日，水利厅在西安召开引汉济渭工程项目建议书审查会。参加会议的有省发改委、水利厅、省移民办、江河局、水文局，佛坪、宁陕、洋县、周至县人民政府和省水电设计院、铁道第一勘查设计院等单位代表以及省内外特邀专家共90人。由中国工程设计大师石瑞芳等35位知名院士和专家学者组成的专家组认为：选择引汉济渭工程工程作为解决关中地区近期缺水的主要措施是合理的，推荐的调水规模基本符合国家对汉江水资源配置的要求，勘测深度基本满足本阶段要求，工程设计及布置方案总体可行。

9月12日，省长袁纯清带领水利厅主要负责同志赴水利部汇报工作。水利部陈雷部长召开会议听取了袁纯清省长和谭策吾厅长关于引汉济渭工程和农村饮水工作有关情况的汇报。在听取了我省工作汇报后，陈雷部长对近年来陕西水利工作取得的成绩给予了充分肯定，表示大力支持陕西建设引汉济渭工程。他说，在近期考虑引汉济渭工程是现实可行的，特别是汉江上游在陕西，这些年陕西为保护汉江水质、为南水北调中线做出了贡献，陕西合理利用汉江水资源解决区域性缺水问题也是非常必要的；同时他要求水利部有关司局和水规总院在相关规划中明确引汉济渭工程、协助陕西做好调水量论证和方案优化工作，表示项目建议书上报水利部后将尽快安排审查、将抓紧安排上会研究后向国家发改委报送审查意见。

9月28日上午，省委书记赵乐际带领省委办公厅、发改委、水利厅、农发办和汉中市委、市政府主要领导，冒雨检查引汉济渭准备工程建设情况，在听取水利厅田万全副厅长的工作汇报后表示：引汉济渭工程是缓解我省水资源严重短缺局面的战略性水利项目，要集中力量做好各项准备工作，加快工程建设步伐。赵乐际书记特别强调，在设计中要留足河道生态用水，制定有针对性的生态环境保护措施；在工程建设中要搞好植被恢复和绿化工作，努力把施工对环境的影响降到最低程度，把工程干好，共同为振兴陕西的水利事业、实现省委提出的西部强省目标而奋斗。

11月15—19日，水利部水规总院在北京召开引汉济渭工程水资源配置规划技术咨询会。参加会议的单位有水利部规计司、调水局、水规总院、国家南水北调办以及陕西省水利厅、引汉济渭办等单位的专家和代表，会议就渭河流域及关中地区水资源状况、水资源节约利用、合理配置、有效保护和污染治理等问题进行了深入讨论，对引汉济渭工程水资源配置规划报告提出了咨询意见和建议。水利厅王保安副厅长、孙平安总工参加了咨询会。

11月23日，水利部陈雷部长视察三河口水库坝址，现场听取了水利厅副厅长、引汉济渭办副主任田万全关于工程有关情况汇报，详细询问了有关工程技术方案、监管体制、水价形成和运营机制等情况，强调汉江上游在陕西，陕西为保护汉江水质和南水北调中线工程建设做出了贡献，建设省内调水引汉济渭工程、合理利用汉江水资源解决区域性缺水问题是必要的，在前期工作中要坚持科学规划、统筹考虑，兼顾上下游和左右岸，协调好生产、生活、生态用水，把工作进一步做细做实。

11月23日，省移民办在西安主持召开三河口水利枢纽水库淹没及工程占地实物指标调查大纲审查会。参加会议的有安康、汉中市及佛坪、宁陕县有关部门和省水电设计院有关同志，会议认为调查大纲基本满足本阶段调查要求，但考虑到水库淹没调查工作的复杂性，建议对部分内容进一步细化，要求省水电设计院尽快修改完善后报批。

12月16—17日，水利部与陕西省人民政府在西安联合召开引汉济渭工程项目建议书论证咨询会议，参加会议的有水利部规划计划司、南水北调规划设计管理局、水利水电规划设计总院、长江水利委员会、黄河水利委员会，陕西省发改委、财政厅、水利厅、国土资源厅、交通厅、环保局等单位及特邀专家。会议组成的专家咨询组查勘了工程现场，听取项目建议书阶段的工作汇报，在深入讨论后形成的专家组咨询意见认为：提交会议咨询的项目建议书在工程建设的必要性、受水区用水需求、调水工程布局、可调水量分析以及工程建设条件等方面做了大量的分析研究工作；应进一步研究区域和各行业水资源配置方案，合理确定当地可利用水量，深入论证需调水量；进一步研究满足工程正常运行的建设管理体制运营机制，提出相应的政策建议和措施。专家咨询组建议引汉济渭工程按最终规模立项、分步实施的方式建设。水利部副部长矫勇和陕西省副省长张伟出席会议并讲话。省政协王寿森副主席陪同

矫勇副部长查勘了工程现场。

12月26日，水利厅王保安副厅长主持召开会议，就引汉济渭工程前期工作及咨询意见落实进行了专题研究。会议要求，各有关部门和项目建议书编制承担单位要切实加强领导、提高认识、通力协作，充分领会和理解项目意图及走势，继续密切与上级业务部门和高层专家的联系和沟通，加强过程咨询，提高编制质量，加快工作进度，确保2008年2月底前完成所有专题研究报告及项建章节修改补充，3月底前完成整体项目建议书的补充完善，4月底前正式向水利部上报引汉济渭工程项目建议书。

2008 年

1月24日，田万全副厅长主持召开引汉济渭工程建设座谈会，与工程所在地佛坪、宁陕、周至县人民政府及有关部门负责同志共同研究了加快推进和保障引汉济渭工程建设的具体措施，同时安排部署了2008年的各项保障工作。

2月18日，洪峰副省长召开会议研究引汉济渭工程相关事项。会议听取了省水利厅关于引汉济渭工程2007年工作情况和2008年工作安排意见的汇报，研究了前期工作及准备工程建设有关问题。省政府办公厅李明远副秘书长，水利厅谭策吾厅长、王保安副厅长、田万全副厅长、孙平安总工，发改委权永生总工，财政厅上官吉庆副厅长及省政府办公厅交电处、发改委农经处、财政厅农财处和水利厅有关部门负责同志参加了会议。

2月19日，由中铁二十二集团第四工程有限公司承建的三河口勘探试验洞工程顺利贯通。

3月20日，省政府以陕政函〔2008〕37号文印发关于调整部分省政府议事机构和临时机构主要负责人的通知。通知明确：省引汉济渭工程协调领导小组，组长由洪峰副省长兼任，副组长由姚引良副省长兼任；撤销省内南水北调工程筹备领导小组。

4月8日，省水利厅副厅长田万全同志在汉中市主持召开了引汉济渭工程有关库区移民安置规划工作协调会议。汉中市政府副市长郑宗林，市水利局、市移民办、洋县县政府、洋县水利局有关领导参加了会议。会议主要研究、部署了黄金峡水库淹没实物调查启动工作及三河口水库淹没实物调查结束后下一步移民安置规划工作。

4月9日，水利部原部长、全国人大农经委主任杨振怀视察引汉济渭工程给予了充分肯定和赞誉。省水利厅原厅长、省人大常委会副主任刘枢机，水利厅厅党组成员、水保局局长张秦岭陪同考察。

4月15—16日，省委常委、副省长洪峰在省政府副秘书长李明远及省级有关部门负责同志陪同下，到引汉济渭工程工地调研。洪峰同志在调研过程中指出，缺水是制约全省经济社会发展的"瓶颈"因素，引汉济渭工程在解决关中缺水矛盾的同时，对全省统筹发展具有重要作用，要求各地、各相关部门要强力协作，密切配合，加强对前期准备工程建设监管，保证工程质量，打造品牌项目。

4月19—21日，水利部水利水电规划设计总院在北京主持召开《引汉济渭工程项目建议书阶段调水规模专题报告》技术讨论会。参加会议的有水利部规划计划司，南水北调规划设计管理局，长江水利委员会，黄河水利委员会，陕西省水利厅，长江勘测规划设计研究院，黄河勘测规划设计有限公司等有关单位的专家和特邀代表。陕西省人民政府副省长洪峰、水利部总工程师刘宁到会指导。

4月26日，水利厅副厅长田万全在西安主持召开引汉济渭工程筹融资方案座谈会。会议在听取水利厅咨询中心关于引汉济渭工程筹融资方案的汇报后，就工程可能的筹融资渠道和分年度方案细化等进行了研究讨论。水利厅规计处、财审处、咨询中心和省引汉济渭办等部门负责同志参加了座谈会。

6月12日，水利厅在西安召开秦岭隧洞2号斜井试验工程设计审查会。水利厅规计处、厅总工办、引汉济渭办、咨询中心、铁道第一勘察设计院有限公司等单位的代表和特邀专家参加了会议。水利厅田万全副厅长参加会议并讲话。

7月7日，省引汉济渭办在西安主持召开引汉济渭工程水库移民安置规划工作会议。会议要求年底前全面完成移民安置规划报告编制任务，确保引汉济渭前期工作有序推进。水利厅副厅长田万全及省引汉济渭办、省移民办、汉中市移民办、安康市移民局，佛坪县政府及佛坪县引汉济渭办、宁陕县政府及宁陕县支水办、洋县移民办和省水电设计院有关领导参加了会议。

7月17日，洪峰副省长召集省发改委、财政厅、水利厅等有关部门负责人听取了省水利厅关于引汉济渭工程2008年上半年工作情况和资金筹措方案的汇报，对引汉济渭工程资金筹措方案提出了修改意见。洪峰副省长特别强调，要进一步解放思想，开拓思路，充分利用市场机制，多渠道筹措建设资金。

8月10日，水利厅党组召开引专题会议，研究通过了经修改完善的引汉济渭工程建设筹融资方案。会议在听取省引汉济渭办关于工程建设筹融资方案汇报后，要求尽快提交省政府审定。会议由谭策吾厅长主持，厅办公室、规计处、财审处、省引汉济渭办负责同志列席会议。

8月11日，袁纯清省长主持召开省政府常务会议，审定并原则通过了《引汉济渭工程基本情况及建设资金筹措方案》，并确定了以下事项：一是按照"一次规划、统筹配水"的原则进一步论证完善规划；二是工程资本金按照60亿元筹集；三是按照一套人马、两块牌子的模

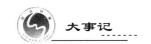

式，抓紧组建引汉济渭工程协调领导小组办公室和引汉济渭工程建设公司；四是责成水利厅落实调水量的详细配置方案；五是加快组建省水务集团；六是责成水利厅就开征水资源使用权费问题进一步调研论证。赵正永、洪峰、朱静芝、郑小明、吴登昌、姚引良、景俊海副省长，秦正秘书长参加了会议，省政府办公厅、省发展改革委、省水利厅、省财政厅、省国土资源厅、省交通厅等相关厅局负责同志列席了会议。

8月12日，水利厅在西安市召开西汉高速公路佛坪连接线永久改线工程可行性研究报告审查会。厅规计处、总工办、引汉济渭办、佛坪县政府、省水利电力勘测设计研究院，中交第一公路勘察设计研究院有限公司等单位的代表及特邀专家参加了会议。

9月19日，秦岭输水隧洞2号勘探试验洞工程施工和建设监理招标开标会在西安召开。省发改委、财政厅及水利厅规计处、建管处、监察室等有关处室负责人和各投标人代表参加了开标会。

9月20日，谭策吾厅长召开引汉济渭工程招标领导小组会议，会议听取了2号试验洞招标及评标情况后，根据评标委员会意见，确定了中标单位，并要求建设单位抓紧建设的同时要确保质量和进度。

10月23日，省文物局批复《陕西省引汉济渭工程文物影响评估报告》。

10月24日，水利厅在西安召开大河坝至汉江黄金峡道路工程初步设计审查会。厅规计处、总工办、引汉济渭办、省水利电力勘测设计研究院，西安公路研究所等单位的代表及特邀专家参加了会议。田万全副厅长参加会议并讲话。

11月1日，秦岭输水隧洞2号勘探试验洞工程正式开工建设。

12月18日，洪峰副省长在省政府召开专题会议，听取水利厅关于《引汉济渭2008年工作情况及2009年实施计划》的汇报。在听取汇报后，洪峰副省长认为水利厅认识到位、组织到位，工作得力。关于下一步工作，洪峰副省长要求：一要抓住国家扩大内需的历史机遇，打破常规，加快项目立项，争取早日开工建设；二要适时召开领导小组会议，强化政府各部门的支持；三要根据水利部审查情况，从落实科学发展观、应对金融危机、确保经济可持续增长的角度，策划对引汉济渭工程进行持续性的报道，使全省上下接受这个工程、了解这个工程、支持这个功在当代、利在千秋的伟大工程；四要积极争取水利部资金支持和落实融资平台。谭策吾厅长、王保安副厅长、孙平安总工参加了会议。

12月23—28日，水利部水规总院在北京召开引汉济渭工程项目建议书技术审查会。会议原则通过了项目建议书审查，对我省2030水平年调水15亿立方米的规模、工程总体布局等项目建议书阶段的主要工作成果给予了充分肯定，基本同意工程一次立项建设、两期实施配水。审查会前，省政府李明远副秘书长和田万全副厅长陪同水利部水规总院有关领导和部分特邀专家查勘了工程现场。会议期间，洪峰副省长亲临会议，谭策吾厅长、王保安副厅长、孙平安总工参加了审查会。

2009 年

1月13日，省引汉济渭办组织召开三河口勘探试验洞工程完工验收会议。三河口勘探试验洞工程是2007年开工建设的5项前期准备工程的第一个验收项目。水利厅田万全副厅长到会并讲话。

2月12日，省委常委、副省长洪峰同志主持召开省引汉济渭工程协调领导小组第二次全体成员会议，专题研究引汉济渭工程建设有关问题。协调领导小组副组长、副省长姚引良及各成员单位负责同志参加了会议。

3月21日，省环境工程评估中心组织召开大河坝至汉江黄金峡交通道路工程环境影响报告书技术审查会。会议听取了陕西省环境科学研究设计院关于该工程环境影响编制情况的汇报，经认真讨论形成了专家组意见。

4月3日，省环境保护厅以陕环批复〔2009〕169号文批复西汉高速佛坪连接线永久改线工程环境影响报告书；以陕环批复〔2009〕170号文件批复大河坝至汉江黄金峡交通道路工程环境影响报告书。

4月8日，省政府委托水利厅在西安市组织召开引汉济渭工程环境影响评价公众参与座谈会。参加会议的单位和部门有：省政府办公厅、省发改委、省国土资源厅、省环保厅、省林业厅、省农业厅、省卫生厅、省统计局、省文化厅、省文物厅、天华山自然保护区管理局、朱鹮自然保护区管理局、省引汉济渭办和长江水资源保护科学研究所。会上，省水利厅副厅长、省引汉济渭办常务副主任田万全介绍了引汉济渭工程前期项目进展情况，环评单位介绍了工程概况和环境评价过程中遇到的主要问题，并听取省级有关部门对引汉济渭工程建设在环境影响方面的意见和建议。

4月21—23日，省水利厅在西安组织召开《陕西省引汉济渭工程大河坝基地建设初步设计》《秦岭隧洞1号、3号、6号勘探设计洞设计》《大河坝至黄金峡供电工程初步设计》审查会。水利厅规计处、总工办、咨询中心、引汉济渭办，有关设计单位的代表及特邀专家参加了会议。

5月4日，水利部水规总院以水总设〔2009〕385号文将陕西省引汉济渭工程项目建议书审查意见报送水利部。审查意见认为，本工程项目建议书基本达到深度要求，必要性论证明确，工程规模基本合理，主要技术方案比选充分、可行，移民安置去向基本明确，不存在重

大环境制约因素，经济评价合理。

5月5日，省引汉济渭工程协调领导小组组长、副省长洪峰带领省级有关部门负责同志到引汉济渭办检查指导工作。洪副省长对引汉济渭办的工作给予了充分肯定，希望全体参建人员要进一步提高认识，把又好又快地建设引汉济渭工程作为体现自己人生价值的平台，全身心地投入工作，要求相关部门坚决按照省委、省政府的部署，加大工作力度，扎扎实实做好各项保障工作。

6月12日，大河坝至汉江黄金峡交通道路工程施工和建设监理招标开标会在西安市召开。省发改委、财政厅及水利厅规计处、建管处、监察室等有关处室负责人和各投标人代表参加了开标会。

6月20—22日，水利部水利水电规划设计总院会同省移民办在西安主持召开引汉济渭工程三河口水库和黄金峡水库建设征地移民安置规划大纲审查会议。省发改委、水利厅、国土资源厅、环保厅、交通运输厅、林业厅、汉中市、安康市，洋县、佛坪县、宁陕县人民政府及有关部门，省引汉济渭办、省水电设计研究院等单位的领导、专家和代表共计50余人参加了会议。与会专家查勘了水库淹没区和主要移民安置点，听取了省水电设计研究院关于《规划大纲》编制情况的汇报，经认真讨论，基本同意了该规划大纲，同时提出了修改完善意见。

6月23日，秦岭1号、3号、6号试验洞工程施工和建设监理招标开标会在西安市召开。省发改委、财政厅及水利厅规计处、建管处、监察室等有关处室负责人和各投标人代表参加了开标会。

7月6日，水利部以水规计〔2009〕355号文将引汉济渭工程项目建议书审查意见报送国家发改委，标志引汉济渭工程审批立项工作取得重大进展。

7月7日，引汉济渭工程可行性研究勘测设计合同签字仪式在西安举行。水利厅副厅长、引汉济渭办常务副主任田万全与省水电设计研究院、铁道部第一设计研究院等设计单位负责人分别签订了《引汉济渭秦岭隧洞工程可行性研究报告》和《引汉济渭工程可行性研究报告》可行性研究勘测设计合同。同日，田万全还与施工、监理等单位签订了引汉济渭工程秦岭1号、3号、6号勘探试验洞施工合同。

7月15—16日，引汉济渭秦岭特长隧洞设计方案论证会在西安召开。会议邀请了北京交通大学、西南交通大学、西北大学、中国铁路建设总公司、国电机械设计院、铁道第三勘察设计院等单位的专家和中国科学院院士张国伟，中国工程院院士王梦恕、梁文灏，设计大师史玉新、刘培硕，西南交通大学教授关宝树等国内隧洞界知名专家到会。会议在勘查秦岭隧洞工程现场、听取铁一院设计方案汇报后，肯定了特长隧洞总体设计方案，同时特别指出，77千米秦岭特长隧洞是引汉济渭的控制性工程，从其工程重要性和技术复杂性出发，要站在建设历史遗产工程的高度来研究和落实其建设方案。下一步要在 TBM 适用性研究、长距离独头通风技术研究、施工交通运输方案研究、施工支护措施优化等方面组织技术攻关，认真做好工程风险评估，尽快开展 TBM 采购技术准备工作，为工程实施提供细致、坚实的技术工作基础。

7月30日，秦岭6号试验洞工程开工典礼在岭北施工现场举行。引汉济渭办有关工作组、铁道部第一设计研究院、中铁十八局集团有限公司、陕西大安工程建设监理有限责任公司等单位负责同志参加了开工典礼。

8月20日，引汉济渭工程大河坝基地（一期）建设施工和监理招标会仪式在西安交大南洋酒店举行。水利厅副厅长田万全，省发改委、财政厅及水利厅规计处、建管处、监察室等有关处室负责人和各投标人代表参加了开标会。

8月24日，洪小康副厅长主持召开会议，专题研究了引汉济渭工程项目建议书阶段前期工作有关事项。会议通报了引汉济渭工程前期工作进展情况，研究了国家发改委对引汉济渭工程需要进一步深入论证的要求，并就补充论证工作做出了安排布置。厅办公室、规划计划处、政法处、财审处、水资源与科技处、建管处、省引汉济渭办、咨询中心、开发公司及省水电设计院等单位的有关负责同志参加了会议。

9月23日，省水利厅组织召开《引汉济渭工程水库坝址河段水文监测实施方案》《引汉济渭工程施工期通信系统一期工程初步设计》审查会，水利厅规计处、总工办、咨询中心、信息中心、省引汉济渭办、省水电设计院、省水文局及特邀专家参加了会议。

9月25日，陕西省水利厅在西安皇后大酒店组织召开《引汉济渭工程秦岭隧洞弃渣场设计方案》技术论证会，水利厅规计处、总工办、防汛办、河库处、咨询中心、省引汉济渭办，省水保局、西安市、汉中市及安康市水利（水务）局，周至、佛坪、宁陕县水利局及有关设计单位的代表及特邀专家参加了会议。

10月10日上午，水利厅厅长、省引汉济渭办主任谭策吾在引汉济渭办全体职工大会上宣布省江河局局长蒋建军任引汉济渭工程协调领导小组办公室副主任。谭策吾厅长指出，田万全副厅长在准备工程开工条件不具备、人员极其紧张、面临重重困难的条件下，克难攻坚、团结拼搏，带领引汉济渭办同志做了大量工作，取得了显著成绩，为主体工程早日开工打下了坚实基础，希望大家一定要学习田万全同志严谨的工作作风，在蒋建军副主任的带领下，继续发扬艰苦奋斗、积极进取的精神，把又好又快地建设引汉济渭工程作为体现自己人生价值的最佳平台，全身心地投入工作。

10月13—15日，引汉济渭办副主任蒋建军赴施工现场实地调研、检查引汉济渭前期准备工程建设，察看了全部在建工程、首期移民安置点以及三河口水库、黄金峡水库、良心河泵

站、秦岭隧洞进出口等工程坝（站）址，全面了解工程建设进展情况，并对施工期环境保护、文明工地建设、工程质量和安全方面提出了具体要求，强调了要把引汉济渭工程建设成"关中供水保障线、生态环境提升线、沿线群众致富线、现代先进技术应用示范线、生态文明旅游线"为目标贯彻工程建设始终的工作思路。针对工程设计中存在的问题，调研、检查结束后，蒋建军副主任又分别与中铁西安第一勘测设计研究院和陕西省水电设计研究院进行了座谈，要求进一步提高设计质量的同时，千方百计加快设计进度，确保工程立项及建设需要。

10月16日，引汉济渭可行性研究阶段工程地质成果咨询会在西安召开。国家勘察大师陈德基及薛果夫、李广诚、宋嶽、濮声荣等特邀专家参加会议。与会专家查勘了现场、听取了省水电设计院的汇报并进行了认真讨论，形成了专家组咨询意见。认为成果报告已达到可行性研究阶段的深度要求，工程区的工程地质条件和重大工程地质问题已基本查明，黄金峡水库、黄金峡泵站、黄三隧洞、三河口水利枢纽四个单项工程具备修建的工程地质条件。

10月19—23日，长江科学院副院长兼总工仲志余带领长江水利委员会水政水资源局、长江科学院一行5人来陕开展汉江流域水量分配前期调研工作。水利厅水资源处，省引汉济渭办，西安市、汉中市、安康市水利局，省引红济石调水公司等单位有关同志陪同参加了调研。

10月23日，省引汉济渭办召开全体职工大会，宣布成立引汉济渭工程现场工作部。

10月27—30日，省水利厅厅长、引汉济渭办主任谭策吾在副主任蒋建军陪同下，带领厅有关处室负责人一行实地检查了引汉济渭前期准备工程施工进展情况，并就工程建设中存在的具体问题分别与建设单位、周至、佛坪和宁陕县政府进行了座谈，现场研究解决了工程建设外部环境和支持三县水利建设等相关问题。

11月3日，省委常委、副省长、引汉济渭工程建设协调领导小组组长洪峰带领水利厅、省引汉济渭办负责同志赴武汉，与长江水利委员会、湖北省水利厅座谈，征求对我省引汉济渭工程的意见，寻求湖北省对引汉济渭工程的理解与支持。长江委主任蔡其华主持座谈会，长江委规计局、水政局、水文局、设计院等单位负责人和陕西省水利厅厅长谭策吾，湖北省水利厅厅长王忠法、副厅长吴克刚等参加座谈。座谈各方在充分表达意见的基础上，对引汉济渭工程建设的必要性、紧迫性达成了共识，取得了积极效果。座谈中，洪峰副省长首先介绍了我省关中地区缺水形势，分析了引汉济渭工程对支撑关中—天水经济区建设和陕西经济社会发展的战略作用，表达了调水服从国家统一调配的态度及两省互通有无、携手发展的良好愿望。谭策吾厅长介绍了引汉济渭工程前期工作进展情况，以及为消除调水对南水北调中线及汉江下游影响所采取的措施。湖北省水利厅负责同志表示：湖北省水利部门充分理解和支持陕西在关中严重缺水且无其他途径的情况下从汉江上游适当调水的要求；提出在实施中线调水后汉江水资源开发比例较高的情况下，调水要充分论证清楚对下游的影响；尊重长江委对引汉济渭工程调水规模的论证成果和长远规划安排，最终解决汉江流域的水资源保障问题要从长江调水。蔡其华主任指出：引汉济渭工程是实施国家西部大开发战略，建设关中—天水经济区的需要，是现实条件下难以替代的选择，长江委根据论证结论支持该项工程建设；陕西、湖北两省对调水相关问题的坦诚沟通值得肯定，下一步长江委将会同两省共同研究汉江水资源的统一管理机制，用制度保障水资源的科学合理利用。

11月6—13日，受国家发改委委托，中国国际工程咨询公司在西安主持召开陕西省引汉济渭工程项目建议书评估会议。省委常委、副省长洪峰出席会议并致辞。参加评估会议的特邀专家及相关方代表，通过查勘现场、审阅资料、听取汇报和深入讨论，形成了《陕西省引汉济渭工程项目建议书专家组评估意见》。评估认为实施引汉济渭工程是必要的，工程规模和总体格局基本合适，建议国家批准立项建设。评估过程中，对进一步完善工程布置方案，充分利用水能资源，降低工程运行成本，提高工程效益等方面提出了需进一步补充修改完善的意见和建议，并明确在修改完善后，12月中下旬进行复审。引汉济渭工程项目建议书通过第一阶段评估，将为该工程在国家发改委审批立项奠定坚实基础，标志着引汉济渭工程立项进程中跨出了关键的一步。

11月24日，在引汉济渭项目建议书通过中咨公司第一阶段评估后，省委常委、副省长洪峰带领省政府、发改委、水利厅和引汉济渭办相关负责同志赴北京向国家发改委汇报。国家发改委副主任杜鹰主持会议听取相关汇报后指出，从全局看、从经济发展看，不上引汉济渭工程不足以解决陕西经济发展的"瓶颈"制约，特别是难以落实国务院批准的《关中—天水经济区发展规划》，建设该项目是必要的、是站得住脚的。他希望陕西省委、省政府在进一步做好前期工作的同时，一要充分考虑陕西省内跨流域调水和国家南水北调的关系，说清陕西调水对国家南水北调的影响程度；二要在充分论证技术方案的同时，注重经济方案的论证，水价的确定要考虑工程建成后的运行费用和效益的发挥；三要充分考虑移民问题和生态影响；四要多思路做好筹融资方案，对省内项目进行排队，抓重点，促成引汉济渭工程尽快立项建设。

12月7—10日，引汉济渭工程可行性研究阶段测绘成果和地质成果验收会在西安召开。省引汉济渭办、省水电设计院、铁一院及特邀专家共30余人参加会议。会议听取了设计单位汇报，经充分讨论，形成了专家组审查意见。省引汉济渭办副主任蒋建军和有关工作组负责人参加了会议。

12月10日，陕西省机构编制委员会以陕编发〔2009〕22号文批复同意组建省引汉济渭工程协调领导小组办公室，明确为省水利厅管理的副厅级事业单位；内设综合处、规划计划处、工程建设管理处、移民与环保处、财务审计处5个机构；核定人员编制45名，其中主任

大事记

1名（厅长兼任，不占编制），常务副主任和副主任各1名（副厅级），总工程师1名（副厅级），处级领导职数13名。

12月19—21日，中国国际工程咨询公司在北京对引汉济渭工程项目建议书补充报告进行复评。形成的评估意见认为：工程的前期工作已进行多年，设计深度基本满足本阶段要求，秦岭隧洞等主要技术方案论证充分，不存在重大环境制约因素，建议立项建设；同意按照"一次立项，分期配水"的方案建设，实现2020年配水5亿立方米、2025年配水10亿立方米、2030年配水15亿立方米建设规模。

12月24—25日，引汉济渭办在西安召开岭南、岭北道路工程合同工程、单位工程完工验收会议。厅建管处、水利工程质量监理中心站、引汉济渭办以及工程设计、施工、监理等单位有关同志参加了会议。水利厅副厅长田万全、引汉济渭办蒋建军常务副主任参加了会议。

12月24—28日，引汉济渭办从西安市兴庆路36号鸿样大厦A座7F乔迁西安市长乐中路93号万年饭店南楼5F新址。

2010 年

1月7日，省水利厅以陕水任发〔2010〕1号文任命张克强同志为引汉济渭办主任助理、副总工程师，王寿茂同志为引汉济渭办主任助理、综合处处长，靳李平同志为引汉济渭办副总工程师、移民与环保处处长，严伏朝为引汉济渭办规划计划处处长（试用期一年），周安良同志为引汉济渭办工程建设管理处处长（试用期一年），曹明同志为引汉济渭办综合处副处长（试用期一年），李绍文同志为引汉济渭办综合处副处长（试用期一年），田伟同志为引汉济渭办规划计划处副处长（试用期一年），李丰纪同志为引汉济渭办工程建设管理处副处长（试用期一年），刘宏超同志为引汉济渭办移民与环保处副处长，李永辉同志为引汉济渭办财务审计处副处长，葛雁同志为引汉济渭办财务审计处副处长（试用期一年）。

1月21日，省引汉济渭工程协调领导小组组长、省委常委、副省长洪峰同志主持召开领导小组第三次会议，专题研究引汉济渭工程建设有关问题，安排部署2010年工作，确定年度项目实施计划。省引汉济渭工程协调领导小组副组长、副省长姚引良及省引汉济渭工程协调领导小组成员单位负责同志参加了会议。会议听取了省引汉济渭办关于引汉济渭工程2009年工作情况和2010年建议实施计划的汇报，肯定了2009年引汉济渭各项工作，形成了将工程尽快建好的共识。会议认为，2009年省引汉济渭工程协调领导小组各成员单位抓住机遇，积极配合，共同努力，引汉济渭工程前期工作取得了一系列突破性进展。项目建议书通过了水利部和中咨公司评估，工程可行性研究报告和各项专题报告获得阶段性成果，移民安置规划大纲通过部省联合审查，准备工程建设进展顺利。会议要求，省引汉济渭工程协调领导小组成员单位及省级相关部门要充分认识引汉济渭工程对我省突破水资源"瓶颈"制约、建设西部强省的战略作用，进一步加强协作，着眼长远，肩负历史责任，以古秦人修建都江堰、郑国渠、灵渠的执着和敬业精神大干快干，全力推动这一惠及全省人民、造福子孙后代的重大工程。

2月3日，引汉济渭工程可行性研究报告编制工作座谈会在西安召开。水利厅规计处、总工办、引汉济渭办、省水电设计研究院、中铁第一勘探设计院及特邀长江委设计院和西北水电设计院石瑞芳大师等单位领导、专家、代表共40余人参会。会议听取了设计单位项目进展情况汇报。石瑞芳大师重点在项目建设必要性、供需分析、资金筹措、调水运行方式、工程建设投资方案、优化工程特征水位、配水规模、水价等方面发表了很好的指导性的意见。

2月20日，省引汉济渭办主任办公会决定从3月5日起启用"陕西省引汉济渭工程协调领导小组办公室现场工作部"印章。现场工作部作为引汉济渭办的派出机构，履行省引汉济渭办基本职责，处理现场工程、环境保障等方面的问题。

3月1—3日，引汉济渭工程征地拆迁和移民安置准备工作座谈会在西安召开。会议听取了三河口水库移民安置试点规划设计及补偿标准和三个移民安置试点规划设计的汇报，讨论了引汉济渭工程移民安置实施、资金、临时用地复垦等管理暂行办法和三河口水库552米高程以下移民安置工作。省水利厅副厅长洪小康出席会议并讲话。

3月11日，省水利厅在西安主持召开引汉济渭工程秦岭隧洞出口与受水区控制高程技术论证会。会议就引汉济渭秦岭隧洞出口高程、受水区配水工程控制高程以及水资源配置、供水点水厂位置及高程、关中供水网络、引汉济渭工程建设进度等进行了认真讨论，原则同意以510米高程作为秦岭隧洞出口最低控制高程，要求勘测设计单位在510～520米的范围内进一步细化分析不同高程方案对受水区输水工程和调水工程的主要影响，并考虑供水系统配水功能和联合调度需要，通过方案比较、论证，尽快确定秦岭隧洞出口的准确高程。

3月21日，省库区移民办在西安组织召开引汉济渭工程移民安置试点临时控制补偿标准论证会议。水利部水规总院、省国土资源厅、省林业厅、安康市移民开发局、汉中市移民办、宁陕县人民政府及有关部门、佛坪县人民政府及有关部门、省引汉济渭办、省水利电力勘测设计研究院等单位的领导、代表以及特邀专家共40余人参加会议。会议就临时控制补偿标准进行了广泛讨论，提出了许多具有建设性、科学性的意见和建议。

4月7—8日，水利厅王锋厅长和洪小康副厅长冒雨检查引汉济渭工程三河口、黄金峡坝址和勘探试验洞、大黄公路、大河坝基地施工情况，并在大黄公路二标段召开现场会，听取引汉济渭办蒋建军常务副主任的全面汇报，王锋作了重要讲话。王锋厅长要求：一要抓紧项目建议书审批进程，由引汉济渭办确定专人，加强与有关方面的沟通联系，力争早日通过立

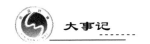

项审批。二要尽快研究，按程序报批确定秦岭隧洞出口高程，为隧洞出口段和 7 号支洞的开工建设做好准备。三要由引汉济渭办牵头落实部门和人员，尽快编制关中用水管网规划。四要按照工程建设移民先行的要求，认真抓好移民安置工作，摸清库区移民底子，编制移民安置规划，切实保障移民的生产生活。五要尽快研究落实黄金峡电站资金筹措方案，保证工程按时开工建设。六要强化安全生产管理，加强监督检查，确保施工安全。七要在加快前期工作的同时抓好自身建设，要建立完善工作制度和有序的工作机制，管好用好工程经费、工作经费和管理经费，进一步加快机构设置和人员编制工作进度。

4 月 12 日，省引汉济渭办常务副主任蒋建军带领有关处室负责同志赴北京与中国水利水电科学研究院专家学者就引汉济渭工程面临的关键技术问题进行座谈。王浩院士代表中国水利水电科学研究院表示，引汉济渭工程是近期解决关中缺水问题的现实措施，水科院将全力支持工程建设，同时建议对引汉济渭工程面临的关键技术问题进行系统研究，并初步确定了关键技术研究计划编制的目标任务、技术路线、项目安排、实施措施、预期成果等事项。

4 月 23 日，水利厅在西安组织召开引汉济渭工程秦岭隧洞出口与受水区控制高程技术论证收口会。水利厅规计处、总工办、水资源处、供水处、咨询中心、引汉济渭办相关负责人，中铁第一勘察设计院集团有限公司，陕西省水电设计研究院有关同志及张世华等特邀专家参加了会议。会议确定了秦岭隧洞出口高程和受水区控制高程为 510 米。

4 月 25 日，陕西省库区移民工作领导小组办公室在西安组织召开了引汉济渭移民集中安置试点工程初步设计审查会议。省发改委、水利厅、汉中市移民办、安康市移民开发局、佛坪县政府及移民办、城建局、大河坝镇政府、宁陕县人民政府及移民办、城建局、梅子乡政府、筒车湾镇政府、省引汉济渭办、省水利电力勘测设计研究院等单位的领导、代表以及特邀专家共 40 余人参加了会议。会议认为省水电设计院编制的引汉济渭移民集中安置三个试点初步设计成果基本符合《移民大纲》要求，原则同意初步设计方案。

4 月 27 日上午，省人大常委会副主任刘维隆带领人大财经委员会主任委员刘忠良、副主任委员黄怀宝、省人大常委会预算工作委员会副主任任永革视察了引汉济渭前期准备工程建设现场。刘维隆副主任强调：省级有关部门要齐心协力，采取有力措施，加快前期工作，大干、实干、快干，使这项惠及全省人民，造福子孙后代的战略性水资源配置工程尽快开工，尽早建成发挥效益。他表示省人大将积极为引汉济渭工程建设鼓劲加油，全力推进这项工程尽快开工建设。他要求全体工程建设者以古秦人修建郑国渠的执着和敬业精神，承接重任，砥砺奋进，为全省人民交一份满意答卷、为后人留下一项世界遗产性工程。

5 月 7 日，受省委常委、副省长洪峰委托，李明远副秘书长带领省政府办公厅、水利厅及省引汉济渭办负责同志专程赴京向国家发改委农经司有关领导汇报引汉济渭工作。李明远简要介绍引汉济渭工程后，就国家发改委关心的工程对下游的影响、建设管理体制、市场引入机制、工程运营管理体制和投资构成等问题，以及近年来我省在节水、治污、环境保护等方面所做工作，一一作了详细汇报。国家发改委农经司有关领导充分肯定了引汉济渭工程建设的必要性，表示将对工程建设给予大力支持，并对我省加强环境保护工作提出了若干建议。

5月11日，中国国际工程咨询公司以咨农发〔2010〕278号文向国家发改委报送了引汉济渭工程项目建议书咨询评估报告。评估报告认为：引汉济渭工程从汉江向渭河流域调水，可以实现区域水资源的优化配置，缓解关中地区水资源供需矛盾，逐步减少地下水超采和改善渭河流域生态环境，保障关中地区经济社会可持续发展，工程建设是必要的，其线路选择和总体布局也是合理的，秦岭隧洞等主要技术方案论证比较充分，不存在重大工程技术和环境问题。评估报告建议：尽快开展受水区水资源配置和输配水工程建设方案研究，与主体工程同步实施；建立适宜的水资源管理和水价管理机制，促进工程运行初期水量合理消纳；进一步研究引汉济渭工程对南水北调中线供水和汉江中下游用水带来的不利影响，并加强协调陕西、湖北两省关系。

5月11日，省总工会、省水利厅联合在秦岭3号勘探试验洞工地，隆重召开引汉济渭前期准备工程劳动竞赛动员大会。省人大常委会副主任、总工会主席黄玮，省总工会常务副主席、省劳动竞赛委员会副主任顾东武，省水利厅厅长王锋和纪检组长、工委主任廉泾南等领导同志出席了动员大会。会议对劳动竞赛做了全面动员和安排部署，省人大常委会副主任、总工会主席黄玮宣布引汉济渭工程劳动竞赛开赛，标志着为期半年的以"促进度、抓质量、保安全、重环保、创一流"为主要内容的引汉济渭前期准备工程建设劳动竞赛正式启动。动员会后，黄玮副主任先后视察了三河口坝址和秦岭3号、2号勘探试验洞工地，慰问了广大参建人员，听取了引汉济渭办关于项目建设情况汇报，并与工程参建各方负责同志进行了座谈。

5月19日，省委常委、副省长洪峰带领省水利厅副厅长洪小康、引汉济渭办常务副主任蒋建军及省发改委有关负责同志专程到国家发改委汇报我省引汉济渭工程前期工作，促请国家发改委尽快审批引汉济渭工程项目建议书。

5月21日，省环境评估中心在西安主持召开《秦岭隧洞6号勘探试验洞工程环境影响报告书》和《秦岭隧洞7号勘探试验洞工程环境影响报告书》技术评估会，省环保厅、林业厅，西安市水务局、周至县环保局、周至国家级自然保护区管理局、黑河水源地环境保护管理站、省引汉济渭办、铁道部第一勘察设计院、省环境科学研究院等单位的代表及特邀专家共20余人参加了会议。会议认为在严格各项环保措施的条件下，秦岭隧洞6号、7号勘探试验洞工程不存在制约工程建设的环境因素，从环境保护角度分析，工程建设是可行的，原则同意工程环境影响报告书。

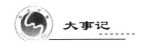

5月22—25日，中国水利水电科学研究院王浩院士带领水科院、清华大学、中建五局等单位专家学者，就引汉济渭工程关键技术研究深入工程现场实地考察，与我省科技厅、引汉济渭办、中铁第一勘测设计院、省水利电力勘测设计院、西安理工大学等单位的代表就引汉济渭工程关键技术问题进行了交流、研讨。

5月24日，省林业厅在西安组织召开《引汉济渭工程对秦岭四个自然保护区影响评价报告》评审会。省动物研究所、省植物研究所、西北大学、陕西师范大学、省水利厅、省环境保护厅、省引汉济渭办等单位的专家、领导和代表参加了会议。会议经过认真讨论和咨询答疑，形成一致意见，同意通过专家评审。

6月1日上午，引汉济渭办举行干部任职宣布大会。水利厅管黎宏副厅长宣读省委组织部任命决定：任命洪小康为省引汉济渭工程协调领导小组办公室主任，蒋建军为省引汉济渭工程协调领导小组办公室常务副主任。洪小康和蒋建军同志做了表态发言，水利厅王锋厅长就进一步做好下阶段工作提出了五点要求：一要继续全力以赴推进项目建议书审批进程，确定专人，加强与有关方面的沟通联系，抓紧补充完善有关工作，力争工程项目建议书早日通过立项审批；二要切实抓好在建工程的建设管理工作，广泛深入地开展好劳动竞赛，按照工程建设的总体任务要求，抓质量、抓进度，抓规范管理，抓科技含量，抓人才培养，确保工程建设按期优质完成；三要不断强化安全生产意识和管理，今年以来极端天气状况频次明显增多，而引汉济渭工程现场多在山区，加上当前正值汛期，容易遭受自然灾害的侵袭，因此务必要引起思想上的高度重视，层层落实安全生产责任制，加强监督检查，确保施工安全；四要认真落实年度目标责任书的各项任务，安排和谋划好各项重点工作，加强督查落实，确保各项工作有序推进；五要着眼长远抓好自身建设，管好用好资金，积极推进管理基地筹建工作，进一步加快机构设置和人员编制工作进度，要着眼于高素质人才的培养锻炼，通过这几年工程建设的实践锻炼，培养出一批人才、磨炼出一批干部、研究出一批成果。

6月4日，《陕西省引汉济渭秦岭特长隧洞施工通风方案研究阶段成果》在中铁第一勘察设计院召开评审会。水利厅副厅长、引汉济渭办主任洪小康，水利厅总工办、规计处、引汉济渭办等部门有关负责同志，中铁第一勘察设计院及特邀专家梁文灏等院士参加了会议。会议讨论认为：该研究成果内容全面，技术路线合理，思路清晰，方法正确，提出的进出口钻爆法施工段采用独头压入式柔性风管通风是合适的，岭脊TBM施工段采用有辅助坑道施工通风方案是合理的。会议建议：岭脊两座辅助坑道的设置方案需进一步优化，同时尽快开展物理模型试验，为下阶段施工通风设计提供依据。

6月8—9日，水利厅副厅长、引汉济渭办主任洪小康同志带领水利厅办公室、规计处、水资源处及引汉济渭办等部门和单位有关同志，专程赴武汉市与湖北省水利厅沟通，寻求共同破解引汉济渭工程立项障碍。通过座谈、交流，真诚听取湖北省意见，汇报我省对下游影响问题研究的成果，达到了加强沟通、促进理解、寻求共识的目的。在6月9日湖北省水利厅召开的引汉济渭工程环境影响评价公众参与座谈会上，洪小康副厅长及我办负责同志通过与湖北省有关方面展开热烈讨论，完成了陕西省引汉济渭工程环境影响评价湖北省公众参与活动。

6月18日，水利厅副厅长、引汉济渭办主任洪小康主持召开会议，专题研究引汉济渭工程项目可行性研究阶段成果咨询事项。厅办公室、规划计划处、总工办、引汉济渭办、咨询中心、省水电设计院、中铁第一勘察设计院集团有限公司等单位负责同志参加会议。省引汉济渭办汇报了可行性研究报告编制工作安排及专题研究进展情况，省水电设计院与中铁第一勘察设计院汇报了可行性研究报告编制工作进展情况及咨询建议。会议对可行性研究报告成果咨询进行了研究部署。

6月21日，省库区移民办在西安主持召开《引汉济渭工程三河口水库移民安置试点工作规划报告》审查会议。会议听取了设计单位关于三河口水库移民安置试点工作规划报告编制情况汇报，认为该规划报告基本符合《移民大纲》要求，要求设计单位按照会议审查意见进一步修改完善后报上级部门审批。省水利厅副厅长、引汉济渭办主任洪小康出席会议并讲话。

7月7日，引汉济渭工程三河口水库移民安置试点工作动员会在西安召开，省委常委、副省长洪峰出席会议并作重要讲话。省政府副秘书长李明远主持会议，水利厅副厅长、引汉济渭办主任洪小康作动员讲话，省发改委、农业厅、扶贫办、引汉济渭办等相关部门和相关市县的负责同志参加了会议。引汉济渭办常务副主任蒋建军对引汉济渭工程进展情况进行了汇报，并就三河口库区移民安置试点工作做了细致安排，汉中、安康两市和宁陕、佛坪两县政府负责同志就移民安置工作分别做了表态发言。会上，省引汉济渭办与安康、汉中两市政府签订了移民安置试点工作协议。

7月7—11日，水利部水规总院江河水利水电咨询中心在西安召开《陕西省引汉济渭工程可行性研究报告》技术咨询会。水利厅王锋厅长和副厅长、引汉济渭办主任洪小康、总工孙平安，省发改委、省财政、省环保厅、引汉济渭办、省水电设计院、中铁第一勘设计院等单位及部门领导、专家和代表共160余人参加了会议。本次会议对加快引汉济渭工程的前期工作进程、保证技术工作方向和深度、促进设计单位尽快按要求完成可行性研究报告编制具有重要作用，为下一步顺利通过水利部水规总院技术审查打下了良好的基础。会议期间，专家查勘了工程现场，听取了设计单位关于可行性研究报告编制情况汇报，审阅了设计文件，与设计人员进行了深入沟通和交流，经认真研究论证，形成了专家组意见。专家组在对现阶段研究成果给予充分肯定的同时，对水文、地质、工程规模、水工布置设计、淹没区移民、水

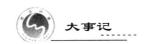

保环评、机电、造价等专业方面提出了具体修改意见，并要求设计单位对工程总布局方案做进一步研究。洪峰副省长会议期间看望并宴请了与会专家。

7月30日，洪小康副厅长召开专题会议，研究引汉济渭工程可行研究报告修改完善工作。水利厅办公室、规划计划处、总工办、咨询中心、引汉济渭办及省水电设计院、铁一院的领导和设计负责人参加会议。会议要求，相关单位要强化时间观念，增强责任意识，密切协作配合，按时完成引汉济渭工程可行性研究报告编制任务。9月上旬要保证完成对工程总体布局和各分项工程的规模参数，10月20日基本完成报告修改和沟通工作，11月20日提交可供报审的总报告及相关附件。厅规计处、总工办和引汉济渭办要加强可行性研究报告修改过程的督促和协调，及时解决设计单位提出的有关问题，为顺利完成可行性研究编制工作提供有利的条件。

7月31日，针对《新世纪周刊》记者采写的《割据汉江》一文中所反映的问题和中央领导的批示及水利部领导的指示，由水利部、国家发改委、国务院南水北调办、水利部南水北调规划设计管理局、水利部水利水电规划设计总院、水利部长江水利委员会等部门组成的调研组来我省，就汉江流域水资源开发利用和保护进行调研并召开座谈会。省委常委、副省长洪峰出席会议并讲话。会后，调研组一行考察了引汉济渭工程黄金峡坝址和汉江陕西段水电梯级的石泉、安康、旬河、蜀河和白河电站。

8月12日，省水利厅在西安主持召开秦岭隧洞7号勘探试验洞设计技术审查会，厅规计处、总工办、造价中心、引汉济渭办、中铁第一勘察设计院等单位的代表和特邀专家共30余人参加了会议。会议认为：81千米长的秦岭隧洞具有地质复杂、高地应力、高地温、独头通风距离长等特点，是控制引汉济渭整体工程工期的关键工程，为掌握岭北隧洞片麻岩工程地质特性、断层破碎带、软弱结构面对工程的影响，结合秦岭7号施工支洞实施勘探试验是十分必要的，基本同意该设计报告，建议设计报告作进一步修改完善后尽快上报审批。

8月13日，省水利厅在西安主持召开引汉济渭工程受水区输配水工程规划工作大纲技术审查会。省水利厅规计处、总工办、水资源与科技处、供水处、咨询中心、省引汉济渭办、省水电设计院等单位的代表和特邀专家共30多人参加了会议。会议要求大纲编制单位就开展受水区输配水工程规划的必要性、紧迫性以及规划依据、受水区范围、规划指导思想与原则、规划水平年、规划工作内容等方面做进一步补充完善工作。

8月17—19日，省引汉济渭办常务副主任蒋建军带领引汉济渭办相关部门负责同志专程赴北京向国家发改委、水利部有关部门及领导汇报引汉济渭工作，并就7月31日至8月2日水利部、国家发改委、国务院南水北调办联合开展汉江流域水资源开发调研后有关情况，与调研组组长、水利部副总工程师庞进武和水利部调水局分别进行了座谈。通过汇报、座谈和深入交换意见，达到了加强沟通、促进理解、寻求支持的目的。据了解，汉江流域水资源开发联合调研组的调研报告认为：南水北调中线和引汉济渭一期总调水 105 亿立方米，对汉江中下游的影响不大，通过实施汉江中下游四项治理工程，加强汉江流域水资源的统一管理和调度，可以有效缓解对汉江中下游的不利影响。在基本不影响南水北调中线一期工程调水量的前提下，汉江具备近期向渭河流域调水 10 亿立方米的条件；远期在实施南水北调中线后期水源工程建设后，多年平均调水量可达 15 亿立方米。对下一步工作，调研报告建议：一是不宜将"引汉济渭"与"引江补汉"直接挂钩；二是要积极推进引汉济渭工程前期工作和汉江流域相关规划审批工作；三是及早开展丹江口库区及上游地区生态补偿机制研究工作；四是要高度重视汉江流域梯级开发对水生生态的影响研究和汉江中下游的水环境保护工作；五是积极开展汉江流域相关管理制度体系的前期研究工作。

8 月 24 日，引汉济渭三河口水库移民安置试点工程监督评估开标会议在西安召开。省水利厅副厅长、引汉济渭办主任洪小康、省纪委驻水利厅纪检组组长廉泾南、引汉济渭办常务副主任蒋建军、省水利厅相关处室、省库区移民办、省引汉济渭办、陕西省招标有限责任公司等有关单位和部门负责同志参加了会议，省水利厅招标办和监察室现场全过程进行了监督。

9 月 2 日，水利厅副厅长、引汉济渭办主任洪小康主持召开引汉济渭工程受水区输配水工程规划工作座谈会。省发改委、省水利厅相关部门，省引汉济渭办，西安、宝鸡、咸阳、渭南市与杨凌区及周至、户县、长安、临潼、高陵、阎良、扶风、眉县、武功、兴平、泾阳、三原、华县等县区水利（水务）局，省水电设计研究院等单位代表共 60 余人参加了会议。会议听取了受水区配水方案以及受水区配水工程规划编制情况汇报，受水区各市、县、区代表相继发言。会议认为，引汉济渭工程对解决关中地区严重缺水问题极为重要，主体工程与配水工程要同时建设，争取引汉济渭工程早日建成并发挥效益。

9 月 13—20 日，水利部黄河水利委员会就引汉济渭工程与黄河干流水权置换和陕北地区从黄河取水问题来陕进行专题调研。水利厅副厅长、省引汉济渭办主任洪小康和水利厅有关处室、省引汉济渭办负责同志就引汉济渭工程增加的入黄水量用于陕北能源基地建设发表了重要意见。

9 月 17 日，姚引良副省长带领省政府办公厅、省发改委等部门负责同志专程到省引汉济渭办检查指导工作。姚引良副省长强调指出，引汉济渭工程是我省有史以来规模最大、影响最为深远的大型水利工程，要作为促进全省经济社会发展的战略性工程抓紧抓好、抓出成效。

9 月 20 日，省政协副主席张伟率领省政协常委视察团视察引汉济渭准备工程建设。省政协秘书长田杰、省政府副秘书长胡小平、省水利厅副厅长田万全、省政协副秘书长薛耀林、省引汉济渭办常务副主任蒋建军，省引汉济渭办相关部门负责同志及宁陕县委、县政府有关领导陪同视察。视察团成员认为引汉济渭工程是一项造福三秦百姓，具有基础性、长期性和

战略性的水利工程，需要政府和有关方面持续关注和支持，做好科学规划，以降低工程成本。视察团成员表示将以提案专题报告的方式继续呼吁，争取项目尽快立项，同时分别就工程建设、水权置换、管理体制、水价政策、筹融资机制、移民安置、受水区水资源配置等方面工作提出了重要建议。

9月29日，水利厅副厅长、省引汉济渭办主任洪小康在引汉济渭办主持召开干部大会。会上，水利厅副厅长管黎宏宣读了陕西省委组织部关于任命水利厅供水处原处长杜小洲担任引汉济渭办副主任的任命通知。

10月22日，省引汉济渭办在西安召开《引汉济渭工程关键技术研究计划》成果验收会。省水利厅、科技厅，省水电勘测设计研究院以及中铁第一勘察设计院等单位的专家和代表30多人参加了会议。水利厅副厅长、引汉济渭办主任洪小康参加会议，中国水利水电科学研究院王浩院士介绍了《引汉济渭工程关键技术研究计划》的编制情况。会议认为，《引汉济渭工程关键技术研究计划》提出的深埋超长隧洞的控制测量关键技术、深埋超长隧洞设计及施工关键技术研究、水库枢纽工程设计与施工关键技术研究、泵站与电站设计及运行关键技术研究、引汉济渭工程水资源配置关键技术研究、引汉济渭工程运行调度关键技术研究、引汉济渭工程移民及相关风险研究等7项关键技术，符合工程建设实际需要，具有较强的前瞻性和实用性，随着研究的不断深入，其成果可以为引汉济渭工程的设计、施工、运行提供技术保障和关键支撑。

10月25日，省水利厅在西安召开引汉济渭工程近期建设实施方案技术讨论会。省水利厅规计处、总工办，省引汉济渭办，省水电设计院，中铁第一勘察设计研究院等单位项目负责人及特邀专家共30人参加了会议。会议认为：随着全省经济社会持续快速发展，加快实施引汉济渭工程，争取早日通水是十分必要和紧迫的。经过7年前期工作和4年准备工程建设，引汉济渭调水规模、总体布局、工程规模经过深入论证和研究，目前已基本成熟，依据可行性研究阶段主要成果进行引汉济渭工程先期建设方案研究很有必要，建议对提交会议讨论的近期建设实施方案报告进行补充修改后正式组织审查。

10月26日，省水利厅在西安主持召开引汉济渭工程1号、2号、3、6号勘探试验洞延长段设计审查会。省水利厅规计处、总工办，省水电工程咨询中心，省引汉济渭办，省水电设计院等单位代表及特邀专家近20人参加了会议。会议认为：依据中咨公司对项目建议书评估意见，结合现阶段勘察设计成果，延长秦岭隧洞勘探试验洞是必要的。同意按秦岭隧洞设计洞线、比降、进出口高程为依据进行勘探试验洞设计变更。基本同意1号、2号、3号、6号勘探试验洞延长段洞线设计。

10月29日，省引汉济渭在西安召开陕西省引汉济渭工程博物馆可行性研究报告审查会。

常务副主任蒋建军，引汉济渭办各处负责同志及相关人员，陕西省水利电力勘测设计研究院，中铁第一勘察设计院集团有限公司，西安建筑科技大学建筑设计研究院有关人员及特邀西安市碑林区博物馆馆长赵力光教授等专家参加了会议。

10月30—31日，省引汉济渭办组织地质、水保和环境等方面的专家，在西安召开了引汉济渭移民试点工程地质灾害危险性评估技术咨询会，对宁陕县梅子乡、筒车湾海棠园村和佛坪县大河坝等三个移民安置区的用地适宜性进行了技术咨询。会议对移民安置区遭受地质灾害危害的可能性和工程建设中、建成后引发地质灾害的可能性做出了技术评价，提出了具体的预防治理措施，形成了《引汉济渭移民试点工程地质灾害危险性评估技术咨询意见》。

11月4日，陕西省水利厅以陕水建发〔2010〕225号文批复引汉济渭工程施工期信息管理系统（一期）工程招标实施方案。

11月4日，陕西省交通运输厅就西汉高速公路佛坪连接线永久改线工程建设资金拨付有关问题以陕交函〔2010〕818号文复函我办，同意将项目建设的启动资金拨付给汉中市交通运输局，建设事宜由汉中市交通运输局商佛坪县人民政府办理。

11月5日，省引汉济渭办在西安召开引汉济渭工程信息化系统总体设计评审会，形成了评审意见。常务副主任蒋建军，厅总工办、省引汉济渭办、陕西省水利电力勘测设计研究院、黄河信息技术公司有关人员及特邀水利部信息中心专家参加了会议。

11月11日，引汉济渭三年发展规划与人力资源规划评审会在西安召开，厅人教处、引汉济渭办，西安理工大学等单位的代表和特邀专家共30余人参加了会议。会议在听取汇报后经认真讨论研究，认为两个规划报告的成果已达到了预期要求，同意通过验收。

11月16—18日，省水利厅副厅长、引汉济渭办主任洪小康，引汉济渭办副主任杜小洲一行专程赴京，分别拜访水利部陈雷部长，规计司、水资源司、国科司等有关部门负责人，汇报引汉济渭工程前期工作开展情况，寻求指导和争取支持。陈雷部长对引汉济渭工程前期工作提出了具体要求，并指示水利部将继续关注和支持陕西水利发展，积极协调陕西、湖北两省关系，促进引汉济渭工程早日开工建设。

12月8日，引汉济渭施工期信息管理系统（一期）工程招标会在西安召开。水利厅监察室、建管处、招标办、财审处、规计处及省质监总站、引汉济渭办等单位和部门负责同志参加了会议。黄河勘测规划设计有限公司、西安迪飞科技有限责任公司、陕西颐信网络科技有限责任公司、郑州天诚信息工程有限公司、西安煤航信息产业有限公司等13家单位到会竞标。

12月8日，省委副书记王侠就联系的引汉济渭工程专门听取工作汇报并作重要指示。在听取水利厅副厅长、引汉济渭办主任洪小康的汇报后，王侠副书记充分肯定了引汉济渭办的

工作，要求各相关部门，一要做好宣传工作，进一步提高全社会对引汉济渭工程重要作用、战略意义的认识；二要坚定不移，早上、快上，抓紧试验性工程建设，力争"十二五"末基本完成先期建设方案的主体工程建设；三要加强监管力度，确保工程质量和生产安全；四要高度重视工程管理体制和筹融资问题。最后，王侠副书记表示，引汉济渭项目已进入国家审批立项关键时期，按照省委常委联系重大项目的要求，将争取国家相关部委支持，力促项目早日批复。

12月9日，西汉高速公路佛坪连接线永久性改线工程在佛坪县大河坝镇隆重开工。

12月9日，省引汉济渭工程协调领导小组组长、副省长姚引良同志主持召开领导小组第四次会议，专题研究引汉济渭工程建设有关问题。会议听取了引汉济渭工程前期工作情况和先期实施方案的汇报，肯定了引汉济渭2010年各项工作，研究确定了加快引汉济渭工程建设的有关事项。会议确定2011年开工建设秦岭隧洞和三河口水库工程，2016年完成两项工程主体建设任务，保证2017年前实现先期通水。省引汉济渭办要抓紧秦岭隧洞主体工程招标和TBM机招标采购，力争早日开工建设。秦岭隧洞具备条件的施工面今年年底可采用钻爆法先行进行主洞施工，在TBM进场前其他工作面达到主洞轴线后也可先采用钻爆法进行主洞施工。争取2011年年底开工建设三河口水库，2012年汛后实施大坝截流，2016年上半年完成主体工程建设。同时要深入研究黄金峡水库建设问题，科学选定建设时机和建设方案；深入研究岭北调蓄工程和受水区输配水方案，确保与引汉济渭主体工程同步建设、同时受益。

12月11—20日，由省发改委、铁一院和引汉济渭办相关人员组成的考察组一行7人，在蒋建军常务副主任带领下赴德国和瑞士开展TBM设备考察。考察组一行先后参观了VMT有限公司和海瑞克公司总部，并深入现场参观考察正在施工的FDIDO隧道工地。通过考察，基本了解了TBM当前生产厂家的生产和设备状况以及实际应用情况，为设备选型打下了一定基础。

12月15日，引汉济渭移民试点工程佛坪县大河坝集中安置点施工和建设监理开标会议在西安召开。省水利厅建管处、省库区移民办、省引汉济渭办、省水利水电工程咨询中心、佛坪县发展计划局、移民办等单位和部门负责同志参加了会议，佛坪县监察局、检察院和反贪局全过程进行了监督。中冶第十集团有限公司、平凉市水利水电工程局、中国第四冶金建设有限公司等11家施工单位和汉中市惠汉水利水电工程监理有限公司、北京奉天长远工程技术发展有限公司等3家建设监理单位到会竞标。

12月21日下午，在全国农村经济会议间隙，姚引良副省长在水利厅副厅长、引汉济渭办主任洪小康陪同下，专程到国家发改委拜访杜鹰副主任，汇报引汉济渭工程前期工作，促请加快审批引汉济渭工程项目建议书。杜鹰副主任肯定了我省近几年所开展的工作，并强调，引汉济渭工程国务院领导非常关注、国家发改委也非常重视，经过多年前期工作，各方面的情况越来越清楚，审批项目建议书的条件基本具备，此前国家发改委已就有关问题向国务院作了专题报告，待国务院领导同意后即可批复项目建议书。杜鹰副主任指出，中咨公司评估报告提出的问题，是确保调水工程顺利建设并发挥效益的关键，要认真研究，抓紧落实。进入审批程序后，要继续加强沟通和研究，由国家发改委农经司配合水利部做好与湖北省的协调工作。项目建议书审批通过后，要抓紧做好项目环评、用地预审等工作，尽早研究资金筹措方案。

12月24日，引汉济渭移民试点工程佛坪县大河坝移民集中安置点建设项目开工仪式在大河坝镇隆重举行。省移民办主任杨稳新、省引汉济渭办副主任杜小洲，汉中市委、市政府副秘书长严春志和佛坪县委、县政府和人大有关领导，引汉济渭办移民环保处、省水利水电设计院、汉中市水利局和移民办及佛坪县相关部门的负责同志出席了开工仪式。

12月28日，引汉济渭移民试点工程宁陕县梅子乡集镇迁建项目施工及建设监理招标开标会在西安举行，会议由陕西省水利水电工程咨询中心主持，省纪委驻水利厅纪检组、省水利厅相关处室、省库区移民办、省引汉济渭办派员参加，宁陕县监察局派员现场全过程监督。陕西省石头河水电工程局、陕西省宝鸡峡工程局、陕西顺华建设有限公司、延安市川口建筑工程有限公司、陕西省水利工程建设监理有限责任公司等共13家投标人到会。

12月29日，省劳动竞赛委员会、省水利厅在西安联合召开引汉济渭前期准备工程2010年劳动竞赛总结表彰大会，会议全面总结了引汉济渭前期准备工程劳动竞赛工作开展以来取得的丰硕成果，表彰奖励了劳动竞赛活动中涌现出的先进集体和先进个人，对当前工作进行了安排部署。省水利厅副厅长洪小康、纪检组长廉泾南、省总工会副主席毛新元出席会议并分别作了重要讲话。省引汉济渭办常务副主任蒋建军作了《以劳动竞赛为契机，加快引汉济渭工程建设步伐》的工作总结报告。

2011 年

1月11—14日，为加快前期工作步伐，省水利厅副厅长、省引汉济渭办主任洪小康、常务副主任蒋建军带领相关同志分赴北京、武汉，就争取项目建议书尽快得到国家批复、衔接可行性研究报告咨询、继续协调湖北省意见等事宜，专程拜访国家发改委农经司、水利部规计司、水规总院、移民局、调水局及长江水利委员会和湖北省水利厅等单位和部门，汇报工作进展情况，沟通、协调有关意见，以争取项目建议书尽快得到批复。

2月18日，省水利厅在西安主持召开《引汉济渭工程秦岭隧洞出口勘探试验洞初步设计》

技术审查会。常务副主任蒋建军、副主任杜小洲及水利厅规计处、总工办、造价中心、咨询中心、引汉济渭办、陕西省水电设计院、中铁第一勘察设计院集团有限公司等单位的代表和特邀专家共40余人参加了会议。会议针对实施勘探试验洞的水文、地质、工程任务、工程设计、黄池沟渣坝设计、进场路设计、环境保护和水保设计、施工组织设计、概算等问题进行了认真讨论，形成了专家组意见，要求设计单位根据专家意见对设计报告进一步修改后上报。

2月23—24日，黄河水利委员会副主任廖义伟带领黄委办公室、水资源保护局、中游局等单位负责同志，在水利厅副厅长、引汉济渭办主任洪小康和常务副主任蒋建军的陪同下，察看引汉济渭工程现场，了解工程进展情况。廖主任表示引汉济渭工程不仅是陕西的大事，也是黄河流域的大事，要求黄委有关部门一定要做好相关服务，加大支持力度，争取工程早日开工建设。

3月3日下午，赵乐际书记、赵正永省长带领省级有关部门负责同志与水利部就进一步深化合作、加快水利改革发展在京举行会谈。水利部党组书记、部长陈雷表示水利部将继续与国家发改委沟通协调，争取尽快批复引汉济渭项目建议书。

3月7—10日，水利部水规总院在西安市召开会议，对引汉济渭工程可行性研究报告（初稿）进行全过程技术咨询。省发改委、水利厅、江河水利水电咨询中心、省引汉济渭办、省水电设计研究院、中铁第一勘察设计院等单位的领导、专家和代表共150余人参加了会议。会议听取了报告编制单位关于可行性研究报告编制情况的汇报，部分专家查勘了工程现场，进行了认真的讨论，形成了专家咨询意见。通过全过程技术咨询，提出的技术咨询意见对进一步提高可行性研究阶段设计工作质量、完善技术方案，确保项目建议书批复后可立即上报和今后顺利通过水利部技术审查具有重要意义；同时达到了少走技术弯路、节约可行性研究阶段审批时间的目的，并为前期开工的试验性工程提供有力的技术保障和支持，为一刻不停地推进引汉济渭工程建设提供良好条件。姚引良副省长在北京过问和安排此事，省人大常委会副主任吴前进、省政府办公厅纪检组长刘曙阳看望了与会专家，水利厅副厅长、引汉济渭办主任洪小康和常务副主任蒋建军、副主任杜小洲参加了会议。

3月16日，新华社发布《中华人民共和国国民经济和社会发展第十二个五年规划纲要》全文。这一规划纲要明确要求加快推进陕西引汉济渭等调水工程前期工作。引汉济渭工程进入全国"十二五"规划纲要，为项目建议书获得国家批准提供了最重要依据。

3月25日，省委副书记王侠在省委副秘书长杨志刚，汉中市委书记张会民、市长胡润泽，省水利厅副厅长、省引汉济渭办主任洪小康和省引汉济渭办常务副主任蒋建军、副主任杜小洲等陪同下，专程视察引汉济渭工程三河口水库枢纽现场。她强调，要以贯彻落实中央一号文件和《陕西省贯彻落实中央一号文件实施意见》精神为契机，认真谋划，加大投入和改革力度，加快推进引汉济渭工程建设步伐。

3月29日，引汉济渭工程移民实物指标数据库及信息管理系统项目验收会议在西安市召开。常务副主任蒋建军、副主任杜小洲及引汉济渭办相关部门负责同志，西安理工大学、江河水利水电咨询中心引汉济渭工程移民监督评估项目部、安康市移民开发局、宁陕县移民开发局、佛坪县移民办和洋县移民办等单位的领导、专家和代表参加了会议。会议认为该系统以三维地理信息系统为基础，实现了遥感、地理信息系统和全球定位系统的有机整合，具有兼容性好、扩展性强、部署灵活、维护方便的特点，开展了移民信息准确标示和综合展现，丰富了移民信息的表现手段，为移民管理工作提供了更加直观、逼真的实景效果。

4月8日，秦岭隧洞7号勘探试验洞工程在西安开标。共有20家施工和监理单位递交了投标文件，参与了工程竞标。水利厅副厅长、引汉济渭办主任洪小康，驻水利厅纪检组长廉泾南，引汉济渭办常务副主任蒋建军、副主任杜小洲，水利厅规计处、建管处、监察室、财审处、稽查办、安监处、质监站、总工办等相关部门负责同志出席了开标会。

4月21日，《引汉济渭工程秦岭隧洞精密平面控制网测量》项目验收会在西安召开。省引汉济渭办、武汉大学、国家测绘局第一大地测量队、黄河设计公司、西安市勘察测绘院、中铁第一勘察设计院、省水电设计研究院和省水环境设计院等单位的领导、专家和代表参加了会议。会议听取了项目承担单位的测量成果汇报和检测单位的外业抽样检测情况介绍，查阅了相关测量成果资料，对有关情况进行了讨论。

4月26—27日，省人大常委会副主任吴前进在省人大常委会委员、农工委主任张延寿，省人大常委会委员、农工委副主任刘晓利和省水利厅副厅长、引汉济渭办主任洪小康，常务副主任蒋建军、副主任杜小洲等陪同下，深入引汉济渭工程现场进行调研。吴前进指出，引汉济渭工程必将成为我省水利发展史上的一座丰碑，为整个经济社会和生态环境建设可持续发展提供强有力支撑。他表示，省人大常委会和全省各级人大代表将对引汉济渭工程予以全力支持，省人大常委会有关部门将加快调研工作的步伐，就引汉济渭工程建设的管理体制、运行机制、水量分配、水价调整、筹资融资提出意见，尽快形成一个加快引汉济渭工程建设的决议草案提交常委会审议；同时，将根据引汉济渭工程建设的公益性、基础性、全局性特点，通过立法规范水资源配置、工程运行管理、输水工程和水源安全保护等活动，为建设好引汉济渭工程创造良好法制环境。

5月7日，引汉济渭工程泵站水泵选型方案咨询交流会在西安召开。水利部水利水电规划设计总院、省引汉济渭办、省水电设计院以及美国ITT公司、奥地利安德里兹股份（集团）公司和浙江利欧股份有限公司等3家国内外水泵知名企业的专家、代表参加会议。

5月13—15日，省水利厅在西安主持召开《引汉济渭调水工程秦岭隧洞总体设计》审查

会。常务副主任蒋建军、副主任杜小洲，省发改委农经处、省水利厅规计处（造价中心）、总工办、省引汉济渭办、省水利电力勘测设计研究院、中铁第一勘察设计院集团有限公司等单位的代表和特邀专家共 40 余人参加了会议。会议原则同意该报告，并建议尽快启动 TBM 的招标和采购工作，以保证"十二五"期间秦岭隧洞越岭段主体工程基本完工。

5 月 15—16 日，省水利厅在西安主持召开《引汉济渭工程秦岭隧洞 1 号、2 号、3 号、6 号勘探试验洞主洞试验段设计》审查会。常务副主任蒋建军，厅规计处（造价中心）、总工办、引汉济渭办、中铁第一勘察设计院集团有限公司等单位的代表和特邀专家共 37 人参加了会议。

5 月 29 日，省引汉济渭办在西安召开秦岭隧洞 2 号勘探试验洞施工围岩变形监测、测试实验、围岩参数反演及动态设计优化专项研究验收会，厅规计处、科技处、西安理工大学、中铁第一勘察设计院集团有限公司等单位的代表和特邀专家共 30 余人参加了会议。常务副主任蒋建军、副主任杜小洲参加了会议。

6 月 9 日下午，祝列克副省长在北京出席全国残疾人事业工作会议期间，在省政府办公厅胡小平副秘书长的陪同下走访国家发改委，专题向国家发改委杜鹰副主任汇报引汉济渭及渭河治理工作。国家发改委投资司纪国刚巡视员、吴玉和处长，农经司高俊才司长、吴晓松副司长等领导参加了会见。杜鹰副主任表示，引汉济渭项目建议书近期将提交主任办公会议研究批准，希望我省继续抓紧相关工作，加快可行性研究、受水区规划以及前期设计等工作进度，推进引汉济渭工程前期工作步伐。

6 月 10 日，秦岭 7 号勘探试验洞工程正式开工建设。

6 月 15—16 日，省审计厅李健副厅长在常务副主任蒋建军的陪同下，赴三河口水利枢纽坝址，秦岭 2 号、3 号、6 号勘探试验洞工程及秦岭隧洞出口段开展现场审计调研工作。李健副厅长强调，引汉济渭工程事关全省经济社会发展的重大项目，工程质量、资金安全、投资效益等方面务必高度重视，抓紧抓好，希望双方紧密配合，搞好项目跟踪审计，全力以赴确保项目建设顺利进行。

6 月 19—20 日，引汉济渭工程三河口水利枢纽施工组织设计专题论证会在西安召开。会议听取了省水电设计研究院关于引汉济渭工程三河口水利枢纽施工组织设计专题汇报，进行了认真讨论，并提出具体修改意见。省水利厅副厅长、引汉济渭办主任洪小康，常务副主任蒋建军、副主任杜小洲参加了会议。

6 月 21 日，陕西省人民政府与湖北省人民政府签订"重点领域战略合作协议"。协议中明确："引汉济渭工程的实施对陕西省具有重大战略意义，湖北对此表示理解和支持，并按照国家的协调意见，配合陕西做好项目建设工作"。

7月5日，引汉济渭工程秦岭隧洞（越岭段）3号勘探试验洞主洞TBM试验段初步设计和引汉济渭工程秦岭隧洞（越岭段）6号勘探试验洞主洞TBM试验段初步设计审查会议在西安召开。省水利厅副厅长、引汉济渭办主任洪小康，常务副主任蒋建军，省发改委、省水利厅规计处，总工办，咨询中心、省引汉济渭办、省水利电力勘测设计研究院、中铁第一勘察设计院集团有限公司及特邀专家等单位代表共30余人参加了会议。

7月12—13日，民革中央副主席齐续春带领民革中央调研组到陕西调研引汉济渭工程。副省长祝列克，省政协副主席、省民革主委李晓东，省政府办公厅副秘书长胡小平，省水利厅副厅长、引汉济渭办主任洪小康，省引汉济渭办副主任杜小洲及民革陕西省委、省水利厅、省引汉济渭办等有关单位负责同志参加了座谈会。在听取引汉济渭工程情况汇报和座谈交流后，民革中央副主席齐续春指出，要从践行科学发展观、科学配置水资源的高度来充分认识引汉济渭工程的战略地位，明确引汉济渭工程是解决西部大开发水资源问题的核心工程，是一项立足于全局、立足于民生、立足于可持续发展的战略性工程和惠民工程，具有深远的历史意义和现实意义，应列入国家重点工程加快立项建设。

7月13日，祝列克副省长召开专门会议，听取水利厅关于就引汉济渭工程进展情况汇报，并对近期工作和有关问题作出了重要指示。一是抓紧完善秦岭隧洞TBM段设备采购方案，严格投标单位资格，在合同条款中要明确中标单位承担更多的责任和义务；二是按照一刻不停的要求，进一步分解细化各项任务，提出需要协调领导小组成员单位解决的事项，并认真做好赵正永省长到引汉济渭工程施工现场视察的筹备工作；三是尽快完成可行性研究报告省内初审和上报工作；四是扎扎实实做好拟开工项目的设计和秦岭隧洞各支洞与三河口水库、黄金峡水库之间的衔接工作，有时成败在一些小的环节上，要对先期建设方案再一次统筹、调整；五是加大融资力度，水利建设最大的"瓶颈"问题是融资，要搭好引汉济渭工程融资平台。省政府副秘书长胡小平，水利厅厅长王锋，水利厅副厅长、引汉济渭办主任洪小康，常务副主任蒋建军参加了会议。

7月20日，省委常委、省长赵正永，副省长祝列克在省政府副秘书长周玉明、胡小平，西安市市长陈宝根，水利厅厅长王锋以及相关部门和西安市、汉中市、安康市和周至县、洋县、佛坪县、宁陕县政府主要负责同志陪同下，深入引汉济渭工程工区和试验段工程施工现场视察并作重要指示。赵正永省长强调，治秦者必先治水，引汉济渭工程事关全省发展大局，在项目建议书已获国家发改委批准的情况下，各有关方面要进一步加快前期及准备工程建设，为争取项目尽早全面开工建设创造条件。他强调，百年大计质量第一，施工单位和企业要高度重视工程质量，从准备工作和今后建设的各个环节严格落实设计要求和质量标准，确保这一重大工程造福三秦百姓、惠泽子孙万代。省水利厅副厅长、引汉济渭办主任洪小康，常务

副主任蒋建军、副主任杜小洲及相关企业负责人参加了调研。

7月21日，国家发改委以发改农经〔2011〕1559号文批复引汉济渭工程项目建议书。引汉济渭工程获得国家批准是陕西水利建设进程中的一座里程碑，标志着我省有史以来规模最大的水利工程进入一个新阶段，必将有力促进我省经济发展和社会全面进步。

7月22日，省发改委、省水利厅在西安联合召开引汉济渭工程可行性研究报告省内初审会议。省发改委、水利厅、财政厅、国土资源厅、环保厅、建设厅、林业厅、引汉济渭办，中铁第一勘察设计院集团有限公司、陕西省水电设计研究院等单位的领导和代表及特邀专家共50余人参加了会议。会议听取了设计单位的相关汇报，认真审阅了设计文件，经认真论证研究，形成了专家审查意见。专家审查意见认为，编制的可行性研究报告科学严谨、内容完整，成果符合省情和工程实际，总体布局合理，工程方案可行，具备向国家发改委、水利部报审条件，同意通过省内初审。省发改委副主任权永生，省水利厅副厅长、引汉济渭办主任洪小康，省水利厅副厅长田万全，常务副主任蒋建军、副主任杜小洲出席了会议。

7月29日，省发改委、省水利厅以陕发改农经〔2011〕1347号文向国家发改委、水利部报送关于上报陕西省引汉济渭工程可行性研究报告的请示。

8月1日，省水利厅在西安召开会议，对《引汉济渭受水区输配水工程规划报告》进行审查。会议认为规划基本符合省水利厅审查通过的《引汉济渭受水区输配水工程规划工作大纲》要求，进一步修改完善后按程序上报。省水利厅副厅长、引汉济渭办主任洪小康，常务副主任蒋建军、副主任杜小洲，水利厅有关处室、引汉济渭办及西安市水务局、宝鸡市水利局、咸阳市水利局、渭南市水务局、杨凌区水务局、省水电设计院等有关单位负责同志和特邀专家共30余人参加了审查会。

8月2日，水利部水规总院在北京召开引汉济渭工程建设征地移民安置规划大纲复审会。水规总院陈伟副院长主持会议，副主任杜小洲以及引汉济渭办、省移民办，安康市政府及移民局，省水利水电设计院等单位领导和代表参加了会议。

8月9日，省委常委、省长赵正永主持召开会议，专题研究重大水利项目建设和省水利厅直属机构整合问题，副省长祝列克和省政府副秘书长胡小平、王红章及省政府办公厅、省发改委、省财政厅、省水利厅、省编办负责同志参加会议。会议确定：成立省重大水利工程建设领导小组，组长由赵正永省长担任，副组长由娄勤俭常务副省长、祝列克副省长担任，日常工作由祝列克副省长负责，省级有关部门和各设区市政府负责同志任成员，领导小组办公室设在水利厅，办公室主任由水利厅王锋厅长兼任。鉴于国家发改委已批复引汉济渭工程项目建议书，将引汉济渭工程协调领导小组办公室改设为省引汉济渭工程建设局、省引汉济渭工程建设总公司，实行两块牌子、一套人马，总公司作为项目法人，承担工程融资、建设、管理、运营以及输配水管网建设运营等职能。

8月17—21日，受水利部委托，水利部水规总院在西安主持召开了陕西省引汉济渭工程可行性研究报告审查会。审查会由水规总院副院长董安建主持。副省长祝列克出席会议并作重要讲话。与会专家和代表听取了设计单位的汇报，并分7个小组对可行性研究报告进行了认真审阅，与设计人员进行了深入讨论，形成了审查意见。审查意见认为，实施从汉江向渭河流域调水的引汉济渭工程，可以实现区域水资源的优化配置，有效缓解关中地区的水资源供需矛盾，尽快实施该工程是十分必要的；报告书的编制符合有关法律法规和技术规范的要求，基本同意引汉济渭工程总体布局和建设规模以及建设范围，基本同意推荐的黄金峡水利枢纽和三河口水利枢纽坝址以及秦岭隧洞洞线布置。会议期间，水规总院还穿插召开了环境影响报告书预审会、水土保持方案报告书审查会和移民安置规划及库周交通恢复方案审查会。可行性研究审查会议的召开，使引汉济渭工程总体方案、主要技术问题得以确定和解决，对加快可行性研究报告的批复具有重要意义。

8月19日，水利部安监司赵卫副司长带领水利部水利安全生产大检查第一督查组，在省水利厅总规划师席跟战、引汉济渭办副主任杜小洲的陪同下，实地考察引汉济渭工程三河口坝址，检查指导安全生产工作，对进一步加强工程建设安全生产管理工作提出了具体要求。

9月7日，水利部和陕西省人民政府联合批复了引汉济渭工程建设征地移民安置规划大纲（水规计〔2011〕461号），同意《规划大纲》确定的移民安置规划编制原则和主要内容，基本同意《规划大纲》确定的工程建设征地范围、移民安置任务、移民生产生活安置标准和初步拟定的农村移民安置去向、生产安置方式。这是继项目建议书通过国家发改委批复后，引汉济渭前期工作取得的又一重大进展。

9月7日，受省发改委委托，陕西省投资评审中心在西安召开秦岭隧洞（越岭段）出口勘探试验洞工程设计报告评审会。省水利厅副厅长、引汉济渭办主任洪小康，省发改委、水利厅、引汉济渭办、西安市水务局和中铁第一勘察设计院集团有限公司等单位的代表和特邀专家参加了会议。会议认为实施秦岭主洞出口试验段是十分必要的，工程设计方案基本可行，设计深度基本满足要求，同意项目通过评审。

9月13日，省长赵正永主持召开2011年第十七次省政府常务会议，会议听取了省水利厅关于引汉济渭工程建设管理体制有关问题的汇报，同意成立引汉济渭工程建设总公司，与省引汉济渭工程协调领导小组办公室合署办公，总公司由省国资委监管，业务由省水利厅管理。

9月21日，水利厅厅长王锋在副厅长、引汉济渭办主任洪小康的陪同下，深入引汉济渭工程岭北工地，视察秦岭隧洞7号勘探试验洞工程和秦岭隧洞出口段工区，了解今年开工项目进展情况和存在的困难，研究部署了引汉济渭当前工作。水利厅办公室有关负责同志，引

汉济渭办常务副主任蒋建军、副主任杜小洲一起陪同视察。

9月27日，水利部副部长李国英在水利厅厅长王锋的陪同下，冒雨视察了引汉济渭工程，对项目前期工作给予了充分肯定，要求尽快开工建设、早日打通秦岭隧洞。水利厅副厅长、引汉济渭办主任洪小康，引汉济渭办常务副主任蒋建军、副主任杜小洲也陪同考察。

9月29日，省水利厅副厅长、引汉济渭办主任洪小康在西安主持召开《引汉济渭工程水价调整、资金筹措、管理体制与运行机制研究》（以下简称《研究报告》）评审验收会。水利部水利水电规划设计总院、发展研究中心、中国社会科学院、中国水利经济研究会，省委政策研究室、省政府研究室、省发改委、省财政厅、省水利厅、省物价局、西安市水务局、陕西省水利水电勘测设计研究院、国家开发银行陕西分行、中国银行陕西分行、兴业银行陕西分行等单位的专家和代表30余人参加了会议。会议首先听取了水利部发展研究中心课题组关于《研究报告》的汇报，与会人员进行了认真的讨论，认为在国家现行的水价及相关政策下，针对不同的用水户进行了工程水价测算和可承受水价测算，提出的水价设计方案与两部制水价设计思路，为开展规划工程的经济、财务和综合效益分析与评价提供了依据；同时，开展引汉济渭工程水价调整、资金筹措、管理体制与运行机制研究，对于保证引汉济渭工程顺利实施和良性运行、优化配置关中地区水资源、改善渭河流域生态环境、保障关中地区用水安全等，具有重要的现实意义。

10月9日，环保部在北京组织召开汉江上游干流（陕西段）水电开发环境影响回顾性研究报告讨论会。环保部环境工程评估中心、水电水利规划设计总院、水利部水利水电规划设计总院、陕西省环保厅、发改委、水利厅、陕西省引汉济渭办、汉江投资开发有限公司、中广核汉江水电开发有限公司、中国水电顾问集团北京勘测设计研究院等单位领导、代表和特邀专家三十余人参加了会议。会议在听取编制单位的汇报后，提出了修改完善意见，报告在按专家意见修改完善后可报环保部审批。会议还明确要求同步推进引汉济渭工程项目环评。环保部环境影响评价司副司长崔书红、水利厅副厅长、引汉济渭办主任洪小康，省环保厅副厅长李孝廉出席了会议。

10月11—13日，水利部水规总院在西安组织召开引汉济渭工程移民安置规划农村居民点及防护工程设计审查会。常务副主任蒋建军、副主任杜小洲、省水利厅、住建厅、省移民办，汉中、安康两市及佛坪、宁陕、洋县三县人民政府及其移民、水利主管部门、江河水利水电咨询中心等单位参加了会议。会议听取了省水电设计院关于金水集镇等6个安置点典型设计和黄金峡水库防护工程设计方案的汇报，经认真讨论形成了审查意见。会议认为金水集镇等6个安置点典型设计和黄金峡水库防护工程设计基本符合本阶段工作要求，按照审查意见修改完善后可作为引汉济渭工程可行性研究阶段移民安置规划的重要依据。

10月15日，由中铁十七局集团、中国葛洲坝集团承建的大河坝至汉江黄金峡交通道路工程 4.2 千米的大坪隧道顺利贯通。

11月9日，秦岭隧洞（越岭段）出口勘探试验洞工程在西安公开开标。省水利厅纪检组长廉泾南、副巡视员刘恒福，省引汉济渭办常务副主任蒋建军、副主任杜小洲，省水利厅、审计厅有关部门领导以及 20 个施工投标单位、5 个监理投标单位代表出席了开标会。开标会后，评标委员会对各投标单位递交的投标文件进行了评审，经严格评审，推荐中铁十七局集团有限公司为施工标第一中标候选人、湖北长峡工程建设监理有限公司为监理标第一中标候选人。评标结果已在陕西采购与招标网上进行了公示。水利厅监察室和招标办对项目的开标、评标全过程进行了监督。

11月9—10日，省水利厅在西安组织召开《引汉济渭三河口水利枢纽前期准备工程初步设计》技术审查会。省水利厅副厅长田万全、引汉济渭办常务副主任蒋建军、副主任杜小洲和相关单位负责同志参加会议。会议形成了专家组审查意见，认为三河口水利枢纽工程施工组织设计专题已经专家咨询，施工总体布置方案已具雏形，根据省委、省政府尽快开工建设秦岭隧洞和三河口水库的要求，实现三河口水库 2012 年汛后截流、10 月开工建设的目标，抓紧实施三河口水库前期准备工程是十分必要的。

11月11日，省水利厅在西安组织召开《引汉济渭工程秦岭隧洞（越岭段）椒溪河、0 号、0—1 号工区勘探试验洞》技术审查会，省发改委，省水利厅规计处、总工办、咨询中心，省引汉济渭办、省水电设计院、中铁第一勘察设计院集团有限公司等单位的代表和特邀专家共 40 余人参加了会议。会议认为实施秦岭隧洞（越岭段）工程的技术条件已基本成熟，为如期实现省委、省政府提出的引汉济渭工程先期通水目标，进行椒溪河、0 号、0—1 号工区勘探试验洞建设是十分必要的，基本同意以上设计方案，部分内容进一步补充完善后可按程序报批。

11月12日，省水利厅在西安组织召开《引汉济渭工程对汉江西乡段国家级水产种质资源保护区影响评价专题论证报告》评审会。省引汉济渭办、省渔业局、汉中市水利局、西乡县渔政站等单位的代表参加了会议。

12月6日，省政府副省长祝列克在省水利厅厅长王锋、省政府副秘书长胡小平、西安市副市长张宁陪同下，冒雨再次赴周至县楼观镇上黄池村黄池沟口，检查引汉济渭工程建设动员大会筹备情况。省水利厅副厅长、引汉济渭办主任洪小康，省政府办公厅副巡视员景耀平，以及省引汉济渭办常务副主任蒋建军、副主任杜小洲，西安市政府、市水务局主要负责同志随同检查。

12月8日，引汉济渭工程建设动员大会在西安市周至县黄池沟口黑河之滨隆重举行。随

着赵正永省长宣布"引汉济渭工程建设准备工作全面开工"的一声号令，标志着我省有史以来投资规模最大、供水量最大、建设难度最大、受益范围最广、效益功能最多的战略性水资源配置工程——引汉济渭工程建设准备工作进入全面施工阶段。省委书记、省人大常委会主任赵乐际，长江水利委员会主任蔡其华，黄河水利委员会主任陈小江，省委副书记王侠，省委常委、西安市委书记孙清云，省军区司令员郭景洲，省人大常委会副主任罗振江，省政协副主席张生朝，西安市市长陈宝根出席动员大会。水利部部长陈雷、省长赵正永分别讲话。省委常委、常务副省长娄勤俭主持建设动员大会。副省长祝列克对引汉济渭工程建设相关工作进行安排部署。水利部总工程师汪洪、总规划师兼规计司司长周学文，水利部有关司局、长江水利委员会和黄河水利委员会有关部门领导，省重大水利工程建设领导小组成员单位和省直有关部门的主要负责同志；各市和杨凌示范区水利（水务）局主要负责同志；洋县、佛坪、宁陕、周至县委或县政府主要负责同志，县政府分管负责同志及水利局主要负责同志；设计单位、监理单位、施工单位、新闻单位，周至县的干部群众代表共 1000 多人参加建设动员大会。

12 月 10 日，引汉济渭工程初步设计在西安开标。共有 5 家设计单位参与了初步设计竞标。引汉济渭办常务副主任蒋建军、副主任杜小洲，水利厅规计处、建管处、监察室、财审处、稽查办、安监处、质监站、总工办、引汉济渭办等相关部门负责同志出席了开标会。开标会后，随即组织召开评标会议，经评标委员会评议，引汉济渭工程招标领导小组确认，分别由陕西省水电设计院、长江勘测设计公司、黄河勘测设计公司、中铁第一勘测设计公司承担引汉济渭三河口、黄金峡水库枢纽和输水隧洞的勘测设计任务。

12 月 12—14 日，水利部长江水利委员会在武汉分别主持召开引汉济渭工程建设规划论证报告、黄金峡水利枢纽防洪评价报告、水资源论证报告审查会。长江委办公室、规计局、水资源局、防办、总工办、水保局，湖北省水利厅，陕西省水利厅、引汉济渭办、陕西省水电设计院和长江勘测规划研究有限公司等单位的领导和代表及特邀专家参加了会议。专家组认为：引汉济渭工程建设规划论证报告基本满足规划符合性论证有关要求，经补充修改后可以作为出具水工程建设规划同意书的依据。黄金峡水利枢纽防洪评价报告采用的基础资料较丰富，研究内容较全面，技术路线正确，基本满足《河道管理范围内建设项目防洪评价报告编制导则（试行）》的要求，基本同意其对防洪影响对象的分析和评价结论。水资源论证报告编制基本符合《水利水电建设项目水资源论证导则》要求，报告书提出汉江水源满足引汉济渭工程多年平均调水 10 亿立方米要求的结论是基本可信的，根据会议意见进一步修改补充完善后可作为引汉济渭工程取水许可审批的技术依据。引汉济渭办常务副主任蒋建军出席会议，并向与会领导、代表及专家介绍了项目前期工作进展情况。

12月22日，农业部在北京组织召开引汉济渭工程建设对汉江上游西乡段国家级水产种质资源保护区影响专题报告审查会。农业部渔业局，引汉济渭办常务副主任蒋建军，陕西水利厅、省渔业局、引汉济渭办，西乡县水利局、渔政站等单位领导和代表参加了会议。

12月23日上午，引汉济渭工程勘察设计合同及秦岭隧洞出口段勘探试验洞工程合同正式签订，标志着引汉济渭工程建设准备工作全面开工。省水利厅副厅长、省引汉济渭办主任洪小康出席签字仪式并讲话。省引汉济渭办常务副主任蒋建军分别与省水电设计研究院、长江勘测设计公司、中铁一院集团公司、黄河勘测设计公司签订了工程勘察初步设计合同，与中铁十七局集团公司、湖北长峡监理公司签订了秦岭隧洞出口段施工和监理合同。引汉济渭办副主任杜小洲主持签字仪式。

12月30日，引汉济渭秦岭隧洞TBM施工段工程施工、监理开标会在西安召开。水利厅副厅长、引汉济渭办主任洪小康，省水利厅纪检组长廉经南、总规划师席跟战、副巡视员刘恒福，省引汉济渭办常务副主任蒋建军、副主任杜小洲，省水利厅、审计厅有关部门领导以及施工投标单位、监理投标单位代表出席了开标会。

2012 年

1月10日，水利部水规总院以水总设〔2012〕33号文向水利部报送《关于陕西省引汉济渭工程可行性研究报告审查意见的报告》，审查意见认为陕西省引汉济渭工程可行性研究报告基本达到设计深度要求，工程建设的必要性论证充分，工程规模基本合理，工程技术方案可行，同意该可行性研究报告上报水利部审定。

1月13日，省引汉济渭工程协调领导小组组长、副省长祝列克主持召开领导小组第五次会议，专题研究引汉济渭工程建设有关问题。省引汉济渭工程协调领导小组副组长、省政府副秘书长胡小平，省水利厅厅长王锋，水利厅副厅长、引汉济渭办主任洪小康，引汉济渭办常务副主任蒋建军及协调领导小组成员单位负责同志参加了会议。会议确定了引汉济渭2012年主要工作任务：一是抓紧做好各项前期工作。加快环境影响评价报告、土地预审报告、城乡建设规划报告的审查审批工作，确保可行性研究报告年内得到国家批复。抓紧谋划受水区输配水工程项建等前期工作，力争2014年开工。二是全面铺开主体工程建设。加快秦岭1号、2号、3号、6号支洞和出口段五个工作区、九个工作面隧洞建设，尽可能多地完成实物工作量；加快三河口水库建设准备工作，全面完成三河口水库552米高程以下的移民搬迁工作，力争年内实现开工；大黄公路要在上半年完成路面铺设工程；扎实稳妥的开展TBM采购工作，确保3月底前完成TBM采购招标；尽快开工实施秦岭隧洞穿椒溪河段、0号、0—1

号、4号、5号勘探试验洞等项目；启动黄金峡水库移民工作，为2013年开工建设枢纽工程奠定基础。

1月19日，省引汉济渭办召开2011年工作总结暨2012年工作部署会议。会议认为：2011年引汉济渭工程建设取得了重大突破，项目建议书获得国家发改委正式批复，秦岭隧洞在5个工作区、9个工作面开始全线实施，省委、省政府召开最高规格的建设动员大会，要求举全省之力，全面加快建设步伐。会议要求全办干部职工要继续保持认真负责、勇于担当、顽强拼搏的精神状态，按照省委、省政府的决策部署，牢牢把握发展机遇，在新的历史起点上，全力抓好各项工作任务和措施的落实，力争在国家层面完成前期工作审批、全面加快区段主体工程建设、基本完成合理的筹融资方案编制和顺畅的建设管理体系四个方面取得新的重大进展。

2月9日，省水利厅副厅长、省引汉济渭办主任洪小康主持召开引汉济渭工程勘测设计工作专题会议，要求各有关方面紧密配合、明确责任、强化措施，按照省委、省政府提出的目标任务把握好工作重点，千方百计加快引汉济渭工程勘测设计工作步伐，保证完成可行性研究报告在国家层面的审批工作、全面推进总体初步设计工作，抓紧做好三河口水库准备工程和主体工程建设的勘测设计工作，完成三河口和黄金峡水库的移民安置及专项迁建的勘测设计工作。省水利厅总规划师席跟战、总工程师王建杰，引汉济渭办常务副主任蒋建军、副主任杜小洲，厅办公室、规计处、总工办、咨询中心、引汉济渭办有关负责同志，省水电勘测设计研究院领导和技术负责同志出席了会议。

2月13日，农业部渔业局以农渔资环便〔2012〕19号文《关于落实陕西省引汉济渭工程对汉江西乡段国家级水产种质资源保护区影响措施报告的复函》回复省引汉济渭办，原则同意报告提出的基本结论和渔业资源与生态补偿措施，同意报告的主要内容和结论纳入环评报告。

2月14日，省引汉济渭办组织召开秦岭隧洞TBM设备招标工作组会议，听取秦岭隧洞TBM设备招标工作汇报，审查TBM设备招标文件，并研究确定秦岭隧洞TBM设备招标方式、组织形式、范围、投标人资质、设备监造、招标工作时间节点、招标文件格式及一些相关技术问题，要求TBM设备采购工作必须按照"以承包人为主体、发包人为主导，联合招标"的原则进行，务必保证相关标准、设置更加合理，采购到最适合于引汉济渭工程的TBM设备。引汉济渭办常务副主任蒋建军、副主任杜小洲，中机国际招标公司、中铁十八局集团、中铁隧道集团、中铁第一勘察设计院等单位代表，以及引汉济渭招标领导小组成员出席了会议。

2月15日，常务副主任蒋建军主持召开引汉济渭工程初步设计工作第一次联席会议，通报了引汉济渭项目立项最新进展情况，传达了副省长祝列克在引汉济渭工程协调领导小组第五次会议中讲话精神，听取了各设计单位对各自承担的设计任务进展情况汇报，研究讨论了可行性研究报告审查意见中相关问题，衔接了初步设计工作大纲及工作计划，明确了各设计单位的工作边界和工作中互提资料的要求及技术对接机制，并对设计进度提出了具体考核意见。

2月21—22日，全国政协委员、省政协主席马中平带领驻陕全国政协委员视察引汉济渭工程，了解工程进展情况和需要帮助解决的问题。驻陕全国政协委员、省政协副主席张生朝、李晓东、李冬玉、李进权，省政协秘书长姚增战等参加视察。委员们表示，在全国政协十一届五次会议上，将就加快推进引汉济渭工程建设积极建言献策，力促项目尽快立项；希望有关单位坚持高标准、严要求、高质量，积极探索建设管理和运行管理体制机制，把引汉济渭工程建成水资源配置的精品工程、样板工程，建成经得起历史和自然考验，人民群众满意的民生工程、德政工程。水利厅厅长王锋，汉中市市长胡润泽、政协主席李怀生，水利厅副厅长、引汉济渭办主任洪小康，国土资源厅副厅长雷鸣雄，引汉济渭办常务副主任蒋建军、副主任杜小洲，省级有关部门负责同志和汉中市有关领导陪同视察。

2月27日，省委政策研究室王焕朝副巡视员一行就开展引汉济渭工程在政治、文化、社会、经济、旅游及环境保护等方面对陕西、关—天经济区乃至国家可持续发展的重要性及意义的专题调研的有关工作与省引汉济渭办进行座谈。常务副主任蒋建军及办内有关部门负责同志参加了会议。

2月28日，水利部水利水电规划设计总院以水总环移〔2012〕161号文向水利部报送引汉济渭工程水土保持方案报告书审查意见。

2月29日，引汉济渭工程可行性研究报告通过水利部部长办公会研究审定。

2月29日，常务副主任蒋建军主持召开专题会议。会议研究决定成立"陕西省引汉济渭工程协调领导小组办公室岭南现场工作部和岭北现场工作部"，隶属引汉济渭办直接领导。

3月1日，陕西省环保厅在西安召开引汉济渭秦岭隧洞6号、7号勘探试验洞施工区环保治理工程初步设计技术审查会议。省水利厅副厅长、省引汉济渭办主任洪小康，省环保厅副巡视员肖剑声，引汉济渭办副主任杜小洲，省环保厅、省引汉济渭办、西安市水务局、西安市环保局、西安市水务（集团）有限责任公司、西安市黑河水源地环境保护管理总站、周至县水务局、周至县环保局、陕西众晟建设投资管理有限公司、中铁第一勘察设计院、中国铁建第十八工程局和江苏鹏鹞环境工程承包有限公司等单位的领导、代表及特邀专家共40余人出席了会议。会议在听取了江苏鹏鹞环境工程承包有限公司的设计汇报后，就秦岭6号、7号勘探试验洞施工区有关环保治理问题进行了认真讨论，并对设计报告提出了进一步修改意见。

3月15日，省引汉济渭办在西安主持召开秦岭输水隧洞地下水环境影响评价专题报告咨询会。引汉济渭办常务副主任蒋建军，长江水资源科学研究院、中铁第一勘察设计院集团有

限公司、陕西省水电设计院、省地质调查中心等单位代表和特邀专家共30余人参加了会议。会议在听取了项目承担单位省地质调查中心的工作汇报后，对专题报告进行了认真讨论，提出了专家咨询意见。专家组认为该报告编制规范、内容全面，评价方法正确，建议报告进一步明确工程沿线环境保护目标和环境敏感目标的具体分布后，按二级水质评价开展针对性的分析和评价；利用黑河水库多年水文监测资料，结合模拟预测结果，评价工程对黑河水库可能的影响，对比分析研究隧洞工程对地下水的影响，为下步做好秦岭输水隧洞地下水环境保护工作提供可靠依据。

3月23日，秦岭隧洞TBM设备在北京公开开标，有罗宾斯、维而特、海瑞克、SELI四家单位分别递交了岭南、岭北设备投标文件。

3月29日，水利部长江水利委员会以长许可〔2012〕52号文签发陕西省引汉济渭工程建设规划同意书。

3月30日，国家发改委以发改投资〔2012〕565号文安排引汉济渭工程可行性研究项目前期工作中央预算内资金400万元。该笔资金是引汉济渭工程首次获得国家预算内资金，预示着引汉济渭工程建设正式列入国家投资计划。

4月5日，水利部以水规计〔2012〕134号文将引汉济渭工程可行性研究报告审查意见报送国家发改委。审查意见要求我省抓紧将项目法人组建方案报省人民政府批准；按照审查意见要求，进一步优化工程设计；积极落实工程建设地方配套资金和工程运行管理经费；按照《大中型水利水电工程建设征地补偿和移民安置条例》要求，进一步复核工程占地范围内的各项实物指标，切实做好移民安置规划等前期工作；严格按照项目法人责任制、招标投标制、建设监理制、合同管理制和质量与安全监督的有关要求开展相关工作；根据国务院办公厅批转的《水利工程管理体制改革实施意见》（国办发〔2002〕45号）的要求，进一步理顺管理体制，明确管理职责，保证工程建成后的良性运行。

4月5—8日，省水利水电工程咨询中心在西安组织召开《陕西省引汉济渭三河口水利枢纽工程施工总体布置及主体工程施工方案专题报告》咨询评估会议，省水利厅巡视员、省引汉济渭办主任洪小康，水利厅副厅长田万全、总工程师王建杰，省引汉济渭办常务副主任蒋建军、副主任杜小洲，水利厅规划计划处、总工办、咨询中心，省引汉济渭办、省水电设计院等单位的代表及特邀专家共50多人参加了会议。会议查勘了现场，观看了西北勘测设计院承担的三河口水利枢纽水力模型试验和西安理工大学承担的三河口水利枢纽导流洞水力模型试验情况，听取了省水电设计院关于报告编制情况的汇报，进行了认真讨论，形成了咨询评估意见，认为推荐的三河口水利枢纽施工总体布置基本合理，提出的先期实施项目基本可行。

4月11日，引汉济渭工程秦岭隧洞岭北施工区域施工期水量水质预测与分析评价报告技术评审会在西安召开，省引汉济渭办、西安市水务局、西安市水务（集团）有限责任公司、西安市黑河水源地环境保护管理总站、周至县水务局、周至县环保局、陕西众晟建设投资管理有限公司、中铁第一勘察设计院、中国铁建第十八工程局、江苏鹏鹞环境工程承包有限公司和西安建筑科技大学等单位的领导、代表及特邀专家30余人参加了会议。会议听取了西安建筑科技大学关于秦岭隧洞岭北施工区域施工期水量水质预测与分析评价报告编制情况的汇报，进行了认真评审讨论，形成了评审意见，基本同意报告书对水量水质预测与分析评价的结论。

4月17日，省引汉济渭办邀请我省水利系统从事规划前期工作的部分离退休老领导、老专家召开引汉济渭规划资料整编座谈会，部署引汉济渭规划资料整编工作。省水利厅党组成员、巡视员，引汉济渭办主任洪小康主持会议并讲话。会议回顾总结了省内南水北调特别是引汉济渭工程从酝酿、查勘选址、论证决策到规划报告完成的历程，展望工程建成后的巨大作用。座谈会上，与会老领导、老专家对自己当年参与规划阶段工作的引汉济渭工程已开始实施，感到非常高兴和欣慰，纷纷敞开心扉，以自己亲身经历，讲述了很多我省筹划省内南水北调、两江联合调水和引汉济渭工程规划的线索，以及历史情况、幕后故事和调水线路选择过程，对及时收集引汉济渭工程早期筹划阶段资料，推动工程早日建成具有重要的借鉴作用和参考价值。

4月20日，水利部以水规计〔2012〕171号文将引汉济渭工程建设征地移民安置规划报告审核意见报送国家发改委。

5月7日，秦岭隧洞越岭段安全监测设计初步审查会在西安召开。省引汉济渭办、中铁一院、黄河设计公司等单位的领导、项目负责同志及特邀专家参加了会议。会议听取了两家设计单位的汇报，认真审阅了报告书，与设计单位进行了认真讨论，并提出了修改完善的意见和建议。此次初审对进一步深化和完善专题设计，促进秦岭隧洞安全监测尽快实施具有重要意义。

5月8日，水利部以水保函〔2012〕128号文批复引汉济渭工程水土保持方案。

5月8日上午9时，秦岭隧洞椒溪河、0号、0—1号勘探试验洞工程开标会在西安召开。省引汉济渭办常务副主任蒋建军、副主任杜小洲，省水利厅监察室、建管处、招标办、财审处、规计处及省质监总站、省引汉济渭办等单位和部门负责同志参加了开标会。椒溪河施工标有31个单位递交了投标文件、监理标有5个单位递交了投标文件；0号洞施工标有27个单位递交了投标文件、监理标有5个单位递交了投标文件；0—1号施工标有28个单位递交了投标文件、监理标有5个单位递交了投标文件。

5月16日，省环保厅、省引汉济渭办在西安共同召开《秦岭隧洞6号、7号勘探试验洞

施工区环保治理工程初步设计》技术复审会，西安市水务局、西安市环保局、西安市水务（集团）有限责任公司、西安市黑河水源地环境保护管理总站、周至县水务局、周至县环保局、陕西众晟建设投资管理有限公司、中铁第一勘察设计院、中国铁建第十八工程局和江苏鹏鹞环境工程设计院等单位的领导、代表以及特邀专家共30余人参加了会议。经专家认真讨论，认为修改后的设计方案，确定的水量和水质是合理的，是符合实际的，同意水处理方案并据此作为设计依据；渗水及施工排水处理工艺针对悬浮物和化学需氧量是安全的、合理的。

6月1日，秦岭隧洞椒溪河、0号、0—1号勘探试验洞工程合同签字仪式在西安举行。省引汉济渭办副主任杜小洲主持签字仪式，常务副主任蒋建军出席签字仪式并讲话。仪式上，引汉济渭办分别与中国水电建设集团十五工程局有限公司、中铁五局（集团）有限公司、中铁十七局集团有限公司及上海宏波工程咨询管理有限公司、陕西省水利工程建设监理有限责任公司、陕西大安工程建设监理有限责任公司签订了秦岭隧洞椒溪河、0号、0—1号勘探试验洞工程施工和监理合同协议书。

6月6日，省引汉济渭办在西安组织召开引汉济渭工程2012年防汛安全暨整顿建设市场秩序工作会议，进一步落实今年工程度汛措施，同时对加强引汉济渭工程质量安全管理和规范建设市场、建立信誉评价体系进行了安排部署。

6月8日上午，秦岭隧洞（越岭段）1号、2号、3号、6号勘探试验洞主洞延伸段工程在西安公开开标。省引汉济渭办常务副主任蒋建军、副主任杜小洲，省水利厅监察室、建管处、招标办、财审处、规计处及省质监总站、省引汉济渭办等单位和部门负责同志参加了开标会。秦岭1号、2号、3号、6号勘探试验洞主洞延伸段工程施工标分别有11家、15家、12家单位和监理标分别有4家、5家、5家单位递交了投标文件。

6月11—15日，受国家发改委委托，中国国际工程咨询公司在西安组织召开引汉济渭工程可行性研究报告评估会议。副省长、省引汉济渭工程协调领导小组组长祝列克出席会议并致辞。省水利厅厅长、省引汉济渭工程协调领导小组副组长王锋，水利厅巡视员、引汉济渭办主任洪小康，省政府办公厅副巡视员景耀平，省发改委副主任王成文、环保厅副厅长李孝廉、国土资源厅副巡视员赵德寿、城乡住房建设厅副厅长张文亮、林业厅副厅长陈玉忠，水利厅总规划师席跟战、总工程师王建杰，引汉济渭办常务副主任蒋建军、副主任杜小洲出席会议。会议对工程建设规模、总体方案、总体布局以及建设征地移民安置、环境影响与水土保持、工程管理、节能减排、投资估算、资金筹措、经济评价、社会影响、风险分析等进行了全面评估，认为引汉济渭工程对保障关中地区经济社会可持续发展，对陕北能源化工基地建设从黄河取水有重要支撑作用，工程建设是必要的；按照丰水年多调、枯水年少调和特枯年服从汉江水资源统一调度的原则，工程对南水北调中线供水和汉江中下游用水影响不大；

可行性研究报告提出的工程优化调整方案及推荐的各单项工程的工程规模基本合适，工程线路选择和总体布置格局合理，秦岭隧洞等主要技术方案论证较充分，不存在重大工程技术和环境问题，工程设计深度基本满足可行性研究阶段要求，同意引汉济渭工程可行性研究报告通过评审。

6月13日上午，秦岭隧洞岭北TBM设备采购合同签字仪式在西安陕西宾馆举行。省政府副省长、省引汉济渭工程协调领导小组组长祝列克，省水利厅厅长、省引汉济渭工程协调领导小组副组长王锋及相关部门负责同志出席签字仪式。省引汉济渭办、秦岭隧洞岭北TBM段施工单位及TBM设备购买方中铁十八局、TBM设备采购中标方广州海瑞克、TBM设备技术支持方德国海瑞克签订了相关合同。

6月18日，水利部长江水利委员会以长许可〔2012〕105号文批复引汉济渭工程黄金峡水利枢纽防洪影响评价报告。

6月20日，省引汉济渭常务副主任蒋建军主持召开引汉济渭工程可行性研究报告修改安排部署会议，认真落实水利厅王锋厅长在6月13日引汉济渭工程可行性研究报告评估总结会议上的讲话精神，安排布置可行性研究报告修编工作。会议要求设计单位在修改过程中积极与中咨公司、水利厅和省引汉济渭办加强沟通，一定要对照中咨公司专家组的意见，集中优势力量，逐条核对，7月5日前完成全部可行性研究报告的修改完善工作。

6月21日，祝列克副省长率省政府办公厅副巡视员景耀平、水利厅巡视员洪小康、环保厅副厅长李孝廉等相关部门负责同志专程拜访国家环保部，协调引汉济渭工程环境影响评价报告审批事项。国家环保部吴晓青副部长高度评价了陕西省环保工作取得的显著成效，强调引汉济渭工程是一项重大基础设施项目，对陕西经济社会发展和改善生态环境具有重大作用，环保部将给予大力支持，要求环保部有关部门对环评审批要特事特办，加快引汉济渭工程环境影响评价工作，全力支持陕西经济社会发展。当日，环保部以环评受理〔2012〕0621003号文受理了陕西省引汉济渭工程环境影响评价报告书。

6月26日，水利部水规总院江河水利水电咨询中心在西安召开引汉济渭工程秦岭隧洞（越岭段）初步设计报告技术咨询会议。会议由水规总院副院长董安建主持，省政府副秘书长王拴虎受祝列克副省长委托出席会议并致辞。水利厅巡视员、引汉济渭办主任洪小康，水利厅副厅长田万全、总工程师王建杰，引汉济渭办常务副主任蒋建军、副主任杜小洲，省水利厅办公室、规计处、总工办、宣传中心，省引汉济渭办、省水电设计院、中铁一院、长江勘测规划设计公司和黄河勘测规划设计公司等单位的领导和代表及特邀专家参加了会议。

6月28—29日，省引汉济渭办在西安召开引汉济渭工程移民安置规划设计咨询会议。省水利厅巡视员、省引汉济渭办主任洪小康，引汉济渭办常务副主任蒋建军、副主任杜小洲以及省移民办、省水利厅政法处、规划编制单位和特邀专家参加会议。会议讨论了引汉济渭工

程移民安置实施管理办法（征询意见稿），对移民安置规划设计提纲、实施管理办法等形成了咨询意见。

6月30日至7月1日，省移民办在西安主持召开引汉济渭工程马家沟等五个移民集中安置点初步设计审查会议。省水利厅巡视员、省引汉济渭办主任洪小康，引汉济渭办常务副主任蒋建军、副主任杜小洲，省水利厅有关处室和汉中市、安康市、宁陕县、佛坪县、洋县人民政府及移民办代表以及特邀专家参加会议，肯定了省水电设计院关于5个安置点初步设计报告编制成果，要求设计单位进一步修改完善并经审定后，作为下阶段实施的依据。

7月1日，陕西大安工程建设监理有限责任公司向施工单位中铁十八局下发开工令，秦岭5号勘探试验洞工程正式开工建设。

7月9—13日，受环保部委托，环保部环境工程评估中心在西安召开引汉济渭工程环境影响报告书技术评估会议。省水利厅王锋厅长出席会议并致辞。水利厅巡视员、引汉济渭办主任洪小康，水利厅副厅长魏小抗，省引汉济渭办常务副主任蒋建军、副主任杜小洲参加会议，形成的评估意见认为：报告书编制规范，评价内容全面，评价等级、评价范围与评价因子合理，区域环境现状调查评价基本符合实际，工程分析与环境影响预测基本反映了项目及当地环境特征，评价结论总体可信，要求评价单位进一步按专家意见进行修改完善后复核上报。

7月18—20日，水规总院江河水利水电咨询中心在北京组织召开《陕西省引汉济渭工程三河口水利枢纽初步设计报告》技术咨询会议。引汉济渭办常务副主任蒋建军及引汉济渭办相关负责同志参加了技术咨询会议。

7月25—29日，水利厅党组成员、巡视员，省引汉济渭办主任洪小康，省引汉济渭办副主任杜小洲一行5人，赴甘肃省实地考察、调研引洮调水工程，重点对TBM选型、使用、改进、脱困、应变等情况进行了深入的考察学习与调查研究。

7月31日，陕西省水利工程建设监理有限责任公司向施工单位中铁五局下发开工令，秦岭0号勘探试验洞工程正式开工建设。

8月8—9日，省人大常委会副主任吴前进带领省人大农工委部分组成人员、部分全国人大代表和省人大代表，在省人大常委会委员、农工委主任张延寿，省人大常委会农工委委员、办公室主任王决胜，水利厅党组成员、巡视员，引汉济渭办主任洪小康，引汉济渭办常务副主任蒋建军、副主任杜小洲等陪同下，深入引汉济渭工程建设现场进行调研，为即将召开的省十一届人大常委会第三十一次会议听取和审议省政府关于引汉济渭工程建设情况报告和做出专题决议进行前期工作。吴前进指出，建设好引汉济渭工程，事关我省经济社会发展和生态环境建设大局，对于全省发展具有重大现实意义和长远战略意义，省人大常委会将做出加快引汉济渭工程建设的决议，以立法的形式保障工程建设的连续性，并在适当时间启动工程保护条例的立法工作，对水资源配置、工程运行管理和水源区安全保护等依法进行规范。省引汉济渭办，安康市人大以及宁陕县委、县人大、县政府的有关领导同志也一同参加了调研活动。

8月13日11时30分，经过中铁十七局集团公司和中铁二十二局集团公司日夜奋战，实现了秦岭隧洞1号、2号勘探试验洞的精确贯通，标志着引汉济渭秦岭隧洞在大埋深超长隧洞控制测量技术上取得了重大突破，检验了引汉济渭工程统一高程控制网测量成果。

8月14—21日，水利厅党组成员、巡视员，引汉济渭办公室主任洪小康，常务副主任蒋建军带领考察组，赴青海考察黄河积石峡、公伯峡、李家峡等水利水电枢纽工程现场，与黄河上游水电开发有限责任公司及青海引大济湟建设管理局进行座谈，了解工程项目建设管理体制、工程主要材料设备采购、工程现场管理、控制测量等方面的相关经验。

8月24日，陕西大安工程建设监理有限责任公司向施工单位中铁十七局下发开工令，秦岭0—1号勘探试验洞工程正式开工建设。

8月24日，中国国际咨询公司在北京召开陕西省引汉济渭工程节能评估报告评审会。洪小康主任及省引汉济渭办、省水电设计研究院有关负责同志和代表参加了评审会。

8月26日，国家发改委农经司高俊才司长在省政府副秘书长王拴虎、省水利厅厅长王锋，省水利厅巡视员、引汉济渭办主任洪小康，省发改委副主任王成文、省水利厅副厅长魏小抗，引汉济渭办常务副主任蒋建军、副主任杜小洲等陪同下，考察调研引汉济渭秦岭7号勘探试验洞工程。高俊才司长对引汉济渭工程前期工作给予了充分肯定，对相关工作提出了指导意见，并要求我省继续加快项目前期工作、加快准备工程建设、加强工程重大技术研究，对未来可能遇到的各种困难想足、想透，为工程建设顺利推进提供保障和技术支持。

8月26日，省水利厅厅长王锋深入引汉济渭工程建设一线，现场查看了秦岭7号勘探试验洞工程，要求参建各方在保证施工质量安全的前提下，全力加快秦岭隧洞（越岭段）施工进度，确保先期通水目标早日实现。

9月24—25日，省住房和城乡建设厅在西安组织召开陕西省引汉济渭工程建设项目选址审查会。省水利厅党组成员、巡视员，引汉济渭办主任洪小康，省发改委、环保厅、国土资源厅、水利厅，西安市规划局，安康市、汉中市城乡建设规划局，宁陕县、洋县、佛坪县住房和城乡建设局，省引汉济渭办等单位的代表和专家共30余人参加了会议。会议基本同意项目选址报告通过技术审查，并就此选址报告提出了进一步完善的意见和建议。

9月25—27日，省十一届人大常委会第三十一次会议听取了祝列克副省长关于引汉济渭工程建设情况的报告，审议通过了《关于引汉济渭工程建设的决议》。常委会认为，引汉济渭工程是一项具有全局性、基础性、公益性、战略性的水利项目，对实现全省水资源优化配置，

统筹解决关中、陕北发展用水问题，促进陕南发展循环经济，综合治理渭河水生态环境，推动我省实现区域协调和可持续发展，具有重要意义。决议要求各级政府要充分认识引汉济渭工程的艰巨性，摆在全省基础设施建设的突出位置，坚持不懈地建设好、管理好这项事关全省长远发展的水利工程；要积极动员一切力量，从人才、资金、政策等方面给工程建设提供有力保障；要切实加强舆论宣传，凝聚各方力量，努力形成全省上下共同关心、积极支持引汉济渭工程建设的社会氛围，全力保障工程建设顺利进行。

9月27日，省水利厅在西安组织召开陕西省引汉济渭三河口水利枢纽施工准备工程规划报告审查会。省水利厅巡视员田万全、引汉济渭办常务副主任蒋建军及厅规计处、总工办、省引汉济渭办、省水电设计院等单位的代表和特邀专家参加了会议。会议认为规划报告提出的三河口水利枢纽施工总体方案、前期准备工程分期实施意见和工程进度安排是合理的，基本同意该规划报告通过审查。

9月29日，中国国际工程咨询公司以咨农发〔2012〕2512号文向国家发改委报送了引汉济渭工程（可行性研究报告）的咨询评估报告。评估报告认为，可行性研究报告提出的工程总体布局和线路选择合理，在《项目建议书》优化基础上推荐的各单项工程规模基本合适，秦岭隧洞等主要技术方案论证较充分，不存在制约工程建设的重大技术和环境问题。

10月10日凌晨5时30分，位于周至县辖区秦岭腹地，承担引汉济渭秦岭隧洞6号勘探试验洞施工的中铁十八局工程项目部生活营地，一栋用彩钢板搭建的三层临时职工宿舍突发火灾，造成13名施工人员遇难、25人受伤的重大损失。

10月23日，厅党组成员、巡视员，引汉济渭办主任洪小康主持召开引汉济渭副处以上干部会议，就工程质量与生产安全进行再安排再部署。会议深入分析了当前引汉济渭工程建设形势，通报了中铁十八局黄草坡生活区员工宿舍"10·10"火灾事故善后情况，学习了中省和水利厅有关工程质量、安全生产的文件，研究强化任务措施，对工程质量和生产安全管理进行全面部署动员，要求全办同志以"10·10"火灾事故为教训，以工程质量和生产安全为重点，以夯实责任、健全体制、严格监管为抓手，对职能范围内涉及工程质量、生产安全等方面工作进行认真的总结和反思，抓住影响质量和安全的关键环节、主要问题和基本程序，以能长期保证制度正常运行并发挥预期功能为目的，完善和建立规范、稳定、配套和权责明确的工作体系和责任明确的长效机制，确保工程建设的生产安全质量标准。

10月24—27日，水利部江河水利水电咨询中心在西安组织召开《陕西省引汉济渭工程黄金峡水利枢纽初步设计报告》《陕西省引汉济渭工程秦岭输水隧洞黄三段初步设计报告》以及《陕西省引汉济渭工程初步设计总报告阶段成果》技术咨询会议。至此引汉济渭工程四大主要部分的初步设计报告已全部完成技术咨询。通过全过程、全方位技术咨询，初步设计阶段设计成果得到了水利部专家认可，提出的技术咨询意见对进一步提高初步设计质量、完善技术方案，确保可行性研究报告批复后尽快通过水利部技术审查具有重要意义。

11月2日，省引汉济渭办在西安召开引汉济渭前期准备工程质量与生产安全管理工作会议，要求着眼工程建设长远，推进、巩固并建立长效的质量安全管理体系，用铁的纪律、铁的手腕和铁面无情的精神，抓好监管保障工程建设有力有序推进。

11月13—17日，国家环保部环评司组织环保部评估中心、中国电力建设集团有限公司、中国水电顾问集团西北勘测设计研究院、北京院等相关单位有关同志对汉江陕西段及引汉济渭工程环境影响进行现场调研。调研组先后到达引汉济渭黄金峡坝址、黄金峡回水末端、石泉水电厂、喜河水电站、安康水电站、旬阳水电站、蜀河水电站、白河水电站、湖北省孤山电站等现场考察，并与相关人员进行了交流座谈。省水利厅党组成员、引汉济渭办主任洪小康，省环保厅李孝廉副厅长参加了调研。

11月15日，水利部以水资源函〔2012〕358号文将引汉济渭工程环境影响报告书预审意见报送环境保护部。

11月21—22日，水利部副部长蔡其华在水利部调水局局长祝瑞祥、省水利厅巡视员、引汉济渭办主任洪小康，水利厅副厅长席跟战，引汉济渭办常务副主任蒋建军等陪同下，实地察看黄金峡水库、三河口水库坝址、秦岭隧洞0号、0—1号、1号、2号勘探试验洞工程。蔡其华要求：各有关部门要集中和整合优势技术力量，克难攻坚、不断创新，深入研究和解决好突出的关键技术问题；要积极落实项目建设与运行的管理体制；抓紧开展以丹江口水库为核心的汉江梯级水库群的联合调度、水权置换等研究工作；要积极协调并与受水各市县政府签订供水协议，明确水量与水价及工程建设受水区出资额度，建立科学的水资源管理机制和水价形成机制；要进一步优化设计，积极落实地方配套资金和工程运行管理费，切实做好移民安置，进一步加强安全大检查和监督管理工作；要坚持引汉济渭与渭河综合治理相结合，统筹区域水资源合理调配、开发与利用。

11月22日，上海宏波工程咨询管理有限公司向施工单位中水十五局下发开工令，椒溪河勘探试验洞工程正式开工建设。

12月13日，国家林业局野生动植物保护与自然保护区管理司在北京召开引汉济渭工程对野生动植物及其栖息地影响专题论证会。陕西省林业厅、省引汉济渭办及陕西朱鹮、天华山、周至国家级保护区管理局代表参加了会议。会议认为，引汉济渭工程有重大社会意义，论证报告分析了工程建设对野生动植物的影响，提出了减少影响、弥补影响的措施。会议认为在措施落实的情况下，工程的影响能控制在可接受的范围，工程建设是可行的。

12月19日，陕西省人民政府以陕政函〔2012〕227号文批复同意成立引汉济渭工程建设

有限公司。

12月25日，环境保护部在北京主持召开《汉江上游干流梯级开发环境影响回顾性评价研究报告》专家论证会。会议认为研究报告内容较全面，现状调查与基础资料收集工作较深入，采用的技术路线与评价方法总体合理，评价研究内容基本反映了实施梯级规划的生态环境影响问题，提出的梯级电站下泄生态流量与监控措可施维持河流基本生态需水要求，通过建设过鱼设施可保障河流水域生态的连通性，建立鱼类栖息地与设置鱼类增殖站补偿鱼类资源影响等环保措施可行。环境保护部环境工程评估中心、水电水利规划设计总院、水利部水利水电规划设计总院、中国水电工程顾问集团公司、湖北省环境保护厅、陕西省环境保护厅、水利厅、引汉济渭办、大唐陕西发电有限公司、陕西汉江投资开发有限公司、中广核汉江水电开发有限公司、汉江孤山水电开发有限责任公司、中国水电顾问集团北京勘测设计研究院等单位的代表与特邀专家约60余人参加了会议。

12月26日，中国国际咨询公司以咨环资〔2012〕3261号文向国家发改委报送引汉济渭工程节能评估报告的咨询评估报告。

12月28日，三河口水利枢纽左岸上坝道路及下游交通桥工程开标会在西安召开。省引汉济渭办常务副主任蒋建军、副主任杜小洲，省水利厅监察室、建管处、招标办、财审处、规计处及省质监总站、省引汉济渭办等单位和部门负责同志参加了开标会。共有9家施工单位、3家监理单位递交了投标文件。

2013 年

1月5日，陕西省引汉济渭工程建设项目选址意见书通过省住房和城乡建设厅审核，并核发了中华人民共和国建设项目选址意见书（选字第610000201200091号）。

1月5日，环境保护部以环法〔2013〕1号文对陕西省引汉济渭工程违反环评制度案向省引汉济渭办下达行政处罚决定书。

1月7日，省引汉济渭办对外发布新闻统稿，诚恳接受环保部行政处罚决定。

1月8日，引汉济渭办常务副主任蒋建军、副主任杜小洲前往5号、6号、7号及出口勘探试验洞工程现场，检查安全生产、环境保护、水处理设施和施工单位生活营地，要求各参建单位以如履薄冰的危机意识、主体意识，将生态文明建设贯穿于工程建设全过程，确保黑河水源地水质安全；要求各参建单位深刻汲取"10·10"火灾教训，高度重视安全生产，尽快完善长效机制，保证工程建设生产安全和质量安全。

2月23日，省引汉济渭办在西安举办引汉济渭工程安全生产培训班。培训班由副主任杜小洲主持，省水利厅安监处负责同志就安全生产工作的形势进行了分析讲解，各参建单位项目负责人参加了培训。

2月26日，省政府办公厅以陕政办发〔2013〕10号文印发省政府2013年度立法计划的通知，将《陕西省引汉济渭供水工程建设管理条例》列入需要抓紧研究、待条件成熟时上报审议的立法项目。

2月26日，省引汉济渭办在西安召开秦岭隧洞6号、7号勘探试验洞施工区环保治理工程开标会。省引汉济渭办常务副主任蒋建军，省水利厅、环保厅、省引汉济渭办等单位的负责同志和相关投标单位有关人员参加会议。

3月8—9日，省引汉济渭办、省库区移民办在佛坪县召开引汉济渭工程建设征地移民安置联席会议。省库区移民办、省引汉济渭办、省设计院、移民监督评估部和佛坪县有关部门负责同志参加了会议。会议代表实地察看了佛坪县五四村安置点移民建房施工现场和石墩河、十亩地集镇规划新址，研究讨论了需要协调解决的问题，安排部署了下阶段工作。

3月8—10日，水利水电规划设计研究总院江河水利水电咨询中心在西安召开会议，对引汉济渭工程初步设计阶段有关专题成果进行技术咨询，并就秦岭隧洞断面形式、衬砌厚度、荷载计算、配筋情况和料场比选，以及4号勘探试验洞方案优化等问题进行认真讨论，提出了咨询意见和建议。水利部水利水电规划设计研究总院副院长董安建，水利厅巡视员、省引汉济渭办主任洪小康，省引汉济渭办常务副主任蒋建军、副主任杜小洲，省引汉济渭办、省水利电力勘测设计研究院、长江勘测规划设计公司、中铁第一勘察设计院集团有限公司和黄河勘测规划设计公司等单位的领导、专家和代表参加了会议。

3月11日，省引汉济渭办、省库区移民办联合在宁陕县召开引汉济渭工程建设征地移民安置联席会议。会议在巡查宁陕县梅子集镇安置点后，听取了县移民局关于移民安置进展及2013年工作计划的汇报，研究讨论了需要协调解决的有关问题，安排部署了下阶段工作。省库区移民办、省引汉济渭办、省设计院、移民监督评估部和宁陕县有关部门负责同志参加了会议。

3月14日，省引汉济渭办常务副主任蒋建军在佛坪县引汉济渭工程秦岭输水隧洞0号试验洞项目部，主持召开佛坪县境内引汉济渭工程征地及建设环境保障联席会议。会议就解决引汉济渭工程推进过程中在佛坪县境内存在的问题达成共识，并落实了工程所在地相关市县政府和部门的保障责任。省引汉济渭办副主任杜小洲，省引汉济渭办、汉中市水利局、移民办，佛坪县人民政府及政府办、国土资源局、水利局、移民办，陈家坝、大河坝、十亩地、石墩河、陈家坝镇政府，中铁五局秦岭隧洞0号试验洞项目部等省市县有关部门和单位有关负责同志参加了会议。

3月21—23日，引汉济渭办在西安召开三河口水利枢纽宁陕县筒车湾—大河坝库周交通复建工程初步设计审查会。会议认为设计报告内容齐全、图表文字较为清晰，内容和深度符合初步设计要求和相关规定，可作为施工图设计依据，同意通过审查。水利部水利水电规划设计总院、省水利厅、省引汉济渭办、安康市交通运输局、移民局、宁陕县人民政府、交通运输局、移民局，江河水利水电咨询中心引汉济渭工程移民监督评估项目部的代表和特邀专家等50余人参加会议。

3月22日，值第21届"世界水日"之际，省委书记赵正永在省委常务、西安市委书记魏民洲，副省长祝列克陪同下，深入秦岭腹地实地考察引汉济渭工程勘探试验洞建设情况。赵正永书记强调：要下定决心，迎难而上，加大工程建设推进力度，同时要切实保证工程投资、工程质量、安全生产和环境保护，努力使引汉济渭工程早日惠及三秦人民。省发改委主任方玮峰、省水利厅厅长王锋陪同考察。省水利厅巡视员、引汉济渭办主任洪小康、常务副主任蒋建军、副主任杜小洲参加了考察活动。

3月22日，水利部长江水利委员会以长许可〔2013〕66号文批复陕西省引汉济渭工程水资源论证报告书。

3月25日，陕西省发改委以陕发改农经函〔2013〕221号文批复同意引汉济渭三河口水利枢纽前期准备工程总体规划。

3月28日，副省长祝列克主持召开会议，专题研究重大水利工程建设资金筹措等问题。会议听取了省发改委、省财政厅、省水利厅和省水务集团有关情况汇报，研究确定了引汉济渭工程有关事项。会议要求全力保障重大水利工程建设资金需求，明确由省级今年安排引汉济渭工程资金8亿元，其中预算内基建资金安排2亿元，省财政筹措安排6亿元。

4月8日，省审计厅在引汉济渭办召开审计进点会，安排部署引汉济渭工程2013年度跟踪审计工作。省审计厅副巡视员黄政、省引汉济渭办常务副主任蒋建军及省审计厅固定资产投资处、省水利厅财审处、省引汉济渭办、各参建单位和相关县移民机构负责同志参加会议。

4月17—19日，省引汉济渭办在西安召开引汉济渭工程初步设计工作第四次联席会议，陕西省水电设计院、长江设计公司、铁一院、黄河设计公司参加了会议。会议对照勘察设计合同、初步设计报告编制规程和水规总院咨询意见，对各标段设计成果的完整性及其与可行性研究阶段各专项审批意见或结论的一致性进行了检查，协调解决了总体设计存在的有关问题，讨论确定了初步设计总报告编制时间节点及各标段的配合要求。

4月19日，环境保护部以环办函〔2013〕425号文同意汉江上游干流水电开发环境影响回顾性评价研究报告。

5月3日，省水利厅以陕水发〔2013〕16号文转发《陕西省人民政府关于同意成立省引汉济渭工程建设有限公司的批复》。要求省引汉济渭办，依照公司法有关规定要求，抓紧做好公司组建，完善法人治理结构，履行省政府批定的引汉济渭工程建设有限公司的职能。在公司组建期间，按照批复要求，认真做好引汉济渭调水工程和输配水工程建设、运营管理等有关工作的交接，保证工程建设的进度、质量、安全等不受影响。公司组建后，依据省政府批复精神，省引汉济渭办主要职责是协调联系省引汉济渭工程协调领导小组各成员单位，完成协调领导小组交办的工作任务，协助、指导地方政府和有关部门做好工程移民安置和施工环境保障工作。受水利厅委托，代行对省引汉济渭工程建设有限公司的日常管理。

5月10日，陕西省引汉济渭工程社会稳定风险评估报告评审会在西安召开。省发改委农经处，水利厅规计处、总工办及省引汉济渭办有关负责同志和特邀专家参加了会议。会议经认真讨论审查，认为报告基本满足相关要求，同意通过审查，并要求根据本次专家意见做进一步充实完善。

5月20日，王锋厅长在水利厅防汛会商室主持召开会议，宣读省政府关于同意成立省引汉济渭工程建设有限公司的批复及杜小洲同志任省引汉济渭工程建设有限公司总经理的任命通知。水利厅党组成员、巡视员、引汉济渭办主任洪小康，水利厅党组成员、副厅长管黎宏，厅党组成员、驻厅纪检组组长张敏，省引汉济渭办常务副主任蒋建军及引汉济渭办副处以上干部参加了会议。

6月3—6日，中铁十八局、省引汉济渭办、广州海瑞克共同组成秦岭隧洞岭北TBM设备工厂验收工作组，按照秦岭隧洞岭北TBM设备采购合同及各方共同确认的验收大纲，对岭北TBM设备进行验收。水利厅党组成员、巡视员、引汉济渭办主任洪小康，水利厅建管处、监察室、省引汉济渭办有关负责同志参加了验收仪式。

6月5日，省水利厅党组书记、厅长王锋主持召开党组会议，重温了党内监督有关文件，研究了引汉济渭工程建设有限公司架构及人员配备事项，明确了引汉济渭公司的职能职责，省引汉济渭办受水利厅委托对引汉济渭公司实行日常管理。会议同意引汉济渭公司下设综合管理部、计划合同部、财务审计部、人力资源部、工程技术部、安全质量部、移民环保部和大河坝分公司、黄池沟分公司，同意各部门临时负责人人选，并要求尽快到位开展工作。

6月8日，水利部长江水利委员以长许可〔2013〕149号文批复陕西省引汉济渭工程取水许可申请。

6月13—14日，环保部环境工程评估中心在北京主持召开会议，对补充修改后的引汉济渭工程环境影响报告书进行技术复核。会议听取了评价单位对原报告书修改所开展的工作和报告书有关补充修改内容的汇报，经认真讨论、评议，认为环境影响评价报告书，经补充修改基本满足专家组技术审查意见要求，同意通过技术复核；认为在采取必要和严格的环境保

护措施的前提下，项目所产生的环境不利影响可以得到减缓，项目建设和运行所产生的环境影响可基本接受。水利厅党组成员、巡视员、引汉济渭办主任洪小康，省引汉济渭办常务副主任蒋建军，环境保护部环境影响评价司、环境保护部环境工程评估中心、长江水利委员会、陕西省环保厅、引汉济渭办、引汉济渭工程建设有限公司、陕西省环境工程评估中心、陕西省水利电力勘测设计院、中铁第一勘察设计院、长江设计公司、长江水资源保护科学研究所、武汉大学、华中师范大学、中国水产科学研究院长江水产研究所、西北林业调查规划设计院、中国水产科学研究院黄河水产研究所、陕西地矿局地质调查中心、北京勘测设计院等单位的代表与特邀专家约60余人参加了会议。

6月18日，水利厅党组成员、巡视员、引汉济渭办主任洪小康主持召开会议，深入学习水利厅关于省引汉济渭工程建设有限公司机构设置有关事项的通知和关于明确省引汉济渭工程建设有限公司部门及下设机构负责人的通知，并对贯彻落实好文件精神进行了部署安排。会议要求，在公司组建、工作交接过程中，省引汉济渭办全体同志要严肃工作纪律，更加重视工程质量和安全生产管理，确保平稳顺利交接。常务副主任蒋建军，副主任、引汉济渭工程建设有限公司总经理杜小洲，办内副处以上干部以及引汉济渭公司有关同志参加了会议。

6月26—27日，省委第四巡视组曹克勤组长、正厅级巡视专员高春义和田进副组长一行赴引汉济渭工程建设工地考察。省水利厅党组成员、巡视员、省引汉济渭办主任洪小康，省引汉济渭办常务副主任蒋建军和水利厅人事处、引汉济渭工程建设有限公司有关负责同志陪同考察。

6月28日，省引汉济渭办以引汉济渭发〔2013〕58号文向各参建单位转发《陕西省人民政府关于同意成立省引汉济渭工程建设有限公司的批复》的通知。明确从文件转发之日起，省引汉济渭工程建设有限公司作为引汉济渭工程的项目法人，负责引汉济渭工程建设管理，各参建单位与省引汉济渭办签订的合同中的甲方改由省引汉济渭工程建设有限公司负责履行职能。

6月28日，省引汉济渭办以引汉济渭发〔2013〕59号文撤销岭南、岭北现场工作部，其工作职能转由省引汉济渭工程建设有限公司承担。

7月3日，王锋厅长主持召开厅长办公会议，专题研究加快推进引汉济渭工程建设有关事项。会议要求，厅领导班子成员及相关单位要以工程建设为重中之重，深入实际调查研究，及时发现问题，加大推进力度；引汉济渭办要协调领导小组各成员单位，代表水利厅履行职责，充分发挥协调服务职能，积极创造和保障施工环境；引汉济渭公司作为工程建设的法人单位，要排出重点工作日程表，明确节点任务和目标要求，千方百计加快工程建设进程，2017年调水进西安的时间节点目标不动摇。

7月20日，省政府以陕政函〔2013〕132号文《陕西省人民政府关于保护汉江黄金峡库尾以上干流及相关支流有关意见的函》向环保部承诺将汉江干流黄金峡梯级库尾以上249千米天然河段及其支流沮水、漾家河、大双河、将军河作为鱼类栖息地进行保护，不再修建水电工程或其他拦河工程，并对已建工程尽快采取措施恢复河道连通。

7月30日，经双方签字确认，省引汉济渭办向省引汉济渭工程建设有限公司完成相关工作和资料移交。

附录1 省政府门户网站在线访谈

题目：引汉济渭调水工程促进陕西经济社会可持续发展

主持人：陕西水资源短缺，人均水资源占有量只有全国平均水平的一半。而且分布不均，陕南水资源量占全省总量的71％。而关中、陕北地区，水资源量仅占全省的29％。

随着全省经济社会的持续发展，"三个陕西"的强力推进，国家关天经济区、西咸新区及陕北能源化工基地的快速建设，到2020年，关中、陕北的水资源缺口将超过20亿立方米。加之近年来，西安市两大水源地黑河金盆水库、石头河水库蓄水多次告急，再一次敲响了水资源供给能力不足的警钟。

省委、省政府立足陕西水情，统筹全省可持续发展，决定建设引汉济渭工程，把陕南的水调一部分到关中地区，实现水资源的优化配置，盘活陕西水资源格局，支撑全省经济社会发展。

经过10年努力，2014年9月28日，国家发改委正式批复了我省引汉济渭工程可行性研究报告，这标志着引汉济渭工程正式立项，即将进入全面加快主体工程建设的新阶段。

今天，我们邀请到省引汉济渭办主任蒋建军和省引汉济渭公司副总经理董鹏做客我们节目，向大家介绍我省引汉济渭工程的相关情况。

首先请蒋主任给我们介绍一下这项工程的概况。

蒋主任：主持人好！广大网民好！很高兴能有这个机会，与大家共同分享引汉济渭工程的一些情况。

正像主持人上面说的那样，我省是一个水资源十分紧缺的省份，而建设引汉济渭工程，正是省委、省政府从全省水情实际出发，统筹经济社会发展，进而实现国家在大西北发展的一系列战略规划，决定建设的一项具有全局性、基础性、战略性、公益性的宏伟工程。这项工程不论是工程规模、所调水量，还是受益范围、投资规模，都将成为我省水利发展历史上的巅峰之作。

工程总的规划是：从长江最大支流汉江调水15亿立方米，穿越秦岭山脉进入黄河最大支流渭河，也就是关中地区。整个工程由黄金峡水利枢纽、三河口水利枢纽及秦岭输水隧洞三大部分组成。

其主体工程可概括为"两库、两站、两电、一洞两段"。

"两库"：一是坝高 68 米、总库容 2.29 亿立方米的汉江干流黄金峡水库；二是坝高 145 米、总库容 7.1 亿立方米的汉江支流子午河三河口水库。

"两站""两电"指两座水库坝后抽水泵站和水力发电站。

"一洞两段"指总长 98.3 千米的输水隧洞，共由两段组成。一段是由黄金峡水利枢纽至三河口水利枢纽段，我们简称"黄三段"。另一段是穿越秦岭主脊段，我们简称为"越岭段"。

工程的设计思想是：在汉江干流兴建黄金峡水库，然后通过抽水泵站提水 112.6 米，经过 16.5 千米的黄三隧洞，将水送入三河口水利枢纽调节闸，大部分水量经调节闸直接进入 81.8 千米的秦岭隧洞，输水至关中地区，富余水量由三河口泵站提水 93.16 米入三河口水库储存，视关中地区需求情况，经三河口水库调节和黄金峡水库来水合并送至关中地区，以满足受水区对水的最大需求，同时还将通过水权置换，以部分水量支持陕北特别是国家能源化工基地的建设用水。所以说，这项工程对全省、对西北发展而言，都是一项具有重大战略意义的宏伟工程，可以和四川的都江堰、广西的灵渠相媲美的千年工程、万年工程。

主持人：根据蒋主任的介绍，引汉济渭工程是我省水利发展史上的巅峰之作，那么它对统筹全省发展具有哪些重大意义？

蒋主任：对引汉济渭工程的认识，人们有一个不断深化的过程。它对统筹全省发展的意义，可以用四个词来概括，就是它的全局性、基础性、战略性和公益性。

从全局性讲，首先是解渴关中。就是每年有 15 亿立方米水量进入关中，将实现全省秦岭南北水资源的优化配置，使关中地区的人均水资源量由 370 立方米提高到 450 立方米，人均年用水量由 203 立方米提高到 302 立方米。这里我要讲一下 15 亿立方米水是个什么概念，目前关中地区每年的城镇生活生产全部用水是 16 亿立方米，15 亿立方米水进入关中，相当于城镇用水量增加了近一倍，将使关中地区在较长时期的用水得到充分保障。

其次是支撑陕北。就是所调水量进入关中经过充分利用以后，还将通过回归增加渭河下泄黄河的水量，通过"以下补上"，为陕北地区置换 5 亿～7 亿立方米从黄河干流的用水指标，支持陕北能源化工基地和城镇化建设。

第三是带动陕南：在工程建设中，我们将配套实施交通道路、电力通信等基础设施建设和库区治理、水源区保护、旅游开发等项目，进一步促进陕南经济结构调整转型，密切陕南与关中经济联系，为陕南带来新的发展机遇。另外还有近一万人通过移民搬迁，使他们的生产生活条件得到显著改善，同时还可以有效减轻汉江上游地区的防洪压力。所以，引汉济渭工程对陕南地区发展也是极为重要的。

从基础性讲，首先是水资源优化配置的基础作用。陕南地区水资源占全省71%，但国土资源只占全省30%、人口占全省20%、经济总量占全省12%。另外，由于是国家南水北调中线工程的水源地，大规模工业化受到限制，将其富裕的水调15亿立方米水过来，全省的水资源得到优化配置，不仅解决了陕南、关中、陕北三大区域水土资源配置不平衡的问题，还将通过引汉济渭工程输配水管网建设，进而实现全省从西到东、从南到北的供水管网大通道，构筑其全省城镇供水大动脉，不仅实现水润西安、水润关中，还将实现水润陕西，发挥建设富裕陕西、和谐陕西、美丽陕西的基础性作用。

其次是对经济社会发展的基础性作用。引汉济渭工程直接受水区为西安、咸阳、渭南、杨凌4个重点城市，周至、户县、长安、临潼、华县、泾阳、三原、高陵、阎良、兴平、武功11个县级城市，以及泾阳工业密集区、高陵泾河工业区、绛帐工业区、常兴工业、蔡家坡工业区、阳平工业区6个工业区，间接受水对象为宝鸡市，间接受益对象还有陕北榆林、延安两市。仅就关中而言，将满足近1000万人的生活用水，支撑约500万人的城市规模，满足5000亿元GDP的生产用水；将使以前不能适时适量灌溉的近500万亩农田用水得到保障。

第三是对生态环境建设的基础作用。引汉济渭的生态效益是全局性的。陕南作为调水区，将通过水源区保护、水土保持、污水处理，生态环境会进一步得到改善；通过黄金峡水库建设，将有249千米的汉江河道和众多支流得到切实保护，沿河的防洪压力会大大减轻；依托引汉济渭工程旅游资源也将得到进一步开发利用，会对陕南的发展形成新的增长点。作为直接受水区的关中，供水得到保障以后，挤占的生态水、超采的地下水、挪用的农业用水，会在很大程度得到归还，渭河水少、沙多、污染严重的生态环境将会有很大改观。间接受益的陕北地区，通过增加从黄河干流的取水指标，对生态环境建设的作用同样是十分巨大的。

从战略性讲，首先是全局性、基础性决定了它的战略作用，前面已经讲到了。

其次是作用的长远性决定了它的战略作用。15亿立方米水进入关中，将使关中地区工业化、城镇化、关中城市群、西安国际化大都市建设在2050年以前的用水得到保障。当然更长远的还有国家准备实施的大西线调水工程来保障。

第三是巨大的规模效益决定了它的战略作用。莽莽秦岭一洞穿，汉水渭水大贯通，三大区域共发展。一项工程建设，三大区域受益，他的规模效益，多重效益，对实现"富裕陕西、和谐陕西、美丽陕西"的美好愿景，带动全省发展，促进全省三大区域均衡发展具有重大而深远的战略意义。

第四是支撑国家发展重大布局的战略作用。至少有3个方面：一是对实施关天经济区发展规划的支撑；二是对陕北国家能源化工基地建设的支撑；三是对陕南水源区保护力度的加大。陕南是不仅引汉济渭工程的水源地，更是国家南水北调中线工程的水源地，我省对陕南水源地保护的加强，应该是具有更大的全局性意义的。

从公益性讲，从某种意义上看，引汉济渭工程本身就是一项公益性工程。这主要表现在它在水资源优化配置、改善农田灌溉质量、改善生态环境、减轻陕南防洪压力等方面，其社会效益要大于经济效益。

首先是保证关中地区人口的饮水安全的社会效益。陕南水属于弱碱水、优质水，相对于关中一些地区的高氟水、盐碱水来说，将在很大程度改善人民的饮水习惯与生活方式，对人的健康更为有益，这一不可替代的社会效益是任何经济效益都不可比拟的。

其次补充黄河水量的社会效益。引汉济渭实现最终调水规模，每年可增加渭河入黄河水量 7 亿～9 亿立方米，可有效补充黄河水资源，将成为国家南水北调中线工程的重要补充和组成部分。

第三是对国家未来实施大西线调水工程技术探索上的社会效益。引汉济渭工程建设将面临诸多世界级技术难题的挑战，特别是大埋深超长隧洞的施工技术、风险防范、安全保障等技术上的重大突破，将为大西线调水工程积累十分重要的实践经验。

主持人：听了蒋主任的介绍令人鼓舞，为之振奋，从中看到了我省水利发展乃至整个经济社会发展的美好前景。下面请蒋主任再给我们介绍一下工程前期工作的情况。

蒋建军：一项调水工程的提出，必然有其深刻的社会背景，引汉济渭工程也是如此。大家知道，关中地区自古以来在中国经济社会发展中都处在一个十分重要的位置，在现今来看，我们所称的八百里秦川，聚集着西安这个大都市，聚集着宝鸡、咸阳、渭南 3 个中型城市，聚集着杨凌这个国家级农业高科技示范区和十余座县级城市和众多工业园区，这在世界上也是少见的。而关中面临的最大问题是支撑我们的母亲河渭河，由于人口的增加、工业的发展，水少、水脏，沙多，防洪压力大，越来越突出。所以，在 1998 年大水之后，从 1999 年开始，国家安排我省和黄河水利委员会共同编制渭河综合治理规划，设想通过规划的实施，基本解决治污问题。在规划编制过程中遇到的突出问题是，关中有 13 亿立方米水的缺口，怎样解决，规划要提出方向、时间和思路，中间为从源头上解决渭河水少的问题，曾提出过引洮入渭，并做了大量工作，这项工程对陕甘两省都有利，而且投资少、难度小，但由于是从小河向大河调水，从干旱地区向半干旱地区调水，加之两省协调难度大，随后放弃了这一项目，随即加快研究了省内南水北调工程，明确提出用引汉济渭工程解决 13 亿立方米水的缺口。于 2002 年 5 月完成了总体规划。2005 年 12 月，国务院批复了《渭河重点治理项目规划》、随后还批复了关天经济区发展规划。陕西经济社会发展规划是以此为基础作出的，引汉济渭工程也是以上述规划为依据，按照省委、省政府要求，从 2004 年开始编制工程项目建议书，并于 2012 年 7 月 21 日获得国家发改委批准，回答了引汉济渭工程和国家南水北调中线工程的关系，回答了和汉江下游湖北省的关系，回答了调水线路、调水规模和工程布局等问题。

这一过程历时 8 年，经历了十分艰难的过程。期间，省委、省政府主要领导、分管领导多次亲赴国家发改委、水利部沟通协调，在项目建议书审批的关键时刻，省政府主要领导出面协调与湖北省的关系，取得了重要的、关键性的作用。省人大、省政协领导也多方呼吁、争取支持，终于使引汉济渭工程的前期工作迈出了极为重要的一步。

在项目建议阶段，省委、省政府还于 2007 年启动了实质性准备工作，开始了施工道路、供电线路、勘探试验和移民安置等方面的工作，提前为主体工程建设做出了充分准备。

可行性研究阶段的工作，主要是论证工程建设经济上的可行性、技术上的可靠性。这项工作在项目建议书阶段就超前安排，在完成可行性研究报告的勘测、编制、审查、咨询、审批的同时，先后编制完成了支持可行性研究报告的水土保持方案、环境影响报告书、防洪影响评价、水资源论证报告书、工程建设征地和移民安置规划报告、工程建设用地预审等 15 个专项报告编制、审查、修改、完善，其中环境影响评价报告另外还有 4 个支撑性专题，并在国家相关部委审查批复的同时，全力推进了可行性研究报告在国家层面的审批；2012 年 2 月 29 日，可行性研究报告通过水利部部长办公会审查，同年 6 月 15 日通过中国国际工程咨询公司评估，今年 9 月 24 日，国家发改委主任办公会审议通过了引汉济渭工程可行性研究报告，9 月 28 日，国家发改委正式批复可行性研究报告。还要指出的是，可行性研究阶段已经全面推进了初步设计和单项工程的施工设计工作，初步设计总报告很快将进入报批阶段，这些重大进展都标志着工程已经进入全面加快主体工程建设的新的历史阶段。

作为引汉济渭工程建设的一名参与者，自己深深感到这项工程的前期工作难度大、历时长、技术复杂、且社会影响面很大，工程之所以能走到今天，首先得益于党中央、国务院对陕西发展的关怀；得益于国家发改委、水利部等国家有关部委的大力支持；得益于省委、省政府领导的高度重视，亲力亲为；得益于省人大、省政协领导的多方呼吁；得益于省协调领导小组各成员单位的共同努力。省发改委为推动项建、可行性研究报告在国家的审批付出了巨大努力；省财政为前期工作、勘探试验、准备工程建设筹集了 30 多亿元的资金；水利厅更是倾全厅之力投入各项工作，环境保护、国土资源、交通、林业、建设、电力、移民等部门结合各自工作，在支持工程建设、争取相关部门支持上做出了重大贡献；工程所在地的"三市四县"党委政府在环境保障、移民安置等方面做出了积极努力；陕南人民群众也对工程给予了很大理解、包容和支持，使这项工程一开始便体现出举全省之力、全社会参与和全社会风险共担。在此，我们应该对支持这项工程建设的所有领导、相关部门、参建单位表示崇高的敬意！历史将牢记他们的付出和功绩。

主持人：经过 10 年的努力，引汉济渭工程可行性研究获得了国家批复。下面请问董总，可行性研究批复对引汉济渭工程实施的重大意义是什么？

董鹏：引汉济渭工程可行性研究报告获得国家批复，标志着工程正式立项，对引汉济渭工程、对优化陕西全省水资源配置有着里程碑式的意义。第一，可行性研究批复后，我们立即转入到下一阶段工作，加快了初步设计报批进度。10月25日，初步设计报告已经上报水利部审批。引汉济渭工程将全面进入主体工程建设的新阶段。第二，可行性研究批复立项后，引汉济渭工程将成为"国"字号的民生重大水利工程，受到国家和社会的重视、关注和支持。根据批复文件，引汉济渭工程总投资181.7亿元，工程资本金106.5亿元，中央补助58亿元。国家资金的投入，将为工程建设提供可靠的资金保障。第三，可行性研究批复后，将为推进移民搬迁、土地征用、社会环境保障、开展工程建设融资、吸纳社会资金等工作，提供政策依据和支撑。第四，可行性研究批复文件要求，加快受水区输配水工程建设，与主体工程同步建成，尽早发挥工程效益。也将有力促进输配水工程审批和建设的步伐。

主持人：请问董总，作为一项世界级宏伟工程，引汉济渭工程在建设过程中存在什么样的难度？

董鹏：打通巍巍秦岭，让汉水一路流向关中，无论从工程量和技术难度上都将是我国水利史上里程碑式的工程，其建设有着多项国内或世界第一。其综合难度已经达到世界第一。

第一次从底部横穿了世界十大主要山脉之一秦岭，这是人类首次尝试；隧洞长度98.3千米，为世界第二（辽西北调水项目长135千米隧洞，为第一），隧洞最大埋深2000米，为世界第二（四川锦屏埋深2500米，为第一），综合排名世界第一。

秦岭隧洞超长距离通风、涌水、突涌泥、岩爆、高温地热等均为世界级难题。

中国工程院5位院士这样评价工程：引汉济渭是一项世界级宏伟工程，可与都江堰、郑国渠、灵渠相媲美。

对此，我们将加强重大技术攻关和新技术新工艺的应用，用科技支撑和保障工程建设的顺利实施。

主持人：引汉济渭工程被专家称为具有世界级技术难度的工程。请问，如何从技术上解决工程建设面临的困难和问题？

董鹏：引汉济渭工程面临的主要技术问题有：长大支洞施工难度世界罕见；长距离施工通风、连续皮带机运输及反坡排水困难；高地应力及岩爆、高岩温、软岩变形、突涌水等地质问题突出等。针对以上技术难题，我们将以关键和重、难点技术的科研攻关为支撑，以国内外工程调研、理论分析、模型试验为基础，依托项目开展了多个关键技术研究工作，以技术创新支撑工程建设。同时，通过工程建设，为我省乃至全国水利长远发展，探索和积累重要的科技创新成果。

第一，运用先进技术提高勘测设计质量。在秦岭隧洞越岭方案选线上，采用了卫星定位技术进行无通视测量，确定最优隧洞线路方案。

第二，加强新技术新工艺运用。在穿越秦岭主脊段，引进全断面硬岩隧洞掘进机（TBM），通过制定和加强 TBM 施工状态监测及故障诊断等措施，解决 TBM 长距离连续掘进 20 千米的世界级难题。

第三，开展技术攻关。

在长距离施工通风中，严格按照相关规范和标准，积极开展科研攻关，目前已实现了钻爆段无轨运输条件下独头施工通风 6.5 千米，还将研究解决 TBM 独头通风 15 千米的技术难题。

秦岭隧洞越岭段最大埋深达 2000 米，水头达 1460 米。将通过外水压预测及对策研究，确定不同段落的应对方法，确保主体结构的安全、经济合理。

对岩爆、软岩大变形、突涌水、高岩温、长距离反坡排水、长距离斜井施工等方面开展了系列科研攻关，以保障工程的顺利实施。

黄金峡和三河口两个泵站总装机规模、单机流量规模等超过国内已建和在建工程实例，将开展泵型设计、制造等方面的专题研究，攻克技术难题，建设优良工程。

主持人：如此复杂的建设环境，如此大的难度，如何保证引汉济渭工程的安全和质量？

董鹏：安全和质量是引汉济渭工程的生命。为了确保把引汉济渭工程建设成为优良工程、精品工程、一流工程，我们把安全质量放在首要位置，在保证工程建设进度的同时，加强安全生产，保障工程质量。

一是建立健全工程安全质量管理体系。结合工程建设实际，我们建立了公司的安全质量检查体系、施工单位的安全责任保证体系和监理单位的安全质量控制体系，做到认识到位、制度到位、措施到位，初步形成了项目法人统一领导、监理单位现场监督、施工单位为责任主体的安全质量管理工作体制。

二是加强安全质量过程监督管理。在加强日常巡查、专项检查、开展季度安全质量考核的基础上，强化了施工单位工程质量自检和监理单位抽检的频次，同时引入第三方检测机构，实施安全质量飞检，聘请安全质量专家，不定时、不定点、不打招呼进行检查，突出过程控制，确保安全质量。

三是全力保障防汛安全。引汉济渭工程地处秦岭深处，暴雨、洪水、泥石流易发多发，项目驻地、生活营区大多临河而建，防汛压力异常艰巨。我们就此与省水文局联合研究，在三河口水利枢纽建立了水文预警系统，做好预警预报。各个项目部每年都要制定防汛预案，经专家和当地防办审定后，严格实施；同时，实时开展防汛应急演练，在各工点适当位置建设了避险洞，确保安全度汛。

四是在全国水利行业首家开展工程安全预评价工作。系统评价工程建设过程中的风险因素，针对性地提出防范措施。目前，安全预评价报告已通过了水规总院审核。我们将认真落实报告中的各项措施，确保工程建设安全。

主持人：引汉济渭需要建设两大水利枢纽，还要穿越秦岭，这里还想请蒋主任给我们介绍一下工程建设过程中生态环境的保护问题。

蒋主任：关于工程建设过程中的生态环境保护问题十分重要，甚至关系到工程建设的成败。

对此，首先是省委、省人大、省政府高度重视。在 2012 年 12 月 8 日的建设动员大会上，省政府主要领导在讲话中有明确要求，所有参建单位必须高度重视秦岭的生态境保护工作；省人大做出的决议中也从立法的高度做出了严格规定。

其次是从规划、项建、可行性研究等阶段都对环保工作进行了不断深入的研究，同时完成了工程环评报告及其 4 个支撑性专题研究，对秦岭环境保护做出了细致周到的考虑。另外还制定了详细的水土保持方案。两个方面投入的环境保护与水土保持资金将达到 3.8 亿多元。

第三在实施过程中严格抓好细节。在落实参建单位环境保护责任，抓好全员环境保护教育的基础上，在具体工作中坚持抓早、抓实、抓细。比如勘探试验洞疏干排水，都在洞口建设了类似于城市污水处理设施的净化设施，坚持按可饮用的二类水质达标排放；施工弃渣严格按规划场地堆放，并严格按要求进行砌护围挡；在野生动物保护方面，严格噪声、和夜间光照管理，严格防止对保护野生动物生产、哺乳造成不利影响；对水生动物将修建过坝鱼道。类似的环保措施还有很多，以确保建设一流的生态工程、绿色工程。

主持人：刚才蒋主任介绍到，引汉济渭工程主要由秦岭输水隧洞、黄金峡水库和三河口水库组成。请董总为我们介绍一下黄金峡水库和三河口水库的特点和作用吧？

董鹏：黄金峡水利枢纽是引汉济渭调水工程的龙头，位于汉江干流汉中市洋县境内黄金峡锅滩下游 2 千米处，拦河坝为混凝土重力坝，坝高 68 米，正常蓄水位 450 米，总库容 2.29 亿立方米。坝后泵站装机功率 12.95 万千瓦，设计扬程 112.6 米，是国内第一高扬程大流量泵站。坝后电站总装机量 13.5 万千瓦，多年平均发电量 3.63 亿千瓦时。

三河口水利枢纽是引汉济渭调水工程的调节中枢，位于佛坪县与宁陕县交界的子午河峡谷段，在椒溪河、蒲河、汶水河交汇口下游 2 千米处，拦河坝为碾压混凝土拱坝，坝高 145 米，总库容 7.1 亿立方米，大坝高度位列国内同类型大坝第二。坝后泵站总装机功率 2.7 万千瓦，设计扬程 93.16 米。坝后电站总装机容量 4.5 万千瓦，多年平均发电量 1 亿千瓦时。

按照设计，三河口水库每年自流调水 5 亿立方米，黄金峡水库通过坝后泵站提水 112.6 米，每年调水 10 亿立方米。当黄金峡水库调出的水量不能满足需求时，由三河口水库放水补充；当黄金峡水库调出的水量超过需求时，多余的水量经三河口水库坝后泵站抽入三河口水库存储。

主持人： 引汉济渭工程中涉及 9612 人的移民，请介绍一下引汉济渭工程移民安置工作。

董鹏： 引汉济渭工程移民涉及汉中、安康、西安 3 市的洋县、佛坪、宁陕和周至 4 县 9612 名群众。规划建设 23 个移民集中安置点，集中安置移民 6790 人；采取后靠、投亲靠友、自谋职业等安置方式分散安置移民 2822 人。移民安置估算总投资 35.3 亿元（可行性研究阶段中咨公司评估投资）。移民安置人均总投资 36.68 万元，兑现给移民的补偿（补助）人均 5.43 万元。

移民安置作为工程建设的重要前提条件，启动实施以来，得到了省委、省政府、省级相关部门以及三市四县政府和群众的大力支持和配合。目前，引汉济渭工程移民安置补偿（补助）标准已通过审查，汉中、安康两市正在按照移民安置工作协议抓紧工作。完成了佛坪县五四村、宁陕县梅子集镇两个移民试点工作，涉及三河口水库导（截）流的 257 户 995 人，已搬迁完毕。10 月 19 日通过了市级初验。截至 9 月份，已搬迁安置移民 430 户 1641 人，占到全部搬迁安置任务的 17％。完成投资 11.5 亿元。

下一步，我们将从移民利益出发，按照"搬得出、稳得住、能致富"的移民工作要求，把工程移民与陕南大移民相结合，加强移民政策宣传，建章立制，规范移民工作程序，加强移民资金管理，有效发挥地方政府移民工作主体责任，按计划推进移民安置工作，为工程建设顺利实施创造条件。

在移民搬迁后，一是按照"不降低移民原有生活水平"要求，确定了移民生产生活安置规划目标及标准，保证搬迁移民生产生活的基本条件。二是落实国家资金直补扶持、库区和移民安置区基础设施建设和经济发展扶持、财政专项资金扶持等政策，使移民在搬迁后直接和间接地得到了扶持，"使移民生活达到或者超过原有水平"。三是引汉济渭工程建成后形成的区位优势，给移民带来农副产品生产销售、发展二三产业、就近务工等带来新的机遇，促进当地经济社会发展和移民致富。

主持人： 引汉济渭工程即将迎来全面建设的大好局面，请问蒋主任如何实现省委、省政府引水进关中的目标？

蒋主任： 引汉济渭工程总工期是 78 个月。总目标是 2020 年引 5 亿立方米水进关中；2025 年引水量达到 10 亿立方米；2030 年达到最终引水规模 30 亿立方米。所引水量还要通过输配水工程送到各供水区的接水口。

实现这些阶段性目标，省政府已经批准了先期实施方案，列入了"十二五"发展规划，省人大也就此专门做了决议，要求举全省之力加快工程建设，并要求建设为历史性精品工程，建设为具有世界历史文化遗产性质的工程。这是我们努力的方向。

具体讲，实现首期引水目标，必须要具备以下基本条件：一是三河口水利枢纽如期达到蓄水条件；二是 81.8 千米秦岭隧洞贯通；三是 71 千米输配水南干线西安段要达到通水条件。

从目前情况看，一方面，要克服困难，加快三河口水库建设，打通秦岭隧洞，实现引水进关中。另一方面，加快推进输配水工程建设步伐，当前的重点是加快输配水前期工作，早日开工建设 71 千米输配水西安段。

就具体落实来讲，作为协调机构我们要做的，首先是进一步细化完善工程建设的目标体系。立足推进工程建设，兼顾未来管理，统筹考虑调入区、调出区利益，着眼实现总目标，从保障实现阶段性目标抓起，对具体目标的内容、责任、时间、标准等提出意见，由省政府或工程协调领导小组决策并发布实施。

其次是抓好省人大决议和省政府决策的落实工作。争取省政府建立推进、保障、服务引汉济渭工程建设的责任考核体系，包括建设进度、工程质量、安全生产、环境保护等责任。同时配合省人大制定保障工程建设的法律体系，依法推动和保障工程建设。

第三是按照全社会参与、举全省之力的总要求，协调各成员单位、工作所在市县和各个利益相关方的诉求达成一致，拧成一股劲，形成合力，全力配合支持引汉济渭公司抓好工程建设。

我们坚信，有国家部委对项目的关怀，有省委、省政府的坚强领导，有省人大、省政协的支持，有省级各部门、相关市县的共同努力，有公司的精细化工程建设管理，有各参建单位的艰苦奋战，我们继续发扬勇于担当、敢于进取、攻坚克难的精神状态，有信心有能力建设好这项事关全省发展大局的历史性工程，向全省人民交一份合格的答卷。

附录2 引汉济渭工程前期工作成果与文献

一、早期研究成果及相关文献

（1）《引嘉陵江水源给宝鸡峡调水》——王德让，1984 年 8 月。

（2）《南水北调设想——嘉、汉入渭以济陕甘诸省》——魏剑宏，1992 年 4 月。

（3）《陕西省南水北调查勘报告》——陕西省水利厅南水北调考察组，1993 年 12 月。

（4）《两江联合调水工程初步方案意见》——陕西省水利厅南水北调考察组，1997 年 2 月。

（5）《引嘉入汉调水工程初步规划报告》——陕西省水利电力勘测设计研究院，1997 年 5 月。

（6）省决策咨询委给省委中心学习组的讲座报告——史鉴。

（7）《陕西省引洮入渭规划研究报告》——陕西省水利厅，2001 年。

（8）《引江济渭入黄工程方案研究阶段成果》（简称"小江调水"）——黄河水利委员会、长江水利委员会，2005 年。

（9）《陕西省南水北调总体规划》——陕西省水利厅，2003 年。

（10）《陕西省引汉济渭调水工程规划报告》——陕西省水利厅，2006 年 10 月。

（11）《渭河流域重点治理规划》——2005 年 12 月。

（12）《十一五陕西水资源开发利用调查报告》——2005 年 8 月。

（13）《渭河保护与治理研究报告》——洪小康给省委中心学习组的讲座稿，2007 年 8 月 31 日。

二、项目建议书阶段成果

项目建议书编制于 2003 年 11 月 20 日正式启动，于 2014 年 9 月 30 日货的国家发改委批复，历时 11 年。项目建议书编制由陕西省水利水电勘测设计研究院承担总体设计工作，分担三河口水库设计工作；铁道部第一设计院分担秦岭隧洞设计工作；黄委会分担黄三隧洞设计工作。期间，为了争取国家发改委批复项目建议书，还完成 3 项支撑性重要工作。

（1）《引汉济渭工程项目建议书总报告》。

（2）《水文分析报告》。

（3）《工程地质勘察报告》。

（4）《工程总体布局与建设规模》。

（5）《黄金峡水库勘测设计报告》。

（6）《黄金峡泵站勘测设计报告》。

（7）《黄金峡泵站勘测设计报告》。

（8）《黄三隧洞勘测设计报告》。

（9）《三河口水利枢纽勘测设计报告》。

（10）《秦岭隧洞勘测设计报告》。

（11）《节能设计报告》。

（12）《淹没占地与移民安置报告》。

（13）《投资估算、贷款能力测算及经济评价》。

（14）《设计图册（三个分册）》。

（15）《调水规模分析研究》。

（16）《受水区配置规划研究》。

（17）《对汉江干流及国家南水北调工程影响分析》。

（18）《信息系统规划研究》。

（19）《环境影响分析》。

（20）《秦岭隧洞施工研究》。

（21）《秦岭隧洞特殊地质研究》。

（22）省政府给国家发改委《关于立项建设引汉济渭工程有关意见的函》。

（23）《引汉济渭工程水价调整、资金筹措、管理体制与运行机制研究》——水利部发展研究中心。

（24）《陕西省与湖北省重点领域战略合作协议》。

三、可行性研究阶段成果

（1）《可行性研究报告》。

（2）《建设征地移民安置规划大纲》。

（3）《建设征地移民安置规划报告》。

（4）《工程环境影响评价报告书》。

（5）《水土保持方案报告》。

（6）《水资源论证报告书》。

（7）《引汉济渭工程规划同意书》。

（8）《防洪影响评价报告》。

（9）《地质灾害危险性评估报告》。

（10）《矿产资源覆压储量评估报告》。

（11）《建设场地地震安全评价报告》。

（12）《建设场地文物调查评估报告》。

（13）《建设用地预申报告》。

（14）《项目选址论证报告》。

（15）《节能评估报告》。

（16）《社会稳定风险分析评估报告》。

（17）《汉江上游西乡段国家级水产种质资源保护区影响评价》。

（18）《秦岭隧洞工程对地下水环境影响评价》。

（19）《对三个国家级自然保护区保护措施研究》。

（20）《汉江上游干流水电开发环境影响回顾性评价研究》。

四、初步设计阶段成果

（1）《引汉济渭工程初步设计总报告》。

（2）《黄金峡水利枢纽工程初步设计报告》。

（3）《秦岭隧洞黄三段初步设计报告》。

（4）《三河口水利枢纽初步设计报告》。

（5）《秦岭隧洞越岭段初步设计报告》。

五、其他研究成果

（1）《陕西省引汉济渭工程关键技术研究计划》。

（2）《超长隧洞平面和高程控制技术研究》。

（3）《深埋超长隧洞设计及施工技术研究》。

（4）《水库枢纽工程设计与施工技术研究》。

（5）《泵站与电站设计及运行技术研究》。

（6）《水资源配置关键技术研究》。

（7）《工程运行调度关键技术研究》。

（8）《工程移民及相关风险研究》。

（9）《秦岭隧洞 TBM 适应性及功能需求研究》。

（10）《秦岭特长隧洞施工通风研究》。

（11）《先期实施项目建设方案研究》。

（12）《国内外跨流域调水工程经验与技术总结及其对引汉济渭工程的启示》。

（13）《引汉济渭工程建设管理与运行机制建设实施方案》。

（14）《引汉济渭工程建设资金筹措实施方案研究》。

（15）《水权置换关键技术研究》。

（16）《引汉济渭工程现代化建设研究》。

附录3 引汉济渭工程前期工作成果与承担单位名录

序号	前期工作成果名称	承担单位名称
1	引嘉陵江水源给宝鸡峡调水	省水利电力土木建筑勘测设计院规划队
2	《陕西省南水北调查勘报告》	陕西省水利学会南水北调考察组
3	《两江联合调水工程初步方案意见》	陕西省水利厅南水北调考察组
4	《引嘉入汉调水工程初步规划报告》	陕西省水利电力勘察设计研究院
5	《陕西省引洮入渭规划研究报告》	陕西省水利厅
6	引江济渭入黄工程方案研究阶段成果	黄委、长江委
7	陕西省南水北调总体规划	陕西省水利厅
8	《陕西省引汉济渭调水工程规划报告》	陕西省水利厅
9	陕西省引汉济渭工程1/万地形图补充测量	陕西省水利电力勘测设计研究院
10	陕西省引汉济渭工程水资源论证	长委勘测规划设计研究院
11	陕西省引汉济渭工程地震安全性评价	陕西大地地震工程勘察中心
12	陕西省引汉济渭三河口勘探试验洞工程	陕西省水利电力勘测设计研究院
13	引汉济渭三河勘探试验洞现场变形监测反演分析与参数确定研究	陕西省岩石力学与工程学会
14	陕西省引汉济渭工程大河坝基地建设工程地形图测量	陕西水环境工程勘测设计研究院
15	陕西省引汉济渭准备工程征占用林地可行性研究	陕西青森林业科技有限公司
16	陕西省引汉济渭工程环境影响评价	长江水资源保护科学研究所
17	陕西省引汉济渭大河坝基地建设方案设计	陕西川嘉建筑设计有限公司
18	大河坝至汉江黄金峡交通道路工程勘察设计	西安公路研究所
19	大河坝至汉江黄金峡交通道路工程测量	陕西省水利电力勘测设计研究院
20	西汉高速公路佛坪连接线永久改线工程勘察设计	中交第一公路勘察设计研究院有限公司
21	西汉高速公路佛坪连接线永久改线工程测量	陕西省水环境工程勘测设计研究院
22	《陕西省引汉济渭工程水土保持方案报告书》编制	陕西省水利电力勘测设计研究院
23	陕西省引汉济渭工程考古调查	陕西省考古研究院
24	秦岭隧洞2号勘探试验洞施工围岩变形监测、围岩参数反演及动态设计优化专项研究	陕西省岩石力学与工程学会
25	秦岭隧洞2号勘探试验洞施工地质综合测试试验研究	中铁第一勘察设计院集团有限公司

续表

序号	前期工作成果名称	承担单位名称
26	西汉高速公路佛坪连接线永久改线工程环境影响评价	陕西环境规划研究中心
27	大河坝至汉江黄金峡交通道路工程环境影响评价	陕西环境规划研究中心
28	陕西省引汉济渭大河坝基地建筑设计	陕西川嘉建筑设计有限公司
29	引汉济渭大河坝基地建设岩土工程勘察	陕西省水利电力勘测设计研究院地质分院
30	陕西省引汉济渭工程三河口水库库区压覆矿产资源/储量评估	陕西省地质矿产勘查开发局测绘队
31	《陕西省引汉济渭工程建设项目用地预审材料编制合同》	长安大学
32	陕西省引汉济渭工程建设项目地质灾害危险性评估	长安大学工程设计研究院、省院地质队
33	引汉济渭工程大河坝基地对外交通道路工程勘察设计	西安公路研究所
34	三河口、黄金峡水库坝址河段水文观测勘察设计	陕西省水文水资源勘测局
35	陕西省引汉济渭工程大河坝基地施工图审查	西安安泰工程技术咨询有限责任公司
36	陕西省引汉济渭工程1号、3号、6号勘探试验洞施工图设计审查	陕西省水利水电工程咨询中心
37	秦岭隧洞1号、3号、6号勘探试验洞施工地质及监测	中水东北勘测设计研究有限公司
38	《引汉济渭秦岭隧洞工程可行性研究报告》	中铁第一勘察设计院集团有限公司
39	《引汉济渭工程可行性研究报告》	陕西省水利电力勘测设计研究院
40	引汉济渭西汉高速公路佛坪连接线永久改线和大河坝至汉江黄金峡交通道路工程水土保持方案设计	陕西省水利电力勘测设计研究院
41	引汉济渭引支补水方案规划研究	陕西省水利水电工程咨询中心
42	陕西省引汉济渭工程黄金峡—三河口公路隧洞工程施工地质	陕西省水利电力勘测设计研究院
43	陕西省引汉济渭工程1/万地形图补充测量	陕西省水利电力勘测设计研究院测绘分院
44	陕西省引汉济渭大河坝至汉江黄金峡交通道路工程大平隧道施工贯通洞外控制测量	陕西省水利电力勘测设计研究院测绘分院
45	地图制作	黄河勘测规划设计有限公司
46	陕西省引汉济渭工程大河坝基地景观设计	陕西三木园林景观设计所
47	陕西省引汉济渭工程三河口水库子午河河道测量	陕西省水利技工学校
48	陕西省引汉济渭工程秦岭特长隧洞施工通风方案研究	中铁第一勘察设计院集团有限公司/西南交通大学
49	引汉济渭秦岭隧洞前期准备工程勘察设计	中铁第一勘察设计院集团有限公司
50	陕西省引江济渭工程涉及四个自然保护区影响评价	国家林业局西北林业调查规划设计院
51	秦岭隧洞6号勘探试验洞工程环境影响评价	陕西环境规划研究中心

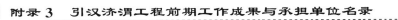

续表

序号	前期工作成果名称	承担单位名称
52	秦岭隧洞7号勘探试验洞工程环境影响评价	陕西环境规划研究中心
53	秦岭隧洞3号、6号勘探试验洞洞口自动气象站建设	陕西省气象科技服务中心
54	引汉济渭工程水库坝址河段水文监测工程	陕西省水文技术工程公司
55	引汉济渭工程高程系统复核	黄河勘测规划设计有限公司
56	引汉济渭工程秦岭隧洞精密控制网平面补充测量	中铁第一勘察设计院集团有限公司
57	陕西省引汉济渭工程秦岭隧洞1号、2号、3号、6号勘探试验洞施工测量复核	陕西省水利电力勘测设计研究院测绘分院
58	《陕西省引汉济渭工程建设规划论证报告》	长江勘测规划设计研究有限责任公司
59	陕西省引汉济渭水源工程（黄金峡）防洪评价	长江勘测规划设计研究有限责任公司
60	陕西省引汉济渭工程关键技术研究计划	中国水利水电科学研究院
61	秦岭隧洞6号、7号勘探试验洞工程水土保持及水源保护方案编制	西安市水利水土保持工作总站
62	引汉济渭工程水价调整、资金筹措、管理体制与运行机制研究	水利部发展研究中心、北京德瑞华诚咨询有限公司
63	《引汉济渭工程博物馆项目可行性研究报告》	西安建筑科技大学建筑设计研究院
64	陕西省引汉济渭工程可行性研究报告技术咨询	江河水利水电咨询中心
65	陕西省引汉济渭黄池沟渣坝工程测量、地质勘察	陕西省水利电力勘测设计研究院地质分院
66	汉江上游干流（陕西段）梯级开发规划环境影响评价	中国水电顾问集团北京勘测设计研究院
67	周至保护区黄石板峡谷动物走廊带试验研究项目	陕西周至国家级自然保护区管理局
68	大河坝基地道路绿化工程勘测设计	长安大学工程设计研究院公路院
69	引汉济渭大黄公路（K2+700～K2+760m）边坡及（K12+700～K12+980m）滑坡工程地质勘察	陕西省水利电力勘测设计研究院地质分院
70	引汉济渭前期准备工程	陕西省水利电力勘测设计研究院
71	《引汉济渭黄池沟渣坝工程可行性研究报告》	陕西省水利水电工程咨询中心
72	引汉济渭工程信息化系统总体设计	河南黄河信息技术公司
73	陕西省引汉济渭工程前期工作及建设技术服务	江河水利水电咨询中心
74	陕西省引汉济渭工程三河口水利枢纽、黄金峡水库蓄水安全鉴定，黄金峡水库、黄金峡泵站、黄三隧洞、三河口水利枢纽和秦岭隧洞竣工验收技术鉴定	水利部水利水电规划设计总院
75	引汉济渭调水工程出口区域规划设计	中国建筑西北设计研究院有限公司
76	陕西省引汉济渭工程对汉江上游西乡段国家级水产种质资源保护区影响专题论证	中国水产科学研究院黄河水产研究所
77	《陕西省引汉济渭工程项目选址论证报告》	中联西北工程设计研究院

序号	前期工作成果名称	承担单位名称
78	西汉高速公路佛坪连接线永久改线工程技术服务	陕西交通技术咨询有限公司
79	三河口水利枢纽碾压混凝土拱坝混凝土配合比设计及性能研究	中国水电建设集团十五工程局有限公司测试中心
80	三河口水利枢纽导流洞水工模型试验研究	西安理工大学水利水电学院
81	三河口水利枢纽水工整体模型试验	中国水电顾问集团西北勘测设计研究院工程科研实验分院
82	三河口水利枢纽泄洪放空底孔事故闸门及工作闸门水力学及流激振动模型试验研究	北京中水科工程总公司
83	陕西省引汉济渭工程秦岭隧洞纵横断面水位复核计算及断面优化论证	西安理工大学
84	陕西省引汉济渭工程秦岭输水隧洞地下水环境影响评价	陕西省地矿局地质调查院
85	陕西省引汉济渭工程勘察设计Ⅰ标（总体初步设计）	陕西省水利电力勘测设计研究院
86	陕西省引汉济渭工程勘察设计Ⅱ标（三河口水利枢纽）	陕西省水利电力勘测设计研究院
87	陕西省引汉济渭工程勘察设计Ⅲ标（黄金峡水利枢纽）	长江勘测规划设计研究有限责任公司
88	陕西省引汉济渭工程Ⅳ标（秦岭隧洞越岭段）	中铁第一勘察设计院集团有限公司
89	陕西省引汉济渭工程勘察设计Ⅴ标（秦岭隧洞黄三段）	黄河勘测规划设计有限公司
90	陕西省引汉济渭工程黄金峡、三河口水利枢纽电站、泵站接入系统设计	陕西省地方电力设计有限公司
91	国内外跨流域调水工程经验与技术总结及其对引汉济渭工程的启示	北京中水京华水利水电工程科技咨询有限公司
92	引汉济渭工程黄池沟外工程测绘	陕西环宇勘测设计有限公司
93	引汉济渭工程秦岭隧洞出口管理站建设项目地质灾害危险性评估	陕西省水工程勘察规划研究院
94	陕西省引汉济渭工程征占用林地调查及报告编制	国家林业局西北林业调查规划设计院
95	陕西省引汉济渭工程资金筹措实施方案编制	西安建树企业管理咨询有限公司
96	引汉济渭工程三河口水库坝址水文站修复工程	陕西省水文技术工程公司
97	三河口水利枢纽工程施工总体布置及主体工程施工方案咨询评估	陕西省水利水电工程咨询中心
98	陕西省引汉济渭受水区输配水工程规划	陕西省水利电力勘测设计研究院
99	陕西省引汉济工程节能评估	陕西省水利电力勘测设计研究院
100	引汉济渭工程水利现代化规划及实施方案	西安理工大学
101	引汉济渭工程黄金峡库区及周边区域总体规划	中联西北工程设计研究院
102	陕西省引汉济渭大河坝基地建设（二期）工程	陕西建新项目管理咨询有限公司
103	引汉济渭工程可行性研究阶段勘察设计费咨询	中水环球（北京）科技有限公司

序号	前期工作成果名称	承担单位名称
104	引汉济渭配水工程调蓄基础研究	中国水利水电科学研究院
105	引汉济渭水权置换关键技术研究	黄委黄河水利科学研究院
106	引汉济渭工程三维可视化平台与施工仿真系统及总体与关键区段路线开发研究	南京水利科学研究院

编　后　记

　　编纂《陕西省引汉济渭工程前期工作志稿》是引汉济渭工程前期工作资料整编系统工程中的最后一项工作。在此之前，引汉济渭办领导班子已相继完成了《陕西省引汉济渭工程——前期工作与准备工程建设概要》《陕西省引汉济渭工程——项目建议书阶段技术概要》《陕西省引汉济渭工程——可行性研究阶段技术概要》等书。在此之前，引汉济渭办还编辑了《陕西省引汉济渭工程》（多媒体汇报稿）、《秦岭深处——2015引汉济渭影像》；引汉济渭工程有限公司编辑出版了《引汉济渭造福三秦》。这一系列书籍、画册的编纂与出版发行，为引汉济渭工程留下了一套完整的前期工作资料，也为本志的编纂奠定了坚实的基础。

　　为了完成好本志的编纂工作，引汉济渭办领导班子多次进行了专题研究。早在2012年，由省水利厅副厅长、引汉济渭办主任洪小康主持，邀请省水利厅系统从事引汉济渭工程前期研究和规划阶段前期工作的部分离退休老领导、老专家，座谈了省内南水北调特别是引汉济渭工程从酝酿、查勘、选址、论证、决策到规划报告完成的历史过程。2015年，省引汉济渭办主任蒋建军主持会议，邀请省水利厅总工办、水利水电勘测设计研究院、省水利咨询中心的领导和部分专家，座谈了引汉济渭工程项目建议书阶段的历史过程。在此基础上，由杨耕读同志拟定了本志的编纂大纲，经引汉济渭办领导班子会议审定并修改完善后，由引汉济渭办主任蒋建军亲自主持，引汉济渭办主任助理王寿茂、靳李平具体负责，由杨耕读、王寿茂、李绍文等同志开始了具体的编纂工作。

　　《陕西省引汉济渭工程前期工作志稿》全面记录了省委、省人大、省政府、省政协以及省引汉济渭工程协调领导小组及各成员单位全力推进引汉济渭工程的历史功绩；记录了各相关勘测设计单位、大专院校、科研单位专家学者的重大贡献；记录了引汉济渭工程前期工作、准备工程建设和移民安置等方面的技术成果。编写本志既是为了存史，也想为各级领导、相关部门、参建单位全面了解掌握引汉济渭工程前期工作阶段的重大技术成果，提供一本简要的技术资料，为指导后续的建设管理提供一些历史线索。

在本志编纂过程中，省引汉济渭办领导班子各成员付出了大量心血，办内各处室提供了大量原始资料，办综合处同志完成了全书的编纂工作。特别需要说明的是，本志收集的各阶段技术成果大多是阶段性的，项目建议书、可行性研究、初步设计以及建设过程中，很多数据仍在优化调整之中，尽管各阶段技术成果的一些数据不尽一致，但都是各阶段工作的真实记录。另外由于编纂人员水平所限，书中的一些内容难免疏漏和错误，敬请各位领导和专家学者指正。

陕西省引汉济渭工程协调领导小组办公室

2017 年 4 月